普通高等教育药学类创新型系列教材

化学工业出版社"十四五"普通高等教育规划教材

中国药科大学"十四五"规划教材

药品包装

蒋曙光　吴正红　主　编

王　伟　刘珊珊　副主编

化学工业出版社

·北京·

内 容 简 介

《药品包装》从药品包装的静态和动态两个层面，系统介绍药品包装的基础知识，包括概念与功能、发展与法规、要求与设计、材料与标准、技术与设备等。全书共七章，其中第一章介绍药品包装的基本概念；第二章介绍药品包装设计的基本要求与基本内容；第三章至第五章介绍药品包装材料；第六章介绍保证药品制剂质量的相关包装技术与方法；第七章介绍药品包装的相关机械设备。

《药品包装》可作为药物制剂、制药工程、药学相关专业本科生教材，也可供药品包装相关从业人员参考使用。

图书在版编目（CIP）数据

药品包装 / 蒋曙光，吴正红主编 ；王伟，刘珊珊副主编. -- 北京 ：化学工业出版社，2024. 9. --（中国药科大学"十四五"规划教材）（化学工业出版社"十四五"普通高等教育规划教材）（普通高等教育药学类创新型系列教材）. -- ISBN 978-7-122-46092-9

Ⅰ. TQ460.6

中国国家版本馆 CIP 数据核字第 202477GM73 号

责任编辑：褚红喜

责任校对：张茜越　　　　　　　　　　　　　装帧设计：关　飞

出版发行：化学工业出版社（北京市东城区青年湖南街 13 号　邮政编码 100011）

印　　刷：北京云浩印刷有限责任公司

装　　订：三河市振勇印装有限公司

880mm×1230mm　1/16　印张 17¾　彩插 2　字数 579 千字　2024 年 10 月北京第 1 版第 1 次印刷

购书咨询：010-64518888　　　　　　　　　售后服务：010-64518899

网　　址：http://www.cip.com.cn

凡购买本书，如有缺损质量问题，本社销售中心负责调换。

定　　价：59.80 元

《药品包装》编写组

主　编：蒋曙光　吴正红

副主编：王　伟　刘珊珊

编　者（按姓氏笔画排序）：

王　伟（中国药科大学）

刘珊珊（江苏经贸职业技术学院）

祁小乐（中国药科大学）

吴正红（中国药科大学）

吴琼珠（中国药科大学）

周占威（中国药科大学）

蒋曙光（中国药科大学）

熊　慧（中国药科大学）

前　言

药品包装（pharmaceutical packaging）是药品的重要组成部分，也是药品生产的重要工艺单元。药品包装材料、组件和系统以及药品包装工艺，在药品制剂设计、开发、生产、销售、贮藏以及使用等诸多环节中承担着重要功能。

本书是中国药科大学"十四五"规划教材，其主要面向药物制剂、药学相关专业本科生以及药品相关从业人员，全书从药品包装的静态和动态两个层面，系统介绍药品包装的基础知识，包括概念与功能、发展与法规、要求与设计、材料与标准、技术与设备等。

第一章介绍药品包装的基本概念，主要包括药品包装的定义、分类、功能、创新与发展，以及药品包装、药包材的相关法规。

第二章介绍药品包装设计的基本要求与基本内容，主要包括药品说明书与标签、药品包装的结构设计、造型设计与装潢设计，以案例的形式介绍药品说明书与标签的撰写、儿童安全包装的设计。

第三章至第五章介绍药品包装材料的相关内容，主要包括直接接触药品的包装材料和容器的常用种类、应用特点、生产工艺、质量控制、药品包装材料与药物相容性试验等内容。

第六章介绍保证药品制剂质量的相关包装技术与方法，主要包括无菌包装技术、防潮包装技术、热成型包装技术、防伪包装技术等内容。

第七章介绍药品包装机械，主要包括药品包装机械的概念与分类、固体制剂包装机械、液体制剂包装机械等内容。

通过以上内容的介绍，使读者系统了解药品包装的设计、材料、技术和设备相关的基础知识，能基于以患者为中心理念和质量源于设计理念，根据患者的需求以及药品、剂型的特点，设计药品制剂的包装与包装工艺，满足患者需求、保证产品质量。

本书第一章和第二章由蒋曙光编写，第三章和第四章分别由刘珊珊和吴琼珠编写，第五章由吴正红和祁小乐编写，第六章第一节至第三节由蒋曙光编写；第四至第六节由蒋曙光、周占威编写，第七章由王伟和熊慧编写。

本书编写过程中参考了孙智慧老师编著的《药品包装技术》和《药品包装学》，同时也参考了国家药品监督管理局、国家药品监督管理局药品审评中心、国家药典委员会、中国食品药品检定研究院、中国医药包装协会等单位发布的药品包装相关指导原则、技术指南、设计指南、质量标准等，在此深表感谢。

药品包装包含围绕药品的包装所开展的全部工作，内容丰富且还在不断完善和发展。本书作为基础教程，不足之处在所难免，敬请读者批评指正。

编　者

2024 年 3 月

目　录

第三章　药品包装材料和容器 / 46

第四章 药品包装材料与药物相容性试验 / 125

第五章　药包材的质量控制 / 153

第六章　药品包装技术 / 185

第七章　药品包装机械设备 / 214

第一章

药品包装概述

学习要求

1. 掌握：药品包装的概念、分类与功能。
2. 熟悉：药品包装的创新与发展。
3. 了解：药品包装的相关法规。

第一节 药品包装的基本概念

一、药品与药品包装的概念

（一）药品的概念

药品是指用于预防、治疗、诊断人的疾病，有目的地调节人的生理机能并规定有适应证或者功能主治、用法和用量的物质，包括中药、化学药和生物制品等。

任何一种药物在临床试验前都必须制作成适合于患者使用的安全、有效、稳定的不同给药形式，即药物剂型（例如，片剂）；根据药典或药政管理部门批准的标准，各种药物剂型中的具体品种称为药物制剂（例如，阿司匹林片）。

国家对药品管理实行药品上市许可持有人制度。药品上市许可持有人依法对药品研制、生产、经营、使用全过程中药品的安全性、有效性和质量可控性负责。

国家药品监督管理部门在审批药品时，对化学原料药一并审评审批，对相关辅料、直接接触药品的包装材料和容器一并审评，对药品的质量标准、生产工艺、标签和说明书一并核准。

药品是特殊商品，其最终产品的物质组成包含药物、药用辅料和药品包装。辅料是指生产药品和调配处方时所用的赋形剂和附加剂（《中华人民共和国药品管理法》）。

（二）药品包装的概念

药品包装（pharmaceutical packaging）是指为药品在生产、运输、贮存、销售和使用中提供容纳、保护、分类和说明等作用，选用适宜的包装材料和容器，采用适宜的包装技术和设备，对药品或药物制剂进行分（灌）、封、装、贴签等加工过程的总称。

药品包装是药品的重要组成部分，也是药品制造的重要工艺单元。从静态角度看，包装（package）是涉及药品包装的材料、标签和说明书，是药品安全、有效、稳定、顺应和质量可控的重要保证；从动态角度看，包装（packaging）是为药品提供品质保证和鉴定说明的加工过程，是药品包装的工艺，涉及药品包装的技术、设备和生产线。

药品包装是一个系统工程，包含人、药品、包装、环境四大要素。在药品包装的设计中，患者是中心，要体现爱心；药品是核心，要体现匠心。

二、药品包装的分类

1. 按包装剂量分类

根据包装剂量，药品包装可分为：单剂量包装和多剂量包装（见图1-1）。

单剂量包装（unit-dose package），也称为分剂量包装。根据《中国药典》（2020年版），单剂量包装是按规定一次服用的包装剂量，例如：注射剂的安瓿包装，片剂的泡罩包装，颗粒剂的小袋包装，滴眼剂的安瓿瓶包装。

多剂量包装（multiple-dose package）是按规定多次服用的包装剂量。例如：片剂的塑料瓶包装，糖浆剂的玻璃瓶包装，滴眼剂的塑料瓶包装，储库型干粉吸入剂的包装等。

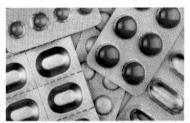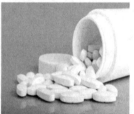

(a) 单剂量包装　　　　　　　　　　　　　　　　(b) 多剂量包装

图1-1　药品的单剂量包装与多剂量包装举例

2. 按包装的层次分类

根据包装的层次，药品包装可分为：内包装和外包装（见图1-2）。

内包装是指直接与药品接触的包装，又称初级包装（primary packaging）。例如：片剂的泡罩包装[见图1-2（a）]、滴眼液的塑料瓶包装等。

外包装是指内包装以外的包装。外包装又有几个层次：①第二层次包装（secondary packaging）称为小包装（sales unit packaging），例如：装入了泡罩的小纸盒，用于分发患者[见图1-2（b）]。②第二层以外的包装，称为第三层次包装（tertiary packaging），例如：中包装（inner-pack），即装入了小纸盒的大纸盒，用于药房销售；大包装（case，shiper），即装入了大纸盒的大纸箱，用于贮存运输，又称为运输包装[见图1-2（c）]。

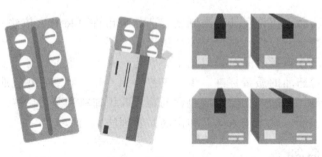

(a) 内包装　　　　(b) 第二层次包装　　　　(c) 第三层次包装

图1-2　药品的内包装与外包装示意图

三、药品包装的功能

药品包装在生产、运输、贮存、销售和使用等方面，对药品发挥着容纳、保护、信息、标识、便利、安全以及美化、广告等功能或作用。

1. 容纳功能

容纳功能即保存功能，是药品包装的最基本功能。所有物理形态的药物制剂必须"盛装"于适宜的包装容器中，以赋予药品基本形态，进行剂量准确分割，便于分发与给药。

2. 保护功能

防止破坏，保证质量。通过隔绝作用、缓冲外力作用等方式保护药品。其中，隔绝作用是指采用适宜高阻隔材料，阻隔空气、潮气、光线、热量或微生物，使药品免受这些外界因素的不良影响，防止药品发生质量变化。缓冲外力作用是指采用适宜的内外包装材料或结构，防止药品在生产、贮存、运输、销售过程中受到外力破坏。

3. 标识作用

便于识别，提供警示，防止差错。通过对药品包装印刷特殊标识，发挥信息、识别、警示等作用，包括标签、说明书、包装标志（详见第二章）。例如：精神药品、麻醉药品、医疗用毒性药品、放射性药品、外用药品、非处方药品等药品专用标识（见图1-3）。

图1-3 药品专用标识举例（彩插）

4. 信息作用

提供信息，安全用药，合理用药。药品是特殊商品，关乎人民生命健康，药品包装的重要作用之一就是科学、规范、准确地提供药品标签和说明书信息。

5. 便利作用

便于给药，便于携带，关爱患者。这是药品包装设计以患者为中心理念的重要体现。要针对药品适应证患者群体的特点，有目的地设计药品包装（包括给药装置、辅助给药组件、药品标签和说明书），以提高患者的顺应性。例如：轻量化的泡罩包装便于患者携带，精准的干粉吸入给药装置［见图1-4（a）］、可自主给药的无针注射装置［见图1-4（b）］、滴管等便利性组件［见图1-4（c）］便于患者给药。

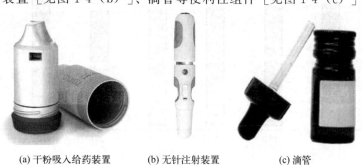

(a) 干粉吸入给药装置　　　　(b) 无针注射装置　　　　(c) 滴管

图1-4 便于给药的药品包装举例

6. 安全作用

防止窃启，防止篡改，保护儿童安全。药品是特殊商品，有规定的适应证和用法用量，药品包装具有提高药品安全性的作用。采用适宜的包装设计，可在药品运输、销售、使用过程中，防止窃启、防止篡改、防止儿童开启误食，确保患者用药安全，确保患者幼年家庭成员安全。例如：防伪包装、儿童安全包装（即防儿童包装）等。

药品包装在不断发展，其功能并不局限于以上几点，作为药学专业人士，要以患者为中心，以药品为核心，对药品包装进行创新设计，实现更多功能，满足临床需求。

第二节 药品包装的市场与发展

一、药品包装的市场

药品包装产业链上游主要为医药包装的各类辅助材料，包括金属、材料、玻璃、化学纤维及其复合材料和黏合剂等，中游为医药包装行业，下游为各类制药、保健品和医药耗材类产业。

据统计，全球医药包装行业的市场规模呈现逐年增长的趋势，由 2015 年的 710 亿美元增长至 2021 年的 1095 亿美元左右（图 1-5）。据市场研究公司 Researchand Markets 的一份报告预计，到 2026 年，全球医药包装市场规模将达到 1616 亿美元，其复合年增长率可达 8.4%。

医药包装行业的细分市场方面，塑料包装、纸包装、玻璃包装、橡胶包装和金属包装等几种类型包装材料的应用范围较广。以 2021 年的市场份额为例，塑料包装和纸包装仍是全球医疗包装主要应用材料，塑料包装的市场份额占比约为 46.8%，纸包装为 23.1%，玻璃包装和铝箔包装应用占比也较大，分别为 14.5% 和 11.2%，其他材质的包装材料的市场份额总计约为 4.4%。由于新冠疫苗的普及上市，玻璃材质包装需求增长潜力较大。

全球医药包装行业的集中度较高，主要分布于在北美、欧洲和亚洲地区，其中美国是全球最大的医药包装市场。2021 年美国、欧洲和中国的市场占比位列前三，分别约为 34.8%、16.2% 和 14.5%，其他地区占比合计约为 34.5%。在企业方面，2021 年 West Rock Company、Berry Global Inc 和 Amcor 的市场占比位列前三，分别为 13.60%、11.89% 和 11.77%。

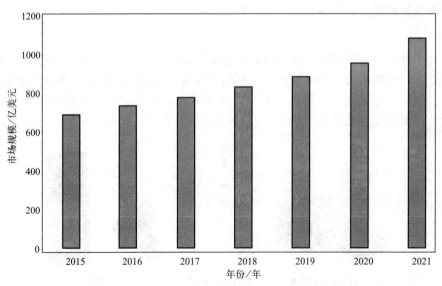

图 1-5 2015 年至 2021 年全球医药包装行业市场规模

总体上，我们首先关注两点：第一，中国药品包装市场增速快。中国药品包装材料企业的规模、研发能力、生产装备等近年来提升快，品种与质量接近国际水平，市场增速最快。其中，临床驱动力是未被满足的需求，产品驱动力是药品质量的高要求与持续改进需求，政策驱动力包括《药品生产质量规范（2010版修订）》、国务院办公厅关于开展仿制药质量和疗效一致性评价的意见（国办发〔2016〕8号）等诸多法规的施行。第二，全球药品包装市场规模大。临床需求驱动以及制药工业发展促进药品包装的市场发展，未来增长点将是增值性药品包装和新型给药系统的包装，因此，产品创新和技术升级势在必行，以提高竞争力，扩大市场规模。

二、药品包装的创新

药品包装创新的主要方向包括：①高质量材料，即安全、环保、高阻隔；②先进性装备，即自动、高效、智能化；③增值性包装，即便利、精准、更安全。

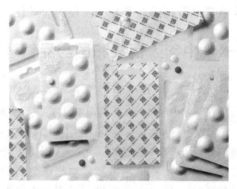

例如，一种新型环保的纸质泡罩材料（见图1-6）被开发出来，它应用3D易成型纸张与密封阻隔涂层的结合，通过成型、填充和密封形成环保的纸质泡罩，可替代片剂和胶囊剂的塑料泡罩。

图1-6　一种纸泡罩包装解决方案

又如，一些制药业加工和包装自动化设备制造商，在其设备产品中推广使用环保材料，其纸盘包装线可将注射剂和医疗器械产品包装入纸箱内，制成易回收、耗能低且可生物降解的纸包装。又如，药品包装行业中机器人和协作机器人（Cobots）的应用越来越普及，动作高度精确的机器人可以执行各类繁琐任务，可以不间断运行，并且可以实现无菌灌装线的零人工操作。因此，采用机器人可以提升包装效率、加快生产速度、提高包装质量，并能解决劳动力短缺问题。

例如，增值性包装是通过包装增加药品的价值，包括：增加患者便利性（一种无针注射器，见图1-7），提高给药准确性，防止药品被假冒，防止药品出差错，防止儿童开启误食药品，等等。

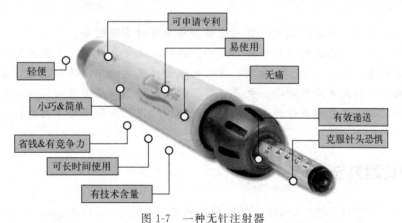

图1-7　一种无针注射器

第三节　药品包装的相关法规

药品与人民群众健康息息相关，党中央、国务院高度重视。2015年以来，先后印发国务院《关于改革药品医疗器械审评审批制度的意见》（国发〔2015〕44号），中共中央办公厅、国务院办公厅《关于深化审评审批制度改革鼓励药品医疗器械创新的意见》（厅字〔2017〕42号）等重要文件，部署推进药品上市许可持有人制度试点、药物临床试验默示许可、关联审评审批、优先审评审批等一系列改革举措。

药品包装是药品的重要组成部分，有专门的监管机构，例如国家药品监督管理局（National Medical Products Administration，NMPA）、国家药品监督管理局药品审评中心（Center for Drug Evaluation，CDE）、美国食品药品管理局（Food and Drug Administration，FDA）、欧洲药品管理局（European Medicines Agency，EMA）、日本医药品医疗器械管理局（Pharmaceuticals and Medical Devices Agency，PMDA），还有医药包装行业协会等。

药品包装有许多政策法规、指导原则和质量标准，这里主要介绍《中华人民共和国药品管理法》《药品注册管理办法》《药品生产质量管理规范（2010年修订）》《直接接触药品的包装材料和容器管理办法》《药品说明书和标签管理规定》《药包材生产质量管理指南》以及3个药包材相容性研究技术指导原则。请注意药品及药品包装相关法规的时效性，保持终身学习与持续更新。

一、《中华人民共和国药品管理法》

2019年8月26日，第十三届全国人大常委会第十二次会议表决通过新修订的《中华人民共和国药品管理法》。该法于2019年12月1日起实施。

这是药品管理法时隔18年后第一次全面修改，新法增加和完善了十多项条款，增加了多项制度举措，加快新药上市，更好地满足公众用得上好药、用得起好药。新法鼓励创新，新引入了药品上市许可持有人制度，实行优先审评审批，对临床急需的短缺药、防治重大传染病和罕见病等疾病的新药、儿童用药开设绿色通道，优先审评审批，以满足人民群众的用药需求。其中，第四十六、四十八、四十九条分别对直接接触药品的包装材料和容器、药品包装、标签和说明书作了规定：

第四十六条　直接接触药品的包装材料和容器，应当符合药用要求，符合保障人体健康、安全的标准。

对不合格的直接接触药品的包装材料和容器，由药品监督管理部门责令停止使用。

第四十八条　药品包装应当适合药品质量的要求，方便储存、运输和医疗使用。

发运中药材应当有包装。在每件包装上，应当注明品名、产地、日期、供货单位，并附有质量合格的标志。

第四十九条　药品包装应当按照规定印有或者贴有标签并附有说明书。

标签或者说明书应当注明药品的通用名称、成分、规格、上市许可持有人及其地址、生产企业及其地址、批准文号、产品批号、生产日期、有效期、适应证或者功能主治、用法、用量、禁忌、不良反应和注意事项。标签、说明书中的文字应当清晰，生产日期、有效期等事项应当显著标注，容易辨识。

麻醉药品、精神药品、医疗用毒性药品、放射性药品、外用药品和非处方药的标签、说明书，应当印有规定的标志。

二、《药品注册管理办法》

新修订的《药品注册管理办法》（国家市场监督管理总局令第27号）于2020年1月15日经国家市场监督管理总局2020年第1次局务会议审议通过，自2020年7月1日起施行。

新修订的《药品注册管理办法》坚持贯彻新制修订法律要求，吸纳药品审评审批制度改革成果，明确围绕药品注册管理工作的基本要求，对药品注册的基本制度、基本原则、基本程序和各方主要责任义务等作出规定。在药品监管理念方面创新，引入药品全生命周期管理理念，系统进行设计，加强从药品研制上市、上市后管理到药品注册证书注销等各环节全过程、全链条的监管制度。

新修订的《药品注册管理办法》创新药品注册管理方式，建立原（料）辅（料）包（材）关联审评审批制度，即：化学原料药按照药品管理，实行审批准入制度；取消辅料及直接接触药品的包装材料和容器的单独审评审批事项，在审批制剂时一并审评，减少审批事项，提高审评审批效率的同时，更加突出药品制剂持有人对辅料及直接接触药品的包装材料和容器的管理责任和主体地位。

原辅包登记人应当按照《国家药监局关于进一步完善药品关联审评审批和监管工作有关事宜的公告》（2019年第56号）的要求在CDE网站"原辅包登记平台"进行登记，并按照有关登记要求提交技术资料，明确生产场地地址等信息。

《国家药监局关于进一步完善药品关联审评审批和监管工作有关事宜的公告》规定：原辅包的使用必须符合药用要求，主要是指原辅包的质量、安全及功能应该满足药品制剂的需要。原辅包与药品制剂关联审评审批由原辅包登记人在登记平台上登记，药品制剂注册申请人提交注册申请时与平台登记资料进行关联；因特殊原因无法在平台登记的原辅包，也可在药品制剂注册申请时，由药品制剂注册申请人一并提供原辅包研究资料。药品制剂注册申请人申报药品注册申请时，需提供原辅包登记号和原辅包登记人的使用授权书。

三、《药品生产质量管理规范（2010年修订）》

2011年1月17日，中华人民共和国卫生部令第79号发布了《药品生产质量管理规范（2010年修订）》，自2011年3月1日起施行。本规范作为质量管理体系的一部分，是药品生产管理和质量控制的基本要求，旨在最大限度地降低药品生产过程中污染、交叉污染以及混淆、差错等风险，确保持续稳定地生产出符合预定用途和注册要求的药品。在药品生产的质量管理（质量保证、质量控制、质量风险管理）、厂房与设施、设备、物料与产品、确认与验证、文件管理、生产管理、质量控制与质量保证等章均涉及药品包装，对包装材料、包装操作、包装批记录提出了详细的要求。同时，规范下列术语的含义，分述如下。

（1）**包装**：待包装产品变成成品所需的所有操作步骤，包括分装、贴签等。但无菌生产工艺中产品的无菌灌装，以及最终灭菌产品的灌装等不视为包装。

（2）**包装材料**：药品包装所用的材料，包括与药品直接接触的包装材料和容器、印刷包装材料，但不包括发运用的外包装材料。

（3）**印刷包装材料**：指具有特定式样和印刷内容的包装材料，如印字铝箔、标签、说明书、纸盒等。

（4）**物料**：指原料、辅料和包装材料等。例如：化学药品制剂的原料是指原料药；生物制品的原料是指原材料；中药制剂的原料是指中药材、中药饮片和外购中药提取物；原料药的原料是指用于原料药生产的除包装材料以外的其他物料。

（5）**产品**：包括药品的中间产品、待包装产品和成品。

（6）**产品生命周期**：产品从最初的研发、上市直至退市的所有阶段。

（7）**工艺规程**：为生产特定数量的成品而制定的一个或一套文件，包括生产处方、生产操作要求和包装操作要求，规定原辅料和包装材料的数量、工艺参数和条件、加工说明（包括中间控制）、注意事项等内容。

四、《直接接触药品的包装材料和容器管理办法》

《直接接触药品的包装材料和容器管理办法》（国家食品药品监督管理局令第13号），于2004年公布并施行。该法规共八章六十七条，对药包材的注册、生产、进口和使用作了详细的规定（详见NMPA网站），以下列举第一条至第八条。

第一条 为加强直接接触药品的包装材料和容器（以下简称"药包材"）的监督管理，保证药包材质量，根据《中华人民共和国药品管理法》（以下简称《药品管理法》）及《中华人民共和国药品管理法实施条例》，制定本办法。

第二条 生产、进口和使用药包材，必须符合药包材国家标准。药包材国家标准由国家食品药品监督管理局制定和颁布。

第三条 国家食品药品监督管理局制定注册药包材产品目录，并对目录中的产品实行注册管理。对于不能确保药品质量的药包材，国家食品药品监督管理局公布淘汰的药包材产品目录。

第四条 国家鼓励研究、生产和使用新型药包材。新型药包材应当按照本办法规定申请注册，经批准后方可生产、进口和使用。

第五条　药包材国家标准，是指国家为保证药包材质量、确保药包材的质量可控性而制定的质量指标、检验方法等技术要求。

第六条　药包材国家标准由国家食品药品监督管理局组织国家药典委员会制定和修订，并由国家食品药品监督管理局颁布实施。

第七条　国家食品药品监督管理局设置或者确定的药包材检验机构承担药包材国家标准拟定和修订方案的起草、方法学验证、实验室复核工作。

第八条　国家药典委员会根据国家食品药品监督管理局的要求，组织专家进行药包材国家标准的审定工作。

五、药品说明书和标签管理规定

《药品说明书和标签管理规定》（国家食品药品监督管理局令第 24 号），自 2006 年 6 月 1 日起施行。该管理规定共六章三十一条，对药品的名称、说明书和标签作了详细的规定。

2023 年 3 月，国家药品监督管理局药审中心发布了《化学药品说明书及标签药学相关信息撰写指导原则（试行）》（2023 年第 20 号），该指导原则在现行法规及指导原则的基础上，重点讨论药品说明书及标签中药学相关信息的内容、格式、用语。

2023 年 6 月，第十四届全国人民代表大会常务委员会第三次会议通过了《中华人民共和国无障碍环境建设法》，自 2023 年 9 月 1 日起施行。其中"第三十七条　国务院有关部门应当完善药品标签、说明书的管理规范，要求药品生产经营者提供语音、大字、盲文、电子等无障碍格式版本的标签、说明书。国家鼓励其他商品的生产经营者提供语音、大字、盲文、电子等无障碍格式版本的标签、说明书，方便残疾人、老年人识别和使用"。由此可见，药品说明书和标签十分重要。

六、药品与包装材料相容性研究技术指导原则

为指导药品与包装容器系统的相容性研究工作，建立并完善药品与包装相容性研究指导原则体系，科学规范和指导药品与包装材料相容性研究工作，保证研究质量，确保药品安全，国家药品监督管理局组织制定了一系列药品与包装材料相容性研究技术指导原则。国家食品药品监督管理局分别于 2012 年 9 月 7 日发布了《化学药品注射剂与塑料包装材料相容性研究技术指导原则（试行）》，2015 年 7 月 28 日发布了《化学药品注射剂与药用玻璃包装容器相容性研究技术指导原则（试行）》，国家药品监督管理局分别于 2018 年 4 月 16 日发布了《化学药品与弹性体密封件相容性研究技术指导原则（试行）》，2020 年 10 月 21 日发布了《化学药品注射剂包装系统密封性研究技术指南（试行）》和《化学药品注射剂生产所用的塑料组件系统相容性研究技术指南（试行）》。

七、药品包装行业协会指南

中国医药包装协会制订并发布了一系列药品包装相关的团体标准（指南），具体分别如下所述。

《注射剂标签设计指南》（T/CNPPA 3004—2019）于 2019 年 4 月 18 日发布，自 2019 年 5 月 1 日起实施。本标准旨在指导药品上市许可人、临床机构、标签设计、制作单位在药品标签设计、制作时，通过对字体、图案、色彩、布局等元素的合理应用，从而减少临床用药错误，保证患者用药安全。

《药包材生产质量管理指南》（T/CNPPA 3005—2019）于 2019 年 5 月 8 日发布，自 2019 年 5 月 8 日起实施。该标准规定了质量管理体系的建立、机构职责和人员要求、厂房和设施、设备、采购控制与物料管理、确认与验证、生产管理、产品设计与开发、质量控制与质量保证、顾客管理与售后服务等内容。

《药包材变更研究技术指南》（T/CNPPA 3009—2020）于 2020 年 5 月 29 日发布，自 2020 年 5 月 29 日起实施。该标准规定了药包材变更分类、变更项目与变更内容、技术类变更研究、综合评估及变更研究应用。该标准适用于指导药包材登记人对药包材生产过程中发生的变更开展相应的研究，并对研究结果予

以评估，供药品上市许可持有人参考。

《塑料和橡胶类药包材自身稳定性研究指南》（T/CNPPA 3017—2021）于 2021 年 9 月 1 日发布，自 2021 年 9 月 1 日起实施。该指南规定了塑料、橡胶类高分子材料制成的药包材自身稳定性的研究方法。该指南适用于塑料、橡胶类等高分子材料制成的药包材自身稳定性研究。对于不与药品直接接触的功能性外袋可参照文件执行。

《上市药品包装变更等同性/可替代性及相容性研究指南》（T/CNPPA 3019—2022）于 2022 年 1 月 20 日发布，自 2022 年 1 月 20 日实施。药包材的等同性/可替代性评价及相容性研究是以药包材适用性（包括保护性、功能性、安全性、相容性）为评价对象，确定其变更前后适用性风险的可接受程度，而不是是否相同。该指南中的成对比较原则及等共同性/可替代性判定原则，也可为药包材相关的其他成对比研究提供参考。

《儿童用药品标签设计指南》（T/CNPPA 3021—2022）于 2022 年 4 月 22 日发布，自 2022 年 4 月 22 日实施。儿童非缩小版的成人，对药品的吸收、分布、代谢和排泄能力与成人存在显著差异，不同年龄段又有不同的生理特点。药品在用于儿童患者时有年龄段限制或剂量要求。从标签区分儿童用药品与成人药品，或对涉及儿童使用的重要内容有明显提示，可以防止误用造成对儿童的伤害。所以儿童用药品标签除需符合药品标签设计基本要求外，需考虑儿童用药品的特点，重要安全性信息需在标签上明确标识。该指南旨在引导药品上市许可持有人和标签设计与生产者在设计药品标签时，通过对标识、字体、图案、色彩、布局等要素的应用，增加对标签内容的可辨识性，减少儿童患者临床用药错误，保证用药安全。

《单剂量口服液体制剂选择复合膜/袋研究指南》（T/CNPPA 3020—2022）于 2022 年 5 月 9 日发布，自 2022 年 5 月 9 日起实施。单剂量口服液体制剂复合膜/袋包装具有剂量准确，制剂配方可不添加抑菌剂且使用过程被污染风险低，易携带、储运方便、开启便捷等特点。复合膜/袋包装常采用预先印刷版面的方式，减少了常规外标签带入的不干胶黏合剂的迁移风险。单剂量口服液体制剂选择复合膜/袋包装，应基于风险管理的理念和良好的科学原则，并根据每种结构和组成的复合膜/袋包装及其拟包装的药物制剂，确定必要的研究内容、试验方法和质量接收标准，并且要保证复合膜/袋包装批次间的稳定性和均一性。

八、国际药品包装相关指南概览

人用药品注册技术要求国际协调会（The International Council for Harmonisation of Technical Requirements for Pharmaceuticals for Human Use，ICH）系列指导原则目前共 63 个。国家药监局已发布公告明确实施时间点的共有 59 个 ICH 指导原则，其中 Q 系列 17 个，E 系列 21 个，S 系列 15 个，M 系列 6 个。63 个 ICH 指导原则中已实施 57 个。ICH 指导原则不断地融入了药品包装材料及包装系统的要求。例如，《ICH Q8（R2）药品研发》，在药品研发阶段，提出了包装容器或标签与药品间相互作用、容器密闭系统完整性等包装系统选择与研究方法，同时在《M4（R4）人用药物注册申请通用技术文档》模块中体现；《ICH Q9 质量风险管理》中基于风险评估、控制、沟通以及持续进行审查和监测的管理过程，在药品包装系统研究中得到充分的运用；作为对地区 GMP 的补充和强化，《ICH Q10 药品质量体系》则在完成产品实现、建立和保持受控状态及推动持续改进方面给出了更加明确的实践目标，涵盖了包括"药品研发"阶段在内的药品全生命周期的质量管理体系。

美国 FDA 发布了一系列药品包装相关指导原则。例如，1999 年 5 月发布了《人用药品和生物制品包装用容器密封系统指导原则》（Container Closure Systems for Packaging Human Drugs and Biologics），继而于 3 年后再次发布了《人用药品和生物制品包装用容器密封系统指导原则—问答》（Container Closure Systems for Packaging Human Drugs and Biologics—Questions and Answers），该指导原则代表了美国 FDA 关于人用药品和生物制品包装用容器密封系统的现行观点，认为药品剂型及给药途径从根本上确定了药品与包装材料相互作用的可能性。2018 年 10 月发布了《采用多次剂量、单次剂量和单人使用容器包装的人用注射医疗产品标签中的包装类型术语的选择与建议》（Selection of the Appropriate Package Type Terms and Recommendations for Labeling Injectable Medical Products Packaged in Multiple-Dose, Single-Dose, and Single-Patient-Use Containers for Human Use）。2019 年 8 月发布了《药品标签中防儿童包装的声明 工业指南》（Child-Resistant Packaging Statements in Drug Product Labeling Guidance for Industry），该指南指出，为确保标识上的防儿童包装（Child-Resistant Packaging，CRP，又称儿童安全包装）声明不虚假或具有误导性，只有在已证明药品包装符合美国消费品安全协会（CPSC）法规标准和CRP测试程序的情况下，才能使用此类声明。2022年5月发布了《为降低用药错误的药品包装容器标签和纸箱标签设计的安全性考虑》（Safety Considerations for Container Labels and Carton Labeling Design to Minimize Medication Errors），本指南中旨在为人用处方药的容器标签和纸箱标签的设计的关键要素提供原则和建议，以促进产品的安全使用。2022年3月发布了《某些眼用产品需要遵守21 CFR第4部分　工业指南》（Certain Ophthalmic Products：Policy Regarding Compliance With 21 CFR Part 4 Guidance for Industry），该指南指出：与眼用制剂合并包装的滴眼剂量杯、滴管、配药器等将作为药品的组成部分进行监管。

（蒋曙光）

思考题

1. 请叙述药品包装的概念、功能与创新的驱动力。
2. 请查阅新型给药装置无针注射器的相关资料，说明其原理与特点。
3. 请查阅并解读原辅包关联审评审批的相关政策，了解国家"原辅包登记平台"的药包材登记信息。
4. 学习《中华人民共和国无障碍环境建设法》相关内容，思考如何设计方便残疾人和老年人使用的药品包装。
5. 请查阅我国药品监督管理部门的官方网站，解读1到2个药品包装相关的最新政策法规。

参考文献

[1] 全国人民代表大会常务委员会. 中华人民共和国药品管理法（2019年12月1日起施行）. 2019年8月26日（第十三届全国人民代表大会常务委员会第十二次会议第二次修订）. https：//www.nmpa.gov.cn/xxgk/fgwj/flxzhfg/20190827083801685.html

[2] 国家市场监督管理. 药品注册管理办法（自2020年7月1日起施行）. 2020年1月22日（国家市场监督管理总局令第27号公布）. https：//www.samr.gov.cn/zw/zfxxgk/fdzdgknr/fgs/art/2023/art_3275cb2a929d4c34ac8c0421b2a9c257.html

[3] 中华人民共和国卫生部. 药品生产质量管理规范（2010年修订）（自2011年3月1日起施行）. 2010年1月17日（中华人民共和国卫生部令第79号发布）. https：//www.gov.cn/gongbao/content/2011/content_1907093.html

[4] 国家药典委员会. 中华人民共和国药典：2020年版四部［S］. 北京：中国医药科技出版社，2020.

[5] 孙智慧. 药品包装实用技术［M］. 北京：化学工业出版社，2005.

[6] 孙智慧. 药品包装学［M］. 北京：中国轻工业出版社，2006.

[7] D. K. Sarker. Packaging Technology and Engineering Pharmaceutical，Medical and Food Applications［M］. Hoboken：John Wiley & Sons Ltd，2020.

[8] D. A. 迪安，E. R. 埃文斯，I. H. 霍尔. 药品包装技术［M］. 徐晖，杨丽，等译. 北京：化学工业出版社，2006.

[9] 国家食品药品监督管理局. 药品说明书和标签管理规定（局令第24号），2006年3月. https：//www.nmpa.gov.cn/yaopin/ypfgwj/ypfgbmgzh/20060315010101975.html

[10] 国家药品监督管理局药品审评中心. 关于发布《化学药品说明书及标签药学相关信息撰写指导原则（试行）》的通告（2023年第20号），2023年3月. https：//www.cde.org.cn/main/news/viewInfoCommon/defca6a1f3ba33d0bad6f309e5a0b816

[11] 全国人民代表大会常务委员会. 中华人民共和国无障碍环境建设法（自2023年9月1日起施行）. 2023年6月28日（第十四届全国人民代表大会常务委员会第三次会议通过）. https：//www.gov.cn/yaowen/liebiao/202306/concent_6888910.html

[12] 国家药品监督管理局. 公开征求《药品说明书适老化改革试点工作方案》等文件意见，2023年6月. https：//www.nmpa.gov.cn/xxgk/zhqyj/zhqyjyp/20230629170844132.html

[13] 人用药品注册技术要求国际协调会（The International Council for Harmonisation of Technical Requirements for Pharmaceuticals for Human Use，ICH）协调指导原则Q8、Q9、Q10、Q12和M4.

第二章
药品包装设计

第一节　药品包装设计概述

一、药品包装系统

药品包装系统是指容纳和保护药品，以及保证药品质量和使用的所有包装组件的总和。广义上，药品包装系统包含人、药品（制剂）、包装和环境四大要素，见图 2-1。其中，人的要素，要考虑患者、医护人员、销售人员、患者家庭成员及其他可能接触药品的人员，尤其关注儿童、老人、视力与肢体残障人士等特殊患者的需求以及儿童的安全。各个要素之间直接或间接地相互作用，相互影响。在药品包装设计中，要以患者为中心，满足临床需求，要以药品为核心，巧妙设计包装，消除不利影响，实现相应功能，例如：药品容纳（保存、分剂量）、药品保护、承载标签；患者顺应、使用便利、老人关爱、儿童安全、生产适应、环境友好；等等。

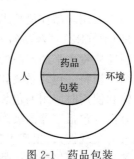

图 2-1　药品包装系统的四大要素

二、药品包装工程

药品包装是一个系统工程，药品包装工程主要包括四个子系统：包装设计、包装材料、包装技术和包装设备，其中包装设计又包括结构设计、造型设计和装潢设计，见图 2-2。造型、装潢的美观，基于结构的科学合理。

包装设计是实现包装功能目的的计划，是包装工程的核心主导，具有较大的灵活性，否则就不会具有特色或个性的包装。包装材料、包装技术（工艺）与包装设备是计划付诸实施的必要前提和手段，是包装工程的基础，具有相对的稳定性，对于包装设计具有一定的约束和限制，否则任何理想的包装设计都会成为空中楼阁。四者受"人-药品-包装-环境"系统活力的激励，一旦其中之一获得突破，必将引起连锁反应，推动整个包装工程的发展。

图 2-2　药品包装工程的四大子系统示意图

第二节　药品包装设计的基本要求

药品包装是药品的重要组成部分，对药品的安全性、有效性、稳定性、便利性以及质量可控性有着重要影响。在药品（包括原料药与制剂）的研发、注册、生产、销售、使用等诸多环节，需要按照《药品管理法》《药品注册管理办法》以及相关指导原则对药品的包装系统进行全面的设计与研究。

国际组织与世界各国非常重视对药品包装的管理，例如 ICH、WHO、各国药典与药监部门均颁发了药品包装、药包材相关的管理办法、指导原则及 GMP 等管理文件。

药包材系指药品生产企业生产的药品和医疗机构配制的制剂所使用的直接与药品接触的包装材料和容器。作为药品包装最重要的基础材料，药包材本身的质量、安全性、使用性能以及药包材与药物之间的相容性对药品质量有着十分重要的影响。药包材是由一种或多种材料制成的包装组件组合而成，应具有良好的安全性、适应性、稳定性、功能性、保护性和便利性，在药品的包装、贮藏、运输和使用过程中起到保护药品质量、安全、有效，实现给药目的（如气雾剂）的作用。

本节主要介绍 ICH 指导原则、药品包装设计的基本原则、药品说明书与标签的撰写要求。对于药品包装材料、技术、设备的具体要求，将在后续相关章节中介绍。

一、　ICH 协调指导原则对包装的要求

中国是人用药品注册技术要求国际协调会（ICH）成员，适用 ICH 协调指导原则。

ICH Q8（R2）"药品研发"指出：药品研发的目的在于设计一个高质量的产品，以及能持续生产出符合其预期质量水平的产品的生产工艺；应阐述所选剂型以及所建议的处方与其预期用途的适应性；应确定原料药、辅料、包装系统和生产过程中对产品质量起重要作用的方面，并说明控制策略；应对制剂贮藏、运输和使用时所用的包装系统的适用性进行论述，例如材料的选择、防潮和避光功能、结构材料与制剂的相容性（包括容器的吸附和浸出）、结构材料的安全性以及性能（如作为制剂的一部分时，递送装置给药剂量的重现性）；生产工艺和工艺控制应涵盖所有的工艺步骤，提供生产工艺描述（包括包装步骤），应更详细地描述直接影响产品质量的新型工艺或技术以及包装操作；对于生产工艺中的关键步骤或关键检验项目，应提供验证和/或评价研究的说明、文件和结果（例如灭菌工艺、无菌工艺或灌装的验证）。

ICH Q9"质量风险管理"指出：有效的质量风险管理方法可以通过在药品研发、生产和流通过程中主动识别和控制潜在的质量问题，进一步保证为患者所提供药品的质量；在开发阶段及验证活动中，质量风险管理是建立知识和理解风险情形的一部分，以便在技术转移期间作出适当的风险控制决策，并在商业化生产阶段使用；质量风险管理原则和工具示例可应用于药品质量管理的不同方面，包括在原料药、制剂（药品）、生物药及生物技术产品（包括在药品、生物药和生物技术产品中使用的原材料、溶剂、辅料、包装材料和标签）的全生命周期中的开发、生产、流通、检查、注册申报/审评过程。包装和贴签中的质量风险管理包括：包装设计（设计外包装以保护内包完成的产品，例如确保产品真实性、标签可读）、容器

密封系统的选择（确定容器密封系统的关键参数）、标签控制（基于不同产品标签及同一标签的不同版本间潜在的混淆风险，设计标签控制程序）、生产厂房设施和设备［对稳健的生产（包括包装）而言是适宜且经过良好设计的］。

ICH Q10"药品质量体系"指出：作为药品质量体系（PQS）的模型，适用于贯穿产品整个生命周期的、支持原料药（即 API）与制剂研发和生产的各个系统，涵盖了新产品和已上市产品在其生命周期中各阶段的技术活动，见图 2-3。其中，制剂包装系统相关的技术活动包括：药品研发阶段的制剂处方开发（包括包装材料、容器/密封系统）、生产工艺的开发和放大（包括包装工艺、技术与设备）、商业生产阶段的包装和贴签。

ICH M4 模块一"行政文件和药品信息"要求：提供产品信息相关材料，其中包括研究药物说明书及修订说明与包装标签（适用于临床试验申请）、上市药品说明书及修订说明与包装标签（适用于上市及上市后变更申请）。

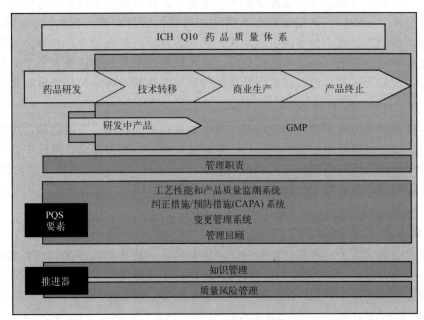

图 2-3　ICH Q10 药品质量体系模型示意图

二、药品包装设计的基本原则与方法

（一）药品包装设计的基本原则

在设计药品包装时，首要原则是符合法规要求（如药包材、说明书与标签相关的管理规定、指导原则等）、满足患者需求、保证药品质量。此外，还应考虑以下原则。

1. 协调性原则

（1）**药品包装应与功能相协调**：药品包装应与包装所承担的功能相协调，应针对性地选用包装材料和容器，以实现期望功能，例如保护、容纳、阻隔、便利、耐高温、防篡改、防替换、防儿童开启等。对于光、氧气或湿气敏感药品，应选用具相应性能的高阻隔材料。

（2）**药品包装应与剂型相协调**：根据给药途径、剂型来选择不同的药包材、不同结构的容器。注射剂与吸入制剂具有最高风险，对药包材、包装技术、包装设备和包装环境的要求最高，注射剂宜采用单剂量包装，喷雾剂等附有组合装置。

① 固体制剂包装：粉状制剂（散剂、颗粒剂等）可采用瓶（药瓶、安瓿等）、罐、复合膜条形包装（单剂量）；片剂、胶囊剂可采用玻璃瓶、塑料瓶、塑料泡罩、铝塑泡罩、冷冲压成型包装、复合膜条形包装。

② 半固体制剂包装：软膏剂、乳膏剂和凝胶剂，可采用瓶、复合膜袋、软管、注射器包装。

③ 液体制剂包装：大多采用瓶（塑料、玻璃）、袋（复合膜袋、聚烯烃软袋）。液体制剂的包装具有高风险，应根据具体品种关注相容、渗透（含油、乳化剂的制剂）、泄漏、密封、防腐、无菌等问题。

2. 相容性原则

药包材应与药品相容。药包材与药物的相容性广义是指包装材料与药物间的相互影响或迁移，包括物理相容性、化学相容性和生物相容性。应选用对药品（制剂）无影响、对人体无伤害的药包材。药包材与药物的相容性，将在第四章"药品包装材料与药品相容性试验"讲授。

3. 适应性原则

药品包装是用来包装药品的，药品必须通过流通领域才能到达患者手中，而各种药品的流通条件并不相同，药品包装材料的选用以及包装结构与造型的设计，应与流通条件相适应。流通条件包括气候、运输方式、流通对象与流通周期等。气候条件是指药品包装材料应适应流通区域的温度、湿度、温差等。对于气候条件恶劣的环境，药品包装材料的选择更需加倍注意。运输方式包括汽车、船舶、飞机等，它们对药品包装材料的性能要求各不相同，如振动程度不同则对药品包装材料具有抗震性、防跌落等的要求亦不同。流通对象是指药品的接受者，由于国家、地区、民族的差异，存在着个体差异，对药品包装材料的规格、包装形式都会有不同的要求，必须与之相适应。流通周期是指药品到达患者手中的预定周期，药品有一个有效期的问题，所选用的药品包装材料应能满足药品在有效期内确保药品质量的稳定。

4. 对等性原则

药品包装应与药品的品性或相应的价值对等。对于贵重药品或附加值高的药品，应选用价格性能比较高的药品包装材料；对于价格适中的常用药品，除考虑美观外，还要多考虑经济性，其所用的药品包装材料应与之对等；对于价格较低的普通药品，在确保其具有安全性，保持其保护功能的同时，应注重实惠性，选用价格较低的药品包装；对于急救用药品，其包装应着重体现其临床价值，例如采用预灌封注射器可为患者争取抢救时间。

5. 美学性原则

药品的包装应符合美学要求。药品包装的设计应注意科学、技术与艺术的结合，具体体现在药包材、包装结构、造型和装潢方面，主要考虑材料的材质、颜色，容器的结构、造型，装潢的色彩、图案及其组合等。同时，也要客观反映某个时期、地区的科学技术水平与人们的审美观点，突出时间性、科学性和美感要求。

6. 无污染原则

药品包装材料，除了满足物理性能、化学性能和生物性能外，研究、使用环境友好的绿色药品包装材料也是药学工作者、药品包装材料生产企业的努力方向。例如，聚氯乙烯（PVC）是固体制剂泡罩包装的重要材料，回收利用困难，焚烧后会产生二噁英（dioxin）等有毒物质，带来极为严重的环保问题；PVC曾经被用作输液瓶材料，目前已经被淘汰，原因是PVC中使用邻苯二甲酸二（2-乙基己基）酯（DEHP）作为增塑剂，进入机体后可对健康产生多方面的影响，长期接触DEHP可引起生殖系统、造血系统和肝脏的损害，大鼠和小鼠的研究结果表明，睾丸萎缩是主要的生殖系统毒效应，而年幼动物更为敏感。

（二）药品包装设计的基本方法

1. 药品包装设计的构思与表现

（1）**药品包装设计的构思**：构思是设计的灵魂，是设计者对药品的全部理解，是知识与技巧的结合，是经验与创新的综合，是药学与美学的结晶。药品是特殊商品，其包装设计要注重外在需求，例如科学性、规范性、准确性、美观性、宣传性和展示性等，更要注重其内在需求，例如安全性、保护性、功能性、稳定性、相容性、便利性等。

药品包装设计可采用黄金圈法则进行构思，即思考三个层面：

① Why：最内层——为什么，做一件事的原因或目的，也可以说是理念和宗旨，属于战略层面。满足患者的什么需求（例如，儿童药品剂量不准），解决产品的什么难点（例如，液体制剂见光分解）等。

② How：中间层——怎么做，针对这个目的或理念的计划，也即如何去做好这件事情，属于战术层

面。如何满足患者的需求（例如，增加刻度滴管、采用小规格包装），如何解决产品的难点（例如，选用遮光包装）等。

③ What：最外层——是什么，最终得到什么，或者要做哪些具体的事，这基本是事情的表象，主要是执行层面的东西。如何实施药品包装的设计，对包装材料、容器结构、包装装潢、包装设备、工艺参数等进行针对性筛选与验证，确认所设计的药品包装能够满足患者的需求、解决产品的难点等。

（2）药品包装设计的表现：在药品包装的外在需求方面，进行说明书与标签设计、装潢平面设计的构思，其核心在于考虑"表现什么"和"如何表现"，即解决表现重点、表现角度、表现手法和表现形式四个问题。

① 表现重点是指表现内容的集中点。例如，药品包装的标签设计在有限画面内进行，这是空间上的局限性；药品外包装在销售中期望在短暂的时间内给购买者留下深刻印象，这是时间上的局限性。这种时空限制要求药品包装装潢设计不能画面俱到，应在合规的前提下进行创新设计。

② 表现角度是确定表现形式后的深化。如以药品本身为表现重点，则表现药品外在形象或内在属性。事物都有不同的认识角度，在表现上比较集中于一个角度，这将有益于表现的鲜明性。

③ 表现的重点和角度主要是解决表现什么，而表现手法和表现形式主要是解决如何表现的问题，能给设计带来生机。表现手法有两种：一种是直接表现，表现重点为内容物本身，包括表现其外观形态或用途、用法等，最常用的方法是运用摄影图片或开窗来表现。另一种是间接表现或借助表现，是比较内在的表现手法，即画面上不出现表现对象本身，而借助于内容物的某种特征、属性、概念等来表现。间接表现可实现新颖、独特、多变的表现效果，其手法包括比喻、联想和象征。

④ 表现形式是内在特征的传达，是设计表达的具体语言，是设计的视觉传达。表现形式应考虑：药品说明、标签信息的合规；字体、图案、色彩的设计及其编排；防伪、盲文以及辅助装饰的应用；等等。

2. 药品包装设计的程序

药品包装设计应根据药物性质、给药途径、剂型特点、患者需求、注册要求、企业定位、市场竞争等，对药包材、包装工艺、包装系统性能进行研究与验证，对药品外包装、说明书与标签进行设计与优化。其一般程序简要概括如下：

（1）患者需求与市场调研：临床用药与患者需求，调研市场的竞品信息。
（2）产品分析与企业分析：分析药品与企业特征，使包装设计有针对性。
（3）凝练特性与设计定位：以药品特性进行定位，突出独特性和新价值。
（4）设计方案与研究评估：形成多方案的设计稿，研究评估并优化完善。
（5）加工试制与注册审批：加工出样并测试评价，选定方案并注册申报。
（6）交付生产与持续改进：应用于药品批量生产，药品上市后持续改进。

三、药品说明书与标签的撰写要求

（一）说明书与标签管理规定与指导原则

药品说明书与标签是药品的信息载体，是药品包装的重要组成部分，是临床上安全、科学、合理用药的重要依据。药品说明书与标签应符合相关管理规定和指导原则的要求。

1. 说明书与标签管理规定

在我国，现行有效的是《药品说明书和标签管理规定》（2006 年 3 月 15 日国家食品药品监督管理局令第 24 号公布，自 2006 年 6 月 1 日起施行），见表 2-1。

表 2-1 《药品说明书和标签管理规定》

药品说明书和标签管理规定
（2006 年 3 月 15 日国家食品药品监督管理局令第 24 号公布　自 2006 年 6 月 1 日起施行）

第一章　总则

第一条　为规范药品说明书和标签的管理,根据《中华人民共和国药品管理法》和《中华人民共和国药品管理法实施条例》制定本规定。

第二条 在中华人民共和国境内上市销售的药品,其说明书和标签应当符合本规定的要求。

第三条 药品说明书和标签由国家食品药品监督管理局予以核准。

药品的标签应当以说明书为依据,其内容不得超出说明书的范围,不得印有暗示疗效、误导使用和不适当宣传产品的文字和标识。

第四条 药品包装必须按照规定印有或者贴有标签,不得夹带其他任何介绍或者宣传产品、企业的文字、音像及其他资料。

药品生产企业生产供上市销售的最小包装必须附有说明书。

第五条 药品说明书和标签的文字表述应当科学、规范、准确。非处方药说明书还应当使用容易理解的文字表述,以便患者自行判断、选择和使用。

第六条 药品说明书和标签中的文字应当清晰易辨,标识应当清楚醒目,不得有印字脱落或者粘贴不牢等现象,不得以粘贴、剪切、涂改等方式进行修改或者补充。

第七条 药品说明书和标签应当使用国家语言文字工作委员会公布的规范化汉字,增加其他文字对照的,应当以汉字表述为准。

第八条 出于保护公众健康和指导正确合理用药的目的,药品生产企业可以主动提出在药品说明书或者标签上加注警示语,国家食品药品监督管理局也可以要求药品生产企业在说明书或者标签上加注警示语。

第二章 药品说明书

第九条 药品说明书应当包含药品安全性、有效性的重要科学数据、结论和信息,用以指导安全、合理使用药品。药品说明书的具体格式、内容和书写要求由国家食品药品监督管理局制定并发布。

第十条 药品说明书对疾病名称、药学专业名词、药品名称、临床检验名称和结果的表述,应当采用国家统一颁布或规范的专用词汇,度量衡单位应当符合国家标准的规定。

第十一条 药品说明书应当列出全部活性成分或者组方中的全部中药药味。注射剂和非处方药还应当列出所用的全部辅料名称。

药品处方中含有可能引起严重不良反应的成分或者辅料的,应当予以说明。

第十二条 药品生产企业应当主动跟踪药品上市后的安全性、有效性情况,需要对药品说明书进行修改的,应当及时提出申请。

根据药品不良反应监测、药品再评价结果等信息,国家食品药品监督管理局也可以要求药品生产企业修改药品说明书。

第十三条 药品说明书获准修改后,药品生产企业应当将修改的内容立即通知相关药品经营企业、使用单位及其他部门,并按要求及时使用修改后的说明书和标签。

第十四条 药品说明书应当充分包含药品不良反应信息,详细注明药品不良反应。药品生产企业未根据药品上市后的安全性、有效性情况及时修改说明书或者未将药品不良反应在说明书中充分说明的,由此引起的不良后果由该生产企业承担。

第十五条 药品说明书核准日期和修改日期应当在说明书中醒目标示。

第三章 药品的标签

第十六条 药品的标签是指药品包装上印有或者贴有的内容,分为内标签和外标签。药品内标签直接接触药品的包装的标签,外标签指内标签以外的其他包装的标签。

第十七条 药品的内标签应当包含药品通用名称、适应证或者功能主治、规格、用法用量、生产日期、产品批号、有效期、生产企业等内容。

包装尺寸过小无法全部标明上述内容的,至少应当标注药品通用名称、规格、产品批号、有效期等内容。

第十八条 药品外标签应当注明药品通用名称、成分、性状、适应证或者功能主治、规格、用法用量、不良反应、禁忌、注意事项、贮藏、生产日期、产品批号、有效期、批准文号、生产企业等内容。适应证或者功能主治、用法用量、不良反应、禁忌、注意事项不能全部注明的,应当标出主要内容并注明"详见说明书"字样。

第十九条 用于运输、储藏的包装的标签,至少应当注明药品通用名称、规格、贮藏、生产日期、产品批号、有效期、批准文号、生产企业,也可以根据需要注明包装数量、运输注意事项或者其他标记等必要内容。

第二十条 原料药的标签应当注明药品名称、贮藏、生产日期、产品批号、有效期、执行标准、批准文号、生产企业,同时还需注明包装数量以及运输注意事项等必要内容。

第二十一条 同一药品生产企业生产的同一药品,药品规格和包装规格均相同的,其标签的内容、格式及颜色必须一致;药品规格或者包装规格不同的,其标签应当明显区别或者规格项明显标注。

同一药品生产企业生产的同一药品,分别按处方药与非处方药管理的,两者的包装颜色应当明显区别。

第二十二条 对贮藏有特殊要求的药品,应当在标签的醒目位置注明。

第二十三条 药品标签中的有效期应当按照年、月、日的顺序标注,年份用四位数字表示,月、日用两位数表示。其具体标注格式为"有效期至××××年××月"或者"有效期至××××年××月××日";也可以用数字和其他符号表示为"有效期至××××.××."或者"有效期至××××/××/××"等。

预防用生物制品有效期的标注按照国家食品药品监督管理局批准的注册标准执行,治疗用生物制品有效期的标注自分装日期计算,其他药品有效期的标注自生产日期计算。

有效期若标注到日,应当为起算日期对应年月日的前一天,若标注到月,应当为起算月份对应年月的前一月。

第四章 药品名称和注册商标的使用

第二十四条 药品说明书和标签中标注的药品名称必须符合国家食品药品监督管理局公布的药品通用名称和商品名称的命名原则,并与药品批准证明文件的相应内容一致。

第二十五条 药品通用名称应当显著、突出,其字体、字号和颜色必须一致,并符合以下要求:

(一)对于横版标签,必须在上三分之一范围内显著位置标出;对于竖版标签,必须在右三分之一范围内显著位置标出;

（二）不得选用草书、篆书等不易识别的字体,不得使用斜体、中空、阴影等形式对字体进行修饰;

（三）字体颜色应当使用黑色或者白色,与相应的浅色或者深色背景形成强烈反差;

（四）除因包装尺寸的限制而无法同行书写的,不得分行书写。

第二十六条 药品商品名称不得与通用名称同行书写,其字体和颜色不得比通用名称更突出和显著,其字体以单字面积计不得大于通用名称所用字体的二分之一。

第二十七条 药品说明书和标签中禁止使用未经注册的商标以及其他未经国家食品药品监督管理局批准的药品名称。

药品标签使用注册商标的,应当印刷在药品标签的边角,含文字的,其字体以单字面积计不得大于通用名称所用字体的四分之一。

第五章 其他规定

第二十八条 麻醉药品、精神药品、医疗用毒性药品、放射性药品、外用药品和非处方药品等国家规定有专用标识的,其说明书和标签必须印有规定的标识。

国家对药品说明书和标签有特殊规定的,从其规定。

第二十九条 中药材、中药饮片的标签管理规定由国家食品药品监督管理局另行制定。

第三十条 药品说明书和标签不符合本规定的,按照《中华人民共和国药品管理法》的相关规定进行处罚。

第六章 附则

第三十一条 本规定自 2006 年 6 月 1 日起施行。国家药品监督管理局于 2000 年 10 月 15 日发布的《药品包装、标签和说明书管理规定(暂行)》同时废止。

2. 说明书与标签撰写指导原则

2023 年 3 月,国家药监局药审中心发布了《化学药品说明书及标签药学相关信息撰写指导原则（试行）》（2023 年第 20 号）,本指导原则在现行法规及指导原则的基础上,重点讨论药品说明书及标签中药学相关信息的内容、格式、用语,旨在为企业科学、真实、准确、规范地撰写说明书及标签中药学相关内容提供技术指导,也为已上市药品说明书及标签的修订提供参考。

2023 年 6 月,国家药监局组织起草了《药品说明书适老化改革试点工作方案（征求意见稿）》,指出:为优化药品说明书管理,满足不同患者使用需求,鼓励药品上市许可持有人积极探索,解决药品说明书"看不清"等问题,国家药监局决定在老年患者常用的部分口服、外用药品制剂中开展药品说明书适老化改革试点;药品说明书（简化版）应当原文引用药品说明书（完整版,即目前实施的药品说明书版本）的部分项目和内容,只涉及字体、格式的调整,不对内容进行修改;药品说明书（简化版）应当清晰易辨,方便老年患者用药;持有人在药品最小销售单元包装中可仅提供纸质药品说明书（简化版）,不提供纸质药品说明书（完整版）;持有人应当在药品中包装或者大包装中提供一份纸质药品说明书（完整版）,方便医师、药师等专业人士使用。

（二）说明书撰写要点

药品说明书应当包含药品安全性、有效性的重要科学数据、结论和信息,用以指导安全、合理使用药品。

1. 处方药

【药品名称】药品名称项下通常包括通用名称、商品名称（如有）、英文名称、汉语拼音等。药品通用名称应当符合药品通用名称命名原则。

通用名称、英文名称:可参照化学药品及生物制品说明书通用格式和撰写指南执行。

汉语拼音:为通用名称的汉语拼音,可参照现行版《国家药品标准工作手册》相关要求。

【成分】成分项下通常包括活性成分、化学名称、化学结构式（如适用）、分子式、分子量及制剂中的辅料。

活性成分:药品说明书中应以通用名称形式列出活性成分。含多个活性成分的处方药可表述为"本品为复方制剂,其组分为:",组分按一个制剂单位（如每片、粒、支、瓶等）分别列出所含的全部活性成分及其用量（用量表述与规格保持一致）,如含有多个明确化学结构的活性成分,建议提供每个活性成分的化学名称、化学结构式（如适用）、分子式、分子量信息。对于电解质平衡盐溶液、肠外营养液等成分复杂的复方制剂,建议以处方形式列出活性成分,处方一般应包括单剂量制剂中所含每种活性成分的通用名称和用量,如适用,同时建议增加 pH 值、渗透压等反映产品特性的指标。对于多腔室类药品,除列出各腔室组成外，必要时可增加混合后溶液的 pH 值、渗透压等指标。

化学名称：根据中国化学会编撰的《有机化合物命名原则 2017》命名，母体的选定与国际纯粹与应用化学联合会（International Union of Pure and Applied Chemistry，IUPAC）的命名系统一致。

化学结构式：按照世界卫生组织（World Health Organization，WHO）推荐的"药品化学结构式书写指南"书写。聚合物（配合物）应明确结构单元的结构式和聚合（配合）形式，并明确聚合度（或范围），具有重复单元的化合物也可以简化表述。多糖、糖苷等高分子化合物，也应将主要结构单元和结合方式列出。对于不超过 5 个氨基酸的寡肽，建议提供完整的化学结构式；超过 5 个氨基酸的多肽，建议氨基酸部分用代号表示。对于小核酸药物，建议提供完整的结构式，体现核苷酸的结构修饰情况。

分子式：对于活性成分明确的化合物，应列出分子式。聚合物（配合物）类化合物的分子式应体现结构单元及聚合度（或范围）。

分子量：分子量应按国际原子量表计算，最终数值书写至小数点后第二位。对于无法获取准确分子量的高分子化合物，可提供分子量范围。

辅料：应列出全部辅料名称，包括含量较低的辅料，不包括仅在生产过程中使用并最终去除的溶剂等。如果辅料混合物组成复杂或不可获知，也可概括性地进行描述（如"草莓香精""柑橘香精"）。某些带有功能性材料的制剂，相关材料也应在辅料项下列出，如透皮贴剂辅料项下应说明贴剂的所有成分，包括基质层、保护层和背衬层的材质名称。对于附带专用溶剂的药品，应列出专用溶剂的全部辅料。所列出的辅料名称通常应使用《中国药典》名称，如《中国药典》未收载则建议采用国际非专利名称（International Nonproprietary Names，INN）。如均未收载，应采用符合国家药典委员会制定的药用辅料通用名称命名原则的名称或国家药典委员会核定的名称。辅料名称不得自行使用缩写，必要时应标注辅料型号。

【性状】说明书中的性状应参照现行版《国家药品标准工作手册》相关要求撰写，并与质量标准中的性状表述一致。一般包括颜色、外形及制剂形态等。对于具有功能性刻痕的片剂，应对单面或双面刻痕进行描述。对于附带专用溶剂的药品，专用溶剂的性状也应同时列出。

【规格】制剂的规格系指每一单位制剂中（如每支、每片）含有主药的标示量（或效价）、含量（%）或装量。规格表述应清晰简洁，准确反映主药在制剂中的含量。表述方式一般参照现行版《中国药典》及《国家药品标准工作手册》相关要求。仿制药的规格表述可结合参比制剂相关信息，按照本指导原则要求确定。如按有效部分计算时，一般应以分子式表示，而不用中文名称，如 XX mg（按 $C_xH_yN_zO_n$ 计）。复方制剂的规格表述应包含全部主药及其含量，如每单位制剂中含主药 1 XX mg、主药 2 YY mg、主药 3 ZZ mg。

【成分】项下列出处方的，如电解质平衡盐溶液、肠外营养液等可以装量表示规格。常见剂型规格描述示例见表 2-2。

表 2-2　常见剂型规格描述示例

剂型	示例
片剂、胶囊剂、散剂、颗粒剂等口服固体制剂，口溶膜、干混悬剂、注射用无菌粉末、栓剂等	表述为：每单位制剂中的主药含量 例如：XX mg 或 YY g 或 ZZ 单位
口服溶液剂、口服混悬剂、口服乳剂等口服液体制剂，注射液、注射用浓溶液、吸入液体制剂等	表述为：装量：主药含量 例如：N ml：XX mg
喷雾剂、滴鼻剂、滴眼剂等液体制剂，乳膏剂、软膏剂、凝胶剂、眼膏剂等半固体制剂	单方一般表述为：主药百分比浓度[装量（或体积）：主药含量] 例如：$x\%$[N g（或 N ml）：X mg]
	复方一般表述为（以复方滴眼剂为例）：装量（或体积）：各主药含量 例如：N ml：主药 1 XX mg 与主药 2 YY mg
贴剂	局部作用表述为：每贴尺寸，含主药含量 例如：X cm×Y cm，含主药 XX mg
	全身作用表述为：单位时间内释药量，每贴主药含量 例如：XX μg/小时 或 XX μg/24 小时，YY mg/贴

剂型	示例
贴膏剂	表述为：每贴(尺寸)含膏量，含主药含量 例如：每贴(X cm×Y cm)含膏体 N g，含主药 XX mg
鼻用喷雾剂	表述为：装量(或体积)：主药含量，每瓶总喷数，每喷主药含量 例如：N ml：XX mg，N 喷，每喷 YY μg
吸入气雾剂、吸入喷雾剂	单方一般表述为：每瓶总揿/喷数，每揿/喷主药含量 例如：每瓶 N 揿/喷，每揿/喷 XX μg
	复方一般表述为：每瓶总揿/喷数，每揿/喷主药含量 例如：每瓶 N 揿/喷，每揿/喷含主药 1 XX μg、主药 2 YY μg、主药 3 ZZ μg
吸入粉雾剂	泡囊型一般表述为：每单位制剂中的主药含量 例如：主药 1 XX μg、主药 2 YY μg 与主药 3 ZZ μg
	胶囊型一般表述为：每单位制剂中的主药含量 例 1：XX μg 例 2：(1)XX μg (2)YY μg 例 3：每粒含主药 1 XX μg、主药 2 YY μg 和主药 3 ZZ μg

注：1. 本表格仅列举了常见的制剂类型，对于未列举的制剂类型可根据制剂特点制定相应的规格表述，并与监管机构沟通确定。

2. 吸入制剂递送剂量可在【规格】或【成分】项下列出。

【贮藏】贮藏条件系为避免污染和降解而对药品贮存与保管的基本要求，应根据稳定性试验结果制定，仿制药贮藏条件原则上参照参比制剂制定，境外已上市的原研药品贮藏条件可参照国外已批准说明书和《化学药品说明书及标签药学相关信息撰写指导原则（试行）》综合确定。具体贮藏条件应按现行版《中国药典》及稳定性相关指导原则名词术语的要求书写。对光照敏感的药品，应明确避光/遮光的要求。对湿度敏感的药品，应明确相关要求。建议注明保存的具体温度，必要时应明确温度的上限、下限，避免使用"环境条件"或"室温"等术语。包装状态中"密封""密闭"等参照现行版《中国药典》规定。贮藏条件一般按照光照、包装状态、温度、湿度（如涉及）和特殊注意事项（如涉及）要求顺序列出，如"避光，密封，不超过 25 ℃保存""密闭，2～8 ℃保存"，不建议表述为"密封，25 ℃以下避光保存""2～8 ℃密闭保存"。其他特殊类型制剂可根据制剂特点及特殊保存要求制定合理的贮藏条件。为避免儿童误服，【贮藏】项下应列明"请将本品放在儿童不能接触的地方"。

【包装】包装项下通常包括直接接触药品的包材或包装系统的名称、包装规格，并按该顺序表述。包材名称通常应明确包材材质，如聚氯乙烯固体药用硬片及药用铝箔包装，不建议简化书写为铝塑泡罩。如药品涉及不同包材及包装规格时，应分别列出。吸入制剂的吸入装置、鼻喷雾剂的鼻适配器、多剂量口服溶液剂的给药/量取装置、口服固体制剂的干燥剂等也应列出。附带专用溶剂的注射剂，专用溶剂的包材和包装规格也应列出。如包材有防儿童开启功能应特别说明。包装规格应按照最小制剂包装单元进行表述，建议按照"X 制剂单位/包装单位"表述，如 30 片/瓶，10 片/板，2 板/袋，1 袋/盒。

【有效期】药品的有效期应根据稳定性试验数据制定。除放射性药品等特殊药品外，有效期应以月为单位描述，一般为 6 个月的倍数，通常不低于 12 个月，可以表述为：XX 个月（X 用阿拉伯数字表示）。如涉及，根据开启稳定性研究数据制定开启后的存放条件和允许时限，并在有效期项下列明。涉及开启后存放的，注意开启后的存放时间应涵盖在药品的有效期内。当多种规格或多种包装的同一药品有效期不同时，应分别列明有效期。

药品使用相关的药学信息还可能包括药品配制、暂存等内容。新药需结合临床试验确定的使用方法撰写支持最终临床使用的药学信息；仿制药通常与参比制剂说明书中相关信息一致；境外已上市的原研药品通常参考国外监管机构已批准的说明书中相关内容。如涉及药品的配制，应提供详细的配制方法，如复溶稀释的溶剂、操作方法等。对药品配制环境及条件有特殊要求的，应特别说明。注射剂（包括直接使用和复溶稀释后使用的）应说明最终给药前药品的外观，对于不符合外观要求的应说明处置方式。与复溶稀释的溶剂存在禁忌的，应明确说明，如"本品禁用氯化钠溶液稀释"。对滤器、输液器具、稀释容器等药品直接接触组件的材质有特殊要求的，应提供说明。特别复杂的复溶稀释操作建议单独提供使用说明。为便于准确给药或提高可接受性，有时需将药品进行调制使用，注意应详细阐述调制方式，如分割片剂、打开胶囊等。涉及特殊使用禁忌的，建议明确说明，如"请勿粉碎本片剂"。如涉及儿童的使用方法有特殊要求时，建议单独提供儿童的用法信息。涉及药品使用过程中的暂存，包括药品配制后、给药装置装载药品后等，应提供暂存条件（如容器、温度、光照等）和允许时限。

2. 非处方药

非处方药说明书中药学信息的内容和格式应符合我国现行法规及指导原则的相关规定，【成分】【规格】等项目的撰写格式需符合非处方药说明书规范细则等法规的要求，对于【性状】【包装】【贮藏】【有效期】等项目可参照《化学药品说明书及标签药学相关信息撰写指导原则（试行）》处方药项下执行。其他涉及的药学信息，如药品配制、装置使用等，建议采用简明、易懂的表述方式。

（三）标签撰写要点

药品的标签是指药品包装上印有或者贴有的内容，分为内标签和外标签。药品内标签指直接接触药品的包装的标签，外标签指内标签以外的其他包装的标签。药品的内、外标签应当包含的内容见表2-1。

申请人应以说明书为依据撰写标签信息。

标签上注明的药学信息内容及要求应符合现行版药品说明书及标签的管理规定和规范细则。

涉及儿童用药品的标签设计和内容，应特别关注儿童人群的使用风险。对于儿童专用的特定规格或包装规格，特别是治疗窗窄的药品，建议在标签中标明目标年龄儿童的年龄限制，防止误用造成儿童伤害。为避免儿童误服，标签中应列明"请将本品放在儿童不能接触的地方"。

四、化学药品说明书的案例——格式与撰写

（一）说明书通用格式

2022年5月，国家药监局药审中心发布了《化学药品及生物制品说明书通用格式和撰写指南》（2022年第28号）。化学药品及生物制品说明书通用格式见表2-3。

表2-3　化学药品及生物制品说明书通用格式

核准和修改日期	特殊药品、外用药品标识	【老年用药】
XXX 说明书 请仔细阅读说明书并在医师或药师指导下使用 **警示语**		【药物相互作用】
		【药物滥用和药物依赖】
		【药物过量】
【药品名称】		【临床药理】
【成分】		【临床试验】
【性状】		【药理毒理】
【适应证】		【贮藏】
【规格】		【包装】
【用法用量】		【有效期】
【不良反应】		【执行标准】
【禁忌】		【批准文号】
【注意事项】		【上市许可持有人】
【孕妇及哺乳期妇女用药】		【生产企业】
【儿童用药】		【境内联系人】

（二）说明书撰写要点

以化学药品的说明书为例，做以下说明：

"核准和修改日期"：核准日期为国家药品监督管理局首次批准该药品注册的时间，修改日期为此后历

次修改的时间。核准和修改日期应当印制在说明书首页左上角。修改日期位于核准日期下方。

"特殊药品、外用药品标识":麻醉药品、精神药品、医疗用毒性药品、放射性药品和外用药品等专用标识在说明书首页右上方标注。

说明书标题"XXX说明书"中的"XXX"是指该药品的通用名称。

"请仔细阅读说明书并在医师或药师指导下使用":如为附条件批准,该句表述为"本品为附条件批准上市。请仔细阅读说明书并在医师或药师指导下使用"。该内容必须标注,并印制在说明书标题下方。

"警示语":警示语是指药品严重不良反应(可导致死亡或严重伤害)及其严重安全性问题警告的摘要,可涉及【禁忌】和【注意事项】等项目的内容。警示语置于说明书标题下,全文用黑体字。应设标题和正文两部分。标题应直指问题实质而不用中性语言。各项警告前置黑体圆点并设小标题。各项末用括号注明对应的详细资料的说明书项目。无该方面内容的,不列该项。

【药品名称】按下列顺序列出:药品通用名称(应当符合药品通用名称命名原则。《中国药典》收载的品种应当与《中国药典》一致;《中国药典》未收载的品种,属于首次在我国批准上市的,应当经国家药典委员会核准名称后,药品通用名称以核准名称为准;《中国药典》未收载的生物制品,经国家药典委员会核准名称后,药品通用名称以核准名称为准)、商品名称(未批准使用商品名称的药品不列该项)、英文名称(无英文名称的药品不列该项)、汉语拼音。

【成分】明确活性成分,逐项列出其化学名称、化学结构式、分子式、分子量。复方制剂可以不列出每个活性成分化学名称、化学结构式、分子式、分子量内容,可以表达为"本品为复方制剂,其组分为:XXX、XXX和XXX",组分按一个制剂单位(如每片、粒、支、瓶等)分别列出所含的全部活性成分及其量。应当列出所有辅料的名称。

【性状】包括药品的外观、嗅、味等,与质量标准中【性状】项保持一致。

【适应证】应当根据该药品的用途,采用准确的表述方式,明确用于预防、治疗、诊断、缓解或者辅助治疗某种疾病(状态)或者症状。应当描述适用的人群(如年龄、性别或特殊的基因型)、适用的疾病(如疾病的亚型)和该药的治疗地位(如一线用药还是二线用药、辅助用药)。对于使用限制,根据产品实际情况,如果需要,列出使用限制的内容。对于附条件批准品种,注明本品为基于替代终点(或中间临床终点或早期临床试验数据)获得附条件批准上市,暂未获得临床终点数据,尚待上市后进一步确证。

【规格】表示方法一般按照现行版《中国药典》要求规范书写,有两种以上规格的应当分别列出。

口服制剂:(1)口服固体制剂(片剂、胶囊剂等),每单位制剂中有效成分含量大于100 mg者,以g表示,如0.1 g、0.5 g、1.0 g等;如有效成分含量小于100 mg,通常以所含药物量的mg为单位表示,如50 mg、10 mg、0.1 mg等。(2)口服溶液,通常以每单位制剂的体积及有效成分含量表示,如30 ml:30 mg。

注射液:通常以每单位制剂中的药液体积及有效成分标示量表示,如5 ml:5 mg。

吸入制剂:参照《中国药典》规格项标示。

外用制剂:通常以制剂所含有效成分百分比浓度并结合每单位制剂的标示量(或体积)和有效成分含量比表示,如0.1%(10 g:10 mg)、0.005%(2.5 ml:125 μg)。

【用法用量】应当包括用法和用量两部分。需按疗程用药或者规定用药期限的,必须注明疗程、期限。应当详细列出该药品的用药方法,准确列出用药频次、用药剂量以及疗程期限,并应当特别注意剂量与规格的关系。用法上有特殊要求的,应当按实际情况详细说明。在有研究数据支持的情况下,明确阐述特殊人群的用药方法,如肝功能不全、肾功能不全、老年人、儿童等。

【不良反应】应当实事求是地详细列出该药品的不良反应,并按不良反应的严重程度、发生的频率或症状的系统性列出。按照临床试验期间和上市后不良反应分别列出。在说明书其他章节详细阐述的不良反应、最常见的不良反应、导致停药或其他临床干预的不良反应应该在本项开始部分阐述。详细列出特定的不良反应可能有助于临床实践中不良反应发生的预防、评估和管理。尽量避免使用含糊的词语,如耐受良好的、稀有、频繁等。

【禁忌】应当列出禁止应用该药品的人群或者疾病情况。必要时,阐述禁忌情况下使用药物的预期后果。

【注意事项】该项目应包括需要特别警惕的严重的或有其他临床价值的不良反应的警告和注意事项。应描述各项不良反应的临床表现和后果以及流行病学特点(如发生率、死亡率和风险因素等)、识别、预防和处理。这些信息会影响是否决定处方给药、为确保安全使用药物对患者进行监测的建议，以及可采取的预防或减轻损害的措施。应列出使用时必须注意的问题，包括需要慎用的情况（如肝、肾功能的问题），影响药物疗效的因素（如食物、烟、酒），用药过程中需观察的情况（如过敏反应，定期检查血常规、肝功、肾功），以及药物对临床实验室检测的干扰、评价安全性需要的监测、严重的或有临床意义的药物相互作用等。应根据其重要性，按"警告""注意事项"的顺序分别列出。每个小项应设有显示其内容特点的粗体字小标题并赋予编号，以重要性排序。

【孕妇及哺乳期妇女用药】根据药物的具体情况，着重说明该药品对妊娠、哺乳期母婴的影响，并写明可否应用本品及用药注意事项。未进行该项实验且无可靠参考文献的，应当在该项下予以说明。

【儿童用药】包括儿童由于生长发育的关系而对于该药品在药理、毒理或药动学方面与成人的差异，并写明可否应用本品及用药注意事项。若有幼龄动物毒性研究资料，且已批准药品用于儿科人群，应阐明有关动物毒性研究内容。未进行该项实验且无可靠参考文献的，应当在该项下予以说明。

【老年用药】主要包括老年人由于机体各种功能衰退的关系而对于该药品在药理、毒理或药动学方面与成人的差异，并写明可否应用本品及用药注意事项。未进行该项实验且无可靠参考文献的，应当在该项下予以说明。

【药物相互作用】列出与该药物产生相互作用的药物或者药物类别，并说明相互作用的结果及合并用药的注意事项。未进行该项实验且无可靠参考文献的，应当在该项下予以说明。

【药物滥用和药物依赖】镇痛、麻醉、精神药物等有可能导致药物滥用或依赖，需阐明与之有关的内容，合理控制，避免药物滥用，避免/减少药物依赖。对于不存在滥用、依赖问题的药物，可不保留该项内容。

【药物过量】详细列出过量应用该药品可能发生的毒性反应、剂量及处理方法。未进行该项实验且无可靠参考文献的，应当在该项下予以说明。

【临床药理】作用机制：重点阐述药物与临床适应证相关已明确的药理作用，包括药物类别、作用机制；复方制剂的药理作用可以为每一组成成分的药理作用。如果作用机制尚不明确，需明确说明。对于抗微生物药物，应阐明药物的微生物学特征，包括抗病毒/抗菌活性/药物敏感性、耐药性等。

药效学：应描述与临床效应或不良事件相关的药物或活性代谢产物的生物化学或生理学效应。

药动学：应包括药物在体内吸收、分布、代谢和排泄的全过程及其主要的药动学参数或特征，以及特殊人群的药动学参数或特征。说明药物是否通过乳汁分泌、是否通过胎盘屏障及血-脑屏障等。应以人体临床试验结果为主，如缺乏人体临床试验结果，可列出非临床试验的结果，并加以说明。未进行药动学研究且无可靠参考文献的，应当在该部分予以说明。

遗传药理学：应包括影响药物体内过程以及治疗相关的基因变异相关数据或信息。未进行该项实验且无可靠参考文献的，应当在该项下予以说明。

【临床试验】该项为临床试验概述，应当准确、客观地进行描述。具体内容应包括试验方案设计（如随机、盲法、对照）、研究对象、给药方法、有效性终点以及主要试验结果等。可适当使用图表，清晰表述试验设计、疗效和安全性数据等。对于附条件批准品种，注明本品为基于替代终点（或中间临床终点或早期临床试验数据）获得附条件批准上市，暂未获得临床终点数据，尚待上市后进一步确证。

【药理毒理】包括药理作用和毒理研究两部分内容。药理作用为临床药理中药物对人体作用的有关信息。也可列出与临床适应证有关或有助于阐述临床药理作用的体外试验和（或）动物实验的结果。复方制剂的药理作用可以为每一组成成分的药理作用。毒理研究为与临床应用有关、有助于判断药物临床安全性的非临床毒理研究结果，一般包括遗传毒性、生殖毒性、致癌性等特殊毒理学试验信息，必要时包括一般毒理学试验中或其他毒理学试验中提示的需重点关注的信息。应当描述动物种属类型，给药方法（剂量、给药周期、给药途径）和主要毒性表现等重要信息。复方制剂的毒理研究内容应当尽量包括复方给药的毒理研究结果，若无该信息，应当写入单药的相关毒理内容。

【贮藏】具体条件的表示方法按《中国药典》《化学药品说明书及标签药学相关信息撰写指导原则（试行）》（2023年第20号）要求书写，并注明具体温度。例如：阴凉处（不超过20℃）保存。生物制品应当同时注明制品保存和运输的环境条件，特别应明确具体温度。

【包装】包括直接接触药品的包装材料和容器及包装规格，并按该顺序表述。

【有效期】以月为单位表述。

【执行标准】列出执行标准的名称、版本，如《中国药典》2020 年版二部。或者药品标准编号，如 YBH00012021。

【批准文号】指该药品的药品批准文号。对于附条件批准品种，应注明附条件批准上市字样。

【上市许可持有人】列出名称、注册地址、邮政编码、电话和传真号码（须标明区号）、网址。持有人名称与注册地址按持有人生产许可证有关项目填写。

【生产企业】列出企业名称、生产地址、邮政编码、电话和传真号码（须标明区号）、网址。生产企业名称与生产地址按生产企业生产许可证有关项目填写。如另有包装厂者，应列出包装厂的名称、包装地址、邮政编码。

第三节　药品包装的结构设计

一、药品包装结构设计的定义

药品包装结构设计是根据药品的给药途径与制剂特性、包装材料和容器的成型方式、包装容器各部分的不同要求，对药品包装及其组件的内、外构造所进行的设计。

药品包装主要有三类功能性结构：保护性结构，具有保护作用的牢固性结构；便利性结构，便于加工、流通、销售、使用的结构；展示性结构，加强造型、形态、装饰变化的结构。

二、药品包装结构设计的内容

基于药品包装的功能需求，药品包装需要设计具有保护性、便利性和展示性等功能性结构；基于包装的材料特性，药品包装需要设计成软包装（flexible packaging）和硬包装（rigid packaging）两大类基本结构形式，每一类又有不同的细分形式。一些药品包装的结构形式参见图 2-4。

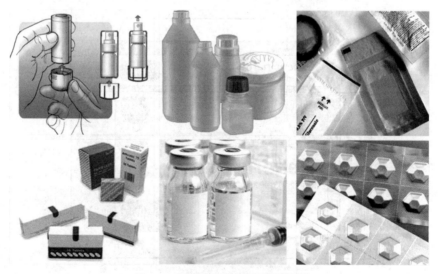

图 2-4　药品包装的结构形式举例

1. 软包装

软包装是指有一定容积，无固定体形、外表面柔软的包装，又称柔性包装。结构形式有泡罩式（blister packaging)、袋式、软管式等。泡罩式结构是最常见的药品内包装结构之一，可用于片剂、滴丸、硬胶囊剂、软胶囊剂等固体制剂的包装，多以塑料硬片和铝箔等材料制成。袋式结构可用于包装液体、半固体和固体制剂，多以塑料膜、多层共挤膜、复合膜等材料制成。软管式结构可用于包装黏稠液体、半固体制剂，多以塑料软管或金属软管制成。

2. 硬包装

硬包装是指有一定容积，有固定形状、有刚性结构的包装。结构形式有瓶式、硬管式、罐（桶）式、盒（箱）式等。瓶式结构是常见的药品内包装结构之一，例如普通玻璃瓶、普通塑料瓶、西林瓶、安瓿瓶等，可用于包装液体和固体制剂，多以玻璃、硬塑料、陶瓷、金属（瓶盖）、橡胶（胶塞或垫圈）等材料制成。硬管式结构常见于预灌封注射剂的包装。罐（桶）式结构也是一种常见包装结构，多用于包装原料药、辅料或待分装制剂，多以塑料、金属等材料制成（材料及密封性符合要求时可与内容物直接接触）。盒（箱）式结构是一种常见的外包装结构，具有保护、信息、分发、叠放、运输等功能，多以纸、塑料、金属等材料制成。

纸盒包装是最广泛使用的药品外包装。纸盒包装具有以下特点：材质轻便，易于加工，适应印刷，可以复合，款式多变，回收利用。纸材通过结构设计，应用绘图、排刀、折叠、复合等工艺成型，可加工成各种所需结构，如盒体结构、间壁结构、盒底结构、锁口结构等。

纸盒包装按基本形态可分为：折叠盒（可折叠纸盒）、硬纸盒（不可折叠纸盒）和软包装纸盒（纸张经过加工、复合、涂胶处理后制成可装液体的容器）。在药品包装中应用最多的是折叠纸盒，其基本类型包括摇盖式、开窗式、手提式、异型式和特殊式等，其中又以摇盖式最常见，见图 2-5。一种折叠式药盒的展开示意图见图 2-6。

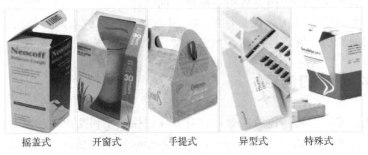

摇盖式　　开窗式　　手提式　　异型式　　特殊式

图 2-5　折叠纸盒的常见类型

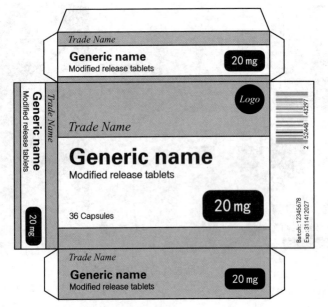

图 2-6　一种国外折叠式纸盒包装展开示意图

2018 年 7 月，中国医药包装协会发布了《药品包装用卡纸折叠纸盒》（T/CNPPA 2005—2018）团体标准，自 2018 年 07 月 31 日起实施。该标准规定了药品包装用折叠纸盒的分类、规格尺寸、结构尺寸、技术要求、质量要求、检验方法以及包装、运输、贮存要求。

三、药品包装结构设计的要求

包装结构的设计要求包括保护性、便利性、配合性、适应性、经济性和运输性等方面。

1. 包装结构与保护性

应根据药品形态、生产环境、流通环境、使用环境，采用适宜的包装材料，设计合理的包装结构，实现对药品的保护功能。例如：在药品形态方面，选择与剂型形态适应的容器结构（瓶、袋、管、罐、泡罩），才能有效容纳与保护药品。在生产环境方面，应能承受包装机械的冲、拉、扭、压等作用力。在流通环境方面，应能承受流通中的挤、撞、压、跌、摩等作用力；应能在流通中防偷盗、防潮、防霉、防水、防受热或受冷等。在使用环境方面，设计的结构应能防窃启（temper-evident packaging）、防篡改、儿童安全包装（防儿童开启），等等。

2. 包装结构与便利性

应根据药品形态、生产环境、流通环境、使用环境，采用适宜的包装材料，设计合理的包装结构，实现对药品的便利功能。例如：在药品形态方面，容器结构和附件结构与形态适应，便于药品使用（嘀、喷、倒）。在生产环境方面，应能适合灌、封、印、包等的流水线生产。在流通环境方面，包装容器的重量和体积应适合运输、便于装卸。在销售环境方面，应方便陈列与销售等，如可挂式、堆叠式，节省货位；开窗式、展式、手提式、配套、成组，方便销售。在使用环境方面，设计的结构应方便开启（撕、揭、取）等，应符合人体工程学原理（方便搬运、把握、开启、使用、再封闭的）。

3. 包装结构与配合性

药品包装常有不同组件（例如瓶体、瓶盖、胶塞、易揭盖、滴管等），不同组件的结构应能配合实现封闭、开启、取用、再封闭等功能。也有含有不同药品、给药装置、药品与附加溶剂的药品组合包装，包装盒结构应能容纳并防止药品间的碰撞。

4. 包装结构与适应性

包装结构应能适应特定剂型分装与现有生产线，实现药品的工业化批量生产。例如，液体制剂的瓶口结构应适应生产线的灌装工艺；药盒结构应适应印刷、装入药品与说明书等生产工艺。

5. 包装结构与经济性

包装结构应具有经济性，以降低成本，增加竞争力。例如，通过包装结构的简化，减小容器加工、制剂分装的难度，提高生产效率；通过包装结构的优化，提高泡罩、复合膜、纸盒的裁切利用率，节约材料成本。

6. 包装结构与运输性

包装结构应具有运输性，其形状、重量、强度等，应满足大量运输和小量搬运的需求。例如，瓦楞纸箱结构设计应考虑堆放高度、堆放效率、运输方式；也应考虑小型诊所、医院药房分发等小量输送的需求，其形状符合人体工学，其重量适于人工搬运。

四、药品包装结构设计的案例——儿童安全包装

（一）药品包装与儿童安全

世界各地每年都有许多儿童受到药品、洗涤剂、洁厕灵、杀虫剂等有毒家用产品的伤害。儿童之所以会误服药品，主要是基于他们对包装色彩、药品形态的好奇以及对成人服药动作的模仿等。儿童作为一个特殊的群体，其思维方式与行为习惯有别于青少年和成年人。为避免儿童误服，减少事故发生，第一道防

线是防止儿童接触，将药品放在儿童不能接触的地方；第二道防线是防止儿童打开，将药品装入儿童难以打开的包装。这种针对低龄儿童特点，以防止儿童打开、保障儿童安全为目的构筑的第二道防线，称为儿童安全包装（child-resistant package，又称防止儿童开启包装、防儿童包装、特殊包装）。

美国是最早进行儿童安全包装研究并立法的国家。1970 年，美国颁布《防毒包装法》（Poison Prevention Packaging Act，PPPA，16 CFR § 1700），由美国消费品安全委员会（The U. S. Consumer Product Safety Commission，CPSC）负责"特殊包装"的管理。特殊包装（special packaging）中的 special，CPSC 解释为 child-resistant and adult-friendly。该法规要求对有潜在危害的家用产品进行"特殊包装"，为解决儿童误服有毒家用产品问题奠定了基础。此后，美国国会授权美国材料与试验学会（American Society of Testing Materials，ASTM）制定了 D3475《儿童安全包装的标准分类（Standard Classification of Child-Resistant Packages）》，目前最新版本是 2020 年版 D3475-20。

1989 年，国际标准化组织包装技术委员会（ISO/TCl22）制定了 ISO8317《儿童安全包装：可重新封闭包装的要求和试验程序》的国际标准，在国际上正式提出了"儿童安全包装"的概念。

我国国家标准 GB/T 25163—2010《防止儿童开启包装 可重新盖紧包装的要求与试验方法》规定：防止儿童开启的包装通常为带有锁紧装置的包装容器，小于 52 个月的儿童很难将锁紧装置打开，但不影响成年人的正常使用。

美国 PPPA 16 CFR § 1700.1（b）（3）规定：特殊包装是指设计或制造的一种包装，五岁以下儿童在合理时间内很难开启或很难取得造成毒害数量的内容物，而不会对正常成人的正确使用造成困难，但这不意味着所有儿童在合理时间内都不能打开或取得造成毒害数量的内容物。

（二）儿童安全包装的设计原理与类型

儿童安全包装的设计原则是：既能阻止儿童开启包装，又能让老年人轻松打开。

儿童安全包装的设计原理是：利用儿童的灵巧性、认知性特点，设计障碍性（包括材料强度、包装及组件结构等）包装，增加开启包装、获取药品的难度。例如，儿童一般无法一次执行 2 个不同的动作，例如压与旋、揭与抠、按与抽等；又如口服液体制剂包装使用流量限制器（flow restrictor）等。

最经典的儿童安全包装结构是瓶子的安全盖，常见压旋盖、挤旋盖、按旋盖和暗码盖等种类，见图 2-7。例如，压旋盖设置为内外两层，若仅施力旋转外层，是无法开启盖子；需要将外层盖施力下压，同时带动内层盖旋转，才能成功开启盖子。这样的开启方式涉及两个连续动作、两种施力方向，增加了儿童开启盖子的难度。另外，纸盒、软包装也有防儿童开启的解决方案，见图 2-8。

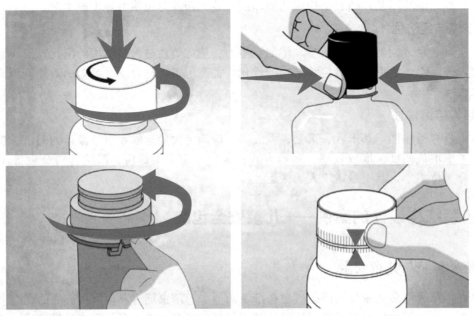

图 2-7　常见的安全盖设计示意图

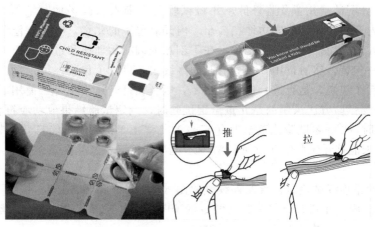

图 2-8　儿童安全包装创新设计举例

（三）儿童安全包装的试验方法

我国的测试标准是 GB/T 25163—2010《防止儿童开启包装　可重新盖紧包装的要求与试验方法》，该标准采用了 ISO、IEC 等国际国外组织的标准。美国 PPPA 的测试标准有 16 CFR § 1700.20（特殊包装的测试程序）和 ASTM D3475-20 两种，ISO、欧洲和加拿大等也有相关测试标准。试验方法包括儿童安全性试验和成人有效性试验，均需给出通过/未通过试验的最终结果。这里以 GB/T 25163—2010 为例，介绍试验要求与试验方法。

1. 试验要求

（1）**试验人群**：试验应用在以下两类人群：42 个月～51 个月（包括 42 个月和 51 个月）大的儿童；50 岁～70 岁（包括 50 岁和 70 岁）的成年人。

（2）**试验样品**：应提供足够充分且符合设计图纸、设计规范的、新制的包装容器供测试人员选取作为试验样品，同时需预留试验样品作为备件。内装物不应是危险物品，可以使用替代品。如果使用替代品进行试验，若包装容器的容量不到 1 L，则应按实际内装物容量进行填充，若包装容器的容量超过 1 L，应选择 1 L 液体或 1 kg 固体的替代品进行填充。

（3）**试验前准备**：凡是准备试验的包装容器，要求每一个包装容器应能被开启和能被重新盖紧。

2. 儿童试验方法与结果评定

一般采用儿童全组试验。若试验儿童人数不足 200 名，可采用连续试验的方法，除试验儿童人数不同之外，其他均与儿童全组试验要求一致。

（1）**试验儿童的构成**：应选择 200 名 42 个月～51 个月大的儿童，年龄、性别的分配应合理，同时要求应是身体健康、没有明显的影响试验的生理缺陷，对防止儿童开启的包装进行试验。

应尽可能选择不同的社会群体、种族和文化背景的儿童进行试验。如果不能，应明确地注明试验的偏离情况。要求试验儿童以前没有参与过相应的试验，但允许试验儿童参与利用不同原理开启不同类型包装的试验，如果参与过相应试验，要求试验时间至少间隔 1 周。

（2）**试验环境和人员的要求**：进行儿童试验应选择他们熟悉、感觉自在的环境。例如，他们的幼儿园或托儿所，但应注意避免受到干扰造成不必要的分心。试验人员（儿童）间应是互相友好的，儿童的父母应出席试验。对儿童进行试验应摆有桌椅，如果他们愿意也可以坐在平地上进行试验。

（3）**试验过程要求**：应同时对 2 名儿童进行试验，每 2 名儿童需配有 1 名监督员，如有需要，也可一组一组地进行试验，但同一时间、同一房间内试验人数不能超过 5 名。试验过程中，只要儿童自己觉得方便、适合，他们可以选择任何方式进行试验，不限制他们使用牙或者其他的方法打开包装。试验过程中不能给予任何有关如何开启包装的示意和指导。试验过程中不允许给儿童提供工具或其他的开启装置。如果这些工具或开启装置是包装容器设计的组成部分，他们可以接触到工具，但不应主动引起他们对工具的注意，除非是对儿童进行演示示范。如果试验儿童试图离开，监督员应阻止并引导他回来继续试验。

（4）**试验步骤：**分配试验儿童及监督员，并将试验儿童带入试验场地。给每个儿童一个包装容器，并要求他们在 5 min 内开启。如果能成功地在 5 min 内开启包装的儿童，应要求他继续留在试验场地直至试验结束。对于 5 min 内未能打开包装的儿童，在不刻意强调演示动作和过程的前提下，应让他们观看如何开启和重新盖紧这一包装，然后再用 5 min 的时间继续去开启这个包装。记录每 5 min 的试验结果，记录儿童是否成功地开启了包装，是否进行过演示示范，以及在打开过程中是否使用了牙或其他方法。

（5）**结果评定：**当试验方法采用的是儿童全组试验时，判定试验结果成功应符合以下的要求：

① 在无演示示范时，200 名试验儿童至少有 85% 的儿童在 5 min 内未能打开包装；

② 在对 5 min 内未能打开包装的儿童进行演示示范后，200 名试验儿童至少有 80% 的儿童在后续的试验中未能打开包装。

当试验方法采用的是连续试验时，绘制连续试验图（见图 2-9 和图 2-10），按以下要求判定试验结果：

① 如果 5 min 试验内，儿童开启包装容器的数低于图 2-9 中 L1 线，以及在后续的 5 min 试验，儿童开启包装容器的数低于图 2-10 中 L3 线，则通过试验；

② 如果 5 min 试验内，儿童开启包装容器的数高于图 2-9 中 L2 线，或者后续的 5 min 试验，儿童开启包装容器的数高于图 2-10 中 L4 线，则未通过试验；

③ 如果 5 min 试验内，儿童开启包装容器的数介于 L1 线和 L2 线与 L3 和 L4 之间，则应重新试验。

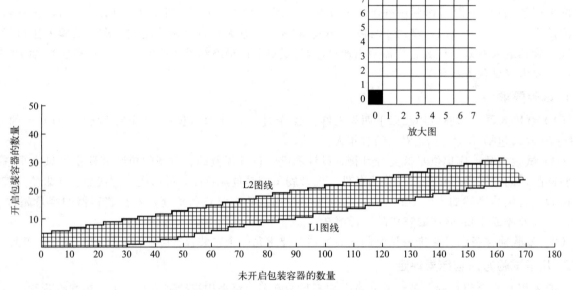

图 2-9　防止儿童开启包装连续试验图（未进行演示示范）
注：质量合格水平（AQL）为 10%，质量限制水平（LQ）为 20%

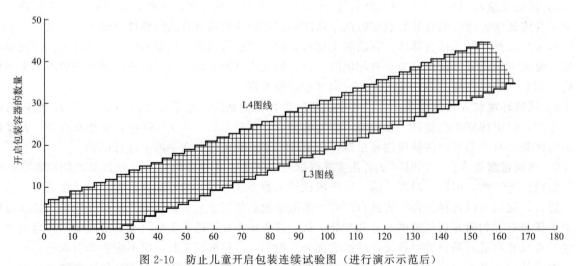

图 2-10　防止儿童开启包装连续试验图（进行演示示范后）
注：质量合格水平（AQL）为 15%，质量限制水平（LQ）为 25%

3. 成人试验方法与结果评定

对成人进行试验不需要在特定的场所和特定的时间。

（1）试验人员构成：要求由 100 名有效的参与者（成人）参与试验，并应对试验人员进行初选。其中，防止儿童开启包装的专业设计、制造等有关人员、有明显生理缺陷及智力上有障碍的人员不应参与试验。应向试验人员讲明试验的目的，但不应提供操作上的演示示范。100 名试验人员应从 50 岁～70 岁的成人中按表 2-4 的规定随机抽取。从一个群体中选择的试验人员不能超过 30 名，非相关个体要超过试验总人数的 35%。

表 2-4　试验人员构成

年龄/岁	男性/名	女性/名	总计/名
50～54	8 或者 7	17 或者 18	25
55～59	7 或者 8	18 或者 17	25
60～70	15	35	50
总计	30	70	100

（2）试验步骤：向每名试验人员提供试验用的包装容器和指导如何开启和重新盖紧的操作指导说明书，操作指导说明书应与在销售过程中提供给消费者的说明书一致。

5 min 内，试验人员通过熟悉包装容器、阅读操作说明书后，独立完成试验。对于 5 min 内成功打开试验样品的试验人员，应再给他们一个同样的包装容器，让他们在 1 min 内重复试验，即开启和重新盖紧。

5 min 内，如果试验人员不能打开包装容器，将对其再进行筛选试验，即让试验人员在 1 min 内打开两个非防止儿童开启的普通试验容器：a) 25～50 ml 的圆柱形塑料容器，螺纹密封，其密封盖内有连续螺纹且直径为 28 mm，扭矩 1.1 Nm；b) 25～50 ml 的圆柱形塑料容器，非螺纹密封，其密封盖扣紧在容器上，直径为 28 mm。如果试验人员在 1 min 内未能打开和重新盖紧上述两个容器，此试验人员的成人试验结果即为无效，需被剔除；如果试验人员在 1 min 内打开了上述两个容器，表明成人试验结果为有效，成人试验结果为未通过试验。记录成人的试验结果。

（3）结果评定：90% 的试验人员能在 5 min 内成功打开包装容器，且在后续的 1 min 内能成功地打开和重新盖紧包装容器，则通过试验。试验人员能在 5 min 内成功打开包装容器，但在后续的 1 min 内未能成功地打开或重新盖紧包装容器，则未通过试验，记入不合格比例。

第四节　药品包装的造型设计

一、药品包装造型设计的定义

药品包装造型设计是根据药品的制剂特性与使用方式、包装材料和容器的成型方式、包装容器各部分的不同要求，运用美学法则（点、线、面、体等多种形态要素的规律）对包装及其组件的外观型体所进行的设计。药品包装的造型设计，应具有实用价值和美感作用。

二、药品包装造型设计的内容

药品包装造型设计的主要内容包括包装的空间设计和包装的形体设计。

（一）包装的空间设计

包装的空间设计，应关注容量空间、组合空间与环境空间。

（1）**容量空间**：它是包装的容量，依据所包装内容物的形态、大小和数量而定，例如药瓶的高矮胖瘦。

（2）**组合空间**：它是内包装与外包装、容器与容器、容器与组件相互排列所产生的空间，例如泡罩的纸盒包装、不同药品的组合包装、附带溶剂的冻干粉针包装、药械组合包装等。

（3）**环境空间**：它是包装与周围环境所形成的空间，例如应与展示、分发药品的药柜空间相互适应。

（二）包装的形体设计

包装的形体设计，应关注容器造型的线形、比例及其变化。通过线形、比例及其变化，可设计具有不同造型特点的容器和包装，见图2-11。

图 2-11　塑料药品容器造型举例

（1）**线形**：造型的线主要指外轮廓线，线形有直线、弧线、曲线、长线、短线等，通过不同形状的线形对比与组合，形成有条理、有组织、有规律化的形式变化。

（2）**比例**：它是指容器各部分之间的比例关系，依据体积容量、功能效用、视觉效果确定，包括上下、左右、主体与附件、整体与局部之间的关系，各部分组成比例的恰当安排直接体现容器造型的形体美。

（3）**变化**：它是指根据容器方体、锥体、球体、筒体四种基本形的变化，基本手法包括切削、空缺、凹凸、变异、拟形等，这种变化手法不仅适用于容器身部，也适用于顶盖、胶塞、喷嘴、滴管等组件。切削是对基本形加以局部切削，使造型产生面的变化，在切削的变化中，既要讲究面的对比又要追求整体的统一。空缺是在容器造型上进行的虚空间的处理，可达到便于携带、便于提取、增强视觉的目的效果。凹凸是在容器上进行局部凹凸变化，可使容器产生不同质感、光影的对比效果，也可达到便于抓握的目的。变异是在基本形的基础上进行弯曲、倾斜、扭动的造型变化，拟形是对某种物体的模拟，均可增强容器的趣味性和展示性。

（4）**人体工程学**：在实施以上变化手法时，应考虑制剂的特性、包材的性能、生产的可行，还应考虑人体工程学。

药品包装中的人体工程学是指适合人体的生理结构与功能，主要体现在手、口、鼻、眼等方面。在药品应用场景，应关注盲人的触觉（盲文）、老人的阅读、药品的取用（是否支持单手取药）、给药装置的口鼻适应、包装的搬运等方面的人体工学。例如，手对容器的动作包括：触摸的动作（探摸、抚摸），把握的动作（开启、倾倒、移动、摇动、再封闭），支持的动作（支托），加压的动作（挤压）等。手、口、鼻所触到的包装或装置的造型部位，应考虑生理位置、尺寸和手的操作动作。

三、药品包装造型设计的要求

在满足药品所需的保护、便利、销售等功能要求及包装工艺要求的前提下，包装造型也要求能给人们带来精神上美的感受和艺术的趣味，具备形式美。

（1）**变化与统一美**：造型应该在统一中求变化，变化中求统一，例如瓶盖材质、造型与颜色的变化。有变化，造型才富有生命力、感染力，但变化多得不统一就显得杂乱无章；有统一，造型才会和谐、富有整体美。

（2）**重复与呼应美**：重复运用规律性的元素，例如瓶体线形重复、材质与颜色相同等，使造型显现出一种在变化中的重复呼应美。

（3）**节奏与韵律美**：节奏与韵律是一种有合理性的、有次序感的、有规律性变化的形式美感。

（4）**对称与平衡美**：对称具有大方、稳定的美感，表现为左右对称、中心对称等形式。平衡具有两种形式：一种是静的平衡，是等量不等形；另一种是动的平衡，在不对称中求得平衡之美，具有活泼、多变的特点。

药品包装造型设计应以结构为基础，以功能为前提，体现以上造型变化的形式美。同时，应注意药品不同于普通商品，在简洁中体现美感，见图 2-12。

图 2-12　药品包装造型的形式美举例

第五节　药品包装的装潢设计

一、药品包装装潢设计的定义

药品包装装潢设计是根据药品的特点，运用艺术手段对药品说明书、标签以及药品包装的平面外观进行的设计。包装的平面外观包括文字、商标、图案、色彩及其构成方式（排版）等要素。

药品包装装潢设计应根据药品的特点，满足三大基本要求：①科学性，能科学、规范、准确地显示药品信息；②便利性，便于识别与区分药品信息，尤其应便于老人、视觉障碍患者；③艺术性，整体外观设计符合患者、药品、企业的特点。

二、药品包装装潢设计的要素

（一）文字要素

药品包装装潢设计的文字要素包括：药品通用名称、成分、性状、适应证或者功能主治、规格、用法用量、不良反应、禁忌、注意事项、贮藏、生产日期、产品批号、有效期、批准文号、生产企业等药品文字信息。药品文字信息的内容要求，详见本章第二节中的"药品说明书与标签的撰写要求"。

（二）形象要素

包装设计的形象要素包括文字、图形和色彩三大类。

1. 文字

这里的文字是指对文字进行平面设计，是文字的视觉效果，包括图形中的文字、药品文字信息的字体及其编排，基本要求与样式参见本章第二节和第三节中的表 2-1、表 2-3 和图 2-6。

2. 图形

图形设计是运用点、线、面、色块、图片构成图形、表达审美和个性的视觉设计。因为与文字相比，画面有图形、颜色、线条等内容，对大脑的刺激更加强烈，能够留下更深刻的印象，通过视觉传递信息，记忆速度比文字快四倍，记忆也更加清晰和持久。

图形的决定因素，主要考虑两个方面：第一，应与包装使用者（患者）关联，根据年龄、性别、地区、民族、教育程度的不同而进行不同的设计，例如儿童选择卡通图形，青少年喜欢鲜活图形，中老年则更偏好写实与传统图形。第二，应与包装内容物（产品）关联，根据需要设计具象、半具象和抽象图形。其表现形式可以是产品再现，例如使用药品中片剂、胶囊剂、微丸的实物图片；可以是产品联想，例如中药产品可选用其中某味药的根、茎、叶、果等图形；也可以是产品象征，例如 mRNA 脂质纳米粒疫苗、渗透泵控释制剂等可进行抽象化设计，提取象征元素进行图形创作。

标识是一种非常重要的图形。标识通常是指用于区分、识别事物、现象或人的特征或符号。从功能的角度，标识可分为企业标识、产品标识（例如商标）、专用标识（例如药品专用标识，参见图 1-3）。从造型的角度，标识可分为具象型、抽象型和具象抽象结合型。具象型是具体图像经过简化、概括、夸张等设计而成，具有一目了然的特点；抽象型是由点、线、面、体等造型要素设计而成，具有突破具象束缚、增加想象空间的特点；具象抽象结合型是以上两种相结合的设计，较为常见，可取长补短，提升效果。从形象的角度，标识可分为文字型（由汉字、字母和数字构成）、图形型（由自然图形、几何图形构成）、组合型（由文字型和图形型组合而成）。药品包装中标识的设计与使用，应符合法规要求、药品特性、企业形象和审美特征。

3. 色彩

色彩是具有力量的，在最初接触商品的 20 秒内，人的色感为 80％，而形感仅为 20％。在药品包装设计的形象要素中，图形、文字都依赖于色彩的配合。

（1）**色彩三属性**：色相、明度和纯度。色相是色彩的相貌特征及其相互区别，例如，日光通过三棱镜分解出的红、橙、黄、绿、青、紫六种色相。例如，在药品包装标签中，常用不同色相区分规格、浓度、容量等容易混淆的细节信息。明度是色彩的明暗深浅的差异程度，白色明度最高，黑色明度最低，在明度对比中，最好的方法是把颜色划分为三个大的明度基调，即高调、中调、低调，然后再根据需要进行组合、搭配，当颜色为黑和白或黄和紫时，其对比效果最强烈。例如，药品通用名称应采用高明度和低明度的颜色相配合，可产生强烈、醒目的效果。纯度又称色度、饱和度，是色彩的鲜艳程度，原色饱和度最高，随着饱和度降低，色彩变得暗淡直至成为无彩色，即失去色相的色彩。

（2）**色彩系统**：包括原色、间色和复色。原色，即第一次色，是指最基本、最原始的红、黄、蓝三个基本色（三原色）。三原色是色彩中最纯正、鲜明、强烈的基本色，可以调配出其他各种色相的色彩。间色，即第二次色，由两个原色相混合而成的色彩，即红＋黄＝橙，黄＋蓝＝绿，红＋蓝＝紫，由此可产生红、橙、黄、绿、蓝、紫六色色环。复色，即第三次色，是由两个间色（橙与绿或绿与紫、紫与橙相混合）或一个原色和相对应的间色（如红与绿、黄与紫、蓝与橙）再次混合而成的色彩，复色包含了三原色的成分，成为纯度较低的含灰色彩。

（3）**色相环**：包装的色彩设计，通常使用色相环来寻找相似色、对比色与互补色。色相环是按光谱排序的长条形色彩序列首尾连接（使红色连接紫色）形成的环，常见 12 色相环（由三原色、三间和色六复色组成）以及 24 色相环。相似色是指在给定颜色旁边的颜色。如果以橙色开始并想得到它的两个相似色，就选定红色和黄色，使用相似色的配色方案可以提供颜色的协调和交融，类似于在自然界中所见到的那样。对比色是指在色相环上相距 120 度到 180 度之间的两种颜色。互补色是色相环中成 180°角的两种颜色，是最强对比色，补色并列时，会引起强烈对比的色觉，会感到红的更红、绿的更绿。

（4）**色彩的心理效应**：色彩元素具有象征性，不同色彩会对人的心理与生理产生不同影响，从而产生不同的感染力。人们对于色彩往往会带有主观感情，各种颜色都不同程度地刺激着人们的视觉，并产生某种情感的心理活动。色彩的心理效应，是指光作用于人的视觉器官产生色感的同时，也作用于人们的心理，从而使人产生各种各样的感觉、联想，有时会进一步对血压、心率、体温等产生影响。

色彩的心理效应可归纳为冷暖感、距离感、体量感、轻重感、软硬感和动静感。色彩本身并没有冷暖的温度差别，但会在视觉上引起人们对冷暖的感受，它是一种心理的暗示及联想。例如，红色、橙色、黄色常使人联想起火焰、阳光、朝霞，因此有温暖、热烈的感觉，所以称为"暖色"；而蓝色、青色、靛蓝常使人联想起海洋湖泊、冰雪、夜空，因此有寒冷的感觉，所以称为"冷色"；其他颜色没有很强烈的冷暖的倾向，属于中性色。距离感和体量感属于色彩在横向空间的心理效应。距离感描述的是视觉上给人一种更远或更近的感觉，一般纯度高、明度低以及暖色是前进色，而纯度低、明度高以及冷色为后退色，例如，红色背景的房间显得更窄一些、浅色背景的房间显得更宽敞一些。体量感描述的是物体给人的更大或更小的感觉。通常纯度高、明度高以及暖色，给人向外扩展的感觉，称为膨胀色；而纯度低、明度低以及冷色，给人向内收缩的感觉，称为收缩色。轻重感属于色彩在纵向上的心理影响，它主要受色彩的明度决定，明度低为重色，显得厚重，给人以下坠感；明度高为浅色，显得轻快，给人以上升感。软硬感主要取决于色相和明度，暖色、高明度给人柔软的感觉，冷色、低明度给人坚硬的感觉。动静感主要由色相与纯度决定，纯度高的颜色或暖色给人以兴奋活跃的感觉，容易使人产生疲劳感，纯度低的色彩或冷色给人宁静、优雅的感受，使人感觉舒适。图 2-13 为药品包装的色彩设计参考图。

鉴于以上色彩的心理效应，在设计药品包装时，要根据药品属性、患者类型进行色彩设计。例如，在药品属性方面，营养、滋补、抗风湿、抗抑郁类药品宜用暖色系，解热、镇静、助睡眠、降血压类药品宜用冷色系。又如，在患者类型方面，肺结核患者讨厌红色，抑郁症患者喜欢黄色，心脑病患者喜欢白色。此外，需要注意色彩应用的独特性、民族性和展示性，色彩效果要满足品种特性、色彩运用要尊重民族的爱好与禁忌，视觉特征应合乎时代审美要求。

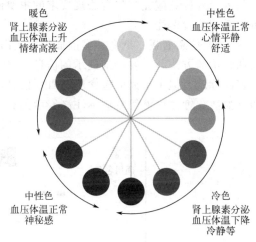

图 2-13　药品包装的色彩设计（彩插）

三、药品包装装潢设计与 AIDMA 原理

消费心理学的研究认为，一般情况下，商品包装作用于消费者的心理过程有五个阶段：唤起注意（attention）、引起兴趣（interest）、激发欲望（desire）、促进记忆（memory）、导致行动（action），这就是经典的 AIDMA 原理。审美心理学认为，注意的唤起本身就欲望的初步满足，随之而来的就是兴趣的产生以及购买欲望的出现。而注意力需要由客观因素刺激，例如外在的包装装潢设计必须具有审美艺术魅力。

药品是特殊商品，其销售不同于普通商品，首要的是药品内在的质量，其次才是药品的外在包装。但是，药品的外在包装与药品内在质量二者相辅相成，决定了药品的整体品质。需要注意的是，药品销售的监督管理比普通商品严格得多，要严格遵守国家和省市自治区药监部门发布的一系列法规，例如《中华人民共和国药品管理法》《中华人民共和国药品管理法实施条例》《中华人民共和国广告法》《药品经营质量管理规范》《药品经营许可证管理办法》《药品流通监督管理办法》《药品经营和使用质量监督管理办法》《处方药与非处方药分类管理办法（试行）》《麻醉药品和精神药品管理条例》《药品类易制毒化学品管理办法》《反兴奋剂条例》《执业药师注册管理办法》《药品网络销售监督管理办法》《药品广告审查办法》以及省市自治区发布的药品零售连锁经营监督管理、互联网药品销售管理等各方面的政策法规。

因为药品的使用对象是人，对药品尤其是 OTC 药品的消费行为或多或少受 AIDMA 原理的影响，药品同样需要良好设计的包装。从生理机制来看，药品包装的结构、造型与装潢的优秀设计能够对患者产生心理效应，通过提高药品包装的功能性、顺应性和吸引力，最终导致消费行为。因此，药品包装需要根据不同患者、制剂特性、市场情况等进行设计定位，对包装结构、造型以及装潢的文字、字体、颜色、图案等要素及其组合进行整体创新设计，满足患者需求，突出产品特点，提升竞争能力。

四、药品标签设计案例——注射剂标签

国际上对注射剂标签和包装均非常重视，出台相关指南，指导优化标签设计，降低临床用药风险。例如，英国国家患者安全机构（National Patient Safety Agency，NPSA）于 2008 年发布了《Design for patient safety：A guide to labelling and packaging of injectable medicines（注射剂标签和包装指南）》，中国医药包装协会（CNPPA）于 2019 年 4 月发布了《注射剂标签设计指南》（T/CNPPA 3004—2019）团体标准，自 2019 年 05 月 01 日起实施。

（一）通用设计原则

内、外标签应完整包含法规要求的主要信息，标签内容信息与药品说明书内容一致，特殊信息必要时可在适当位置标注。

（1）信息面板：纸盒标签前面板要突出重要信息（药品通用名称、特殊标识、规格、产品批号、有效期、给药方式和需要特别提示的信息）。药品的重要信息（至少）应在上市销售最小包装三个不相对的外表面标示，但主平面应包含所有重要信息，并留有一定的空白区域，以便药师需要时加贴标签。高警示药（如氯化钾注射液等）应标注高警示药品标识。CNPPA 的纸盒标签设计示例见图 2-14。

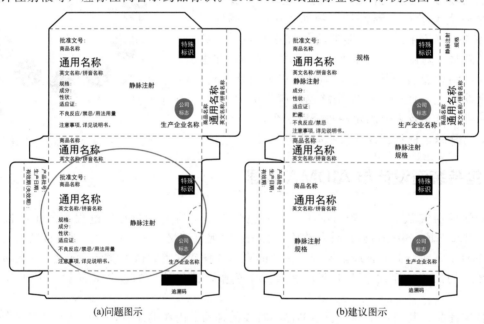

(a)问题图示　　　　　　　(b)建议图示

图 2-14　纸盒主要信息面板设计示意图

（2）药名相似：应特别关注外观相似（看似）、读音相似（听似）的不同药品，其标签应有明显的区别，如加印色带或其他区别方式。CNPPA 的设计示例见图 2-15。（注：使用色带时，还应特别注意视觉障碍患者是否能对颜色加以区分。）

（3）规格：上市销售药品的最小包装标签上不需要表达浓度精度，规格的数字后不要加"0"。例如应写为"0.1 g"而不是"0.10 g"。同一厂家同一产品的不同规格，应明确区分。例如"0.5 g"与"1 g"、"5% 500 ml"与"10% 500 ml"可使用不同字体颜色加以区分。多人份注射药品，应在规格项下增加（人份/支），例如"2 ml（5 人用剂量）/支"。

（4）给药途径：使用肯定信息标出正确的给药途径，避免使用否定或不便于理解的术语。严格禁止注入鞘内的药物，应加黑框警示。

（5）药品稀释：对于必须稀释的药品应明确标注，并且标示合适的最小稀释体积。CNPPA 的示例见图 2-16。

（6）贮藏条件：贮藏条件应在标签上说明。尤其是对不能冷冻的制剂，应有特殊说明。对于贮藏条件有特殊要求的应重点标注，并应使用肯定的语言给使用者提示。例如，胰岛素注射液的贮藏条件应写为

(a)问题图示

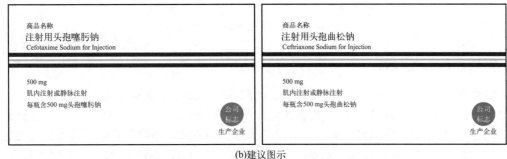

(b)建议图示

图 2-15 药品名称相似的标签设计示意图（彩插）

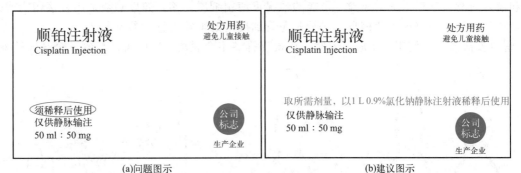

(a)问题图示 (b)建议图示

图 2-16 药品稀释的标签设计示意图

"2 ℃～8 ℃ 避光保存，不得冷冻"，见图 2-17。

（7）**供患者使用的注射药品**：对于多剂量、多次使用的注射药品，除了标明包装规格（例如胰岛素注射液，3 ml：300 IU）以外，还应包括含量，含量可表达为：剂量/单位体积、单位/ml 或是 mg/ml（例如胰岛素注射液，100 IU/ml），CNPPA 的示例见图 2-17。

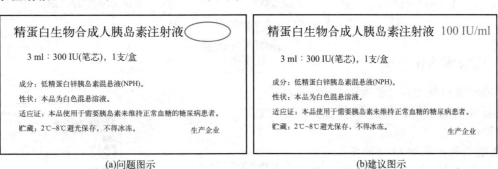

(a)问题图示 (b)建议图示

图 2-17 药品贮藏条件、供患者使用的注射药品含量的标签设计示意图

（8）**有效期（失效期）**：应在内标签和/或外标签选择清晰、易辨认的位置打印数字（尽量使用油墨打印方式）。如药品经常在无菌的环境下使用，也可选择数字压花方式，但须保证数字清晰可辨。

（9）**注意事项**：当有 2 条以上注意事项时，应分段书写，便于使用者阅读。

（10）**条形码（追溯码）**：药品生产商使用的各类条形码（追溯码等信息）可放在次要位置，尽量为临床使用的条形码留出空间。CNPPA 的药品标签追溯码建议位置示意图见图 2-18。

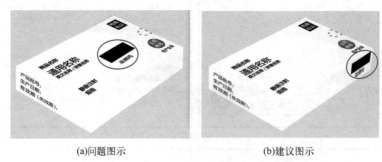

(a)问题图示　　　　　　　　　　(b)建议图示

图 2-18　药品标签追溯码位置示意图

（二）安瓿瓶的标签设计

（1）**文字内容**：至少应包括通用名称、规格、给药途径、批号或者有效期。

（2）**文字方向**：由于安瓿瓶较小，内标签文字应尽量选择无须转动（或移动）即可完整阅读重要信息的方向，安瓿尺寸过小无法横向打印的，可采用其他适宜的方式，如纵向打印（沿安瓿长度方向）或使用多层标签（单/双面印刷）等，以保证重要信息的完整读取。参见 CNPPA 的示例见图 2-19。

（3）**标签的形式**：玻璃安瓿通常会采用直接印刷（其他玻璃包装注射剂内标签也适用），应关注临床配制使用和消毒过程中字迹丢失的风险。可能的情况下使用纸质标签，如果必须采用直接印刷或是透明塑胶的标签，通过字体颜色突出重要信息，尽量避免看到反向的重叠信息，参见图 2-19。

（4）**塑料安瓿瓶**：当使用不干胶标签时，应确保标签不会脱离，同时关注标签黏合剂向药液的迁移。

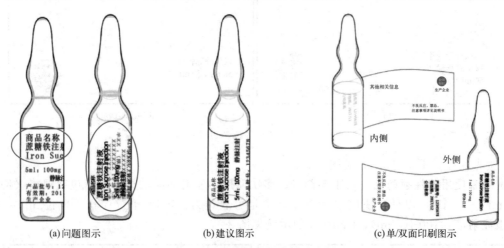

(a)问题图示　　　　　　(b)建议图示　　　　　　(c)单/双面印刷图示

图 2-19　安瓿瓶标签设计示意图

（三）玻璃瓶的标签设计

注射剂玻璃瓶包括大容量玻璃瓶（输液瓶）和小容量玻璃瓶（西林瓶），应根据其大小进行标签设计。

（1）**重要信息**：玻璃瓶内标签应突出重要信息（通用名称、规格、给药途径、批号或者有效期等）。不应使用密集的文字，应留有适当的字间距、字母间距和行间距的空隙，避免将文本挤在一起。如果瓶的宽度小于标签的高度，则文字方向为纵向，CNPPA 的示例见图 2-20。多剂量小瓶要将

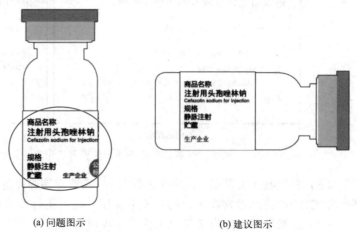

(a)问题图示　　　　　　　　(b)建议图示

图 2-20　西林瓶标签设计示意图

药品打开后的贮藏时间或要求重点标出，为记录打开的日期预留位置。

（2）**色调搭配**：内标签应与外标签的设计相匹配，瓶盖着色应选择与内、外标签主色调一致的颜色。英国 NPSA 大容量输液瓶标签示例见图 2-21，注意其规格的表示方法与我国有所不同。

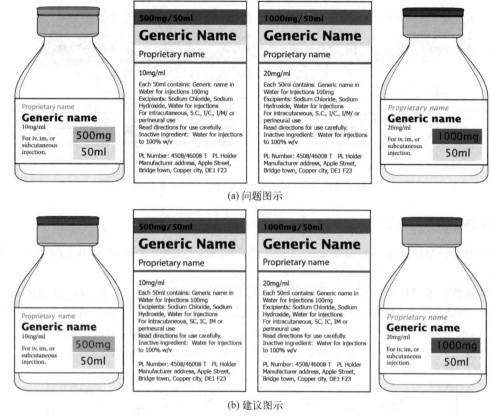

图 2-21　玻璃瓶标签设计示意图（彩插）

（四）预灌封注射器的标签设计

（1）**文字内容**：至少应包括通用名称、规格、给药途径、批号或者有效期。

（2）**文字方向**：标签文字方向建议沿着注射器长度的方向，且保证留出可以观察内容物的空白区域。字体颜色的选择不得干扰对内容物的观察。体积刻度标记应是可视的，且不应被标签覆盖。英国 NPSA 的示例见图 2-22。

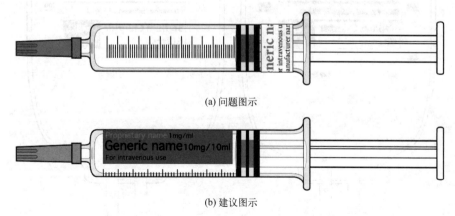

图 2-22　预灌封注射器标签示意图

（3）**颜色搭配**：外包装、标签、组件的颜色搭配应便于区分不同药品。英国 NPSA 的示例见图 2-23。

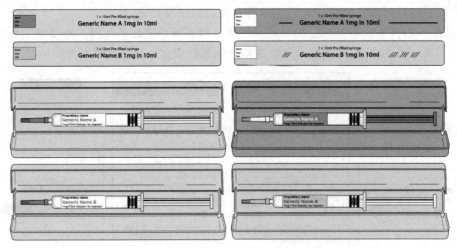

图 2-23 预灌封注射器标签与外包装的颜色区分示意图（彩插）

（五）输液袋的标签设计

（1）**文字印刷**：直接印刷在输液袋上的信息应清晰可辨。文字方向应以使用方向为准。英国 NPSA 的示例见图 2-24。

（2）**文字颜色**：不同药品的相似包装，建议使用不同的颜色或图案加以区分，特别推荐以黑色字体配以相应色块、图案要素的设计方法，能够较好地达到识读与区别的效果。需要强调的重要信息，可通过不同颜色加以标示，以突出其视觉显度。英国 NPSA 不同药品输液袋标签的示例见图 2-25。

（3）**其他要求**：尽量使用不光滑的材料以提高辨识度，避免反光现象出现。

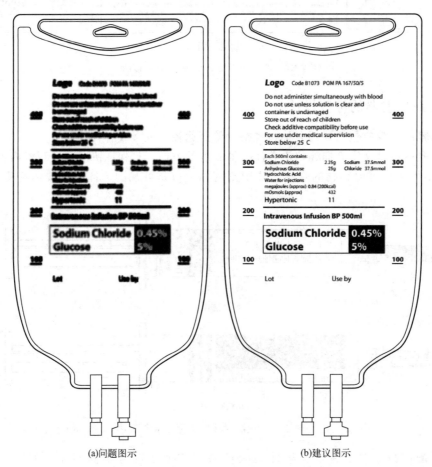

(a)问题图示　　　　　　　　　(b)建议图示

图 2-24　输液袋标签设计示意图

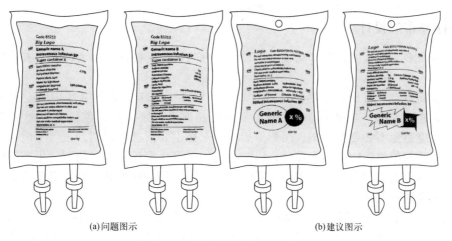

(a)问题图示   (b)建议图示

图 2-25   不同药品输液袋标签的区分

五、药品标签设计案例——口服制剂标签

口服剂型是最方便、最常见的剂型。口服药品的标签，应根据患者需求（例如老人、盲人等）、制剂特性、使用环境等，通过合规、合理设计与优化，提高标签中重要信息的辨识度，减少调配、分发和使用过程中的错误，提高患者用药安全性和依从性，体现对患者的人文关怀。

2023 年 6 月，中国医药包装协会发布了《口服药品标签设计指南（征求意见稿）》，其主要依据是《中华人民共和国药品管理法》《药品说明书和标签管理规定》《药品注册管理办法》等，这里简要介绍布局设计。

（一）内标签布局设计

内标签药品名称等主要信息文字排列方式应便于阅读，避免产生理解不完整。例如，独立单元包装可根据容器尺寸，设计横排或竖排标签。若因尺寸限制而无法同行书写的，应尽量在不干扰阅读的情况下合理换行。若因标签尺寸较小无法涵盖所有重要信息，至少应标注药品通用名称、特殊标识、规格、产品批号、有效期或失效期等。

铝塑泡罩包装上的主要信息宜重复排列，以保证包装后再处理时，如切割，至少显示一个完整的关键信息，如药品通用名称、规格、批号、有效期等。铝塑泡罩包装标签设计示例见图 2-26。

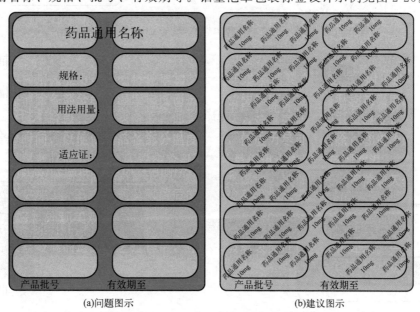

(a)问题图示   (b)建议图示

图 2-26   铝塑泡罩包装标签设计示例

（二）外标签布局设计

药品外标签涉及多个展示面，其布局设计应以安全性为前提，确保使用者阅读和查看外标签不致发生混淆和误读。

外标签各展示面应合理布局，标签设计者应对主要信息、特殊信息各项目在标签中位置、大小、色彩、对比度等元素充分考虑、合理布局，保证主要信息能准确识别。外标签图案、文字设计宜简洁、明快，尤其主展示面应避免不必要的图案、阴影等影响、干扰主要信息的识别。主展示面不宜采用和已上市相同通用名药品标签相似的颜色和图案设计，以避免使用者发生混淆，造成调配、用药错误。

例如，柱状药品包装盒主展示面、两侧、顶面和底面设计示例见图 2-27，扁平状包装盒主展示面、两侧、顶面和底面设计示例见图 2-28。

主展示面 A 可标注药品通用名称、商品名称、规格、批准文号、特殊标识、药品上市许可持有人等，主要信息可在主展示面 B 重复、补充。建议在主展示面 A 或主展示面 B 适当位置上留出空白，便于药师粘贴或书写使用方法（医嘱信息）。

外标签两侧和顶面、底面可适当排列适应证/功能主治、规格、用法用量、不良反应、禁忌、储存、产品批号和有效期、药品追溯码、生产企业地址和联系方式等。

标签底部可排列药品上市许可持有人，或特殊要求如开启方式、附加使用装置信息等。

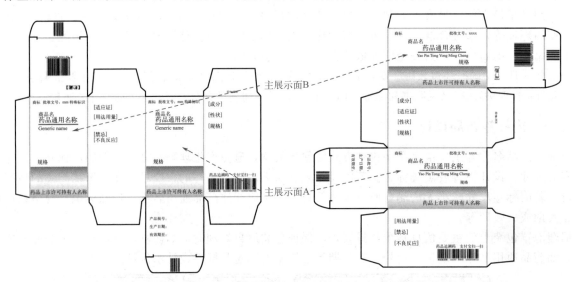

图 2-27　柱状药品包装盒主展示面、两侧、顶面和底面设计示例

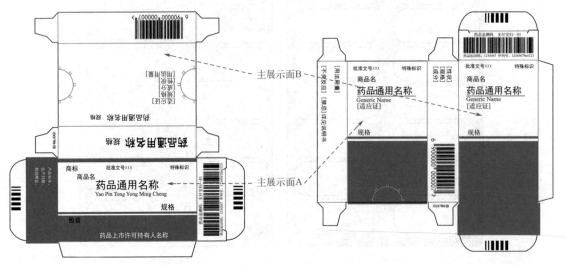

图 2-28　扁平状药品包装盒主展示面、两侧、顶面和底面设计示例

（三）标签的字体、颜色与图案设计

标签的字体应符合《药品说明书和标签管理规定》的要求。药品通用名称应当显著、突出，其字体、字号和颜色必须一致，颜色宜使用黑色或白色。商品名可辨别性如色彩对比度、大小等不能强于通用名称。药品通用名称应当使用国家语言文字工作委员会公布的规范化汉字。若使用其他文字对照的，应当以汉字表述为准。避免选用草书、篆书等不易识别的字体，避免使用斜体、中空、阴影、花体等形式对字体进行修饰。字体设计示例见图2-29。

(a) 问题图例　　　　　　　　　　(b) 建议图例

图 2-29　药品标签字体设计示例（彩插）

标签的颜色以3~4色最佳，不宜超过5色。非必要不采用烫金、起凸、覆膜、上光油等影响文字识别的工艺。用字体、颜色或图案加大不同规格药品、外观相似（看似）、读音相似（听似）药品的区分度，见图2-30。

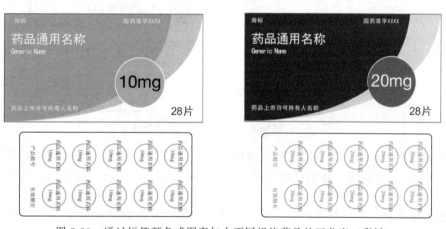

图 2-30　通过标签颜色或图案加大不同规格药品的区分度（彩插）

（四）标签中的其他信息

（1）服用方法：宜采用肯定性文字，以指导患者正确服用，避免使用否定或不易理解的表达导致使用错误。例如，咀嚼片需要咀嚼后服用，含服、舌下给药的剂型亦应特别提示。又如，缓释、控释剂型要求完整吞服时，若标注"禁止咬、嚼、掰断或压碎服用"常被混淆或误认为"咬、嚼、掰断或压碎服用"，示例见图2-31。

(a) 问题图示　　　　　　　　　　(b) 建议图示

图 2-31　药品标签中服用方法的正确提示

（2）**警示语**：药品说明书中的警示语须在标签中特别标注，防止使用者误服。例如："运动员慎用""孕妇禁用"等特定用药人群，见图 2-32。

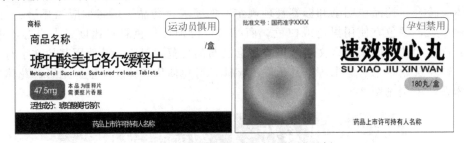

图 2-32　药品标签中警示语的标注示例

（3）**开启方式**：采用安全结构的包装，如儿童安全包装等，应在标签中注明，并尽量采用图示方式描述，见图 2-33。

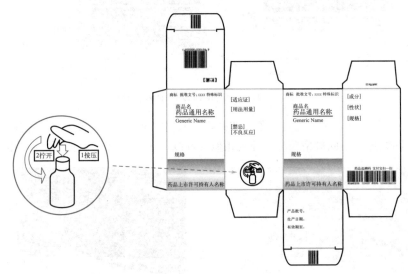

图 2-33　药品标签中特殊开启方式的标注示例

（4）**开启后使用期限标示**：开启后有明确使用期限的药品，使用期限在标签中应明确提示，并留出适宜空白位置用于标记开启时间，防止过期使用。例如，某多剂量包装的口服液，标签标注"首次开封后保质期为 45 天"。

（5）**特殊贮藏要求标示**：有特殊贮藏要求的药品，如多剂量包装开启后易受潮的药品，说明书要求"请勿丢弃包装中的干燥剂"，标签上亦应明确提示。

（6）**药品追溯码和商品码**：药品追溯码和商品码一般应分别安排在两侧展示面或上下展示面的两个位置上。考虑到自动发药设备在线扫描识读的需求，如果因为位置和空间局限，追溯码可使用空间要求较小的二维码标识。

（7）**可变信息**：可变信息是法规中规定的重要信息，包括产品批号、有效期或失效期、药品追溯码等。产品批号、有效期或失效期由文字和数字两部分组成，文字信息部分一般预先印制，可变信息的位置应选择在内标签或外标签易辨认区域，标签设计时应为可变信息数字部分预留足够的空间并与其他信息保持适宜距离，不影响信息的识别。可变信息数字部分可采用打印、激光灼烧、钢印等方式。采用打印方式，数字应清晰、易辨认，形成明显的背景反差，同时需要关注油墨附着力和牢固性，排版设计合理，避免误读。可变信息的文字和数字须在一个直线上，不能发生错位，避免造成信息的识别错误。

六、药品标签设计案例——儿童用药品标签

儿童用药品是指专供目标年龄段儿童使用的药品，以及可用于儿童的药品。儿童对药物的吸收、分布、代谢和排泄，以及药物对儿童的药理、药效和毒理等，均与成人有非常显著的差异，不同年龄段儿童

又有不同的特点。因此，儿童用药品不是成人用药品的缩小版，用于儿童的药品，有年龄段的限制，有剂型的特点，有剂量的规定，有安全的要求。这些信息应体现在药品说明书和标签中，应在符合药品说明书、标签的法规要求的前提下，在儿童用药品的说明书、标签中对儿童用药品与成人用药品进行说明与区分，或对涉及儿童使用的重要信息进行明确标识，防止儿童误用，保证儿童科学、安全、合理用药。

2022 年 4 月，中国医药包装协会发布《儿童用药品标签设计指南》（T/CNPPA 3021—2022）团体标准，自 2022 年 4 月 22 日实施。本标准旨在引导药品上市许可持有人和标签设计与生产者在设计儿童用药品内、外标签时，通过对标识、字体、图案、色彩、布局等要素的应用，增加对标签内容的可辨识性，减少儿童患者临床用药错误，保证用药安全。

（一）标识、颜色与图案

（1）**使用儿童药品专用标识**：建议在专供儿童使用药品的标签上使用儿童用药品标识，以明确区分儿童用药品。推荐放置在展示面右上角。儿童用药品标识见图 2-34，参考 CNPPA 指南。

（2）**谨慎选用颜色与图案**：儿童专用药品包装/标签的颜色和图案需与食品、玩具等其他产品有明显区别，避免误导性；避免在标签上使用容易吸引并导致儿童误服误用图案。但也需考虑儿童心理特点，采用适当色彩和设计元素缓解儿童对药品的恐惧和抗拒。

图 2-34　儿童用药品专用标识（彩插）

（二）开启、分割与量取

（1）**标注开启方式**：采用儿童安全包装等特殊开启方式的包装，需在标签中注明，并尽量提示开启方式。

（2）**标注分割/量取方式**：儿童用药品多数情况下需要按照体重或年龄给予剂量，常用药品规格不能满足儿童临床使用。儿童使用口服片剂需要分割、液体制剂需要量取，在这些应用场景下，分割、量取装置使用不当会导致剂量误差，给儿童健康带来风险。有些品种的说明书特别说明分剂量的方法，儿童用药品标签设计时需对此给予明确的图示。

例如，刻痕片在使用时按照剂量要求沿刻痕线掰开，能保证分割单元剂量准确，药品标签上需对刻痕线进行图示提醒。液体制剂用于儿童患者时通常会提供附带的量取装置，标签中需有图示以提醒监护人使用该品种时采用量取装置给药。CNPPA 指南的示例见图 2-35。

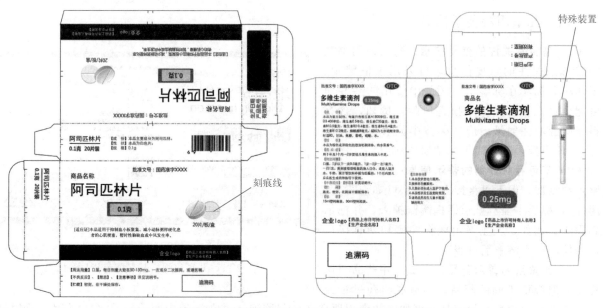

图 2-35　标签中片剂刻痕线（左）、液体制剂量取装置（右）的图示

（三）年龄段、给药途径与用法用量

（1）**标注适用年龄段**：有明确适用年龄段的儿童药品，标签上需标注。注意使用不同字体、颜色、色块等元素对不同使用年龄段加以区分。CNPPA 指南的示例见图 2-36。

（2）**特殊剂型或装置的标注**：对于需使用特殊给药装置（如面罩、雾化器）的药品，包装形式与其他剂型（如注射剂）相同或类似时，需在标签各关键面标示正确的给药途径和方法，以防止误用。例如，吸入用布地奈德混悬液应标注"仅供雾化吸入"。

（3）**配制液使用期限（失效日期）的标注**：特殊剂型需要在使用前采取特殊方法配制，配制液有储存时限规定的，在标签中需明显提示并留出适宜空间用于记录配制液失效时间，防止过期使用。

例如，一种伏立康唑干混悬剂的包装包含 100 ml 高密度聚乙烯（HDPE）瓶（内含 45 g 干混悬剂，带有聚丙烯儿童安全盖）、最大刻度为 23 ml 的量杯、5 ml 规格口服给药注射器和按下式瓶子转接器（PIBA）。临用前配制成混悬液后服用，制成的混悬液体积为 75 ml，其中可用体积为 70 ml。需要在标签中标示用法用量。

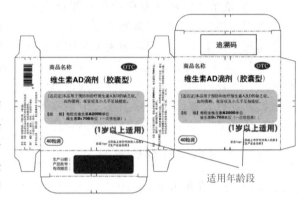

图 2-36　标签中适用年龄段的标注

配制方法：①轻敲瓶体，松解药物粉末。②用量杯每次量取 23 ml 水加入瓶中，共两次。③盖紧瓶盖，用力振摇 1 分钟。④打开儿童安全盖，将瓶口转接器压入瓶口。⑤盖紧瓶盖。⑥在配制好的混悬液的瓶子标签上注明失效日期。

贮藏：伏立康唑干混悬剂在冰箱内（2~8 ℃）保存。制成的伏立康唑混悬液，低于 30 ℃ 保存，不要冷藏或冷冻。制成的伏立康唑混悬液储存期为 14 天。

用法用量：每次服药前先振摇 10 秒。服用配制后伏立康唑混悬液时，应使用口服给药注射器。用量详见说明书。任何未使用完的产品或废弃物应按照要求弃去。

（四）儿童用药警示信息

（1）**需特别关注的重要信息**：药品说明书载明的需特别关注的重要信息，可采用黑框警示、儿童禁忌等标注在标签上。药品中使用的某些辅料可能会对儿童带来健康损害风险，例如，含有辅料苯甲醇的注射液，应在标签中显著位置标注"本品含苯甲醇，禁止用于儿童肌内注射"。

（2）**不可吞服片剂的警示信息**：对于外形与口服片剂相似，但不可直接吞服剂型（如泡腾片、外用片），标签中需有警示语提醒监护人，并标示正确用法。例如，在主展示面标注"切勿直接口服，请使用温水溶解后口服"。

（3）**儿童用高警示药品**：与成人用药品通用名称相同但规格不同的药品，易造成给药过量或

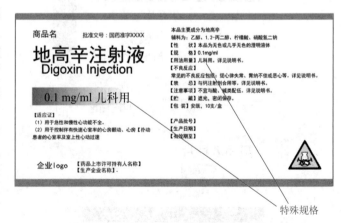

图 2-37　儿科用规格及高警示药品的标识

不足，特别是治疗窗窄的药品。例如，儿童用地高辛口服溶液，需在标签中明确标示"儿科用"及规格，并标示高警示药品标识（图 2-37）。

（蒋曙光）

1. 请叙述你对药品包装系统的理解。
2. 叙述药品包装工程与药品包装设计的内容与遵循的原则。
3. 查阅资料，举例说明中美日药品说明书和标签的异同。
4. 对于药品说明书的适老化，你有何看法？对于视力障碍的人群，药品包装如何满足需求？
5. 查阅资料，举例说明药品包装的创新设计及其在满足临床需求方面的应用。
6. 查阅资料，叙述药品包装结构设计对安全性、便利性、稳定性的影响。
7. 请叙述药品包装的结构、造型、装潢设计之间的关系。
8. 如何把握药品包装装潢的科学性与创新性？
9. 如何看待药品质量与包装装潢、包装内容物（制剂）的关系？
10. 查阅资料，叙述玻璃注射剂瓶（西林瓶）瓶口、胶塞的防跳结构设计。

参考文献

[1] 人用药品注册技术要求国际协调会（The International Council for Harmonisation of Technical Requirements for Pharmaceuticals for Human Use，ICH）协调指导原则 Q8、Q9、Q10、Q12 和 M4.

[2] 全国人民代表大会常务委员会. 中华人民共和国药品管理法（2019 年 12 月 1 日起施行）. 2019 年 8 月 26 日（第十三届全国人民代表大会常务委员会第十二次会议第二次修订）. https：//www.nmpa.gov.cn/xxgk/fgwj/flxzhfg/20190827083801685.html

[3] 国家市场监督管理. 药品注册管理办法（自 2020 年 7 月 1 日起施行）. 2020 年 1 月 22 日（国家市场监督管理总局令第 27 号公布）. https：//www.samr.gov.cn/zw/zfxxgk/fdzdgknr/fgs/art/2023/art_3275cb2a929d4c34ac8c0421b2a9c257.html

[4] 国家药品监督管理局. 药品说明书和标签管理规定（局令第 24 号），2006 年 3 月. https：//www.nmpa.gov.cn/yaopin/ypfgwj/ypfgb-mgzh/20060315010101975.html

[5] 国家药品监督管理局药品审评中心. 关于发布《化学药品及生物制品说明书通用格式和撰写指南》的通告（2022 年第 28 号），2022 年 5 月. https：//www.cde.org.cn/main/news/viewInfoCommon/f181ed96619e3bef4ce8154bb66d91bb

[6] 国家药品监督管理局药品审评中心. 关于发布《化学药品说明书及标签药学相关信息撰写指导原则（试行）》的通告（2023 年第 20 号），2023 年 3 月. https：//www.cde.org.cn/main/news/viewInfoCommon/defca6a1f3ba33d0bad6f309e5a0b816

[7] 国家药品监督管理局. 国家药监局综合司公开征求《药品说明书适老化改革试点工作方案》等文件意见，2023 年 6 月. https：//www.nmpa.gov.cn/xxgk/zhqyj/zhqyjyp/20230629170844132.html

[8] 孙智慧. 药品包装实用技术［M］. 北京：化学工业出版社，2005：10.

[9] 孙智慧. 药品包装学［M］. 北京：中国轻工业出版社，2006：4.

[10] 李志宁. 药品包装质量管理技术［M］. 北京：中国医药科技出版社，2009：9.

[11] 美国 16 CFR Part 1700 -- Poison Prevention Packaging. https：//www.ecfr.gov/current/title-16/chapter-Ⅱ/subchapter-E/part-1700

[12] 中华人民共和国国家质量监督检验检疫总局，中国国家标准化管理委员会. 中华人民共和国国家. GB/T 25163—2010《防止儿童开启包装 可重新盖紧包装的要求与试验方法》［S］. 北京：中国标准出版社. 2010：11.

[13] 中国医药包装协会. 药品包装用卡纸折叠纸盒（T/CNPPA 2005—2018）. 2018 年 7 月. https：//cnppa.org/index.php/home/bz/show_2019/id/934.html

[14] 中国医药包装协会. 注射剂标签设计指南（T/CNPPA 3004—2019）. 2019 年 4 月. https：//cnppa.org/index.php/home/bz/show_2019/id/989.html

[15] National Patient Safety Agency（NPSA）. Design for patient safety A guide to labelling and packaging of injectable medicines. Edition1 2008.

[16] 中国医药包装协会. 口服药品标签设计指南（征求意见稿）. 2023 年 6 月. https：//cnppa.org/index.php/home/bz/show_2019/id/1670.html

[17] 中国医药包装协会. 儿童用药品标签设计指南（T/CNPPA 3021—2022）. 2022 年 4 月. https：//cnppa.org/index.php/home/bz/show_2019/id/1410.html

[18] FDA. Safety considerations for container labels and carton labeling design minimize medication errors. 2022.

第三章

药品包装材料和容器

学习要求

1. 掌握：药品包装材料和容器的分类、作用、要求与性能，药用玻璃、塑料、金属、复合膜、泡罩、橡胶等直接接触药品的包装材料和容器的定义、种类与应用特点。

2. 熟悉：药品包装材料的选择原则，药用玻璃容器、复合膜包装、泡罩包装、橡胶塞的常用材料与生产工艺。

3. 了解：瓶盖、气雾剂阀门、空心胶囊的特点、用途与生产工艺。

第一节　概述

一、药品包装材料和容器的定义、分类与作用

（一）药品包装材料和容器的定义

如前所述，药品包装系统是指容纳和保护药品，以及保证药品质量和使用的所有包装组件的总和。药品包装组件是指药品包装系统的任何一个部分，按形制可分为容器、密封件和提供其他功能的组件。其中，直接接触药品的包装组件，亦称为初级包装组件；不与药品直接接触的包装组件，包括次级包装组件、辅助组件等。

药包材广义来讲可指药品包装系统、组件或材料。《中国药典》中，药包材特指药品包装中与药品质量最密切相关的部分，主要指初级包装组件/材料、提供保护或递送等功能的次级包装组件/材料等。2004年《直接接触药品的包装材料和容器管理办法（局令第 13 号）》（现行有效）中，将直接接触药品的包装材料和容器简称为药包材。

药品包装材料是指用于制造或构成药品包装的材料总称，包括制造容器、密封件、其他包装组件等药品包装主要组件所使用的材料，例如药用玻璃、塑料、橡胶、铝箔等，也包括用于制造包装的辅助材料和外包装材料，例如黏合剂、印刷油墨、白板纸、瓦楞纸等。药品包装容器是指有一定形状、用于容装药品的刚性容器例如，注射剂瓶，而与注射剂瓶配合使用的胶塞为注射剂瓶弹性体密封件、铝盖为次级包装组件。

（二）药品包装材料和容器的分类

1. 按使用方式分类

按照使用方式，药包材主要分为三类，包括Ⅰ类、Ⅱ类和Ⅲ类。Ⅰ类药品包装材料系指直接接触药品且直接使用的药品包装用材料、容器，如固体药用聚烯烃塑料瓶、塑料输液瓶（袋）等。Ⅱ类药品包装材料系指直接接触药品，但便于清洗，在实际使用过程中，经清洗后需要并可以消毒灭菌的药品包装材料、容器，如安瓿、管制及模制玻璃输液瓶及注射剂瓶（又称西林瓶、抗生素瓶）等。Ⅲ类药品包装材料系指间接使用或非直接接触药品，除Ⅰ、Ⅱ类以外其他可能直接影响药品质量的药品包装用材料、容器，如输液瓶铝（合金铝）盖、铝塑组合盖、注射剂瓶铝盖等。

2. 按材料组成分类

按材料组成，药品包装材料分为玻璃类、塑料类、橡胶类、金属类、复合材料及其他（如纸、干燥剂）等。

3. 按所使用形状分类

按照使用形状，药包材可分为：①容器，例如注射瓶、安瓿、塑料输液瓶、塑料瓶等；②密封件，例如橡胶塞、垫片、活塞、玻璃珠等；③塑料、片、膜、管、袋，例如药用硬片、药用铝箔、药用玻璃管、药用软膏管、药用复合膜或袋、多层共挤输液用膜或袋等；④盖，例如口服液瓶撕拉铝盖、口服固体药用低密度聚乙烯防潮组合瓶盖、塑料输液容器用聚丙烯组合盖（拉环式）、注射剂瓶用铝盖等。

（三）药品包装材料和容器在药品包装中的作用

1. 药品包装材料和容器是实现药品保护功能的重要保证

药品包装材料和容器的强度特性可有效地减少药品的破损，保护药品的质量。而包装材料的避光、防潮、阻隔性、耐腐蚀等特性，可以提高药品的稳定性，延缓药品的变质，保证药品的有效期。

2. 药品包装材料和容器是药品包装的基础

包装材料和容器决定着药品包装的整体质量，没有药品包装材料也就谈不上药品包装，它是制约医药包装工业发展速度和水平的关键因素。

3. 药品包装材料和容器的研究与开发，促进了药品包装技术的发展

新型的药品包装材料和容器，如收缩包装、真空充气包装、塑料制安瓿、多层非PVC输液共挤膜、蒸煮袋、冷冲压成型等，促进了药品包装技术及工艺的改进，促进了药品包装机械乃至包装设计的发展。

二、药品包装材料的性能

（一）力学性能

药品包装材料的力学性能主要包括弹性、强度、塑性、韧性和脆性等。材料的缓冲防震性能主要取决于弹性。变形量愈大，其弹性愈好，缓冲性能愈佳。药品包装材料的强度分为抗压性、抗拉性、抗跌落性、抗撕裂性等。用于不同场合和范围的药品包装材料，其承受外力的形式不同。塑性是指药品包装材料在外力的作用下发生形变，移去外力后不能恢复原来形状的性质，这种形变称塑性变形。药品包装材料受外力作用，拉长或变形的量愈大，且没有破裂现象，说明该种药品包装材料的塑性良好。

（二）物理性能

药品包装材料的物理性能主要包括密度、吸湿性、阻隔性、导热性、耐热性和耐寒性等。

1. 密度

密度是表示包装材料物理性能的重要参数，它不但有助于判断这些材料的紧密度和多孔性，而且对材

料生产时的投料量、性价比很重要。药品包装材料应具有较大优势的性价比、密度小、质轻、易流通的特点。

2. 吸湿性

吸湿性是指药品包装材料在一定的温度和湿度条件下，从空气中吸收或放出水分的性能。具有吸湿性的药品包装材料，在潮湿的环境中能吸收空气中的水分而增大其含水量；在干燥的环境中，则会放出水分而减少其含水量。药品包装材料吸湿性的大小，对所包装的药物影响很大。吸湿率和含水量对控制水分、保障药物的质量，具有重要的意义。

3. 阻隔性

阻隔性是指包装材料对水分、水蒸气、气体、光线、芳香气、异味等的阻隔性能。它对于防湿、保香包装十分重要。阻隔性的反面是透气性和透水性，即能被空气或水透过的性能。不同的药品包装材料的阻隔性能也不同。阻隔性主要取决于药品包装材料结构的紧密程度，材料的紧密程度愈好，阻隔性能愈好，反之亦然。

4. 导热性

导热性是指药品包装材料对热量的传递能力。材料的配方或结构的差异，使得各种材料的导热性也不同。金属材料的导热性好，陶瓷材料的导热性较差。

5. 耐热性和耐寒性

耐热性和耐寒性是指药品包装材料耐温度变化而不致失效的性能。耐热性的大小取决于材料的配比和结构的均匀性。对于耐热性说来，晶体结构的材料大于非晶体结构的材料，无机材料大于有机材料，金属材料最高，玻璃材料次之，塑料最低。药品包装材料有时又需在低温或冷冻条件下使用，则要求其具有耐寒性，即在低温下保持韧性，脆化倾向小。

（三）化学稳定性

化学稳定性是指药品包装材料在外界环境的影响下，不易发生老化、锈蚀等的性能。老化是指高分子材料在可见光、空气及高温的作用下，分子结构受到破坏，物理机械急剧变化的现象。塑料的老化会造成高分子结构的主链断裂，分子量降低，材料变软、发黏、机械性能变差。为了加强药品包装材料的防老化性能，一般是在材料的制造过程中添加防老剂。

锈蚀是指金属表面受周围电介质腐蚀的现象。金属锈蚀的基本类型有：斑腐蚀、点腐蚀、孔腐蚀、晶粒间腐蚀和全部腐蚀等。为提高金属药品包装材料的抗锈蚀的性能，可采取使用金属合金、电镀、涂防锈油、采用气相防锈或表面涂保护剂等方法。抗锈蚀主要要求药用金属包装材料要有耐酸、耐碱、耐水、耐腐蚀性气体等，使药用金属包装材料不易与上述物质发生化学变化。

（四）加工（成型）性能

药品包装材料应根据使用对象的需要，易于加工制成不同形状的包装容器，还应易于包装作业的机械化、自动化，以适应大规模工业生产。因此，药品包装材料加工（成型）性能的好坏，对该产品的推广使用有较大的影响，不同的药品包装材料和不同的加工（成型）工艺有不同的加工性能的要求。

（五）生物安全性（卫生性）

生物安全性是指药品包装材料本身的毒性要小，以免污染药品和影响人体健康，应充分体现材料的生物惰性功能，以保护产品安全。

（六）经济性、无污染、能自然分解和易于回收利用

包装材料应来源广泛、取材方便、成本低廉，使用后的包装材料和包装容器应易于处理，不污染环境、以免造成公害。

随着药品包装工业的发展，一方面改善了药品的包装、促进了药品包装技术的发展和市场的繁荣；另

一方面也给社会带来了严重的危害，目前各国都已禁止或限制某些药品包装材料的使用。如何选择合适的药品包装材料及包装形式，研究使用可降解的药品包装材料，研究药品包装材料再利用的可能性，已是摆在面前的紧迫问题。

三、药品包装材料的选择原则

1. 经济性原则

在选择药品包装时，除了必须考虑保证药品的质量外，还应考虑药品相应的价值。对于贵重药品或附加值高的药品，应选用性价比较高的药品包装材料；对于价格适中的常用药品，除考虑美观外，还要多考虑经济性，其所用的药品包装材料应与之相协调。对于价格较低的普通药品，在确保其具有安全性，保持其保护功能的同时，应注重实惠性，选用价格较低的药品包装材料。

2. 适应性原则

药品必须通过流通领域才能到达患者手中，而各种药品的流通条件并不相同，因此药品包装材料的选用应与流通条件相适应。流通条件包括气候、运输方式、流通对象与流通周期等。气候条件是指药品包装材料适应流通区域的温度、湿度等。对于气候条件恶劣的环境，药品包装材料的选择更需注意。不同的运输方式对药品包装材料的性能要求各不相同，如振动程度不同则对药品包装材料具有抗震性、防跌落等的要求亦不同。流通对象是指药品的消费者，由于国家、地区、民族的差异，对药品包装材料的规格、包装形式都会有不同的要求，必须与之相适应。流通周期是指药品到达患者手中的预定周期，药品有一个有效期的问题，所选用的药品包装材料应能满足药品在有效期内确保药品质量的稳定。

3. 美学性原则

药品的包装是否符合美学，在一定程度上会影响一个药品的命运。从药品包装材料的选用来看，主要包括药包材的颜色、透明度、挺度及种类等。

4. 相容性原则

包装系统一方面为药品提供保护，以满足其预期的安全有效性用途；另一方面还应与药品具有良好的相容性，即不能引入可引发安全性风险的浸出物，或引入浸出物的水平符合安全性要求。药品包装材料与药物的相容性，广义是指包装材料与药物间的相互影响或迁移，包括物理相容、化学相容和生物相容。药包材相容性试验十分重要，直接影响药品的安全和有效性。药品与包装材料相容性研究的内容主要包括三个方面：提取试验、相互作用研究（包括迁移试验和吸附试验）和安全性研究。是否需要进行相容性研究，以及进行何种相容性研究，应基于对制剂与包装材料发生相互作用的可能性以及评估由此可能产生安全性风险的结果。如药物制剂与塑料的相互关系可归纳为5个方面：渗透、溶出、吸附、化学反应、塑料或制品物理性质的改变等，应选用对药物制剂无影响、对人体无伤害的药品包装材料。

5. 协调性原则

药品包装应与该包装所期望的功能相协调，如保护、容纳、阻隔、便利、耐高温、防篡改、防替换、防儿童开启等，应针对性地选用适宜的包装材料和容器以实现期望功能。药品包装与保护药品的稳定性关系极大。因此，根据药物制剂的剂型来选择不同材料制作药品包装材料和容器必须与药物制剂相容，并能抗外界气候、抗微生物、抗物理化学作用的影响，同时应密封、防篡改、防替换、防儿童误服用等。

6. 环保性原则

药品包装向环保、安全、人性化的方向发展，也体现了药包材的选择原则。一个好的药品包装材料，除了有优良的物理机械性能、化学性能、无生物意义上的毒性外，寻找使用可降解的药包材是当今制药界在药品包装发展方面的主题之一。倡导绿色包装设计，有利于保护自然环境，避免废弃物对环境造成损害。另外，采用绿色包装可对包装材料进行重复利用，有利于增加相对资源，缓解资源紧张的现状。主要包括以下几点。

① 实行包装减量化（reduce）：包装在满足保护、方便、销售等功能的条件下，应用量最少。

② 包装应易于重复利用（reuse），或易于回收再生（recycle）：通过生产再生制品、焚烧利用热能、

堆肥化改善土壤等措施，达到再利用的目的。

③ 包装废弃物可以降解腐化（degradable）：其最终不形成永久垃圾，进而达到改良土壤的目的。reduce、reuse、recycle 和 degradable 即当今世界公认的发展绿色包装的 3R1D 原则。

④ 包装材料对人体和生物应无毒无害：包装材料中不应含有有毒性的元素、病菌、重金属；或这些含有量应控制在有关标准以下。

⑤ 包装制品从原材料采集、材料加工、产品制造、产品使用、废弃物回收再生，直到其最终处理的生命全过程均不应对人体及环境造成公害。

第二节　药用玻璃包装材料和容器

一、概述

（一）药用玻璃和容器的定义

玻璃系指熔融体冷却为固体时不结晶的无机产物。因其具有其他材料无可比拟的良好的化学稳定性、耐热性和一定的机械强度，价廉、美观且易于制成不同大小及各种形状的容器而广泛应用于化学试剂工业、医药工业、食品饮料和酿酒工业中。其中，用于医药工业的药用玻璃系指具有良好化学稳定性和透明性，且能稳定贮存医药产品的玻璃材料或制品。

药用玻璃包装容器系指将熔融的玻璃经吹制、模具成型制成的一种透明容器，一般是指玻璃瓶罐及器皿。药用玻璃容器是玻璃制品的重要组成部分，按制造工艺常用的有模制玻璃瓶、管制玻璃瓶和安瓿。作为药品包装容器的玻璃制品，其化学成分、性能及质量要求都要优于普通的玻璃制品。该类产品具有良好的化学稳定性、耐热稳定性以及易清洗消毒、密封性能好等特点，被广泛用于制药行业各类药品不同剂型的包装，已成为药品包装领域的主要包装材料之一。

（二）药用玻璃材料的性能与特点

1. 药用玻璃材料的性能

（1）**热稳定性**：玻璃的热学性质主要有：热膨胀系数、热稳定性、导热性、比热等。其中以热膨胀系数、热稳定性较为重要，对玻璃制品的使用和生产都有密切联系。线膨胀系数是指温度升高 1 ℃时，在其原长度上所增加的百分数，用 α 表示。体膨胀系数是指当温度升高 1 ℃时，在其原体积上所增加的体积，用 β 表示。热膨胀系数愈小，玻璃能承受的温差愈大，表示热稳定性愈好。

玻璃的热膨胀系数较低，可耐高温，但不耐温度急剧变化。作为容器玻璃，在成分中加入硅、硼、铅、镁、锌等氧化物，可提高其耐热性。用作药品包装能经受加工过程的灭菌、清洗等高温处理。容器玻璃的厚度不均匀，或存在结石、气泡、微小裂纹和不均匀的内应力，都会影响其热稳定性。

（2）**化学稳定性**：系指玻璃抵抗气体（潮湿空气等）或水、酸、碱、其他化学试剂及药物溶液等的侵蚀破坏的能力，可分为耐水性、耐酸性和耐碱性。

① 耐水性：玻璃抵抗水侵蚀的能力。水对玻璃的侵蚀在于水分子的扩散以及 Na^+、K^+ 等与水中 H^+ 的交换作用。二价金属氧化物 CaO，高积聚离子的氧化物 ZrO_2，适量的 Al_2O_3、B_2O_3 的引入或玻璃的硫霜化等表面处理均可提高其耐水性。

② 耐酸性：玻璃抵抗酸性介质侵蚀的能力。除氢氟酸外，一般的酸并不直接与玻璃起反应，而是通过水对玻璃起侵蚀作用。酸浓度大，水含量低，因此，浓酸对玻璃的侵蚀能力低于稀酸。硅酸盐玻璃的耐水性和耐酸性，主要由硅氧化物和碱金属氧化物含量来决定。二氧化硅含量越高，硅氧四面体相互连接程度则越大，玻璃的化学稳定性也越高。

③ 耐碱性：玻璃抵抗碱性介质侵蚀的能力。碱性溶液不仅对网络外体氧化物起作用，而且也对玻璃结构中的硅氧骨架起溶蚀作用。玻璃的耐碱性与玻璃中阳离子 R—O 键强度有关。阳离子半径增加，耐碱性降低；高场强、高配位的阳离子能提高玻璃的耐碱性。如含二氧化锆、氧化锌、氧化铝的玻璃有较高的耐碱性。

（3）**物理机械性能**：①具有抗张强度，玻璃表面若有微小的裂纹，抗张强度会大大降低；②抗压强度高，一般比抗张强度高 $15 \sim 16$ 倍。弹性和韧性差，为易脆性材料，超过其强度极限会立即破裂，硬度较高。

（4）**光学性能**：玻璃的光学性能体现为透光性和折光性。所装内容物一目了然，具有极好的陈列效果。当使用不透明的玻璃或棕色玻璃时，光的破坏作用大大降低，玻璃的厚度和种类均影响其滤光性。

（5）**阻隔性能**：玻璃对所有气体、液体或溶剂均具有完全阻隔性能。

（6）**加工与使用性能**：玻璃具有良好的成型加工性能，在高温下具有较好的热塑性，可以通过适当的模具、工艺制成各种形状和大小的容器，而且成型加工灵活方便，易于上色，外观漂亮，包装效果好。玻璃容器表面光滑，易于清洗，可以回收循环使用。

（7）**回收再利用**：玻璃制品价格较便宜，还具有可回收再利用的特点，废弃物可回炉熔炼再成型，既可节省原材料资源、降低能源，又利于环境保护。

2. 药用玻璃的特点

（1）**药用玻璃的优点**：①阻隔性优良，能提供良好的保持条件；②透明性好，光亮美观，内容物清晰可见，可加有色金属盐改善遮光性，满足药品包装的特殊要求；③化学稳定性良好、耐腐蚀、不污染内装物；④温度耐受性好，可高温灭菌，也可低温贮藏；⑤刚性好，不易变形；⑥使用方便，易于封口，易于开启；⑦原料丰富、可回收利用，成本低等。

（2）**药用玻璃的缺点**：①容器自重与容量之比大，运输费用高；②脆性大，易破碎；③加工能耗大；④印刷及二次加工性能差。

（三）药用玻璃的组成

玻璃是由石英石（SiO_2）、纯碱（Na_2CO_3）等为主要材料，加入澄清剂、着色剂、脱色剂等，经 $1400 \sim 1600$ ℃高温熔炼成黏稠玻璃再经冷凝而成的非晶体材料，玻璃的化学成分基本上是二氧化硅和各种金属氧化物。二氧化硅在玻璃中形成硅氧四面体网状结构，成为玻璃的骨架，使玻璃具有一定的机械强度、耐热性和良好的透明性、稳定性等。

药用玻璃属于氧化物玻璃，通过桥氧形成网络结构的玻璃，主要由网络生成体氧化物如二氧化硅、氧化硼，网络外体氧化物如氧化钠、氧化钾，中间体氧化物如氧化铝、氧化镁等组成。为了获得某些必要的性质和加速熔制过程等，常常加入澄清剂、着色剂、脱色剂、氧化剂、还原剂等辅助原料，这些辅助原料用量很小，但作用独特而重要。

1. 酸性氧化物

酸性氧化物系指形成玻璃主体的主要成分。主要包括：

① 二氧化硅（SiO_2）：为玻璃的形成氧化物，以硅氧四面体［SiO_4］的结构单元形成不规则连续网络，成为玻璃的骨架。熔点 1713 ℃，单纯的 SiO_2 可在 1800 ℃以上高温熔制成石英玻璃。在硅酸盐玻璃中，SiO_2 能降低热膨胀系数。引入二氧化硅的原料一般为石英砂。

② 氧化硼（B_2O_3）：为玻璃的形成氧化物，在硼硅玻璃中与硅氧四面体共同组成网络结构。氧化硼有助熔作用，能降低热膨胀系数。引入氧化硼的原料为工业硼砂。

2. 碱性氧化物

碱性氧化物系指能降低玻璃的熔化温度和黏度的成分。碱性氧化物对玻璃的熔制和成型有利，但同时也降低了玻璃的化学稳定性、热稳定性和机械强度。

① 氧化钠（Na_2O）：为玻璃的网络外体氧化物，降低玻璃的黏度和熔制温度，在药用玻璃中要限制其用量。引入氧化钠的原料一般为纯碱。

② 氧化钾（K_2O）：为玻璃的网络外体氧化物，作用与氧化钠相似。还能增加玻璃的透明度和光泽。引入氧化钾的原料为碳酸钾和钾长石（$K_2O \cdot Al_2O \cdot SiO_2$）。

3. 碱土金属氧化物

碱土金属氧化物能改善玻璃的化学稳定性和机械强度，调节玻璃的熔制和成型性质。

① 氧化钙（CaO）：为二价的网络外体氧化物，主要作用是稳定剂，能增加玻璃的化学稳定性和机械强度，并能降低高温黏度。引入氧化钙的原料一般为方解石、石灰石和工业碳酸钙。

② 氧化镁（MgO）：为玻璃的网络中间体氧化物，能提高玻璃的弹性，改善脆性，但含氧化镁高的玻璃安瓿和输液瓶在水或碱液的作用下很容易产生脱片现象。一般常用二氧化锆（ZrO_2）提高玻璃黏度、硬度和化学稳定性，特别是能提高玻璃的耐碱性能、降低玻璃的热膨胀系数。

（四）药用玻璃的分类

1. 按化学成分及性能分类

目前，中国参考 ISO 12775：1997（E）分类方法，根据三氧化二硼（B_2O_3）含量和平均线热膨胀系数（coefficient of mean linear thermal expansion，COE）的不同将玻璃分为两类：硼硅玻璃和钠钙玻璃。其中硼硅玻璃又分为高硼硅玻璃、中硼硅玻璃和低硼硅玻璃，如表 3-1 所示。美国、欧洲以及日本对玻璃的分类与我国不同，但其分类思路基本一致，如表 3-2 所示。

表 3-1　中国国家标准对玻璃的分类

化学组成及性能		玻 璃 类 型			
		高硼硅玻璃	中硼硅玻璃	低硼硅玻璃	钠钙玻璃
B_2O_3/%		≥12	≥8	≥5	<5
SiO_2/%		约 81	约 75	约 71	约 70
Na_2O+K_2O/%		约 4	4～8	约 11.5	12～16
$MgO+CaO+BaO+(SrO)$/%		/	约 5	约 5.5	约 12
Al_2O_3/%		2～3	2～7	3～6	0～3.5
平均线热膨胀系数/$\times10^{-6}$ K^{-1}（20～300 ℃）		3.2～3.4	3.5～6.1	6.2～7.5	7.6～9.0
121 ℃颗粒耐水性		1 级	1 级	1 级	2 级
98 ℃颗粒耐水性		HGB1 级	HGB1 级	HGB 1 级或 HGB 2 级	HGB 2 级或 HGB 3 级
内表面耐水性		HC1 级	HC1 级	HC1 级或 HCB 级	HC2 级或 HC3 级
耐酸性能	重量法	1 级	1 级	1 级	1～2 级
	原子吸收分光光度法	100 $\mu g/dm^2$	100 $\mu g/dm^2$	/	/
耐碱性能		2 级	2 级	2 级	2 级

表 3-2　美国、欧洲以及日本对玻璃的分类

国家或机构 分类对应关系 用途	ASTM-E438	USP	EP	日本	内表面耐水性
注射及冻干制剂	Ⅰ Class A	1	Ⅰ	1	1
注射剂	Ⅰ Class B	1	Ⅰ	1	1
口服制剂及试剂	Ⅱ Class	2	Ⅱ	2	2
干粉制剂及油剂	Ⅲ Class A	2	Ⅲ	2	2

2. 按制造方法分类

按玻璃成型方法对玻璃容器进行分类，主要分模制瓶和管制玻璃容器。

（1）模制瓶： 系指以各种不同形状的玻璃模具成型制造的玻璃瓶。模制瓶的制造有相应的国家标准，

主要有：①GB/Z 2640—2021《模制注射剂瓶》，YBB 00312002-2015《钠钙玻璃模制注射剂瓶》；②GB/T 2639—2008《玻璃输液瓶》；③YBB 00272002-2015《钠钙玻璃模制药瓶》等。

（2）**管制玻璃容器**：系指用已拉制成型的各类玻璃管二次加工成型制造的产品。其相应的国家标准主要有：①GB 2637—2016《安瓿》，YBB 00322005-2-2015《中硼硅玻璃安瓿》，YBB 00332002-2015《低硼硅玻璃安瓿》；②YBB 00302002-2015《低硼硅玻璃管制注射剂瓶》，YBB 00292005-2-2015《中硼硅玻璃管制注射剂瓶》；③YY 0056—1991《管制口服液瓶》，YBB 00282002-2015《低硼硅玻璃管制口服液体瓶》；④GB/Z 12414—2021《药用玻璃管》。

3. 按产品用途分类

（1）**注射水针剂玻璃瓶**：主要有安瓿和管制注射剂瓶。

（2）**注射粉针剂玻璃瓶**：主要有模制注射剂瓶和管制注射剂瓶。

（3）**输液剂玻璃瓶**：主要有输液瓶。

（4）**生物药剂、血液制剂、冻干粉针剂玻璃瓶**：主要有冻干粉针剂玻璃瓶和高档管制、模制注射剂瓶。

（5）**片剂、口服液、保健品玻璃瓶**：主要有玻璃药瓶和口服液瓶。

二、药用玻璃和容器的生产工艺

（一）药用玻璃的配料

1. 原料的选择

药用玻璃的质量要求较高，所以原料的选择应根据已确定玻璃的组成、玻璃性质的要求及原料来源、价格等综合考虑。一般对矿物原料主要考察原料的化学成分、矿物组成、颗粒组成，并控制有害杂质，特别是铁的含量。对于化工原料主要是选择纯度符合要求的原料。

2. 化学组成的设计

玻璃的化学组成是计算玻璃配合料的依据，与玻璃的物理化学性质有重要的关系。玻璃化学组成的设计首先要满足各项物理化学性能的要求，其次要适应玻璃熔制、成型及加工等工艺过程的要求。

3. 配合料的计算

配合料的计算是根据玻璃的设计成分和所选用原料的化学成分进行计算的。精确的配合料计算是保证玻璃性能和质量的基础。因此，在配合料计算时应考虑各种因素对玻璃成分的影响，如氧化物的挥发、耐火材料的侵蚀、原料的飞扬、碎玻璃成分等，对某些组成作适当调整以保证设计成分达到要求。

4. 配合料的制备

配合料的制备过程是计算出玻璃配合料的料方，依据料方称量出各原料，然后在混料机中均匀混合。配合料的质量是保证原料的均匀性和化学组成的准确性的关键。

5. 配合料的装备

配合料的制备过程主要是完成配合料的计算配合料的称量、配合料的混合。药用玻璃行业采用微机控制自动配料系统，改善了劳动环境，减轻了劳动强度，提高了配合料的质量。

（二）药用玻璃的熔制

1. 熔制过程

熔制系指配合料经过高温加热形成均匀的、无气泡的并符合成型要求的玻璃液的过程。它是玻璃生产的重要工序，也是一个非常复杂的过程，它包括一系列物理的、化学的现象和反应。其过程大致可分为硅酸盐形成、玻璃形成、澄清、均化和冷却成型 5 个阶段。玻璃的许多缺陷如结石、气泡、条纹等都是在熔制过程中造成的。

2. 影响熔制的工艺因素

（1）**配合料的化学组成**：配合料的化学组成对玻璃熔制速度有决定性的影响，配合料的化学组成不同，熔化温度亦不同。药用玻璃由于其性能的要求，二氧化硅等难熔氧化物比值较高，所以对熔制的要求较高。

（2）**原料的性质**：原料的性质及种类对熔制的影响较大，如石英砂颗粒的大小和形状，所含杂质、配合料的气体率以及碎玻璃等。

（3）**熔制温度**：熔制温度是影响玻璃熔制过程的首要因素，熔制温度决定玻璃的熔化速度，温度越高硅酸盐反应越强烈，石英颗粒熔化速度越快，而且对澄清、均化过程有显著的促进作用。药用玻璃的熔制火焰温度一般在 1600 ℃左右。

3. 熔制装备

玻璃熔制工艺的主要装备是玻璃窑炉。玻璃窑炉是整个工艺过程的关键部位和环节，用于药用玻璃生产的窑炉一般为马蹄焰池窑。常采用煤气、重油、天然气、电加热燃料。近年来，各种新材料、新工艺、新技术在药用玻璃行业得到广泛的应用。由于耐火材料质量的提高，熔炉温度、液面的自动控制手段及窑炉全保温技术的应用，玻璃的熔化质量和熔化率都有很大提高，窑炉寿命也大大地延长。窑炉工作池分隔、窑坎、池底鼓泡、供料道电加热、全电熔、电助熔等新工艺和新技术的采用为生产高档的药用玻璃创造了条件。

（三）药用玻璃容器的成型工艺

1. 成型工艺

玻璃的成型系指熔融的玻璃液转变为具有固定几何形状的过程。玻璃必须在一定的温度范围内才能成型。生产过程中玻璃制品的成型分为成形和定形两个阶段，即第一阶段赋予制品的一定的形状，第二阶段把制品的形状固定下来。药用玻璃容器按其不同的成型工艺方式，可分三大类。

（1）**模制瓶**：系指在玻璃模具中成形的产品，统称模制瓶。包括模制抗生素玻璃瓶、玻璃输液瓶、玻璃药瓶。其成型方式主要有两种：一种是吹-吹法，即玻璃料液在初型模中吹入压缩空气，做成瓶子的雏形料胎，再将料胎翻转到成型模中二次吹气形成固定的产品。大部分小规格瓶和小口瓶一般采用这种成型方式。另一种是压-吹法，即玻璃料液在初型模中用金属冲头压制成瓶子的雏形，再翻转到成形模中吹制成固定的产品。大规格瓶及大口瓶一般采用这种方式。模制瓶成型工艺流程如图 3-1 所示。

图 3-1　模制瓶成型工艺流程

（2）**玻璃管**：玻璃管属于药用玻璃制品的中间产品，是制作管制瓶和安瓿的半成品。药用玻璃管一般采用丹纳法水平拉制的成型方法，也有个别采用垂直拉管工艺。玻璃管成型工艺流程如图 3-2 所示。

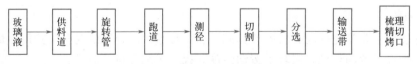

图 3-2　玻璃管成型工艺流程

（3）**管制瓶和安瓿**：管制瓶和安瓿的成型为对所需要的玻璃管进行二次加工的成型方式，一般采用安瓿机和管瓶机，用火焰对玻璃管进行切割、拉丝、烤口、封底成型。管制瓶成型工艺流程如图 3-3 所示。安瓿成型工艺流程如图 3-4 所示。

图 3-3　管制瓶成型工艺流程

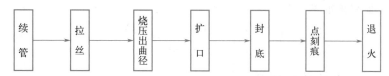

图 3-4 安瓿成型工艺流程

2. 成型设备

药用玻璃的成型工艺设备水平在近年来得到突飞猛进的发展，自动控制制瓶生产线、拉管生产线等工艺设备被广泛采用。新型的主要成型装备如下。

（1）**玻璃管**：目前国内水平拉管线主要从 3 个国家引进：①美国拉管线；②意大利拉管线；③日本拉管线，该拉管线能拉制从直径 9～42 mm 的各种直径规格的玻璃管，解决了各种直径、各种规格的管制瓶要求。

（2）**安瓿**：目前国内采用的安瓿制瓶机主要有：①意大利进口的 36D 立式安瓿机，该机具备生产点刻痕安瓿和色环安瓿功能；②日本 WADL 横式安瓿机；③WA-Ⅱ 型安瓿机。

（3）**管制瓶**：目前国内采用的制瓶机主要有：①意大利进口的 35D 立式制瓶机；②法国进口的 30D 立式制瓶机；③国产 ZP-18 型管瓶机。

（4）**模制瓶**：目前国内采用的模制瓶机主要有：①QB6/4 型行列式制瓶机等，主要用于模制注射剂瓶生产；②BLH-108 型行列式制瓶机等，主要用于玻璃输液瓶、玻璃药瓶等大规格产品的生产；③美国 EF3 型行列式制瓶机。此外，模制瓶成型装备还有美国 555 型供料机，国产 C 型供料机等。

（四）药用玻璃容器的退火及表面处理

1. 退火

退火系指消除或减小玻璃中的热应力至允许值的热处理过程。药用玻璃容器在生产过程中经受激烈的、不均匀的温度变化，使玻璃容器产生热应力，这种热应力会降低容器的强度和热稳定性，甚至引起玻璃制品的自行破裂。

玻璃中的应力包括热应力、机械应力和结构应力三类。热应力系指在玻璃制品中由于存在温度差而产生的应力，按其存在方式不同又可分为暂时应力和永久应力。暂时应力系指在应变点以下，玻璃经受不均匀的温度变化时所产生的应力，它随温度梯度存在而存在，随温度梯度消失而消失。永久应力系指在应变点以上玻璃经受不均匀的温度变化时所产生的应力，它随温度梯度存在而存在，温度梯度消失时尚残留的热应力。机械应力系指外力在玻璃中引起的应力，外力除去时，机械应力随即消失。结构应力系指因化学组成不均匀导致结构上不均匀而产生的应力。它属于永久应力，但这种由于玻璃固有结构造成的应力是不能消除的，玻璃中有结石、条纹及均化不好都将引起结构应力。

为了清除玻璃中的永久应力，必须将玻璃加热到低于玻璃的转变温度 T_g 附近的某一温度进行保温、均热，使应力松弛以消除各部分由于温度梯度而造成的结构梯度，这个保温均热温度称为退火温度。玻璃容器的退火一般可分 4 个阶段。①加热阶段，即将制品从入炉温度加热到退火温度；②保温阶段，即达到退火温度后保持一定时间，以便使制品各部分温度均匀，使应力尽可能消除；③慢冷阶段，即从退火温度缓慢冷却到最低退火温度（应变点）；④快冷阶段，即从最低退火温度冷却到常温。

药用玻璃的退火装备主要是网带式退火炉，燃料有水煤气、城市煤气、重油或天然气，有时使用电退火炉。常用的有 TH-YQ1800 型退火炉等。

2. 表面脱碱处理

在普通钠钙硅酸盐玻璃的退火工艺过程中，还要对玻璃表面进行中性化处理。一般的方法是向退火炉或玻璃瓶中加入一定量的 SO_2 气体或含硫化合物，使退火炉中的酸性气体同玻璃表面的碱性物质发生化学反应，在玻璃表层生成钠盐（白霜），俗称硫霜化处理。这层"白霜"很容易经水洗除，从而减少玻璃表面的碱含量，改善玻璃的化学稳定性。

也有在玻璃退火时加入工业硫黄，在退火炉中形成酸性气体，与玻璃表层的碱性物质产生反应，形成硫酸盐的化合物，其反应机理如下。

$$Na_2O + SO_2 \longrightarrow Na_2SO_3$$
$$Na_2O + SO_2 \longrightarrow Na_2SO_4$$

（五）药用玻璃容器的检验及包装

检验及包装是药用玻璃生产工艺的最后一道工序，也是评判产品质量、剔除不合格品、控制和保证产品质量的一个关键环节。

1. 药用玻璃的检验

（1）**理化性能**：它是药用玻璃的重要质量指标。检验的项目主要有耐水性检验（即化学稳定性）、抗热震性检验、耐内压力检验及应力检验等项目。按照标准规定及试验方法要求进行抽样检验判定。

（2）**规格尺寸**：它是产品制造成型质量的体现，高精度的规格尺寸将会给药品规模的生产配套带来极大的便利。检验的项目主要有瓶子各部位的尺寸精度，按照标准规定进行抽样检验判定。

（3）**外观质量**：它是产品制造工艺水平的综合体现，产品外观质量的优劣，不仅影响美观而且会影响药品的质量。检验的项目主要有气泡、结石、条纹、裂纹、合缝线等表面缺陷，按照标准规定进行抽样检验判定。

药用玻璃包装前一般都有一个对产品全检的过程，称为验收工序。这个工序又分为人工检验和自动检验两种方式。目前国内药用玻璃大都采用人工检验的方式，人工检验由于受眼力、经验等各种条件的限制，漏检率较高，劳动强度也很大。而自动检验则可以对瓶子的尺寸及外观进行全方位的检验，漏检率低，效率高，也是提高药用玻璃质量水平的发展方向和有效途径。

2. 药用玻璃的包装

药用玻璃常用的包装方式一般有两种：一种是用瓦楞纸箱盛装的普通包装；另一种是采用PVC或PE膜的热缩包装，另外还有少量的托盘包装。从对产品的保护程度及清洁度要求来看，热缩包装及托盘包装的质量要远远优于普通的纸箱包装。

三、药用玻璃容器的应用

1. 药用玻璃容器的选择

药用玻璃容器以其不同的性状及性能特色，适用于不同剂型的包装。在选择药用玻璃容器时应注意以下几点。

（1）**良好适宜的化学稳定性**：药用玻璃与药品之间应具备良好的相容性，即保证药品在保质期内不能因药用玻璃化学性能的不稳定、相互之间的某些物质发生化学反应而导致药品的失效或变质。例如，注射剂、输液剂应选用化学稳定性较高的药用玻璃；强酸、强碱的水针剂，特别是强碱的水针剂对药用玻璃化学性的要求应更高。

（2）**良好适宜的抗温度急变性**：不同剂型的药品在包装过程中一般都要进行高温烘干、消毒灭菌或冷冻等处理，所选择的药用玻璃应具备良好的抵抗温度变化的能力。

（3）**良好稳定的规格尺寸**：各类不同剂型的药品在生产过程中，都要具备连续性、稳定性及包装材料之间的互配性。如注射剂瓶、输液瓶、口服液瓶等，都需要与胶塞、铝盖配套，以及能够适应各类剂型药品清洗、消毒烘干、灌封等生产线的高速和连续运转。

（4）**良好适宜的机械强度**：药用玻璃制品在不同剂型的生产线上及装卸运输中应具备一定的抗冲击能力和机械强度，以保证在盛装药品的前后最大限度地避免出现破碎现象。

（5）**适宜的避光性能**：对需要避光保存的制剂，应选用带有颜色、具有良好避光性能的药用玻璃。

（6）**良好的外观及透明度**：对于注射剂、输液剂等需要检查澄明度的药品，应要求药用玻璃具备良好的光洁度和透明度。

另外，在选择药用玻璃包装时还应从经济性、与药品分装设备及其他包装材料的配套性等方面予以综合评价，表3-3给出了常见玻璃容器的适用对象。

表 3-3 常见玻璃容器的适用对象

产品	剂型	产品	剂型
模制注射剂瓶	粉针剂	口服液瓶	口服液剂
管制注射剂瓶		玻璃药瓶	片剂、口服液、胶囊剂
安瓿、管制瓶	水针剂	硼硅玻璃管制冻干粉针瓶	生物制剂、冻干剂、血液制剂、疫苗
输液瓶	输液剂		

2. 药用玻璃的应用

（1）**水针剂包装**：水针剂的包装主要是安瓿，安瓿是用于盛装药液的小型玻璃容器。

安瓿分类方法较多：①从材质方面，主要分为中性硼硅玻璃安瓿和低硼硅玻璃安瓿，前者化学性能稳定，但价格较高，后者由于价格低廉，市场覆盖率较高。②从容量方面，常用的有 1 ml、2 ml、5 ml、10 ml、20 ml 等。目前以小规格居多，1 ml、2 ml 安瓿约占制剂总量的 80% 以上。③从产品形状方面，主要可以分为 B 型、C 型、D 型、E 型四类，其中 B 型和 C 型的生产环境要求相对较低，而 D 型和 E 型安瓿由于不需要清洗，直接在灌封线上打开密闭的安瓿灌装，因此对安瓿制造环境的卫生要求较高。④从易折方式方面，可以分为点刻痕易折、色环易折和圈割易折 3 类。目前国内生产的曲颈易折安瓿主要为色环易折安瓿和点刻痕易折安瓿（图 3-5）。色环易折安瓿是将一种膨胀系数高于安瓿玻璃两倍的低熔点粉末熔固在安瓿颈部成为环状，冷却后由于两种玻璃的膨胀系数不同，在环状部位产生一圈永久应力，用力一折即可平整折断，不易产生玻璃碎屑。点刻痕易折安瓿是在曲颈部位可有一细微刻

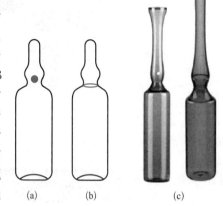

图 3-5 点刻痕易折安瓿（a）、色环易折安瓿（b）及产品示意图（c）

痕，在刻痕中心标有直径 2 mm 的色点，折断时，施力于刻痕中间的背面，折断后，断面应平整。目前安瓿多为无色，有利于检查药液的澄明度。对需要遮光的药物，可采用琥珀色玻璃安瓿。琥珀色可滤除紫外线，适用于光敏药物。但琥珀色安瓿含氧化铁，痕量的氧化铁有可能被浸取而进入产品中，如果产品中含有的成分能被铁离子催化，则不能使用琥珀色玻璃容器。

（2）**粉针剂包装**：粉针剂以各类抗生素药品为主，其包装主要是模制注射剂瓶和管制注射剂瓶。目前国内外粉针剂的包装以模制注射剂瓶占 70%～80%，管制注射剂瓶占 20%～30%。国际上也是模制注射剂瓶居多。模制注射剂瓶的特点是尺寸稳定，强度高；管制注射剂瓶的特点是重量轻，外观透明度好。用于生物制剂、血浆、疫苗或高档冻干制剂药品时应选用硼硅玻璃（中性玻璃 1）材质的管制瓶。

不同生产工艺对玻璃制品质量的影响不同，特别是对玻璃内表面的耐受性影响较大。模制玻璃容器内表面耐受性基本相同。对管制玻璃制成的不同类型玻璃容器，如管制注射剂瓶（或称西林瓶）、安瓿、笔式注射器玻璃套筒（或称卡式瓶）、预灌封注射器玻璃针管等，在通过加热使容器成型的过程中，由于局部受热（如底部应力环部位、颈部）引起的碱金属和硼酸盐的蒸发及分相等原因，上述部位内表面的化学耐受性通常低于玻璃容器中未受热的部位；另外，不同厂家可能选择不同的管制成型工艺，如底部和颈部火焰加工温度以及形成玻璃容器后的退火温度、退火时间等不同，因此即使采用相同生产商提供的同批次玻璃管，管制玻璃容器也可能存在质量差异，给所包装的药物带来不同的风险。

（3）**输液剂包装**：过去，国内大输液的包装以玻璃输液瓶为主，约占制剂总量的 90% 以上。近年来，塑料输液容器逐步增长，但是，优质轻量的 II 型输液瓶仍将具备一定的竞争优势。玻璃输液瓶具有光洁透明、易消毒、耐浸蚀、耐高温、密封性能好等特点，目前仍是普通输液剂的常用包装。一些特殊的输液制剂（如强碱性输液剂）应选用材质为硼硅玻璃的输液瓶。

（4）**冻干制剂包装**：冻干制剂包装有管制瓶和模制瓶，以前还有安瓿，现已基本淘汰。冻干制剂应选用优质的管制瓶及优质轻量的模制瓶。对贵重的特殊的冻干制剂药品，应选用性能优异的、材质为硼硅玻璃制造的管制瓶或模制瓶。

（5）**口服液包装**：口服液制剂以保健品居多，大部分采用药用玻璃包装，主要是管制的白色和棕色口服液瓶以及模制的棕色玻璃药瓶。对化学性质较活泼的各类口服液制剂，应选用具备避光性能的棕色管制瓶或棕色模制玻璃药瓶。

（6）**片剂、胶囊剂包装**：片剂及胶囊剂的包装不断地被塑料瓶、铝箔等材料替代，但是优质轻量及避光的黄色或白色玻璃药瓶仍有其不可替代的优势及发展空间。各种玻璃容器应用如图 3-6 所示。

图 3-6 制剂中各种玻璃容器示意图

第三节 塑料包装材料和容器

一、概述

（一）塑料包装材料的定义、分类与特点

1. 塑料的定义

塑料在一定条件下是一类具有可塑性的高分子材料的通称。一般塑料的分子结构都是线型高分子链或者支链型高分子链段，有结晶和非结晶两种。塑料的分子结构千差万别，由此形成了不同的品种，性能差异很大。常用的塑料一般不是一种纯物质，它是由多种材料配制而成。其中高分子聚合物或合成树脂是塑料的主要成分，此外，为了改善塑料的性能，还要添加各种辅助材料，如增塑剂、稳定剂、润滑剂等，才能成为性能良好的塑料。

塑料包装是塑料产业的重要组成部分，是包装用四大材料之一，被广泛应用于食品、药品工业。

2. 塑料的分类

塑料的种类很多，分类方法也很多。按合成树脂的分子结构及其特性分类，塑料可分为热塑性塑料和热固性塑料。

（1）**热塑性塑料**：它是由经多次反复加热后仍具有可塑性的合成树脂制得的塑料。这类塑料的合成树脂分子结构呈线型或支链型，通常互相缠绕但并不联结在一起，受热后能软化或熔融，从而可以进行成型加工，冷却后固化，可反复成型，但刚硬性低，耐热性不高。常用的热塑性塑料有聚乙烯、聚氯乙烯、聚苯乙烯、聚丙烯、聚酰胺、聚碳酸酯、聚酯等。

（2）**热固性塑料**：它是由加热硬化的合成树脂制得的塑料。这类塑料的合成树脂分子结构的支链型呈网状。在开始受热时其分子结构为线型或支链型，因此，可以软化或熔融。但受热后这些分子逐渐结合成网状结构（交联反应），称为体型聚合物。固化后，即使再加热也只能分解，却无法软化；而且也不会溶解在溶剂中。这类塑料耐热性能好，刚硬性好，但不能反复成型。常用的热固性塑料有酚醛塑料、氨基塑料、环氧树脂等。

3. 塑料包装材料的特点

与其他包装材料相比，塑料具有以下优点。

（1）**质量轻、力学性能好**：塑料的密度小，可以获得较高的包装得率，同样容积的包装，使用塑料比金属和玻璃材料的重量轻得多，强度较高，耐冲击。

（2）**化学稳定性好**：大多数的塑料具有良好的化学稳定性，能够耐受一般的酸、碱及各类有机溶剂，可第一时间放置而不氧化。

（3）**具有良好的加工性能和装饰性**：塑料包装成型容易，所需成型能耗低于钢铁等金属材料。可采用不同方法成型且可方便地印刷上图案。

（4）**具有良好的透明性**：有的塑料包装透明性好，可以看清内容物，方便商品展示和销售。

（5）**适宜的阻隔性**：选择合适的塑料材料，可以制成适宜的阻隔性包装，用来包装容易因氧、光等因素引起腐败变质的药品。

（二）塑料的组成

塑料是由高分子聚合物（即树脂）和其他助剂组成，其中树脂决定塑料的类型、用途和主要性能，助剂能改善塑料的加工性能和使用性能。

1. 树脂

树脂是一种没有加工过的原始聚合物，是塑料的最主要成分，其含量一般为40％～100％。

2. 助剂

助剂又称塑料添加剂，是塑料进行成型加工时为了改善其加工性能或为了改善树脂本身性能不足而必须添加的一些化合物。助剂种类繁多，其选择与应用必须兼顾应用对象的种类、加工方式、制品特征及配合组分等多种因素。常用助剂有以下几类。

（1）**增塑剂**：增塑剂可增加塑料的可塑性和柔软性，降低制品脆性，易于加工成型。常用的增塑剂大多数为一些不易挥发的高沸点的液体有机化合物或低熔点的固体有机化合物。理想的增塑剂必须在一定范围内能与合成树脂很好地相溶，并具有良好的耐热、耐光、不燃及无毒的性能。

增塑剂的主要缺点是加入增塑剂后会降低塑料的稳定性、介电性能和机械强度。因此在塑料中应尽可能地减少增塑剂的含量。不过，大多数塑料一般不添加增塑剂。

（2）**稳定剂**：为了防止合成树脂在加工、贮藏和使用过程中受光和热的作用分解和破坏，延长使用寿命，要在塑料中加入稳定剂。常用的稳定剂有硬脂酸盐、环氧树脂等。

（3）**着色剂**：着色剂可使塑料具有各种鲜艳、美观的颜色，同时，可以适当改善制品的性能。有机染料和无机颜料常用作着色剂，一般应具备着色力强、色泽鲜艳、分散性好等特性；且不易与其他组分起化学变化；具有耐热、耐光等性能。着色剂的用量不宜过大，一般为塑料的0.01％～0.02％。最常用的着色剂是钛白粉，它是一种白色粉末，相对密度为3.84～4.26 g/cm^3，加入一定比例后使产品呈乳白色，起到避光、防紫外线作用。

（4）**润滑剂和脱模剂**：润滑剂的作用是提高物料与模具之间的润滑性、减少摩擦，防止塑料在成型时黏在金属模具上，同时可使塑料的表面光滑美观。常用的润滑剂有硬脂酸及其钙镁盐等。脱模剂则是为了方便制品脱离模具而在制品和模具之间添加的一种助剂。脱模剂要求能够耐受高温，不会在加工时被蒸发，化学稳定性要好，不会与制品产生化学反应等。

（5）**抗氧化剂**：在塑料的生产、贮存、加工和使用过程中，塑料会因为光照、氧气和热的作用而发生老化，从而导致聚合物强度、刚度、韧性和表面光泽的下降，出现变色和划痕。抗氧化剂是为了防止塑料在加热成型或高温使用过程中因受热氧化变黄、发裂而添加的助剂。抗氧化剂按照来源可以分为天然抗氧化剂和合成抗氧化剂；按其溶解性可分为脂溶性抗氧化剂和水溶性抗氧化剂；按其作用机制可分为链终止剂和过氧化物分解剂；按结构又可分为受阻酚类、胺类、亚磷酸酯类、硫代酯类等。

此外，塑料中还可加入阻燃剂、发泡剂、抗静电剂等，以满足不同的使用要求。

二、常用塑料包装材料

（一）聚乙烯

聚乙烯（polyethylene，PE）是由乙烯单体聚合而成的一类聚合体的总称，是包装中用量最大的塑料品种。聚乙烯可以是均聚和共聚的，同时也可以是线性和非线性的，其分子结构式为：

$$\left[\!\!\begin{array}{c} CH_2-CH_2 \end{array}\!\!\right]_n$$

按照聚合压力的不同，其制法可以分为高压法、中压法和低压法，其中高压法生产低密度聚乙烯。PE树脂无毒、无色、无臭、无味，其化学稳定性好，不受强酸、强碱和大多数溶剂的影响，它的耐寒性、耐磨性、阻湿性较好，但阻味性、耐油性较差，高密度聚乙烯（HDPE）的耐油性稍好。相较而言，HDPE的性能更好一点，可以作为除了芳香性、油脂性、易挥发、易氧化的大部分固体及液体药物的塑料包装用瓶的主要原料，实际生产中它也是应用最广泛、最多的一种聚合物原料。

聚乙烯是典型的热塑性塑料，为无臭、无毒的可燃性白色蜡状固体。成型用的聚乙烯树脂均为蜡状颗粒料，外观呈乳白色。聚乙烯的分子量为1万～100万，分子量超过100万的为超高分子量聚乙烯。分子量越高，其物理力学性能越好，但随着分子量的增加，加工性能降低。因此，要根据使用情况选择适当分子量的聚乙烯及相应的加工条件。高分子量聚乙烯主要用于加工结构材料和负荷材料，而低分子量聚乙烯适合作涂覆剂、上光剂、润滑剂和软化剂等。

聚乙烯的力学性能在很大程度上取决于聚合物的分子量、支化度和结晶度。高密度聚乙烯的拉伸强度为20～25 MPa，而低密度聚乙烯的拉伸强度只有10～12 MPa。聚乙烯的伸长率主要取决于密度。密度大，结晶度高，其蔓延性就差。

通常将聚乙烯按照密度和结构的不同分为低密度聚乙烯、中密度聚乙烯、高密度聚乙烯和线型低密度聚乙烯。

1. 低密度聚乙烯（LDPE）

低密度聚乙烯的密度范围为0.915～0.942 g/cm³。分子结构为主链上带有长、短不同支链的支链型分子。与高密度和中密度聚乙烯相比，它具有较低的结晶度（55%～65%）、较低的软化点（108～126 ℃）以及较宽的熔体指数（0.2～80 g/10 min）。

因为低密度聚乙烯的化学结构与石蜡烃类似，不含极性基团，所以具有良好的化学稳定性，对酸、碱和盐类水溶液具有耐腐蚀作用。但低密度聚乙烯的耐热性能较差，也不耐氧及光照老化。因此，为了提高其耐老化性能，通常要在树脂中加入抗氧化剂和紫外线吸收剂等。低密度聚乙烯具有良好的柔软性、延伸性和透明性，但机械强度低于高密度聚乙烯和线型低密度聚乙烯。低密度聚乙烯主要用于制造薄膜。薄膜制品约占低密度聚乙烯制品总产量的一半以上，用于农用薄膜，各种食品、药品和工业品的包装，以及复合薄膜中的热封层和黏合层。LDPE的加工方式很多，如流延、挤出涂布、挤出吹塑和注塑等。

2. 高密度聚乙烯（HDPE）

高密度聚乙烯的密度范围为0.95～0.97 g/cm³。分子结构为线型结构，支链少，平均每1000个碳原子仅含有几个支链。与低密度聚乙烯相比，高密度聚乙烯结晶度达80%～90%。密度大，使用温度较高，硬度和机械强度较大，耐化学性能好。高密度聚乙烯主要用于制造中空硬制品，如瓶、罐、桶等，占总消费量的40%～65%。

3. 中密度聚乙烯（MDPE）

中密度聚乙烯的密度范围为0.930～0.945 g/cm³，是支链数介于高密度聚乙烯和低密度聚乙烯之间的线型高分子。结晶度为70%～75%，软化温度为110～115 ℃，除兼有高、低密度聚乙烯的性能外，还具有优良的抗应力开裂性、刚性及耐热性。适用于高速吹塑成型造成瓶类、高速自动包裹用薄膜及各种注射成型制品（如桶等）。

4. 线型低密度聚乙烯（LLDPE）

线型低密度聚乙烯的密度范围为 $0.910\sim0.925$ g/cm^3，由于其侧链为短支链，分子结构介于 LDPE 和 HDPE 之间，所以其物理机械性能优于普通低密度聚乙烯。LLDPE 具有较高的强度，抗拉强度提高了 50%，耐冲击强度、穿刺强度及耐低温冲击性能均比 LDPE 好，且柔韧性比 HDPE 好，加工性能较好。LLDPE 可代替 LDPE 用于制造薄膜、管注射成型制品、中空吹塑容器等。

（二）聚丙烯

聚丙烯（polypropylene，PP）是由丙烯单体聚合而成的热塑性聚合物，也是包装中最常用的塑料品种，其分子结构式为：

$$\left[\begin{array}{c} CH_3 \\ | \\ CH-CH_2 \end{array}\right]_n$$

聚丙烯无毒、无味、无色、无臭，其相对密度为 $0.900\sim0.915$ g/cm^3，是目前常用塑料中最轻的塑料。与 HDPE 相比，屈服强度、抗张强度大，硬度高弹性率也高，抗应力开裂性能优越。除了热的芳香族或卤化物溶剂能使它软化外，聚丙烯的化学稳定性好，如能耐强酸、强碱和大多数有机物。聚丙烯气密性、蒸汽阻隔性优良，甚至优于 HDPE，它的熔点高达 175 ℃，特别适用于制作需要高温消毒灭菌的塑料瓶。聚丙烯主要缺点是透明性差，耐寒性差，低温时很脆。为降低脆性，生产中在普通级的 PP 料中掺入一定比例的 PE 等原料。目前多数液体药用塑料瓶采用聚丙烯为主要原料。

通常，聚丙烯有均聚聚丙烯和无规共聚聚丙烯两类。

1. 均聚聚丙烯

聚丙烯的均聚物简称 PPH，是单一丙烯单体的聚合物。与 LDPE、HDPE 相比，聚丙烯密度低、熔点高，机械性能好，拉伸强度、屈服强度、压缩强度、挺度、硬度等均优于聚乙烯。聚丙烯薄膜可以包装药品，双向拉伸处理的薄膜（BOPP）提高了光学性能和强度，聚丙烯还可制造成瓶及各种形式的中空容器。均聚聚丙烯具有极好的流变性和加工性能，可以作为注塑材料。但是，均聚聚丙烯在加工和使用中较聚乙烯更容易受光和热的影响而发生氧化降解，因此，需要加一些抗氧化剂来阻止氧化。

2. 无规共聚聚丙烯

无规共聚聚丙烯简称 PPC，是丙烯单体与乙烯单体的共聚物。无规共聚聚丙烯通常含有 1.5%～7.0% 的乙烯，在分子链上乙烯单体位置的无规律阻碍了顺式聚丙烯分子链的有规立构和高结晶，与均聚聚丙烯相比，无规共聚聚丙烯改进了光学性能（增加了透明度并减少了浊雾），提高了抗冲击性能，增加了挠性，降低了熔化温度，从而也降低了热熔接温度。无规共聚聚丙烯相对均聚聚丙烯较轻，其密度为 $0.89\sim0.90$ g/cm^3，具有更好的耐低温性能。无规共聚聚丙烯有很好的耐化学性。无规共聚聚丙烯可用来吹膜或注塑成型，拉伸薄膜可以作为收缩膜包装及药品包装。

（三）聚苯乙烯

聚苯乙烯（polystyrene，PS）的分子结构式为：

$$\left[\begin{array}{c} CH_2-CH \\ | \\ \bigcirc \end{array}\right]_n$$

聚苯乙烯指由苯乙烯单体经自由基加聚反应合成的聚合物，是目前世界上应用最广的塑料。聚苯乙烯大分子主链上带有体积较大的苯环侧基，这使得大分子的内旋受阻，所以聚苯乙烯大分子的柔顺性差，且不易结晶，属线型无定形聚合物。

聚苯乙烯是质硬、脆、透明、无定形的热塑性塑料。没有气味，燃烧时冒黑烟。其密度为 1.04～

1.09 g/cm^3。易于染色和加工，吸湿性低，尺寸稳定性、电绝缘和热绝缘性能极好。

聚苯乙烯的力学性能同制造方法、分子量大小、取向度以及所含杂质有关。分子量大的强度高，分子量在 5 万以下的拉伸强度很低，对于分子量 10 万以上的，其拉伸强度的改善就不明显了。分子量高时成型困难，通常分子量应控制在 5 万～20 万。聚苯乙烯可溶解于许多溶剂中，如苯、甲苯、四氯化碳、氯仿、邻二氯苯等。

聚苯乙烯的透光率为 87%～92%，其透光性仅次于有机玻璃。折射率为 1.59～1.60。受光照射或长期存放时，会出现表面混浊和发黄现象。聚苯乙烯毒性极低，属于卫生安全的塑料品种。聚苯乙烯具有高透明度、廉价、刚性、绝缘、印刷性好、易成型等优点，主要缺点是性脆和耐热性低。

（四）聚氯乙烯

聚氯乙烯（polyvinyl chloride，PVC）的分子结构式为：

$$\left[\text{CH}_2 - \underset{\underset{\text{Cl}}{|}}{\text{CH}} \right]_n$$

聚氯乙烯是多组分塑料，包括聚氯乙烯树脂、增塑剂、稳定剂、润滑剂、填料、颜料等多种助剂。各助剂的品种及数量都直接影响聚氯乙烯塑料的性能。

本色为微黄色半透明状，有光泽。透明度胜于聚乙烯、聚苯烯，差于聚苯乙烯。随助剂用量不同，聚氯乙烯分为软、硬聚氯乙烯。软制品柔而韧，手感黏；硬制品的硬度高于低密度聚乙烯，低于聚丙烯，在弯折处会出现白化现象。聚氯乙烯的主要特性如下。

① 性能可调，采用不同助剂，可制成不同机械性能的塑料制品。

② 化学稳定性好，在常温条件下一般不受无机酸、碱的侵蚀。

③ 耐热性较差，受热易变形。聚氯乙烯对光和热的稳定性差，在 100 ℃以上或经长时间阳光暴晒，就会分解而产生氯化氢，因此加工时必须加入热稳定剂。制品受热还会加剧增塑剂的挥发而加速老化。在低温作用下，材料易脆裂，所以使用温度一般为 -15～55 ℃。

④ 阻气、阻油性好，阻湿性稍差。硬质聚氯乙烯阻隔性较软质聚氯乙烯好，软质聚氯乙烯的阻隔性与其加入助剂的品种和数量有很大关系。

⑤ 光学性能较好，可制成透光性、光泽度均良好的制品。

⑥ 聚氯乙烯分子中含有 C—Cl 极性键，与油墨的亲和性能好，与极性油墨结合牢固，另外其热封性也较好。

⑦ 纯的聚氯乙烯树脂本身是无毒的，若树脂中含有过量的未聚合的氯乙烯单体时，在制成食品包装后，所含的氯乙烯通过所包装的食品进入人体，会对人体肝脏造成损害，还易产生致癌和致畸作用。我国规定食品包装用聚氯乙烯树脂的氯乙烯单体含量应小于 5 mg/kg，食品包装用聚氯乙烯硬片中未聚合的氯乙烯单体含量必须控制在 1 mg/kg 以下。此外，还需要注意的是，聚氯乙烯在用于食品包装时，所加入的助剂必须符合相关卫生标准。

根据聚合方法的不同，聚氯乙烯可分为四大类：悬浮法聚氯乙烯、乳液法聚氯乙烯、本体法聚氯乙烯、溶液法聚氯乙烯。在食品包装方面，悬浮法聚氯乙烯是产量最大的，约占 PVC 总量的 80%。

在聚氯乙烯树脂中加入不同种类的增塑剂等助剂，可制得不同强度、透明或不透明的符合生产要求的食品包装。因此，欲制得理想的制品，首先需合理地选择配方，按照国家规定的卫生标准，全面考虑制品的物理性能、化学性能、成型加工性能来选择各种助剂的品种与用量。

聚氯乙烯的应用比较广泛。在包装材料方面，它可制造包装薄膜、收缩薄膜、复合薄膜和透明片材，还可制作集装箱和周转箱以及包装涂层。

（五）聚偏二氯乙烯

聚偏二氯乙烯（polyvinylidene chloride，PVDC）的分子结构式为：

$$\left[-CH_2-\underset{\underset{Cl}{|}}{\overset{\overset{Cl}{|}}{C}}-\right]_n$$

聚偏二氯乙烯是硬质、韧性、半透明至透明材料，带有不同程度的黄色。经紫外线照射后呈暗橙色至淡紫色荧光。密度为 $1.70\sim1.75\ g/cm^3$，吸水性小于 0.1%。与其他塑料相比，聚偏二氯乙烯对很多气体和溶液具有很低的透过率，所以广泛用作包装材料。作为食品保鲜膜直到今日仍盛行不衰，随着单膜复合、涂布复合、肠衣膜、共挤膜技术的发展，在军品、药品、食品包装业的发展更为广泛。尤其是随着现代化包装技术和现代人生活节奏的加快而大量发展的速冻保鲜包装，微波炉的炊具革命，食品、药品货架寿命的延长，这些使 PVDC 的应用更加普及，聚偏二氯乙烯受环境温度的影响小，耐高温性能良好，化学稳定性很好，但热封性较差，一般采用高频或脉冲热封合，或者采用铝丝结扎封口。

聚偏二氯乙烯的机械性能与结晶的种类、数量和定向程度有关。拉伸强度随结晶度增加，而韧性和伸长率则随之下降。主要适用于蒸煮袋等包装。

（六）聚对苯二甲酸乙二醇酯

聚对苯二甲酸乙二醇酯（polyethylene terephthalate，PET）简称聚酯，包装工业中用得最多的是热塑性聚酯，俗称"涤纶"，其分子结构式如下：

$$\left[-\underset{\underset{O}{\|}}{\overset{}{C}}-\overset{\overset{O}{\|}}{C}-O-CH_2-CH_2-O-\right]_n$$

聚酯因具有许多优良的特性，近年来被广泛应用于生产包装薄膜和包装容器。PET 是一种无色透明且极为坚韧的材料，无味、无毒，以其优良的强度、韧性和透明度著称。它是一种高结晶性的聚合物，相对密度为 $1.30\sim1.38\ g/cm^3$，熔点为 $255\sim265\ ℃$。在热塑性塑料中，它的强韧性是最大的，其薄膜的抗拉强度与铝箔相当，是聚乙烯的 $5\sim10$ 倍，为尼龙和聚碳酸酯的 $2\sim3$ 倍；抗冲击强度也为一般薄膜的 $3\sim5$ 倍。它具有良好的刚性、硬度、耐磨性、耐折性和尺寸稳定性，耐蠕变性也较好。

PET 具有良好的防异味透过性、气密性和防潮性，同时耐热性、耐寒性也很好，在较宽的温度范围内仍能保持其优良的物理机械性能，能在 $120\ ℃$ 条件下长期使用，在 $150\ ℃$ 条件下短期使用，在 $-200\ ℃$ 的液氮中仍不硬脆，在 $-40\ ℃$ 时仍可保持其抗冲击强度，可在 $-70\sim150\ ℃$ 使用。它能耐弱酸、弱碱和大多数有机溶剂，耐油性好，适于印刷。这些优点使它成为塑料中的佼佼者。以聚酯为主要原料制成的药用塑料瓶在质量上无论从外观、光泽还是理化性能方面都是一个飞跃。

PET 的主要缺点是：酯键的存在使其对热水和碱液敏感，在水中煮沸易降解；强酸、氯化烷对其有侵蚀作用；易带静电，且尚无适当的防止静电的方法；无热封性；价格较高。

（七）聚酰胺

聚酰胺（polyamide，PA）俗称尼龙（nylon，NY），聚酰胺是一类主键上含有许多重复酰胺基团的聚合物的总称，其结构式为：

$$\left[-\underset{\underset{H}{|}}{\overset{\overset{H}{|}}{N}}-\overset{\overset{O}{\|}}{C}-\right]_n$$

聚酰胺是由内酰胺开环聚合制得，也可由二元胺与二元羧酸缩聚等制得。大都是坚韧、不甚透明的角质材料，无味、无毒，燃烧时有羊毛烧焦气味。其结晶性强，熔点高，机械性能优良。其韧性好，抗拉强度和抗冲击强度明显优于一般塑料，且抗冲击强度随含水量的增大而增强，耐磨性好，摩擦系数低，耐弯曲疲劳强度较好。聚酰胺熔点大多在 $200\ ℃$ 以上，但它的高温稳定性差，易降解老化，一般应在 $100\ ℃$ 以下使用。它的耐低温性好，可在－40 ℃使用。聚酰胺的气密性较 PE、PP 好；成型加工及印刷性能良好；耐油性优良，耐烃类、酯类等有机溶剂和弱碱。

聚酰胺的主要缺点是：吸水性强，透湿率大，吸水后其气密性急剧下降，且影响其尺寸稳定性；不耐酸、氯化烃、苯酚和醇类等极性溶剂；易带静电。

（八）聚碳酸酯

聚碳酸酯（polycarbonate，PC）是分子链中含有碳酸酯基的高分子聚合物，根据酯基的结构可分为脂肪族、芳香族、脂肪族-芳香族等多种类型。它是一种线型结构，分子中的碳酸基团与另一些基团交替排列，这些基团可以是芳香族、脂肪族或两者皆有，其结构式为：

$$\left[-O-\!\!\!\left\langle\!\!\!\right\rangle\!\!\!-\underset{CH_3}{\overset{CH_3}{C}}-\!\!\!\left\langle\!\!\!\right\rangle\!\!\!-O-\overset{}{\underset{O}{C}}- \right]_n$$

聚碳酸酯是无色或微黄色透明颗粒，无味、无臭。其熔融温度很高，为 220～230 ℃，吸水性及尺寸稳定性优异，透光率可达 90%，具有很高的抗冲击强度，可制成全透明容器，能经受高温灭菌。化学稳定性好且能耐油性药物，但价格较贵，一般只用来制作特殊要求的塑料瓶。

三、塑料包装容器

塑料通过各种加工手段制成具有各种性能和形状的包装容器及制品，药品包装上常用的有塑料瓶、塑料输液容器等。

（一）塑料瓶

塑料瓶系指以无毒的高分子聚合物（PE、PP、PET 等）为主要原料，用先进的塑料成型工艺和设备生产的各种药用塑料瓶，主要用于盛装各类口服固体制剂、液体制剂药物。固体制剂（如片剂、颗粒剂、粉剂、胶囊剂）和液体制剂（如酊剂、口服溶液、糖浆剂等）药物的包装长期以来大部分采用无色或棕色玻璃瓶包装，而玻璃瓶包装中约 80% 采用软木塞烫蜡封口和铁盖头等落后包装。玻璃瓶生产能耗高，三废严重，劳动强度大，瓶子重，破损多，使用前需清洗、干燥等，不利于药品生产企业 GMP 的实施。

药用塑料瓶具有质量轻、不易碎、清洁美观的特点，药品生产企业不必清洗烘干可以直接使用。药用塑料瓶的耐化学性能、耐水蒸气渗透性、密封性能优良，完全可以对所装药物在有效期内起到安全屏蔽保护作用。

1. 塑料瓶的分类

药用塑料瓶可分为固体制剂药用塑料瓶和液体制剂药用塑料瓶。根据制剂的使用形式可细分为外用药瓶和口服药用瓶等。

药用塑料盖是药用塑料瓶配套使用的重要组成部分。瓶盖大多与药品直接接触，并对气体阻隔、防潮湿、防污染起重要作用。既要防止瓶内药物的外逸，又要防止任何异物进入瓶内。其阻隔性、密封性能的好坏在很大程度上取决于塑料瓶口与瓶盖的配合处，包括瓶口闭合处的平整度，瓶盖内层弹性以及盖头锁紧或开启的松紧度等。药用塑料盖大多用 PE、PP 为主要原料。

随着我国塑料模具、机械等基础工业的迅速发展以及医药行业、药品分类改革的深化，非处方药、儿童药、老年药的创新开发，药用塑料瓶的款式、功能、质量必将会得到进一步的提高和发展。

2. 原料及配方

（1）塑料瓶的原料：主要由主料（聚合物）和辅料（助剂）组成。常用的主料有聚乙烯（PE）、聚丙烯（PP）、聚碳酸酯（PC）和聚酯（PET）。

常用的辅料有着色剂和润滑剂。最常用的着色剂是钛白粉，它是一种白色粉末，加入一定比例后使产品呈乳白色，能起到避光、防紫外线的作用。有时应客户要求，塑料瓶着上各种颜色，这时就要选择所需的颜色粉（必须无毒、无味），将其分散到聚合物主原料（作为载体）中，经挤出造粒，再与主原料混合配制。最常用的润滑剂是硬脂酸锌，其熔点为120 ℃，无毒。少量加入主原料聚合物中配制，在塑料瓶成型时起到润滑作用，增加其流动性，方便脱模。

（2）塑料瓶的配方： 药用塑料瓶的配方设计时，首先要综合考虑塑料瓶的使用性能和要求；其次要全面了解所选主、辅原料的性能及它们之间的相互影响；最后对成型工艺条件、设备要有足够认识。设计好的配方往往要通过多次试验和调整，最终达到符合要求为止，配方一经确定就得严格执行，一般不得任意变动。

塑料瓶配方通常用质量分数来表示，即以某主要树脂为100质量份，其他助剂的质量份则分别为该树脂质量份的多少表示，实际生产中往往按设备（混料机）能力再换算成生产配方。

3. 塑料瓶生产工艺流程

塑料瓶的生产工艺流程如图3-7所示。

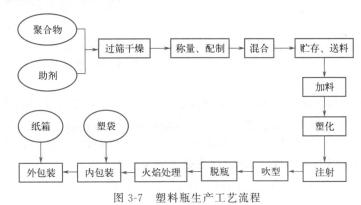

图 3-7 塑料瓶生产工艺流程

4. 主要生产工艺介绍

（1）配合料的制备工艺： 由于药用塑料瓶的质量要求高，因此原料配制成为制瓶工艺过程中必须严格控制的首要环节。配料包括原料的预处理、称量、混合、输送等。

首先，应该稳定原料牌号、规格和产地。进厂原、辅料经检验合格方可使用。有时原料因运输、装卸而受潮或混入机械杂质，就需采取干燥、过筛、除铁、分拣等措施。如果采用聚碳酸酯（PC）、聚酯（PET）等作主原料，则必须制定严格的干燥制度，以保证它的成型工艺。

其次，按配方原料准确称量，进厂袋装或桶装原料一般虽有规定的质量，但为保证准确，必须进行复称。随后，多种原料按一定的程序依次加入混合机中，在一定时间内完成混合。特别注意的是，更换配方或生产有色瓶、透明瓶时，必须清洗混合机、输送器具、料仓等。若要加回料，则应用同质清洁回料，并保持适当和稳定的比例。

（2）成型生产工艺： 塑料容器的成型方法主要有吹塑成型、注塑成型和热成型等。吹塑成型系指借助于气体的压力，使闭合在模具中的热型坯吹胀制成中空制品的一种塑料成型方法。注塑成型则是先将塑料在料筒中充分熔融，再在高压下迅速将塑料熔融料定量注入闭合模具的成型腔中，待塑料冷却固化后取出制品的一种塑料成型方法。热成型系指将塑料片材加热至某一适当温度后至高弹性状态，再采用适当的模具，施于外力使片材变形而给予定型，经冷却后获得塑料品的一种成型方法。

吹塑成型是热塑性塑料的一种重要的成型方法，也是药用塑料瓶最常用的成型方法。根据其制造工艺不同，吹塑成型又可分为挤出-吹塑工艺和注射-吹塑工艺。两者的成型过程都包括塑料瓶型坯的制造和型坯的吹塑，其主要区别在于型坯的制造，而型坯的吹塑过程则基本相同。在上述两类成型工艺的基础上发展起来的还有挤-拉-吹、注-拉-吹等成型工艺。

① 挤出-吹塑工艺：挤出-吹塑成型系指先用挤出机挤出管状型坯，然后趁热将型坯送入吹塑模中，通入压缩空气进行吹胀，使其紧贴模腔而获得模腔形状，在保持一定压力情况下，经冷却定型、开模、脱模即得到塑料瓶容器。图3-8为挤出-吹塑中空制品的过程示意。挤出-吹塑是最常用的吹塑制瓶方法，其基本特征是吹塑用的型坯是由挤出法制备的，适用于PE、PP等聚合物及各种共混物。生产设备一般是将挤

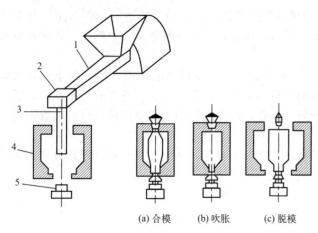

(a) 合模　　(b) 吹胀　　(c) 脱模

图 3-8　挤出-吹塑中空制品过程
1—挤出机；2—管坯成型模具；3—管状熔料坯；
4—中空制品成型模具；5—吹气嘴

出机、模具、移动装置、去除边角料装置组合成一体式全自动中空成型机。相对而言，挤出-吹塑工艺简单，生产效率不高，产品质量稍次，在医药领域的应用不多。

② 注射-吹塑工艺：注射-吹塑成型与挤出-吹塑成型不同之处在于，注射-吹塑的型坯是采用注射方法制备。其工艺包括两部分：一是利用对开式模具将型坯注射到芯棒上，待型坯经适当冷却（使型坯表层固化，移动芯棒时不致使型坯形状破坏或垂延变形）。二是将芯棒与型坯一起送到吹塑模具中，将吹塑模具闭合，通过芯棒导入压缩空气，使型坯吹胀加工成所需要的制品，冷却定型后取出。注射-吹塑工艺适用于 PE、PP、PVC 等聚合物及某些共混物。生产设备一般是将注射机、注射模具、吹塑模具、移动装置组合成一体式全自动多工位成型机。

③ 拉伸-吹塑工艺：拉伸-吹塑分两种，分别采用挤出与注射成型型坯，均是在聚合物的高弹态下（结晶聚合物在玻璃化温度以上接近于结晶温度范围内；非结晶聚合物在其玻璃化温度以上熔融温度以下的弹性范围内），通过机械方法轴向拉伸型坯、径向用压缩空气吹胀（拉伸）型坯的容器成型方法。拉伸-吹塑又称双轴取向吹塑，主要用于 PP、PVC、PETP 等聚合物及某些共混料。

拉伸-吹塑无论是一步法还是二步法，既有将挤出机或注射机、预吹塑模具或注射模具、吹塑模具、移动装置等分开的单机，也有组合在一起的一体机。

（3）包装：药用塑料瓶采用内外两道包装。初检合格的塑料瓶，经适当冷却后，先用洁净的塑料袋内包装。塑料袋需清洁、干燥、无污染，具有规定厚度和足够强度，确保经贮存、运输直到用户使用时不破损。塑料袋内放入产品合格证后扎口，随后通过传递窗小心送出洁净车间，用纸箱外包装。纸箱也需清洁、干燥、不受污染，纸箱应具一定强度，以免翻盖断裂掉屑，污染产品。

5. 主要生产设备

用注射-吹塑工艺生产的塑料瓶质量较好，但它必须通过高度自动化的注射-吹塑成型机来实现。下面介绍几种塑料瓶注射-吹塑成型机。

（1）美国惠顿（Wheaton）公司的 IB506-3V 制瓶机：该机成型系统主要由等距的 3 个工位组成，即注射、吹塑和脱模三个工位。机器中心塔台安装芯棒，每完成一个步骤则升降和顺时针旋转 120°。从注射到吹塑再到脱模，其间所有工艺参数均由数字输入，如注射时间、冷却时间可在 0.1 s 到 9.9 s 的范围内任意选择和设定。生产循环周期时间可在 10～20 s 内设定和调节，而且控制精度达到 ±0.1 s。该机加热塑化的温控器采用 PID 调节控制，温度可在 0～300 ℃ 范围内调控，控制精度达到 ±1 ℃。注射模、吹塑模温度可在 0～120 ℃ 范围内任意设定，控制精度达到 ±1 ℃。针对不同产品的特点和要求，通过 PLC 可编程序器编制出不同的生产工艺参数来进行精确的生产实时控制，实现精密成型。

该机采用垂直螺杆，注-吹-脱一步成型，成品光电检验，还可与输送机联动，实现火焰处理，自动计数，变位落瓶组成高效自动流水线，适于用 PE、PP、PVC 等各种聚合物原料生产大批量、小容量、高质量的药用塑料瓶。

（2）美国宙马（Jomar）公司的制瓶机：它的型坯传递旋转方向与惠顿 IB 506-3V 制瓶机相反（逆时针旋转 120°）。

（3）德国巴登费尔德（Battenfeld）公司的 VKS-0.8IB 型注吹成型机：设备先进，产品质量上乘，但机型小，生产能力只有惠顿 IB 506-3V 制瓶机的一半，例如 15 ml 瓶子，一模仅 4 腔。

（4）日本青木固（AOKI）直接调温式延伸注吹一步法三工位成型机 SBⅢ 系列：该机在原先注-吹工艺基础上增加了拉伸工艺，形成了注-拉-吹的成型过程。经工艺改进使塑料瓶具有更高的强度、更好的耐化学性能、更佳的透明度和光泽，原料消耗更低，适用原料范围更广，特别如 PP、PC、PET 等需通过拉伸来获得更佳性能的原料。

（5）国产注吹制瓶机：随着注射-吹塑工艺的发展及对引进设备的消化吸收，我国塑料生产机械工业也得到了空前的发展。注吹中空成型机是国家"八五"重点技术开发项目的成果之一。该机采用卧式螺杆、水平三工位回转装置、液压等关键元器件均进口，可适用加工 PE、PP、PS 等大部分热塑性塑料，是国产机生产药用塑料瓶的佼佼者。

另外，国产设备中使用较多的一种机型是双工位卧式注吹机，它的特点是塑料瓶型坯从注塑模具到吹塑模具的传递方式是由注射模制得的型坯随芯棒回转180°后送入吹塑模进行吹制，结构较为紧凑。

6. 药用塑料瓶的应用

（1）**适用范围：** 固体药用聚烯烃塑料瓶可用于包装非芳香性、非油脂性、非挥发性及易氧化的固体药品（片剂、胶囊剂）。液体药用塑料瓶一般适用于非油脂性、非挥发性液体药品的包装。

随着一些聚合物新材料的应用和制瓶工艺水平的提高，药用塑料瓶的适用范围将会不断扩大。如具有高阻隔性能的聚对苯二甲酸乙二醇酯（PET）、聚萘二甲酸乙二醇酯（PEN）等树脂的应用，将使一些带油脂性、芳香性、易挥发、易氧化的固体制剂、液体制剂药物用塑料瓶盛装成为可能。

（2）**选择药用塑料瓶的要求：** 药用塑料瓶的规格小的仅几毫升，大的可达 1000 ml，有的无色，有的透明，颜色多样，形状各异，门类繁多。如何选择合适的药用塑料瓶，药品生产企业必须慎重对待。

① 塑料瓶的主原料、助剂及配方：固体制剂及液体制剂塑料瓶的产品标准，分别规定了适用的主原料，且必须符合无毒、无异味等要求，由于可供选用的主原料又有多种，这时就需对原料的综合性能加以选用。如液体制剂塑料瓶一般选用 PP 料，若需透明度更高、性能更佳的塑料瓶则可选用 PET 等作为主原料。加什么助剂，用何配方，配方掌握是否严格，还是任意变动，这对塑料瓶的内在质量的影响极大，它关系到塑料瓶材质与药物之间的相互关系，关系到药物有效成分的流失、变质。

② 密封性、水蒸气渗透性：密封性与水蒸气渗透性是药用塑料瓶的两个重要技术指标，对药品稳定性有重要的影响。药品必须保证在有效期间的疗效，对每一瓶药物则必须保证在最后一次剂量用完以前其成分不致有任何变化。对众多生产厂家，该指标即使在合格范围内，但仍存在较大差距。这些都与模具的质量、瓶子的厚薄、与瓶盖匹配的优劣等诸多因素有关。

③ 产品质量标准：药用塑料瓶除了必须执行国家标准或行业标准外，一般企业均应制定严于国家标准、行业标准的企业标准。

④ 质量保证体系：对供应商进行审计已经成为采购塑料瓶的必不可少的重要环节。通过审计，可对生产厂的软硬件建设、技术设备、质量综合水平做出全面正确评估。只有先进、完善的质量保证体系才能确保塑料瓶质量的优良。

⑤ 装药稳定性与相容性：选用塑料瓶，特别是新药选用新型塑料瓶，应该先进行装药试验以考察装药稳定性和塑料瓶与药物间的相容性。药物与塑料材质相互间的渗透、溶出、吸附、化学反应、变性一般无法通过感官判断，只有通过科学检测才能判定。

（二）塑料输液容器

大输液产品的包装材料在不断发展中，例如，从大口玻璃瓶发展到小口玻璃瓶，聚乙烯或聚丙烯材料制成的塑料瓶，聚氯乙烯材料制成的软袋等多种包装形式。20 世纪 70 年代出现了聚氯乙烯（PVC）软袋；90 年代复合膜的软袋输液生产线进入我国。另外，由于新技术、新材料的不断发展，包装形式也发生不断变化，从单一瓶型发展到瓶型和袋型并存，新的包装形式也在被开发中。塑料输液容器具有质量轻、不易破碎、易于成型和便于设计及临床使用安全、方便等优点，因此得到广泛应用。目前大输液包装容器质量已达到了国际同类产品的水平。

1. 塑料输液容器的分类

（1）**按包装形状分类：**

① 瓶型：通过吹制成型，可自站立，输液时需引入空气方可完全排空。

② 袋型：通过焊接成型，不可自站立，输液时可自行排空。

③ 非瓶非袋型：通过吹制成型但具有塑料袋的外观和特性的特殊瓶体，输液时可自行排空。图 3-9

为常用的塑料输液容器图。

图 3-9　常用的塑料输液容器

（2）按生产工艺分类：分为一步法和多步法。

① 一步法：使用一台单机在一个工作循环中由初级材料开始完成容器制造、灌装、封口全部生产步骤的工艺。

② 多步法：使用两台或多台单机串联成生产线完成容器制造、灌装、封口全部生产步骤的工艺。

（3）按包装材料分类：可分为聚氯乙烯（PVC）、聚丙烯（PP）、聚乙烯（PE）以及聚烯烃复合（多层共挤）膜等。

2. 输液容器的市场更替

早在 2000 年，美国 PVC 输液软袋一度占 92%，见表 3-4。目前，PVC 软袋已被非 PVC 软袋取代，我国输液玻璃瓶、塑料瓶和软袋比例约为 2∶4∶4，其中塑料瓶主要是聚丙烯输液瓶，软袋主要是聚烯烃复合膜软袋、聚烯烃多层共挤软袋、直立式聚丙烯输液袋（可立袋）、内封式聚丙烯输液袋等。

表 3-4　2000 年输液包装市场占有率　　　　　　　　　　　　　　　　单位：%

材料	美国	德国	法国	日本	北欧	中国
玻璃瓶	5	28	20	10	28	95
PP、PE 塑料瓶	1	60	10	25	60	1
PVC 软袋	92	10	69	0	10	3
复合（多层共挤）软袋	2	2	1	65	2	>1

3. 各种输液包装容器的性能

近年来随着塑料制造和加工业水平的不断提高以及一些高质量的药用塑料材料的产生，塑料输液包装部分取代玻璃瓶输液包装，成为输液包装的主流材料。其中，非 PVC 材料制成的输液软袋更是输液包装未来发展的方向之一，也是目前各公司投巨资研究的品种。玻璃瓶和硬塑料（PP）输液瓶存在一个共同的致命缺陷，即输液产品在使用过程中需形成空气回路，外界空气进入瓶体形成内压以使药液滴出，增加了输液过程中的二次污染，特别是在医院杂菌较多和卫生条件较差的地方使用。PVC 材料制成软袋可依靠自身张力压迫药液滴出，无需形成空气回路，避免了二次污染，但是 PVC 软袋在生产过程中为改变其性能常加入增塑剂，对人体有害，其水蒸气的透过量高，与药物相容性差，抗拉强度较低等。PVC 材料的这些缺陷严重限制了它在输液包装方面的应用。因此，包装材料生产企业、制药企业一直在寻找材料性能好、稳定、安全，无需空气回路，具有自身平衡压力的材料制成输液软袋。各种材料用于输液包装的性能比较见表 3-5。

表 3-5　各种输液包装容器的性能比较

材质	优点	缺点
玻璃瓶	与药物相容性最好。气体、水分阻隔性高，耐热强，透明度好，生产成本低，设备投资少	易破碎，需清洗，运输不便，使用时需要排气针，自身重，搬运不便

材质	优点	缺点
塑料瓶	重量轻,容易操作,可自立,强度大,不易破碎	投资大,生产成本高,使用时需要排气针(目前已有PE软瓶使用时不需要排气针),废弃物体积大,透明度一般或差
PVC软袋	产品柔软,透明度好,容量大,无需排气针,自身轻,生产成本低,设备投资少	膜材中有加增塑剂,对环境和人体有不良影响,无法自立,水分阻隔性能低,与药物相容性差
复合(多层共挤)软袋	技术量含量高,产品柔软,容量大,透明度较好,无需排气针,重量轻,易销毁,交叉污染少	设备投资高,生产成本高,膜材不稳定,废品率较高,气体、水分阻隔性能低,无法自立。与药物相容性正在研究中

4. 典型塑料输液包装容器

（1）**聚氯乙烯（PVC）膜输液袋**：通常采用挤出法，挤出成筒，冷却后，收卷成双层膜。膜装入制袋机采用高频焊接方法制成袋。PVC软袋采用高频焊，焊缝牢固可靠、强度高、渗漏少。但由于PVC膜材透水性强，其中含有的增塑剂及残留的单体对人体有害，废弃物不环保，因此，PVC为材料的输液软袋已被非PVC软袋替代，例如PP软袋和聚烯烃多层共挤软袋。

（2）**复合（共挤）膜输液袋**：

① 膜结构：用于制袋的非PVC输液膜卷目前有3种供货状态。一是筒膜，二是双片膜，三是单片膜。筒膜是吹膜机吹出筒状膜直接收卷，筒状膜的折径由输液袋要求的尺寸决定。双片膜是由大型吹膜机所吹制的大折径的筒状膜，按输液袋要求的尺寸进行分切，这种方法生产效率最高。单片膜通常是采用流延法制得的膜，采用的非常少，这里将不做介绍。

非PVC输液膜在制袋后，直接和药液接触的面称为内表面，另一面制袋后形成袋的外表面称为外表面。不同的生产厂家的产品，不同品种，结构从二层到七层不等。膜的各层性能如下所述。

a. 外表层：主要提供膜的印刷性能、耐摩擦性和耐热封性。

b. 中间层：提供膜的柔软性能及阻隔性，按需求可以是多层，分别满足不同的性能需求。

c. 内表层：主要提供膜的热封性能及安全性。

d. 黏合层：不同的层之间黏合性不能满足要求时，可以在两层之间增加黏合层。

② 原料：外表层可采用的树脂有PP、PE、PET、NY或几种树脂的混合物等；内表层可采用的树脂有PP、PE和热塑性弹性体的混合物等；中间层可采用的树脂有PE、PP、EVOH等；黏合层所用的树脂由它黏合的两层的树脂所决定。

③ 生产工艺：非PVC大输液袋用膜通常采用多层共挤吹塑工艺生产。将各种特殊功能的聚合物在适宜的条件下经多台挤出机挤出，通过环状模头形成膜泡，由水溶或风冷环进行骤冷，经过气泡稳定装置和人字板后进行收卷，在挤出成型过程中，筒膜内部被充填洁净级达到了一百级的过滤空气。有的产品还需经过射线辐射进行交联。大折径的筒膜还需要经分切工序分切、形成"双幅膜"，经过特殊的包装保证膜的洁净度，成品以卷形式提供给药品生产企业。

5. 典型塑料容器输液剂生产工艺

（1）**三合一灌装塑料瓶输液剂生产工艺流程**　如图3-10所示。

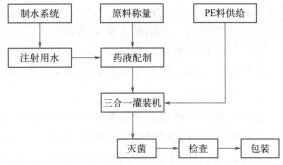

图3-10　三合一灌装塑料瓶输液剂生产工艺流程

（2）多步法制塑料瓶输液剂生产线工艺流程　如图 3-11 所示。

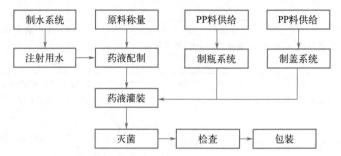

图 3-11　多步法制塑料瓶输液剂生产线工艺流程

（3）制袋灌装联动线软袋输液剂工艺流程　如图 3-12 所示。

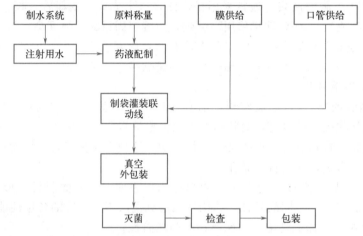

图 3-12　制袋灌装联动线软袋输液剂工艺流程

（4）分步法软袋输液剂生产工艺流程　如图 3-13 所示。

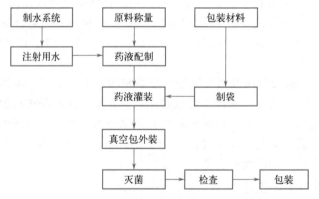

图 3-13　分步法软袋输液剂生产工艺流程

多步法制瓶塑料瓶装生产线于 20 世纪 80 年代初被引进我国，为中国输液市场提供了优质的产品。三合一塑瓶输液生产线是 20 世纪 80 年代后期引入我国的，由于各种原因，开始生产时并不顺利，经过多年的改进，已逐步得到完善。复合（共挤）膜软袋应是 20 世纪 90 年代后期引入我国，其技术水平和设备造价都较高。因此，选择何种输液包装形式，将是制药企业需要全面考虑的问题。

6. 内盖、密封垫、外盖、接口（口管）

不管是瓶型或袋型，均采用塑料材料，在使用时将承受多次注射针的穿刺，无法自密封，通常采用弹性件作为密封件。目前采用卤化丁基橡胶、合成聚异戊二烯材料等作为密封件。

（1）密封垫：通常采用垫片结构，若有内盖将它与药液隔开，其溶出性可适当降低，但输液针针刺落屑、再次密封性能要求提高，目前常采用合成聚异戊二烯材料。加工方式采用平板硫化。卤化丁基橡胶通常以塞子形状作为密封件。

（2）**内盖**：为了防止药液与密封垫接触，通常采取在药液与密封垫之间用内盖隔离。内盖材料配方与瓶身材料配方基本一致，以利于融封。由于内盖主要功能是隔离和承受穿刺，其安全性应与瓶身一致，穿刺力不能太大，能耐受灭菌，与药液不发生吸附及释放，一般采用柔软、稳定、易加工材料。加工方式采用注射成型。

（3）**外盖**：其构型与铝盖接近，材料配方与瓶身、内盖材料配方相近，能与上述两种材料融封。性能要求与拉环式铝盖相同。加工方式采用注射成型。

（4）**接口（口管）**：用于袋型包装。材料配方与袋的内层材料配方一致或相近，能与内层通过高频热封、高温融封、溶剂黏合。它的安全性与瓶身一致，能耐受灭菌，与药液不发生吸附及不向药液释放微粒等。一般采用稳定、易加工材料。加工方式采用注射成型。

第四节　金属包装材料和容器

一、金属包装材料的性能特点与种类

5000多年前人类就开始使用金属器皿，但现代金属包装技术从1814年英国发明马口铁罐开始仅有200多年的历史。金属材料广泛用于各种产品的包装、运输包装及销售包装，是现代药品、食品包装的四大包装材料之一，在我国占包装材料总量的20%左右。金属包装材料和容器指以金属薄板或箔材为主要原料，经加工制成各种形式的容器。

（一）金属包装材料的性能特点

1. 优良的力学性能和阻隔性能，综合保护性能好

金属包装材料具有良好的抗张、抗压、抗弯强度以及良好的韧性和硬度，能适应流通过程中的各种机械振动和冲击，其机械强度优于其他包装材料。另外，金属包装材料有极好的阻隔性能，如阻气性（如氧气、二氧化碳、水蒸气等）、防潮性、遮光性（特别是阻隔紫外线）、保香性能，对内容物具有极好的保护作用，因此，广泛用于食品、药品、化工产品的包装。

2. 成型加工性能好，生产效率高

金属材料具有良好的塑性变形性能，易于制成各种形状的容器以满足药品包装的需要。现代金属容器加工技术及设备成熟、生产效率高，适于连续自动化大生产。此外，金属包装材料具有很好的延展性和强度，可以轧制成各种厚度的板材、箔材，箔材可与纸、塑料等进行复合。金属铝、金、银、铬、钛等还可在塑料和纸上镀膜。

3. 具有良好的耐高/低温性、导热性和耐热冲击性

可以适应药品冷热加工、高温灭菌及灭菌后的快速冷却等加工需要。

4. 表面装饰性好，外观美观

金属材料具有自己独特的金属光泽，便于印刷、装饰，使商品外表华丽美观，提高商品的销售价值。另外，各种金属箔和镀金属薄膜，也是非常理想的商标印刷材料。

5. 卫生无毒，资源丰富，易回收处理

金属材料卫生无毒，符合药品包装卫生和安全要求，且作为主要金属包装材料的铁和铝，蕴藏量极为丰富，已形成大规模工业化生产，材料品种繁多。另外，金属包装容器一般可以回炉再生，循环使用，减

少环境污染。

但是，金属材料作为药品包装材料也存在一些缺点：①经济性差。与塑料、玻璃等容器相比，价格较贵、成本较高，自身的重量也较重。②化学稳定性差。在酸、碱、盐及潮湿空气的作用下，易于锈蚀，同时，金属离子易析出而影响药品的稳定性，这在一定程度上限制了其使用，但现在使用各种性能优良的涂料，又使这个缺点得以弥补。

（二）金属包装材料和容器的种类

1. 金属包装材料的种类

金属包装材料按材质主要分为两类。一类是钢质包装材料，与其他金属包装材料相比，来源丰富，价格便宜，它的用量在金属包装材料中占首位，主要包括镀锡薄钢板（俗称马口铁）、镀铬薄钢板（TFS板）、涂料板、镀锌板、不锈钢板等。另一类是铝质包装材料，质量轻、加工性能优异，包括纯铝板、铝合金薄板、铝箔、铝丝和镀铝薄膜等。一般将厚度小于 0.2 mm 的称为箔材，大于 0.2 mm 的称为板材。

2. 金属包装容器的种类

金属包装容器是指用金属薄板制造的薄壁包装容器。主要分两类：一类是以铁、铝、铜等为基材的金属板、片加工成型的桶、罐、管等。另一类是以金属箔（主要是铝箔）加工成型的复合材料容器。

（1）罐式金属容器的种类： 一般可按容器外型、按结构与加工工艺、按开启方式及按是否有涂层分类。

① 按容器外型分类：圆形罐、异形罐等。

② 按结构与加工工艺分类：罐式金属容器按结构可分为二片罐和三片罐。二片罐系指由罐身和罐底为一起的金属罐，罐身没有接缝，只有一道罐盖与罐身卷封线，其密封性较三片罐好，如图 3-14 所示。三片罐系由罐身、罐盖、罐底三部分组成，罐身有接缝，根据其连接工艺不同，三片罐又可分为锡焊罐、电阻焊罐和黏接罐等，如图 3-15 所示。罐式金属容器按加工工艺不同分为不变薄拉伸罐和变薄拉伸罐。

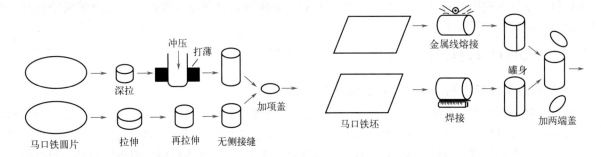

图 3-14　金属二片罐加工示意图　　　　图 3-15　金属三片罐加工示意图

③ 按开启方式分类：罐盖切开罐、罐盖易开罐、罐盖卷开罐（拉线罐）。

④ 按是否有涂层分类：素铁罐、涂料罐等。

（2）金属桶： 金属桶系指用较厚的金属板（大于 0.5 mm）制成的容量较大（大于 20 L）的容器。金属包装桶的制法类似于三片罐，桶身有接缝，制得桶身后翻边再与桶底和桶盖双重卷边连接，桶边处一般注入密封胶，多采用聚乙烯醇类缩醛或橡胶类合成高分子材料封缝胶，金属桶内壁常涂有环氧类、乙烯类树脂涂料。按所用材料的不同，金属桶可分钢桶、铝桶、镀锡板桶等。按形状不同，金属桶可分为圆形桶、异形桶等。金属桶具有良好的力学性能，能耐压、耐冲击、耐碰撞；有良好的密封性，不易泄漏；对环境有良好的适应性，耐热、耐寒；装取内装物方便、储运方便等特点。金属桶主要用于药品原料及中间产品的储存。

（3）其他金属容器

① 金属软管：系指用挠性金属材料制成的圆柱形包装容器。软管一端折合压封或焊封，另一端形成管肩和管嘴，通过挤压管壁使内装物从管嘴流出。其组成主要包括管身、管肩、管嘴、管底封折和管盖。常用的金属软管有锡管、铝管等。目前主要由铝质材料制成，主要用于软膏剂、凝胶剂等半固体制剂的包装。

② 铝箔容器：系指以铝箔为主体材料制成的刚性或半刚性容器（如盒、盘）。

二、铝制容器

（一）铝质包装材料的特点

铝是一种资源丰富的白色轻金属，产量高，在包装工业中的应用占首位。铝质包装材料具有以下优点：①质量轻。铝的密度为 $2.7\ g/cm^3$，仅为钢的 35%，可降低贮运费用，方便流通和消费。②良好的热性能。铝耐热、导热性能好，其导热系数为钢的 3 倍，耐热冲击，可适应包装药品加热杀菌和低温冷藏处理要求，且减少能耗。③良好的阻隔性能。能阻隔气、汽、水、油的透过，良好的光屏蔽性，具有良好的保护作用。④具有较好的耐蚀性。铝在空气中易氧化形成组织致密、坚韧的氧化铝薄膜，能阻止氧化的进一步进行，从而保护内部铝材料。但铝抗酸、碱、盐的腐蚀能力较差。⑤较好的机械性能。纯铝强度不如钢，但比纸、塑料的强度高，可在纯铝中加入少量合金元素如铜、镁等形成铝合金，或通过变形硬化提高强度。⑥成型加工性好。易于通过压延制成铝薄板、铝箔等包装材料，易开口。⑦铝箔还可与纸、塑料膜复合，制成具有良好综合包装性能的复合材料。⑧废料可回收再利用等。但是，铝材质地较软，在制造和运输中易变形、表面擦伤，且存在铝材焊接困难、价格偏贵等缺点。

（二）铝质包装材料的种类

用于药品包装的铝质材料主要包括纯铝和铝合金两大类。工业上把铝含量大于 99.0% 以上的铝质材料称为纯铝。在铝中加入少量元素锰、镁等制成的合金称为铝合金。

1. 纯铝薄板和合金铝薄板

将工业纯铝或铝合金制成厚度为 0.2 mm 以上的板材称为铝薄板。铝薄板具有优异的金属压延性能，容易成型，易于形成薄壁，适用于制造各种罐、瓶、软管等包装容器。纯铝薄板质软、强度低，故较少用它作为包装材料，但也有用它作为容器。合金铝薄板的强度和硬度明显提高，多用于金属包装容器等。

2. 铝箔

铝箔是一种用纯度 99.5% 以上的纯铝经多次冷轧、退火加工制成的金属箔材，厚度在 0.005～0.2 mm。铝箔在包装上应用广泛，可以单独包装物品，更多的是与纸、塑料薄膜制成复合材料作为阻隔层，提高阻隔性能。

3. 镀铝薄膜

镀铝薄膜采用特殊工艺在包装塑料薄膜或纸张表面（单面或双面）镀上一层极薄的金属铝，镀铝层厚约 30 nm，其阻隔性比铝箔差，但耐刺扎性优良，常用于制作衬袋材料和装饰性包装膜。

（三）铝管

药用铝管分为软质铝管和硬质铝管两种，是由同种材料制成的不同形式、不同用途的两种药品包装容器。软质铝管俗称"软管"，是经过软化处理，用于包装软膏剂、霜剂等半固体制剂的容器；而硬质铝管则是未经软化处理的"硬管"或"硬罐"，用于包装片剂如泡腾片或气雾剂的容器（图 3-16）。这两类容器均用纯铝制作，尽管成本较高，但铝材来源广并具有金属所特有的优良气密性能和易于回收的特点，尤其能满足药品的特殊要求且不会对环境造成污染，因此，在药品包装材料中，铝材有广泛的应用和良好的发展前景。

(a)软质铝管　　(b)硬质铝管

图 3-16　常用的软质铝管和硬质铝管

软质铝管的生产和应用历史比较长，目前国内外市场上使用的软质铝管属于第三代产品，具有薄顶封膜和尾部密封涂层，可确保不发生泄漏和干涸的现象；内壁涂层能有效隔离药物和铝的直接接触；多色印刷技术使药品包装外表更显美观。

硬质铝管发展历史没有软质铝管那么长，但同样因其气密性和遮光性胜过玻璃和塑料等材质制作的容器在国外得以广泛应用。国内因很少有泡腾片制剂（现在合资企业已开始生产泡腾片，并使用国产的硬质铝管），所以铝制直形硬质铝管的使用基本空白；气雾罐有一些生产和应用，但多是单机生产，质量水平和均一性差强人意。同时，随着国内市场的发展和剂型的增多，硬质铝管应用的前景也非常乐观。

1. 铝管的材料及配方

软质铝管和硬质铝管所用的基本材料是纯铝坯片，通过冷挤压成型，铝材的含量不能低于99.5%，现在一般企业生产使用的铝材是含量99.7%的一级工业纯铝。

内壁涂层的组成材料必须要有稳定的化学性能，结膜后的网状结构能量低、无毒，目前较好的材料主要由环氧树脂和固化剂组成。固化剂有多种可以选择，应用较多的有酚醛类树脂、氨基类树脂、乙烯类树脂等。这些材料在耐酸碱、耐腐蚀、耐溶剂、黏合力、柔韧性和硬度方面各有千秋，但都具有较长的分子链，固化后能形成大而密的网状结构。内涂料的配方要充分考虑生产工艺和设备特点，要有适宜的黏度、干燥曲线、表面张力等物理性能。

外壁涂层材料主要由二氧化钛和树脂组成。树脂可用聚酯树脂、聚氨酯树脂、醇酸树脂等多种，国外多用聚酯树脂和聚氨酯树脂，国内多用聚酯树脂（多是质量要求高的产品）和醇酸树脂，相对而言，聚酯树脂和聚氨酯树脂性能较好。出于环保原因，国外有些企业开始研究和使用水性涂料，国内也有尝试。

印刷所用的油墨是金属油墨，目前国内普遍应用的是印铁油墨（因印铝油墨开发极少，色种也少），其主要性能如黏结力、色泽方面，基本能满足要求，在光亮度、细度和耐磨性方面略有欠缺。铝罐外表涂的一层光油层由聚酯树脂组成。

软质铝管所用的帽盖（硬质铝管不用）一般是由聚乙烯（PE）塑料、二氧化钛、辅料（如增白剂）组成。帽盖螺纹与铝管配合适宜是关键的技术要求，太松易脱落，太紧则会摩擦发黑甚至产生铝屑。现在国内已开发并应用了铝管头部套塑料保洁头的产品，尽管成本有所增加，但更能符合药品包装的卫生要求。

软质铝管尾涂层材料（硬质铝管无此工艺）由丙烯酸酯共聚物加入少量填料和着色剂（视需要）组成，要求有良好的流平性，无毒，而且形成的涂层要有一定的柔韧性。尾涂料有水性和溶剂性两种，一般多用水性，因涂料是固相和液相混合，所以必须保证混合均匀，避免气泡、颗粒的存在。

2. 铝管生产工艺流程

软质铝管和硬质铝管的生产过程都是自动流水线生产过程，如图3-17、图3-18所示。

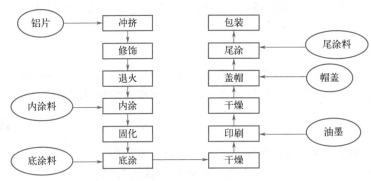

图 3-17　软质铝管生产工艺流程

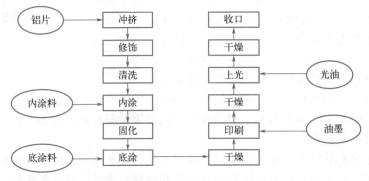

图 3-18　硬质铝管生产工艺流程

3. 铝管主要生产工艺

（1）**冲挤工艺**：冲挤过程是将铝坯片挤压成坯管的工序，它是最终产品质量的关键，大部分质量与之有关。

① 铝管的封膜是在冲挤成型过程中通过反冲力形成的，封膜不能破损，否则达不到密封的目的，而且封膜的厚度必须严格控制，太薄易破损，太厚则可能因刺穿困难而给消费者带来不便，所以反冲力需严格控制。

② 铝坯管各部件的尺寸，包装肩厚、壁厚、直径等，均与模具的质量、安装和磨损情况有关，应在生产过程中严密加以关注。

（2）**修饰工艺**：修饰过程是将坯管按要求进行修正，包括铝管平头、挤螺纹和铝管的长度。

① 长度修整和平头是用车刀分别对头部和尾部进行切割，切割的质量取决于车刀口与工件的调整，必须充分注意。

② 软质铝管的螺纹形成有两种方式，国内采用切割方式，比较简单，易产生铝屑或铝丝，螺纹长度短而且光洁差；进口设备和国外生产采用的是挤压方式，技术要求高，但螺纹长度长，且光洁度好，无杂物产生，符合卫生和安全要求。

（3）**铝管的退火及清洗工艺**：软质铝管的退火，一是将铝管软化；二是使润滑剂汽化。退火炉应保持恒定的温度和生产速度，以保证铝管退火完全而且软硬度稳定，同时必须保证有一定量的新鲜空气不断进入炉内，使润滑剂汽化完全，否则会影响后工序的内涂质量。

硬质铝管不必高温退火，所以使用的润滑剂是水溶性的。国内有的企业用碱液清洗，这样对铝盖表面有一定的腐蚀作用，国外和国内进口生产线则用针对各品种润滑剂专门配制的清洗剂进行清洗，然后用软水洗涤处理。水温和速度的关系，以及循环清洗液浓度的测定是工艺的要点。

（4）**内涂及固化工艺**：内涂工艺是在产品的内表面形成一层均匀、完整而且光滑的涂层，该工序是保证产品涂层的化学稳定性、连续性、耐挤压性等技术指标质量的关键。

内涂层是内涂料经喷枪雾化后均匀涂于产品内壁，经流平、固化而成。工艺条件如涂料黏度的调节、供料系统和压缩空气系统的恒定、设备和工装的清洁、喷枪工作时间的调节、喷枪与工件之间位置和喷雾时间的配合等，均是不可忽视的要素。

（5）**底涂及干燥工艺**：底涂工序是通过滚筒将底涂料均匀地滚涂于产品外表，经高温干燥固化而成。涂料应适宜（根据涂料性质和设备的情况而定），以便于涂料的转移、流平和涂层厚度的控制；滚筒的完整，运转的正常，以及与工件的接触情况，都是保证底涂质量的要点。同时，底涂烘箱的温度不宜过高，要略低于后面的印刷烘箱，否则会影响印刷的牢度。

（6）**印刷及干燥工艺**：印刷工艺是将多种不同颜色的油墨按要求印制到产品的外表面，采用的印刷方式是胶版印刷。油墨通过胶辊分别转移到相应的尼龙印版上（国内多采用铜版），然后依次转移到印刷橡皮形成完整的图案，最后由印刷橡皮把图案一次印到产品表面，经干燥固化，即完成了整个印刷过程。另外，硬质铝管在印刷干燥后，还要滚涂一层光油，以增加外表面的亮度，提高美观效果。

（7）**软质铝管的盖帽工艺**：软质铝管的盖帽工艺是将帽盖与铝管的螺纹相互旋合，帽盖的规格尺寸一致性好是连续生产顺利进行的重要保证，尤其对于进口的高速生产线更是如此。帽盖与铝管旋配的松紧度应调整适宜。

（8）**软质铝管的尾涂工艺和硬质铝管的收口工艺**：尾涂是在软质铝管尾部内表面涂上一层与橡胶相仿的涂层。它通过一根高速旋转的枪体，借离心力将枪体口溢出的尾涂料甩出，均匀地分布在铝管壁内设定的范围里，经室温干燥形成涂层。其工艺关键是：涂料的黏度要适宜；涂料内不能有颗粒和气泡；压缩空气要稳定；枪口处于铝管的轴心线上；保持工艺设备的清洁等。

硬质铝管的收口工艺是利用收口模具使铝管的开口端变形。泡腾片管只要翻口即可，但翻口边缘高度是质量要点，必须注重模具的制作质量和生产中的调整；喷雾罐则需先将开口端收缩变形成弧形，然后再翻口，同样翻口边缘的高度应严密控制。

4. 主要生产设备

生产线主要由冲挤机、修饰机、退火炉（对于硬质铝管，是清洗机）、内涂机、固化炉、底涂机、印刷机（对于硬质铝管，还有上光机）、烘箱、盖帽机和尾涂机（对于硬质铝管，是收口机）组成。生产线有自动线和半自动线。国外基本上都是高速全自动生产线，速度普遍达到 150 支/min，德国 Interkopt 公司生产的设备则达到 180 支/min。国内有部分是自动生产线，但速度基本上是 50～60 支/min，而且设备的精度、稳定性和功能方面均有不小的差距。

5. 铝管的应用

软质铝管可用于软膏剂、霜剂和油性制剂的包装，近年来国内开发的尖头铝管，可用于眼膏剂的包装。硬质铝管可用于片剂的包装，尤其适用于泡腾片。喷雾罐接上喷雾头即可包装喷雾剂。

铝管在灌装设备上进行灌膏封尾过程中，必须关注以下技术指标。

（1）铝管的长度：长度要控制在允许误差范围内，否则有可能影响铝管在机器上的正常输送或产生铝管尾部变形的可能。

（2）铝管的直径：直径不符合规格会使铝管在座子上的位置不准，而该指标取决于模具的质量。

（3）尾涂层：尾涂层（位置、宽度和黏稠程度）应避免与灌装头的直接接触。尾涂层不均匀还会造成封尾后断裂或使批号不清晰。

（4）底涂层：底涂层的柔韧性要好，否则会在灌装后发生

（5）表面：产品表面感要滑爽，不能有任何黏滞感，这样可保证灌装中管输送顺畅，这一点对于高速灌装设备尤其重要。

（6）韧性：铝管的韧性太硬易引起尾部断裂。

铝罐主要影响因素是长度、直径和翻边高度。翻边高度不标准或误差太大，会妨碍上盖子或喷雾嘴的效果。

（四）药用铝瓶

药用铝瓶具有良好的综合性能，重量轻，耐腐蚀性较好，不形成带色的盐类物质，无毒性，无吸附性，能防止破碎，能尽量减少细菌的成长，并能接受蒸汽清洗，具有良好的导电性和导热性，对热和光有较高的反射性，易于加工成型，所以在制药行业得到广泛应用。

铝瓶内外表面，都有一层致密的氧化铝薄膜，其性质稳定，耐酸碱，密封性好。氧化膜硬度高，抗冲击力强，适应长途运输。氧化膜是铝瓶的一个重要特性，这层氧化膜是通过阳极氧化处理成膜的。铝瓶的氧化膜使铝瓶不再进一步氧化，起到保护铝瓶的作用。这种自保护性使铝瓶具有较高的耐腐蚀性。铝具有较高的耐大气腐蚀性，即使在其他种类的金属常常受到腐蚀的工业大气中也是如此。它还能承受多种酸的腐蚀。碱是破坏氧化膜的因素之一，因而碱对铝有腐蚀作用，虽然在有抑制剂的情况下，铝能耐某些弱碱的腐蚀，但总的来说铝还是应避免与碱性物质直接接触。

图 3-19　铝瓶示意图

铝瓶由瓶身、内盖、小盖和密封圈 4 部分组成（见图 3-19），其中瓶身、内盖、外盖由工业纯铝制成，密封圈由橡胶制成。铝瓶的生产工艺流程如图 3-20 所示。

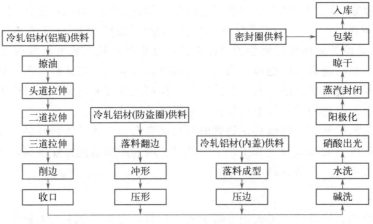

图 3-20　铝瓶的生产工艺流程图

药用铝瓶主要用于包装抗生素原料药粉剂，有 3 L 和 5 L 两种规格。铝瓶应贮存在通风良好、无腐蚀性气体的干燥室内，装卸时轻拿轻放，运输工具应有防雨用具，防止污染。

第五节　纸类包装材料和容器

一、概述

（一）纸类包装材料和容器的定义

纸类包装材料，通常称纸，系指从悬浮液中将植物纤维、动物纤维、矿物纤维、化学纤维或这些纤维的混合物沉积到适当的成形设备上，经干燥制成的平整、均匀的薄页。简单说来，纸是以纤维为原料所制材料的通称，是由纤维素纤维交织而成的网络状薄片材料。纸是一种古老的包装材料，自公元105年中国发明造纸术后，纸不仅带来文化的普及繁荣，相应促进了科学技术的发展。

药用纸类包装材料和容器系指用于包装、盛放药品的纸制品和复合纸制品以及药品生产、流通、使用过程中直接接触药品的纸容器、纸用具等制品。

（二）纸类包装材料的特点

纸类包装材料和容器在现代包装工业体系中占有重要地位，某些发达国家纸类包装材料占包装材料总量的40%～50%，我国占40%左右，且有着用量越来越大的趋势，主要是由于纸包装材料有着以下许多独特的优点：①原料来源广泛、成本低廉、品种多样、容易形成大批量生产；②加工性能好、便于复合加工，而且印刷性能优良；③具有一定机械性能、重量较轻、缓冲性好；④卫生安全性好；⑤使用后废弃物可回收利用，无白色污染。

（三）纸包装材料的性能及其质量指标

1. 纸包装材料的性能

纸作为现代包装材料主要用于制作纸箱、纸盒、纸袋等包装制品，其中瓦楞纸板及其纸箱占据纸类包装材料及其制品的主导地位；由多种材料复合而成的复合纸和纸板、特种加工纸已被广泛应用，并将部分取代塑料包装材料在药品包装上的应用，以解决塑料包装所造成的环境保护问题。用作药品包装的纸类包装材料，其性能主要体现在以下几个方面。

（1）**印刷性能**：纸和纸板吸收和粘结油墨的能力较强，印刷性能好，因此，在包装上常用作印刷表面。纸和纸板的印刷性能主要决定于其表面平滑度、施胶度、弹性及粘结力等。

（2）**卫生安全性能**：在纸的加工过程中，尤其是化学法制浆时，通常会残留一定的化学物质（如硫酸盐法制浆过程残留的碱液及盐类），因此必须根据包装内容物来正确合理选择各种纸和纸板。

（3）**阻隔性能**：纸和纸板属于多孔性纤维材料，对水分、气体、光线、油脂等具有一定程度的渗透性，且其阻隔性受温湿度的影响较大。单一纸类包装材料一般不能用于包装水分、油脂含量较高及阻隔性要求高的药品，但可以通过适当的表面加工来满足其阻隔性能的要求。

（4）**机械力学性能**：纸和纸板具有一定的强度、挺度和机械适应性，它的强度大小主要决定于纸的材料、质量、厚度、加工工艺、表面状况及一定的温湿度条件等；另外，纸还具有一定的折叠性、弹性及撕裂性等，以适合制作成包装容器或用于裹包。

环境温湿度对纸和纸板的强度有很大的影响，空气温湿度的变化会引起纸和纸板平衡水分的变化，最终使其机械性能发生不同程度的变化。由于纸质纤维具有较大的吸水性，当湿度增大时，纸的抗拉强度和撕裂强度会下降，从而影响纸和纸板的使用性。

（5）**加工性能**：纸和纸板具有良好的加工性能，可折叠处理，并可采用多种封合方式，容易加工成具有各种性能的包装容器，容易实现机械化加工操作。良好的加工性能为设计各种功能性结构（如开窗、提手、间壁及设计展示台等）制造了条件。另外，通过适当的表面加工处理，可以为纸和纸板提供必要的防潮性、防虫性、阻隔性、热封性、强度及物理性能等，扩大其使用范围。

2. 纸和纸板的包装性能

商品对包装有许多要求，如缓冲性能、透气或阻隔性能、防水防潮性能等。作为包装材料，纸和纸板应该具备各种包装适性，以满足不同商品包装的要求。其性能包括：外观性能，物理机械性能，吸收性能，适印性能，表面性能，化学性能，光学与电学性能等。

（1）**外观性能**：主要是指通过肉眼可以观察到的纸张质量缺陷，也称外观纸病，如尘埃度、斑点、沙子、浆疙瘩、孔洞、针眼、透明点、半透明点、皱纹、裂口、折子、条痕，显著的网痕、毛布痕、鱼鳞斑，以及同批纸张色调的显著差别等。因纸的种类和用途不同，对外观质量要求也不一样。

（2）**物理机械性能**：主要是指纸与纸板的物理机械强度，分为静态强度和动态强度两类。静态强度是指在缓慢条件下测定的强度，如抗张强度、耐破度、耐折度和撕裂度等。动态强度则是反映纸与纸板受力后瞬时扩散而破裂的动态状况的强度，如纸袋纸的透气度、伸长率、破裂功等。

抗张强度表示纸在垂直引力的牵伸下不致发生破裂时的最大荷重。耐破度表示纸张受垂直压力而不致破裂时所能受的最大压力。撕裂度表示纸与纸张抵抗被撕时的强度，其大小以被撕裂时所需力来表示。耐折度表示纸与纸板耐折的能力，以往复搓折至断裂时所需次数来表示，纸的耐折度一般是纵向大于横向。透气度表示纸中空隙存在的程度，它是测定纸和纸板防潮性能的重要指标。

（3）**吸收性能**：吸收性能包括施胶度（即增液性能）、吸水性能、吸墨性能、吸油性能等。大多数纸张均经过施胶处理取得一定的增液性能。要求具有吸液性能或吸油性能的纸张（如滤纸、羊皮纸原纸、浸渍加工原纸等），一般不施胶。吸收性能可通过化学方法或物理方法进行测定。

（4）**适印性能**：纸制包装大多需要印刷装潢和标志，无论采用哪一种印刷方式，都要求纸与纸张具有良好的吸墨性、印刷平滑度、表面均一性、可压缩性、不透明度、尺寸稳定性、表面强度及抗水性等。

（5）**表面性能**：表面性能包括平滑度、抗磨性能、掉毛性能、粘合性能、瓦楞性能、粗糙度等，这些性能对纸制包装的实施有着很重要的影响，它们都须用专用仪器进行测定。

（6）**化学性能**：化学性能主要指纸和纸张的化学组成、水分与灰分的含量、各种化学添加物的含量、酸价、黏度和 pH 等。防锈纸必须不含游离酸、氯或碱性物质；电气用纸、树脂浸渍纸、食品与药品包装纸等必须不含有毒物质，pH 适当，酸价和填料含量适宜。

（7）**光学与电学性能**：纸的光学性能包括白度（洁白程度）、不透明度、光泽度和颜色等。纸的光泽度取决于投射到纸面的光线的相对数量以及投射光波被纸反射、透射和吸收等情况。电气用纸或纸板，必须具有符合使用要求的电气性能。它在很大程度上取决于纸张的物理性质，这种性能主要体现在电气绝缘性或纸板必须具备较大的介电常数、较高的介电强度、较低的介质损失和较高的使用寿命与耐热性等。

二、常用的纸类包装材料

（一）纸类包装材料的分类

纸类包装材料一般按定量与厚度可分为纸和纸板两大类。定量系指纸或纸板每平方米的重量，以 g/m² 表示。厚度则是指纸样在测量板间经受一定压力所测得的纸样两面之间的垂直距离，单位为 mm，表示纸张的厚薄程度。一般将定量小于 225 g/m² 或厚度小于 0.1 mm 的称为纸；定量大于 225 g/m² 或厚度大于 0.1 mm 的称为纸板。在包装方面，纸主要用于包装产品、制作纸袋、印刷商标等。纸板则主要用于生产纸箱、纸盒、纸桶等包装容器，常用包装用纸及纸板如下所示。

纸类包装材料
- 纸
  - 普通包装用纸：牛皮纸、纸袋纸、包装纸、包裹纸等
  - 特殊包装纸：邮封纸、鸡皮纸、羊皮纸、上蜡纸、透明纸、半透明纸、油纸、防水带胶纸等
  - 包装装潢纸：书写纸、胶版纸、铜版纸、凸版纸、压花纸等
- 纸板
  - 纸板：箱纸板、黄纸板、白纸板、卡纸等
  - 瓦楞纸：瓦楞原纸、瓦楞纸板、蜂窝纸板

（二）常用的包装用纸

1. 牛皮纸

牛皮纸（kraft paper）系指采用硫酸盐木浆为原料，经打浆，在长网造纸机上抄制而成的高级包装用纸，具有高施胶度，因其坚韧结实似牛皮而得名。常用作纸盒的挂面、挂里以及制作要求坚牢的纸袋等。

从外观上，牛皮纸可分为单面牛皮纸、双面牛皮纸及条纹牛皮纸三种。双面牛皮纸又分压光和不压光两种。牛皮纸表面涂树脂，机械强度特别高，有良好的耐破度和纵向撕裂度，且弹性、抗水性、防潮性良好，适于印刷。

2. 羊皮纸

羊皮纸（parchment paper）系指采用化学木浆和破布浆抄成纸页后再送入72％浓硫酸浴槽内处理而得，是一种半透明包装纸。它具有结构紧密，防油性强，防水、湿强度大，不透气，弹性较好等特点。

羊皮纸经过羊皮化处理后，防潮性、气密性、耐油性和机械性能明显提高，还具有高强度及一定的耐折度，可用作半透膜。羊皮纸主要适用于药品等的包装，还可用作铁罐的内衬包装材料。

3. 玻璃纸

玻璃纸（glassine paper 或 plain transparent cellophane，简称PT）又称赛璐玢，是一种天然再生纤维素透明薄膜，系用高级漂白亚硫酸木浆经过一系列化学处理制成黏胶液，再形成薄膜而成。玻璃纸是一种透明性最好的高级包装材料，可见光透过率达100％，质地柔软、厚薄均匀，有优良的光泽度、印刷性、阻气性、耐油性、耐热性，且不带静电。主要用于商品美化包装，也可用于纸盒的开窗包装。药品包装中主要用于与其他材料复合制成复合材料。

4. 复合纸

复合纸（compound paper）是另一类加工纸，系将纸、纸板与其他柔性包装材料如塑料、铝箔、布等层合而制成的一种高性能包装纸。复合纸不仅能改善纸和纸板的外观性能和强度，主要提高其防水、防潮、耐油、气密、保香等性能，同时还会获得耐热性、阻光性、耐封性等。常用的复合材料有塑料及塑料薄膜如 PE、PP、PET、PVDC 等，金属箔如铝箔等。

（三）常用的包装用纸板

1. 白纸板

白纸板（white board）系指具有 2～3 层结构的纸板，主要用于销售包装。白纸板有单面和双面两种，其结构由面层、芯层、底层组成，定量为 200～400 g/m²。白纸板的品质主要取决于所使用纤维原料的结构，由此可分为四类。

（1）全化学浆制造： 如象牙纸板，适于印刷长期保存的精美印刷品，如画册等。

（2）化学浆和机械浆制造： 用于制造高级折叠纸盒，如食品用盒、药品用盒、化妆品用盒等。

（3）化学浆和脱墨浆或废纸浆制造： 如灰底白纸板及普通白底白纸板，作为一次性使用的包装材料。

（4）全废纸浆制造： 如 C 板，用于水果、建筑材料的包装盒及包装纸箱贴面材料等。

白纸板具有印刷功能、加工功能、包装功能。经彩色印刷后制成各种类的纸盒、纸箱，起着保护商品、装潢美化商品的促销作用，也可以用于制作吊牌、衬版和吸塑包装的底版。白纸板也用于印制儿童教育图片和文具用品、化妆品、食品、药品的商标。薄厚一致，不起毛、不掉粉、有韧性、折叠时不易断裂。随着社会经济的不断发展，白纸板的需求量会越来越大，主要有以下优点：①具有较高的加工成型性和力学性能；②良好的挺度和耐折性、抗变形及机械适应性；③具有优良的印刷性能；④具有较好的缓冲性能；⑤可回收性好，废旧纸板可再生利用；⑥复合性好，白纸板作为基材可与其他材料复合等。

2. 黄纸板

黄纸板（yellow straw board）又称草纸板、马粪纸，系一种呈粪黄色、用途广泛的纸板。定量120～400 g/m²，具有一定的强度。黄纸板主要由半化学浆和高得率化学浆在圆网纸机上抄造。通常使用稻麦草以烧碱或石灰法制浆，轻度打浆。根据厚度不同，可以使用具有 2～4 个或更多的圆网笼的造纸机抄造。

其生产工艺简单,成本和产品质量要求不高。主要用于制作低档的中小型食品纸盒,讲义夹、皮箱衬垫、书籍封面的内衬等。

3. 箱纸板

箱纸板(liner board)是一种专供制作外包装纸箱用的比较坚固的纸板。它有一般的和高级的两种。表面平滑,色泽淡黄浅褐,有较高的机械强度、耐折性和耐破性。水分应适当控制(通常不超过14%),以避免商品受潮变质或纸板起拱分层等现象。一般的箱纸板用化学未漂草浆为料,高级的箱纸板则掺用褐色磨木浆、硫酸盐木浆、棉浆或麻浆等。纸浆须经妥善蒸煮,使质地柔软,并经充分洗涤和适当打浆,然后在多网纸板机上抄成,经过机械压光。也有在其表面涂布聚乙烯薄膜,以提高其防潮性能。箱纸板广泛用于食品、包装书籍、百货用品等。

4. 瓦楞原纸与瓦楞纸板

(1)瓦楞原纸(corrugating medium):是一种低定量的薄纸板,具有一定的耐压、抗拉、耐破损、耐折叠性能。瓦楞原纸按原料不同,可分为半化学木浆、草浆和废纸浆三种。

(2)瓦楞纸板(corrugated board):系由瓦楞原纸在高温下经机器滚压成波纹形的楞纸,再与纸板粘合成单楞或双楞的瓦楞纸板,具有较好的弹性和延伸性,主要用来制作纸盒、纸箱和衬垫用,瓦楞原纸在瓦楞纸板中起支撑和骨架作用。

① 瓦楞纸板的楞形:瓦楞楞形系指瓦楞的形状,一组瓦楞由两个圆弧及其相连接的切线所组成。楞形通常可分为V形、U形、UV形三种。瓦楞楞形示意图如图3-21所示。

图3-21　瓦楞楞形示意图

② 瓦楞纸板的楞型:瓦楞纸板的楞型系指瓦楞型号种类,即瓦楞大小、密度与特性不同的分类。根据《瓦楞纸板》(GB/T 6544—2008)规定,所有楞型的瓦楞形状均采用UV形,瓦楞纸板的楞型有A、B、C、E、F五种,如表3-6所示。

表3-6　瓦楞纸板楞型与特征

楞型	楞高/mm	楞宽/mm	楞数	特征
A	4.5～5.0	8.0～9.5	34±3	适于包装易损物品
C	3.5～4.0	6.8～7.9	41±3	适于包装较重较硬物品
B	2.5～3.0	5.5～6.5	50±4	介于A、B型之间,性能接近A楞,纸厚小于A楞,可节省保管和运输费用。欧美各国常用
E	1.1～2.0	3.0～3.5	93±6	适于制造瓦楞折叠纸盒
F	0.6～0.9	1.0～2.6	136±20	微型瓦楞,极薄,适用于一次性包装容器

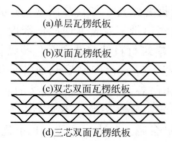

(a)单层瓦楞纸板
(b)双面瓦楞纸板
(c)双芯双面瓦楞纸板
(d)三芯双面瓦楞纸板

图3-22　瓦楞纸板种类及其结构示意图

③ 瓦楞纸板的种类:瓦楞纸板可分为单层瓦楞纸板、双面瓦楞纸板、双芯双面瓦楞纸板及三芯双面瓦楞纸板四种,其结构如图3-22所示。

单层瓦楞纸板系由一张面纸与一张瓦楞芯纸粘合而成,也称二层纸板。单层瓦楞纸板主要利用其弹性来保护药品,常作为内包装及包装衬垫,很少单独作为外包装材料。双面瓦楞纸板又称单楞瓦楞纸板,由一张瓦楞芯纸两面各粘一张箱板纸或牛皮纸阻隔而成,多用于生产中包装或外包装的小型纸箱。双芯双面瓦楞纸板由面、里和芯三张纸和两张瓦楞芯纸粘合而成,又称双面双楞瓦楞纸板,主要用来制作纸箱,因其强度大、装载稳定,可作较大规格和载重量大的纸箱。三芯双面瓦楞纸板由里、面、芯、芯四张纸及三张瓦楞芯纸粘合而成,主要用于重型药品的包装,有时可利用其高强度制作一些特殊衬垫。

三、纸制包装容器

药品在加工、运输、贮藏、销售及使用过程中均需要包装。纸制包装容器主要有包装纸盒、纸箱、纸桶、复合纸罐等。纸箱和纸盒是主要的纸制包装容器，两者形状相似，没有严格的区分界限。习惯上，小的称盒，大的称箱。纸盒一般用于销售包装，而纸箱多用于运输包装。

（一）纸箱

包装用纸箱按结构可分为瓦楞纸箱和硬纸板纸箱两类。药品包装上用得较多的是瓦楞纸箱（corrugated box），见图 3-23（a）。瓦楞纸箱系由瓦楞纸板经过模切、压痕、钉箱或粘箱制作而成，是使用最为广泛的纸质包装容器，其用量一直是各种包装制品之首位，大量用于运输包装。

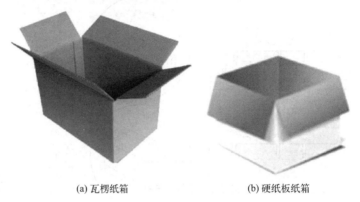

(a) 瓦楞纸箱　　　　(b) 硬纸板纸箱

图 3-23　瓦楞纸箱和硬纸板纸箱图

1. 瓦楞纸箱的特性

瓦楞纸箱系采用具有空心结构的瓦楞纸板，经成型加工工序制成的包装容器。瓦楞纸箱采用单瓦楞、双瓦楞、三瓦楞等各种类型的纸板包装材料，大型纸箱所装载货物重量可达 3 吨。而且，瓦楞纸板结构 60%～70% 的体积中空，具有良好的缓冲减震性能，与相同重量的层合纸板相比，其厚度增大 2 倍，大大增强了纸板的横向抗压强度。与传统运输包装相比，瓦楞纸箱具有轻便牢固、缓冲性能好，原料充足、成本低，加工简便，贮藏和运输方便，使用范围广，易于印刷装潢等特点。

（1）**保护功能**：瓦楞纸箱的设计可使它具有足够的强度；富有弹性，具有良好防震防缓冲功能；且密封性好，能防尘、保持产品清洁卫生等。

（2）**方便流通的功能**：瓦楞纸箱便于实现集装箱化；它本身重量轻，便于装卸堆垛；空箱能折叠，体积能大大缩小，便于空箱储存；瓦楞纸箱箱面光洁，印刷美观，标志明显，便于传达信息。

（3）**降低流通费用**：纸箱耗用资源比木箱要少，其价格自然比木箱低；它的体积比木箱要小，重量比木箱要轻，有利于节约运费。经废品回收，还可造纸，可节省资源。

但是，瓦楞纸箱的抗压强度不足，防水性能不好，这就要求在使用过程当中尽量注意减少装卸次数，减短存放时间，降低堆码高度。然而，现代仓储技术正好弥补了瓦楞纸箱的不足，这就使得瓦楞纸箱的应用范围大大提升。

2. 瓦楞纸箱的种类

瓦楞纸箱箱型结构在国际上通用由欧洲瓦楞纸箱制造商联合会（FEFCO）和瑞士纸板协会（ASCO）联合制定的国际纸箱箱型标准。这一标准经国际瓦楞纸板协会（International Corrugated Case Association）批准在国际通用。按照国际纸箱箱型标准，纸箱结构可分为基型和组合型两大类。基型即基本箱型，在标准中有图例可查，一般用四位数字表示，前两位数字表示箱型种类，后两位数字表示同一箱型种类中不同的纸箱式样。

（1）**02-开槽型纸箱**：系由一页纸板连体成型，无独立分离的上下摇盖，连体的上下摇盖可以封闭纸箱，一般在纸箱生产厂通过钉合、黏合剂或胶纸带粘合来接合接头。运输时呈平板状，使用时必须封合上下摇盖（图 3-24）。

（2）**03-套合型纸箱**：即罩盖型，具有两个以上独立部分组成，即箱体与箱盖（有时也包括箱底）分离。纸箱正放时，箱盖或箱底可以全部或部分盖住箱体。

（3）**04-折叠型纸箱**：通常由一页纸板组成，不需钉合或胶纸带粘合，甚至一部分箱型不需黏合剂粘合，只要折叠即能成型，还可设计锁口、提手和展示牌等结构。

（4）**05-滑盖型纸箱**：由数个内箱或框架外箱组成，内箱与外箱以相对方向运动套入。这一类型的

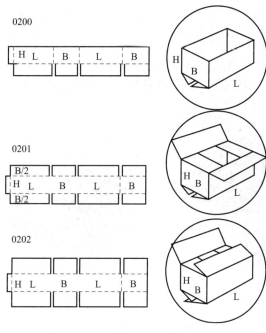

图 3-24　02 类箱型基本箱型与代号

部分箱型可以作为其他类型纸箱的外箱。

（5）**06-固定型纸箱**：系由两个分离的端面及连接这两个端面的箱体组成。使用前通过钉合、黏合剂或胶纸带粘合将端面及箱体连接起来，设有分离的上下盖。

（6）**07-自动型纸箱**：系指仅有少量粘合，主要由一页纸板成型，运输呈平板状，使用时只要打开箱体即可自动固定成型。

（7）**09-内衬件**：主要包括衬垫、隔板、垫板等。

（二）纸盒

纸盒是一个立体造型，是用纸板制成的由若干个组成的面的移动、堆积、折叠、包围而成的多面形体包装容器。其造型和结构设计往往要根据不同药品的特点和要求，采用适当的尺寸、适宜的材料（白纸板、挂面纸板、双面异色纸板及其他涂布纸板等耐折纸箱板）和美观的造型来达到保护药品、美化药品、方便使用和促进销售的目的，所以式样和类型较多，有长方形、正方形、多边形、异形纸盒等，但其制造工艺基本相同，即选择材料→设计图标→制造模板→冲压→接合成盒。

用于药品包装的纸盒一般由纸板裁切，经过折痕压线后折叠、装订或黏接成型的中小型销售包装容器。纸盒材料已由单一纸板向纸基复合纸板材料发展。纸盒的种类很多，根据其结构形式、开口方式和封口方法不同而有差别。通常按制盒方式不同，纸盒可分为折叠纸盒和固定纸盒两类。

1. 折叠纸盒

（1）**折叠纸盒的定义**：折叠纸盒系指采用较薄纸板经过裁切和压痕后折叠成盒，在装运药品前，这种纸盒可折叠成平板状堆码和运输储存，装入药品时打开即可成盒形。折叠纸盒是应用范围最广、结构变化最多的一种销售包装容器，其定义一要区别于硬纸板箱和瓦楞纸箱，二要区别于固定纸盒。其特征是：①用厚度为 0.3～1.1 mm 的纸板制造，小于 0.3 mm 的纸板制造的折叠纸盒的刚度满足不了要求，而大于 1.1 mm 的纸板在一般折叠纸盒加工设备上难以获得满意的压痕。②在装运药品之前可以平板状折叠堆码进行运输和储存。

（2）**折叠纸盒的特点**

① 成本低，强度较好，具有良好的展示效果，适宜大中批量生产。

② 与粘贴纸盒和塑料盒相比，占用空间小，运输、仓储等流通成本低廉。

③ 生产效率高，可以实现自动张盒、装填、折盖、封口、集装、堆码等。

④ 结构变化多，能进行盒内间壁、摇盖延伸、曲线压痕、开窗、POP 广告板、展销台等多种新颖处理。

但折叠纸盒的强度较粘贴纸盒及塑料盒等多种刚性容器低，一般只能包装 1～2.5 kg 的轻型内装物商品，最大盒型尺寸也只能是 200～300 mm。但瓦楞纸板和厚度大于 1.1 mm 的硬纸板盒装量及盒型尺寸可以增大。

（3）**折叠纸盒的结构**：包括主体结构、局部结构和特征结构。

主体结构系指成折叠纸盒盒形主体的结构形式。按成型方法可分为管式、盘式、管盘式和非管非盘式等几大类。

局部结构系指折叠纸盘局部如盒盖、盒底、盒面、盒角等的结构形式，包括锁口、自锁、间壁、开窗、展示板等。

特征结构系指能表现纸盒特点的结构，它可以是主体结构，但一般多为局部结构，折叠纸盒通常根据特征结构来命名。例如，自锁底纸盒，主体结构为管式，而特征结构为局部结构即自锁式盒底，故有其名。再如，盘式自动折叠式纸盒，其特征结构一是局部结构为盒板侧壁，可以自动平折，二是主体结构为盘式。还有开窗纸盒，局部开窗为特征结构，但按主体结构分别隶属于管式和盘式两类。

① 管式折叠纸盒：管式折叠纸盒通常是指这类纸盒盒盖所位于的盒面，在诸个盒面中，面积最小，如软膏盒等。现在已摒弃了从造型上的统一给予命名的方法，而从其成型特性上加以重新定义，则所谓管式折叠纸盒是指在纸盒成型过程中，盒盖和盒底都需要摇翼折叠组装（或粘合）固定或封口的纸盒，如3-25所示。

② 盘式折叠纸盒：盘式折叠纸盒通常是指盒盖位置在最大盒面上的折叠纸盒，一般高度相对较小，盒底负载面大，而且开启后观察内装物的面积较大，有利于消费者挑选和购买。现在根据其成型特性加以定义，所谓盘式折叠纸盒系指由一页纸板四周以直角或斜角折叠成主要盒型，有时在角隅处进行锁合或黏合；如果需要，这个盒型的一个体板可以延伸组成盒盖。与管式折叠纸盒所不同，这种盒型在盒底上几乎无结构变化，主要的结构变化在盒体位置，如图 3-26（a）所示。

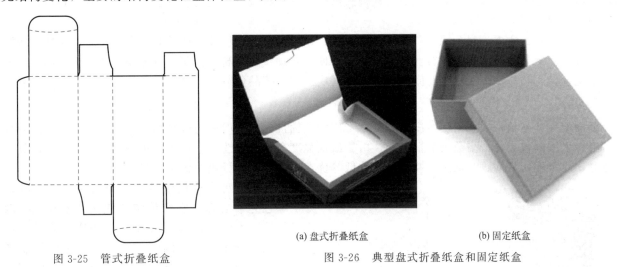

图 3-25　管式折叠纸盒

(a) 盘式折叠纸盒　　　　(b) 固定纸盒

图 3-26　典型盘式折叠纸盒和固定纸盒

2. 固定纸盒

（1）固定纸盒的定义：固定纸盒又称粘贴纸盒，系指用贴面材料将基材纸板粘合裱贴而成型，成型后即不能再折叠成平板状，而只能以固定盒型运输和仓储，见图 3-26（b）。

（2）固定纸盒的特点

① 可以选用众多品种的贴面材料，通过适当的选择来获得最佳视觉效果，与折叠纸盒相比，外观质地设计可选择范围广。与一般折叠纸盒相比，防戳穿保护性好，堆码强度高。同样小批量，固定纸盘与折叠纸盒相比，较为经济，因而适合小批量订货。它具有展示促销功能，随着盒盖开启而摆放陈列于柜台上，在展示内装物的同时，包装内外质地暗喻产品质量上乘。

② 与折叠纸盒相比，劳动量大，故生产成本高。不能折叠堆码，占用空间大，所以运输及仓储费用高。贴面材料一般手工定位，印刷面容易偏移，效果不如折叠纸盒。生产速度慢，储运困难，不能接受大批量订货。

（3）固定纸盒的材料

① 基材：主要选择挺度较高的非耐折纸板，如各种草纸板、刚性纸板以及高级食品用双型异色纸板等。常用厚度范围为 1~1.3 mm。

② 内衬：选用白纸或白细瓦楞纸、塑胶、海绵等。

③ 贴面材料：种较多，有铜版印刷纸、蜡光纸、彩色纸、仿革纸、植绒纸，以及布、绢、革、箔等。而且可以印刷、压凸和烫金。

此外，固定纸盒的盒角可以采用胶纸带加固、钉合、纸（布）黏合等多种方式进行固定。

（4）固定纸盒的种类：与折叠纸盒一样，固定纸盒按成型方式可以分为管式、盘式和亦管亦盘式三大类。

① 管式固定纸盒：又称框式固定纸盒，盒底与盒体分开成型，即基盒由边框和底板（盒盖为顶板）两部分组成，外敷贴面纸加以固定和装饰。

② 盘式固定纸盒：又称单片折页式固定纸盒，即用一页纸板制成盒体。

③ 亦管亦盘式固定纸盒：系指在双壁结构或宽边结构中，盒体由盘式方法成型，而内框由管式方法成型。或者在固定纸盒由盒盖、盒体两部分组成的情况下，其中一部分由盘式方法成型，另一部分则由管式方法成型。

（三）其他纸制包装容器

1. 纸袋

纸袋系由纸质或纸的复合材料采用黏合或缝合方式制成的一种软包装纸制容器。纸袋种类繁多，根据所用材料不同可分为纸质袋、淋膜纸袋、涂蜡纸袋等；按包装容量和用途可分为大纸袋和小纸袋；从结构形式上可分为信封式纸袋、自立式纸袋、便携式纸袋等。其封口方式主要有黏合、缝合、胶带封口、钉针封口和热压封口等。

纸袋以纸张为主要原料，除了具有更好的强度、耐折性、透湿性等，还具有优良的包装适应性、印刷性和经济性。纸袋作为一种纸制容器，加工成型方便，自动化程度高、容器开启方便、用后废弃物容易处理，在光及微生物作用下能在短时间内自然降解，广泛用于药品包装。

2. 纸桶

纸桶也称纤维板桶，系采用牛皮箱板纸在专用的纸桶机上加工而成的包装容器。目前我国医药用原料药品出口采用的包装容器多数为纸桶包装，由于纸桶强度高，有弹性，不易氧化污染，与钢桶比较，具有防静电、质量轻、易回收、加工周期短、造价低等优点，受到制药行业的普遍欢迎。

(a) 铁箍纸桶　　　　(b) 纸桶

图 3-27　铁箍纸桶与纸桶

纸桶是一种完全用纸构造的纸桶，也是一种较好的绿色包装容器，它和传统的铁箍纸桶相比，取消了铁箍、木底盖，因而省掉了如冲床、剪板等设备，大大降低了能耗，同时传统铁箍纸桶的铁制件需经酸洗、刷、喷，必然对环境造成污染，因而纸桶大大减少了消费环节对环境的污染，且原材料单一化，减少管理环节，同时省掉了铁箍等，加工工序简化，减少劳动强度，绿色环保。常用的纸桶与铁箍纸桶如图 3-27 所示。

第六节　复合膜与复合软管

一、复合膜的定义与特点

（一）复合膜的定义

复合膜系指由各种塑料与纸、金属或其他材料通过层合挤出贴面、共挤塑等工艺技术将基材结合在一起而形成的多层结构的膜。复合膜具有防尘、防污、阻隔气体、保持香味、透明或不透明、防紫外线、装潢、印刷、蒸煮杀菌、防静电、微波加热等功能，适用于机械加工或其他各种封合方式，基本上可以满足药品包装所需的各种要求和功能。

（二）复合膜的特点

① 可以通过改变基材的种类和层合的数量来调节复合材料的性能，满足药品包装各种不同的需求。

② 对药品具有很强的保护作用，可以根据药品包装的实际需求，制造出具有高度防潮、隔氧、保香、避光的复合膜材料。

③ 机械性能优良，具有较理想的抗拉强度，以及耐撕裂、耐冲击、耐折断、耐磨损、耐穿刺等性能。

④ 机械包装适应性好，可用于大批量生产。复合包装材料易成型、易热封，且封口牢固，尺寸稳定，耐划伤穿孔。

⑤ 使用方便，重量轻，易携带，规格变化多，运输体积小，费用低，易开启。

⑥ 促进药品销售。复合材料易印刷、造型，可以增加花色品种，提高商品陈列效应。

⑦ 利用资源广泛。通过选择各种结构，节省材料，降低能耗和成本。

复合膜最突出的优点是其综合保护性能好，费用低廉。但某些复合膜也有难以回收，易造成污染的缺点。

二、复合膜的组成与种类

（一）复合膜的典型结构及表示方式

在复合膜工艺中，通常用简写的方式表示一个多层复合材料的结构。比如典型的药用复合膜可表示为：表层/印刷层/黏合层/铝箔/黏合内层（热封层）。常用的复合膜及其结构示意图如图 3-28 所示。

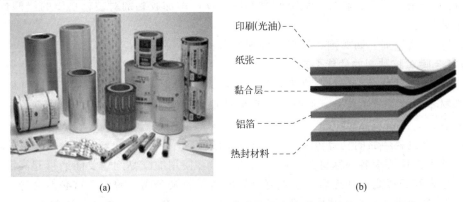

图 3-28　常用复合膜（a）与纸铝塑复合膜示意图（b）

（二）复合膜的组成

复合膜一般由基材、层合胶黏剂、阻隔材料、热封材料、印刷与保护层涂料等组成。常用的复合膜结构为：表层/黏合层 1/中间阻隔层/黏合层 2/内层（热封层）。

1. 表层

（1）**性能要求**：透明性好（里印材料）或不透明材料；优良的印刷装潢性；较强的耐热性能；具备一定的耐摩擦、耐穿刺等性能，对中间层起保护作用；当表层是双层复合膜时，表层同时也起到阻隔作用。

（2）**常用材料**：PET、双向拉伸聚丙烯薄膜（BOPP）、PT、纸、双向拉伸尼龙薄膜（BOPA）等。

2. 中间阻隔层

（1）**性能要求**：能很好地阻止内外气体或液体的渗透；避光性好（透明包装除外）；阻隔层应尽量靠近被包装物。

（2）**常用材料**：铝或镀铝膜、BOPA、乙烯-乙烯醇共聚物（EVOH）等。

3. 内层（热封层）

（1）**性能要求**：无毒性，符合国际规范的材料；具有化学惰性，即不与包装物发生作用而产生腐蚀或渗透；良好的热封性；良好的机械强度，耐穿刺、耐撕裂、耐冲击、耐压等；符合要求的内表面爽滑性；若为透明包装，要求内封层透明性好；良好的耐热性或耐寒性。

（2）**常用材料**：PE、PP、乙烯-醋酸乙烯酯共聚物（EVA）等。

4. 基材

在复合膜构成中，基材通常由 PET、PT、BOPP、BOPA、铝、纸、VMCPP（镀铝 CPP）、VMPET（镀铝 PET）等构成。各种基材膜的性能除了与其使用的合成树脂牌号有关系外，还与加工成型的方法和条件有关。

5. 胶黏剂

胶黏剂系指借助表面粘结及其本身强度使相邻两个相同的或不同的固体材料连接在一起的所有非金属材料的总称。胶黏剂是涂于两固体之间的一层媒介物质。

（1）**胶黏剂的组成**

胶黏剂的种类繁多，组成各不相同。复合膜所使用的胶黏剂属于合成胶黏剂，通常是由以下几部分组成。

① 黏合物质：它是构成胶黏剂的主体材料，又叫基料，决定了胶黏剂的主要性质。

② 固化剂：胶黏剂必须在流动状态下涂覆并浸润被粘物质表面，然后通过适当的方法使其成为固体才能承受各种负荷，这个过程称为固化。现代高性能胶黏剂的固化通常都是化学过程，即在固化过程中，胶黏剂中主剂与固化剂之间发生化学反应，同时被粘物表面也发生相应的化学反应。

③ 溶剂：它是用来溶解黏合物质，调节胶黏剂的黏度，增加胶黏剂对被粘物质的浸润性及渗透能力，改善胶黏剂的工艺性能。

④ 其他助剂：如增塑剂、防腐剂、填料、消泡剂等。

（2）**药用复合膜对胶黏剂的性能要求**

① 柔软性：柔软性对复合包装材料来说是很重要的，一般把以塑料为主的复合材料称为软性包装材料。除了要求基材本身要柔软可折外，胶黏剂本身也具备柔韧性。如果固化后的薄膜变硬，复合材料也就失去了软包装的意义。

② 耐热性：用于包装药品的复合包装材料，在包装过程中要经过 180～220 ℃的高温处理才能将复合膜制成包装袋，这不仅仅要求各种基材要经得起高温考验，使用的胶黏剂也要能经得起高温考验。若胶黏剂不能耐高温，复合膜经过高温处理后，原先复合好的材料就会分离、脱层，这必然会导致包装失效。

③ 耐寒性：许多种药品在被包装后需要低温冷藏或冷冻保存，这就要求包装材料本身要耐低温。胶黏剂如不耐寒，那么复合材料也会无法使用。

④ 好的粘接性：复合包装材料是由多种不同性质的材料做成的，是通过胶黏剂把它们粘接在一起，因此胶黏剂必须对各种材料都具有良好的粘接力，必须具备能同时粘接两种不同材料的能力。

⑤ 抗介质性：复合包装材料所包装的物品十分复杂，面对这些复杂的成分，包装后又要经过高低温处理和长期贮存，因此要保证包装材料的质量，胶黏剂的稳定性是非常重要的。否则，会引起复合膜的分层剥离，从而失去其作用。

⑥ 卫生性能：药品包装材料所包装保护的是人们能直接入口的药品，从对消费者身体健康的安全性考虑，不仅基材要无味、无臭、无毒，所使用的胶黏剂也必须具有相同的性能。

（三）复合膜的种类

复合膜的种类繁多，从不同角度或侧重某一方面可以有许多种不同的包装分类办法，如阻隔性包装、耐热性包装、选择渗透性包装、保鲜性包装、导电性包装、分解性包装等。按照其功能可将药用包装复合膜分为以下几种。

1. 普通复合膜

（1）**典型结构**：PET/DL/Al/DL/PE 或 PET/AD/PE/Al/DL/PE（注：DL 为干式复合缩写，AD 为胶黏剂）。

（2）**生产工艺**：干法复合法或先挤后干复合法。

（3）**产品特点**：良好的印刷适应性，有利于提高产品的档次；良好的气体、水分阻隔性。

2. 药用条状易撕包装材料

（1）**典型结构**：PT/AD/PE/Al/AD/PE。

（2）**生产工艺**：挤出复合法。

（3）**产品特点**：具有良好的易撕性，方便消费者取用产品；良好的气体、水分阻隔性，保证内容物较长的保质期；良好的降解性，有利于环保；适用于泡腾剂、涂料、胶囊等药品包装。

3. 纸铝塑复合膜

（1）**典型结构**：纸/PE/Al/AD/PE。

（2）**生产工艺**：挤出复合法。

（3）**产品特点**：良好的印刷性，有利于提高产品的档次；具有较好的挺度，保证了产品良好的成型性；对气体或水分具有良好的阻隔性，可以保证内容物较长的保质期；良好的降解性，有利于环保。

4. 高温蒸煮膜

（1）**典型结构**：透明结构 BOPA/CPP 或 PET/CPP；不透明结构 PET/Al/CPP 或 PET/Al/NY/CPP。

（2）**生产工艺**：干法复合法。

（3）**产品特点**：基本能杀死包装内所有细菌；可常温放置，无需冷藏；有良好的水分、气体阻隔性，耐高温蒸煮；高温蒸煮膜可以里印，具有良好的印刷性能。

5. 多层共挤复合膜

（1）**典型结构**：外层/阻隔层/内层。

（2）**生产工艺**：挤出复合。

（3）**产品特点**：外层一般为有较好机械强度和印刷性能的材料，如 PET、PP 等；阻隔层具有较好的对气体、水蒸气等的阻隔性，如 EVOH、PA、聚偏二氯乙烯（PVDC）、PET 等通过阻隔层来防止水分、气体的进入，阻止药品有效成分流失和药品的分解；内层具有耐药性好、耐化学性高、热封性能较好的特点，如聚烯烃类。多层共挤复合膜具有优异的阻隔性能及良好的防伪性能，同时结构多样，便于控制成本。

6. 复合成型材料

（1）**典型结构**：NY/Al/PVC，NY/Al/PP。

（2）**生产工艺**：干法复合或胶黏复合。

（3）**产品特点**：解决了药品避光与吸潮分解的难题；可以有效地避免气体、香料和其他物质对药品成分的破坏，保证药品在更长的使用期限内品质不发生任何改变；适用于丸剂、片剂、粉剂、栓剂、胶囊剂及外敷等药品的包装，且易于开启；适用于任何气候地区的药品包装，如 PVC 具有更高的阻隔性，能对药品进行全方位的保护。

三、复合膜常用材料

复合膜的常用材料包括 Al、PET、BOPP、PT、纸、BOPA 等。其性能要求：①透明性好（里印材料）或不透明材料；②优良的印刷装潢性；③较强的耐热性能；④具备一定的耐摩擦、耐穿刺等性能，对中间层起保护作用；⑤当表层是双层复合膜时，表层同时也起到阻隔层作用。

（一）复合膜的常用材料

1. 聚酯（PET）

聚酯是包装工业上用得最多的热塑性聚酯，由于其具有许多优良的特性，近年来被广泛应用于生产包装薄膜和包装容器中。具体性能参见本章第三节"塑料包装材料和容器"中有关"聚对苯二甲酸乙二醇酯"的介绍。

2. 玻璃纸（PT）

玻璃纸是以天然纤维素（纸浆）为原料，使用黏胶法再生为纤维素酯的薄膜。玻璃纸又称透明纸，是一种透明度非常高的高级包装纸。其具体性能参见本章第五节"纸类包装材料和容器"中玻璃纸相关介绍。用它包装的商品，内装物清晰可见，常用于包装化妆品、药品、糖果等。玻璃纸可分为普通玻璃纸和在玻璃纸上涂布了硝基纤维素酯、聚氯乙烯、PVDC等的防潮玻璃纸。玻璃纸可以作为单种薄膜同其他薄膜贴合。

3. 聚丙烯（PP）

聚丙烯外观上同聚乙烯（PE），但比PE更透明光亮。PP属于线性的高结晶度聚合物，其结晶度高达86%～96%，熔点为165℃，相对密度为0.89～0.91，是通用塑料中最轻的一种。具有优良的防潮性和抗水性，防止异味透过性比PE好。PP的热封性好，具有极好的耐弯曲疲劳强度，能耐受数万次的折叠弯曲，可起到铰链作用。PP能耐80℃以下酸、碱、盐溶液及大多数有机溶剂，在很多溶剂和去污剂、洗涤剂中不发生应力开裂，所以PP容器常用于化妆品、药品、洗涤剂等物品包装。

PP的主要缺点是：耐老化性差，受光、热、氯易引起降解老化；耐寒性差，不适宜在低温下使用；气密性也不良；铜对PP的老化有催化作用；某些溶剂和高沸点脂肪酸能使PP发生溶胀并轻微地侵蚀其表面；PP是非极性材料，在粘接、印刷前必须经电晕处理。

4. 聚酰胺

聚酰胺是一类主键上含有许多重复酰胺基团的聚合物的总称，通常使用其商品名尼龙。具体性能参见本章第三节"塑料包装材料和容器"中有关"聚酰胺"的介绍。

5. 铝箔

铝箔属于金属包装材料，是用高纯度铝经过多次压延后，变成极薄的基材产品。作为包装材料用的铝箔，分为硬铝（薄片、胶囊的泡罩包装）和软铝（复合软包装材料）两种。一般来说，复合膜用的是软铝，使用厚度为7～9 μm，因其极薄易撕碎折断，故不能单独作为包装材料用，而是要与塑料、纸等复合后，才能充分发挥其优点。

6. 纸

纸是目前用途最广泛的包装材料之一，用于复合膜的纸一般采用铜版纸，因其具有较好的挺度和强度，对内装物具有良好的保护作用，其光滑的表面又具有良好的印刷适性，同时无毒、无味、安全卫生，又具有一定的耐热性。但当其作为表层复合时，印刷面需涂覆一层耐高温保护光油，保护印刷图案，防止油墨脱落。把纸同各种塑料薄膜甚至铝箔复合起来，可以充分发挥纸的优势。纸的缺点在于透过性大，防潮防湿性能差，机械强度不高。

7. 真空镀铝流延聚丙烯（VMCP）和真空镀铝聚对苯二甲酸乙二醇酯（VMPET）

所谓真空镀铝膜，是指在高真空状态下，将纯铝的蒸气沉淀附着到各种基膜上去的一种薄膜。镀铝层的厚度一般为0.4～0.7 μm，目前广泛使用的有PET、流延聚丙烯薄膜（CPP）、PT、PVC、OPP、PE、纸张等的真空镀铝膜，其中用得最多的是PET和CPP真空镀铝膜。

真空镀铝膜除了具有原有基膜的特性外，还具有非常好的装饰性和较强的阻隔性。基膜经真空镀铝后，具有强的金属光泽，对光线和各种气体的阻隔性大大提高。镀层越厚，光通过率越小，阻光性越高。

（二）包装封合及热封材料

1. 包装封合方法

包装封合的方法有热封合、冷封合、胶黏剂封合等。热封合是指利用多层复合膜结构中的热塑性内层组分，加热时软化封口，移掉热源后就固化。热封合塑料、涂料、热熔融体是常用的热封合材料。冷封合是指不用加热只要加压就能封合，最常见的冷封合涂料是涂在包装袋袋边的边缘涂料。胶黏剂封合在多层材料包装中运用很少，只用于含纸的包装材料。

2. 热封材料

（1）聚乙烯（PE）：聚乙烯是一种乳白色半透明或不透明的蜡状固体，几乎无味、无毒，密度比水轻。PE 大分子链的柔顺性好，很容易结晶，常温下是一种韧性材料。作为包装材料，PE 的主要缺点是气密性不良，对气体和有机蒸气的透过率大，强度和耐热性不高；容易受光、热和氧的作用引起降解，所以 PE 制品中常加入抗氧化剂和光、热稳定剂来防止老化；PE 的耐环境应力开裂性差，且不耐浓 H_2SO_4、浓 HNO_3 及其他氧化剂的侵蚀，受热时会受到某些脂肪烃或氯化烃的侵蚀；PE 的印刷性能差，表面呈非极性，所以在印刷及粘接前必须经电晕处理，以提高对印刷油墨的亲和性和粘接性。

用于热封合包装的 PE 主要包括：①低密度聚乙烯（LDPE），又称高压聚乙烯；②高密度聚乙烯（HDPE），又称低压聚乙烯；③中密度聚乙烯（MDPE）；④线型低密度聚乙烯（LLDPE）；⑤茂金属催化聚乙烯。

（2）流延聚丙烯薄膜（CPP）：用于热封合材料的 CPP 因与双向拉伸聚丙烯薄膜（BOPP）生产工艺不同，故性质略有差异。

（3）聚氯乙烯（PVC）：纯 PVC 是无色、透明、坚韧的树脂，分子极性强，分子间作用力大，因此有较好的硬度和刚性。

PVC 价格较便宜，用途广泛，它可以制成硬质包装容器、透明泡罩、软质包装薄膜以及泡沫塑料缓冲材料等，由于单体的毒性及分解的腐蚀性，其用量正在减少，逐步被其他材料替代。

（4）乙烯-醋酸乙烯酯共聚物（EVA）：EVA 是由乙烯和醋酸乙烯酯两种单体共聚制得的半透明或略带乳白色的固体，其性能随两种单体的含量改变而变化。因此，在选用 EVA 的型号时，要根据用途而定，可作塑料、热熔胶和涂料使用。

EVA 以其弹性好用于托盘的缠绕包装，以其热封温度低、热封强度高常用作复合膜的内层，以其较好的粘接性（与许多极性和非极性材料均有较好或一定的黏性）用于胶黏剂、涂层、涂料中。

（5）聚偏二氯乙烯（PVDC）：PVDC 一般是指偏二氯乙烯的共聚物。它是经过聚合反应生成的高分子化合物，具有高度的结晶性，软化点高（185～200 ℃），与分解温度（210～225 ℃）十分接近。它与一般增塑剂的相容性差，因而难以成型加工。

PVDC 是具有高结晶度的略带黄绿色的强韧透明材料。它对水蒸气、气体、气味的透过率极低，具有优良的防潮性、气密性和保香性，是性能极佳的高阻隔材料。它能耐酸、碱和多种溶剂，耐油，难熔，有自熄性。

PVDC 的缺点是耐老化性差，容易受热、紫外线的影响而分解出 HCl 气体，其残余单体有毒性，用于食品和药品包装时要严格控制其质量指标。

（6）乙烯-乙烯醇共聚物（EVOH）：EVOH 是高度结晶型树脂，主要用在需要高度阻隔性的包装上，例如用于气体充填包装技术上，可以长期保持充填在包装袋中的氮气和二氧化碳气体，同时阻隔外面氧气的渗入，从而防止食品霉烂变质。

EVOH 还是具有高度的耐油性和耐有机溶剂性，具有高强度、韧性及透明度，它的保香性极佳，主要用于生产罐装碳酸饮料的容器或者盛装溶剂、芳香物或恶臭东西的容器。

EVOH 对湿度敏感，吸水率可高达 50%～60%，吸水后阻隔性明显下降，因此，一般都将 EVOH 作为中间层先保护起来，避免吸潮而发挥其优良的性能。

EVOH 树脂同绝大多数聚合物一样，其粘接性都很差，但与尼龙有极好的相容性，可以不使用粘接树脂或"增黏树脂"而共混改性，生产出高强度和高阻隔性、高耐油脂性的尼龙合金材料。

（7）其他塑料

① 乙烯-丙烯酸共聚物（EAA）：此类树脂对金属箔、纸、尼龙、聚烯烃、玻璃及其他物质有优良的黏附力；对油、脂、酸、盐及其他化学产品有较好的耐蚀力；即使有难以处理的产品污染存在，仍具有可靠的低温热封性能；对应力开裂、撕裂、摩擦及刺穿皆有较好的抵抗力；与 LDPE 一样容易加工，不受潮气影响。

② 沙林树脂（Surlyu）：离子型聚合物，沙林树脂是乙烯-甲基丙烯酸共聚物（EMAA）部分被金属离子中和而制成的，含有共价键及离子键的热塑性树脂，白色、无毒、无臭、无味，透明性好，光泽性好。

沙林树脂的主要特点如下：

a. 机械特性：有极好的冲击强度、抗张强度、耐针孔性、耐磨性。

b. 低温性：即使在低温下，离子型树脂仍有较好的机械性能，脆化温度可达−110 ℃。

c. 耐热性：绝大多数级别离子型树脂的使用温度为50～80 ℃，最近已经出现使用温度可达100 ℃的树脂牌号。

d. 耐化学性：在室温下，绝大多数能耐受有机溶剂和食用油，还耐大多数温和的酸和碱，不耐 HNO_3、H_2SO_4 及潮湿的氯气和液态溴的侵蚀。

e. 粘接性：同铝箔、玻璃、金属、尼龙等都有极好的粘接性。

f. 相容性：同绝大多数的热塑性塑料和橡胶都有良好的相容性，在共混改性和共挤中常用。

g. 热封性：极好的热封性，不论热封温度高低，还是封口处被油、水、灰尘等严重污染都能热封，且有较好的热封强度和牢度。

h. 吸潮性：塑料粒子极易吸潮，开包后8 h内必须使用加工完毕，否则粒子会因吸潮而失效。

③ 乙烯-甲基丙烯酸共聚物（EMA）：EMA具有极低的结晶度，非常好的透明性、韧性、弹性和柔软性。在熔融状态下能很容易地流动，较快地均匀涂布于被粘物体的表面，与被粘物牢固地结合在一起。EMA与沙林这两种物质的化学特点很相似，但在热黏合性、热封强度、热封范围、耐油性等方面有些不同，但与铝箔的粘附性基本相同，比沙林价格低10%左右，吸潮性差，容易运输和贮存。

3. 热封合

上述的各种热封材料基本上都是通过热封的方式来包装物品，一般来说热封是指依赖于热和压力的结合，把两层热塑性材料粘合在一起。当材料之间的接触面消失时，热封合是牢固的，被封合的材料没有变薄或减少。

热封合的方式有很多种，如板式封合、脉冲封合、带式封合、热刀封合、超声波封合等。在将复合膜制成包装袋的过程中最常用的是板式封合。在板式封合中，影响封合强度的主要有3个因素：热封时间、热封温度、热封压力。其中热封温度是主要因素，它是选择最佳粘流温度状态的主要依据。热封温度必须大于内层封合材料的熔融温度，小于外层膜的熔融温度和内层封合材料的分解温度。要想获得足够的热封强度必须将三者做精确的调节，否则，热封层要不未粘连好，要不出现多余料流，降低了材料强度。热封压力不宜过大，热封时间不宜过长，以免大分子降解，使封口强度下降。

（三）印刷与保护性涂料

1. 印刷方式

为适应复合膜印刷批量大、印刷质量要求较高的特色，凹版印刷是适合复合膜的主要印刷方式之一。但是随着科学技术的进步，柔性版印刷薄膜近来发展速度也很快。

2. 透明薄膜基材的"里印"工艺

"里印"是指运用与表印反像图文的印版，将油墨转印到透明薄膜的内面（反像图文），从而在薄膜正面表现正像图文的一种特殊印刷方法。表面镀铬的凹版的图文是凹陷下去的，版辊进入或蘸取油墨后须用刮刀将版平面刮干净，油墨仅存留于凹陷的图案文字中，将塑料材料通过压辊与版辊压合，使油墨吸附到塑料上，通过吹热风及冷风使油墨干燥，塑料表面就形成所需要的图案文字，这样就完成了印刷过程。

"里印"印刷品比表印印刷品具有光亮美观、色彩鲜艳、不易褪色、防潮耐磨、牢固耐用、保存期长、不粘连、不破裂等特色。油墨层印在薄膜内侧（经复合后墨层夹于两层复合膜之间），不会污染到包装药品，符合药品卫生法要求；对于某些特殊非透明基材的复合膜，如纸铝塑复合膜，一般仍然采用表印工艺，印刷完成后，在印刷层上再涂布一层保护光油，以保护印刷层以及增加印刷品光泽度。

3. 塑料薄膜的表面处理

塑料薄膜通过凹版印刷的方法印上图案后，能起到美化商品、宣传商品的作用。但其中最常用的聚烯烃薄膜材料（PE、PP改性聚烯等）属于非极性的聚合物，其表面自由能低于 $3.3×10^{-6}$ J/cm^2，理论上来讲，其表面几乎无法附着目前已知的任何一种胶黏剂。故要使油墨在聚烯烃薄膜材料表面获得一定的印刷牢度，就必须提高其表面自由能，根据工艺要求应达到 $3.8×10^{-6}$ J/cm^2 以上方可。因此必须对薄膜表面采用电晕处理的方法提高其表面自由能。所谓电晕处理就是指把电解质材料包覆在接触处理薄膜的辊筒上，使用棒状电极进行电处理的一种方法。

4. 印刷

目前，凹版上的刚性筒材质，经过特殊的制版工艺，表面镀上铬制成印版，以适应高速、高质量的印刷需要。凹版分为电子雕刻凹版和化学腐蚀凹版两大类。一方面，凹版能通过网点的大小、深浅的变化来丰富和再现原稿的色调和梯度，获得出色的印刷效果，达到重现原稿的目的；但另一方面，它也存在制版费用较高、周期长、版辊不能修正、印刷中要使用挥发性溶剂、容易污染环境和引起火灾等缺点。表 3-7 为软包装印刷特性比较，可供设计选用药品包装材料时参考。

表 3-7　软包装印刷特性比较

比较项目	特性	柔性版印刷	凹版印刷	凸版印刷	平版印刷	丝网印刷
印刷材料	非涂料纸	B	C	B	A	A
	涂料纸	A	A	B	B	B
	金属箔	B	A	B	B	B
	聚乙烯	A	B	C	C	B
	聚丙烯	A	B	C	C	B
	聚氯乙烯	A	B	C	C	B
	聚酯	A	A	C	C	B
	尼龙	A	A	C	C	B
	聚偏氯乙烯	A	A	C	C	B
	乙酸纤维素	A	A	C	C	B
	镀金属薄膜	B	A	B	B	B
图形	连续大色块	B	A	B	B	B
	小符号和细图案	B	A	B	A	B
	线条符号	B	A	A	A	B
	综合性曲线和网纹	B	A	B	A	C
油墨和涂覆要求	色彩重现精度	B	A	B	B	B
	油墨阻光度	B	B	A	A	A
	防塑性变形	B	A	B	B	B
	附着力	B	A	B	B	B
	抗褪色	B	A	B	B	B
	耐热性	B	A	B	B	B
	产品保护性	B	A	B	B	B
订货数量/m	160 以下	A	C	B	B	A
	160～1600	A	C	B	B	A
	1600～3200	B	A	B	B	B
	3200～16000	B	A	B	B	C
	16000 以上	B	A	C	B	C

注：A 是最佳方法；B 是可选用方法；C 是不宜选用方法。

5. 油墨

凹版油墨大多为挥发干燥型油墨，主要由颜料、连接料、助剂、溶剂构成。连接料是由固体树脂和大量挥发性溶剂构成，黏度很低，固体树脂溶解在溶剂中，将颜料均匀分散在连接料中，油墨被印至承印物后，溶剂迅速挥发，颜料与树脂干燥结膜，故可以对非吸收性承印物（如薄膜等）进行印刷。

凹版油墨应满足以下条件：具有鲜明的色调，高的饱和度，好的透明性或不透明性；印好的流平性、转移性、吸附性以及适当的黏稠度；要有合适的干燥速度以适应套印、堆积等生产需要；要有好的柔韧性、耐摩擦、耐热、耐溶剂、耐加工等性能。

目前，随着国家环保法律和法规的不断健全，挥发性溶剂的大量使用将受到越来越严格的控制，而水性油墨和无苯油墨在国内外已有较大的发展。

6. 保护性涂料

复合膜所有的保护性涂料一般是指表印之后在印刷层表面涂上一层无色透明的光油，干燥后起到保护印品及增加印品光泽、控制摩擦系数、热封合性、阻隔性等作用，涂在油墨层上的光油由许多不同的树脂或树脂混合物配制而成，并加入添加剂。硝酸纤维素、乙基纤维素、丙烯酸塑料、聚酰胺等树脂都可用作保护性涂料。目前光油主要有三种：水性光油、醇溶性光油和 UV 光油。

四、药用复合膜的特殊要求

对于采用复合膜包装的药品或医疗器械，需要适应药品或医疗器械的消毒法。药品常用湿热灭菌法，而医疗器械最常用环氧乙烷消毒法和辐射（γ 射线）消毒法。

1. 环氧乙烷消毒法

使用环氧乙烷消毒时，先将气体导入包装物中，消灭细菌后再将气体排出。环氧乙烷有一定毒性，因此这种消毒方法将逐步减少。

2. 辐射（γ 射线）消毒法

有些复合膜包装适合使用辐射消毒法。一般来说，辐射所诱发的聚合物属性的改变需要经过很长时间才会显现出来，可能引起聚合物发生一系列的化学反应，这种反应可持续到辐射停止后，使聚合物失去一部分属性。表 3-8 列举了辐射对一些重要包装聚合物的主要作用。

表 3-8　辐射对一些重要包装聚合物的作用

聚合物	辐射的主要作用	聚合物	辐射的主要作用
丙烯腈/丁二烯/苯乙烯共聚物	交联,降解	聚乙烯	交联
乙烯-醋酸乙烯酯	交联	聚丙烯	交联,降解
离子聚合物	交联	聚苯乙烯	交联
聚酰胺	交联,降解	聚氯乙烯	交联,降解
聚碳酸酯	交联,降解	聚偏二氯乙烯	降解
聚酯(PET)	交联		

以交联为主的包装聚合物适合用辐射消毒法。使用普通剂量消毒聚乙烯，尤其是高密度聚乙烯时，其性质一般不受影响，离子型聚合物、聚酯和聚苯乙烯的性质也几乎无变化。聚苯乙烯的高抗击性也易受破坏，辐射消毒后表现出冲击强度降低，但可以接受。对乙烯-醋酸乙烯酯聚合物的辐射消毒实际上提高了该聚合物的拉伸和冲击强度。相应地，聚偏氯乙烯不主张使用辐射消毒法，因为辐射消毒会使其力学性能减弱和造成褪色，在使用有氧参与的辐射法时尤为明显。

五、复合膜的生产工艺

（一）复合膜的生产工艺流程

1. 复合膜、袋生产工艺流程

复合膜、袋生产工艺主要包括：印刷、干法复合、挤出复合、固化、分切、制袋、包装等工序。其生产工艺流程如图 3-29 所示。

2. 印刷工艺流程及控制

① 张力控制：张力是根据基材的性质确定的，容易延伸的张力小，不易延伸的张力较大。收卷张力比放卷张力略大。

② 温度及速度控制：温度的设定同样是根据基材的性质决定的。对于强度较高、受热不易变形的膜，应设定较高的温度。当温度恒定、溶剂的沸点较高时，则速度要降低，反之，升高；当溶剂沸点恒定、速度加快时，则可适当提高温度，反之，可适当降低温度；当速度恒定、溶剂沸点较高时，则温度要升高，反之，温度要降低。

③ 油墨使用调整与控制：在其他条件不变时，油墨的黏度高低会严重影响印刷质量，一定要将油墨的黏度控制在合适的程度。在生产过程中，由于循环过程中溶剂时刻在挥发，应每隔一段时间检测一次油墨的黏度，超过控制范围时要添加新的溶剂调整到正常范围。

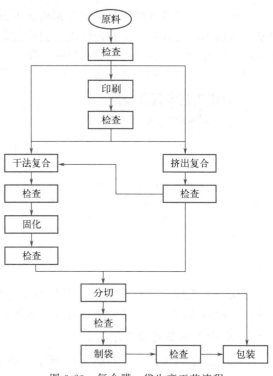

图 3-29　复合膜、袋生产工艺流程

3. 干式复合工艺流程及控制

干式复合工艺流程如图 3-30 所示。

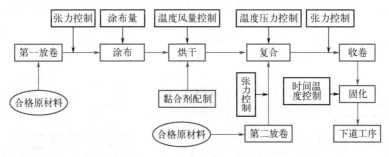

图 3-30　干式复合工艺流程

干式复合工艺流程的控制要点分别为：①温度控制。温度要根据材料本身的耐热性，复合速度、胶黏剂的特性综合考虑后设定。②张力控制。受张力和热容易延伸的 CPP、PE 通常总是放在第二放卷部，7～9 μm Al 容易断裂、起皱，只能放在第二放卷部。而将受张力不易延伸的 PET、BOPP、NY 常放第一放卷部。③速度控制。速度控制原则是在膜受热不变形的情况下，使溶剂残留量最小。④胶的调配使用及涂布量控制。根据胶黏剂种类、产品种类来控制。⑤固化程序控制。根据胶黏剂种类、产品种类来控制。

4. 挤出复合工艺流程及控制

挤出复合工艺流程如图 3-31 所示。

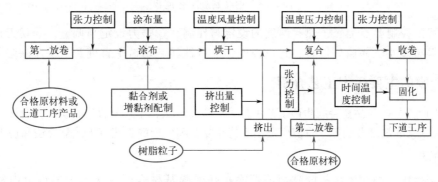

图 3-31　挤出复合工艺流程

挤出复合工艺流程的控制要点分别为：①设定各工艺系数。②涂布量控制。③挤出过程中应对被涂覆的基材薄膜的耐温性给予充分的注意，温度太高、停留时间太长，都有可能损坏基材薄膜。④根据不同的基材薄膜性能调整机器张力，保证第一、第二放卷部薄膜平稳无褶皱。⑤使用塑料挤出注意搅拌均匀，尽量多搅匀，一次性配料不宜过多。

5. 分切工艺流程及控制

分切工艺流程如图 3-32 所示。

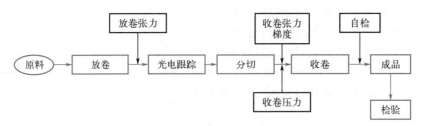

图 3-32　分切工艺流程

分切工艺流程的控制要点为：①张力和梯度控制；②压力控制；③纠偏及尺寸控制；④速度控制；⑤成品表面质量控制，包括端面整齐度、褶皱、包筋、接头数、长度、毛刺、杂物、亮边等。

6. 制袋工艺流程及控制

三边封袋制袋工艺流程如图 3-33 所示，中封制袋工艺流程如图 3-34 所示。

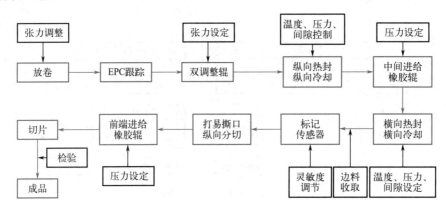

图 3-33　三边封袋制袋工艺流程

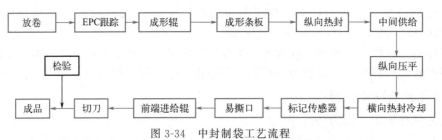

图 3-34　中封制袋工艺流程

制袋工艺流程的控制要点为：①热封温度的设定与控制。②张力设定与调整。③切刀调整。④速度调节。⑤其他，如料袋尺寸、易撕口位置、封口强度、开口性能、切口平整度及上工序缺陷等。

（二）复合膜的主要生产工艺介绍

根据不同的生产工艺，药品复合膜生产工艺可分为湿式复合法、干式复合法、挤出复合法、共挤出复合法、热熔黏合剂复合法、无溶剂复合法等。目前广泛用于药品复合膜生产的工艺有干式复合法和挤出复合法。

1. 干式复合法

干式复合法是指用各种涂覆法将胶黏剂溶液涂布在薄膜基材表面后送入干燥烘道内使胶黏剂溶剂挥

发，在薄膜表面形成不含溶剂的均匀胶黏剂层（厚 1.5～5 μm），再在复合部与第二基材复合。为使胶黏剂固化，要将产品膜卷在一定温度和时间条件下固化以得到适当的粘合强度。图 3-35 为干式复合法示意图。

基材1与胶黏剂
干燥炉
基材2
压力辊
胶黏剂
基材1
复合材料

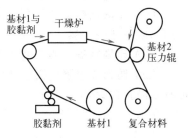

图 3-35　干式复合法示意图

干式复合法的特点：①可选择的基材范围广。②复合牢度高，可以生产使用条件相当苛刻的高温蒸煮袋等高档软塑包装材料。③复合效率高。④干式复合制品可以表面印刷，也可以反印刷（里印）。⑤干式复合法生产的复合膜成本比较高，尤其是高温蒸煮袋使用了昂贵的耐高温蒸煮油墨和耐蒸煮胶黏剂。⑥存在较严重的环境污染问题，溶剂挥发量大，工人的劳动条件差。

2. 挤出复合法

挤出复合法是将聚乙烯等热塑性塑料在挤出机中熔融，从扁平机头中呈薄膜状流出，在橡胶压辊与冷却金属辊之间与纸、薄膜等连续传送的膜状材料压合后，在冷却辊处冷却固化，再从冷却辊表面平滑地剥下，制成复合薄膜。图 3-36 是挤出复合法示意图。

挤出机
基材1
基材2
三层复合材料

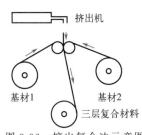

图 3-36　挤出复合法示意图

挤出复合法的特点：①可供选择的基材面较广。②能容易地调节所需挤出膜的宽度、厚度。③复合制品的卫生性好，因为所涂的锚涂剂大部分属无毒低毒，且涂布量是干式复合用量的 1/10，因此溶剂残留量问题、环境污染问题都比干式复合法小得多。④通过调节挤出量及成型线速度可加工厚度范围宽（4～100 μm）的产品。⑤可赋予基材热封性并改善基材的物理性能、阻隔性、耐化学药品性、耐油脂性及包装机适应性等。⑥价格比干式复合膜便宜。

六、复合软管

（一）软管的分类

复合软管通常是作为膏状或糊状物的小包装，如药品软膏剂、牙膏、颜料、鞋油、巧克力、化妆品等。软管最早是使用金属铝或锡制成的，直至 20 世纪 40 年代，才出现了铝管，并因其良好的阻隔性而迅速普及。20 世纪 50 年代出现了塑料管，60 年代复合软管由 ACC（American Can Company）开发成功，从 1970 年开始由日本狮王公司应用于牙膏包装。20 世纪 80 年代开始，复合软管进入药品软膏剂的包装市场。根据制管的材质不同，软管分类如图 3-37 所示。

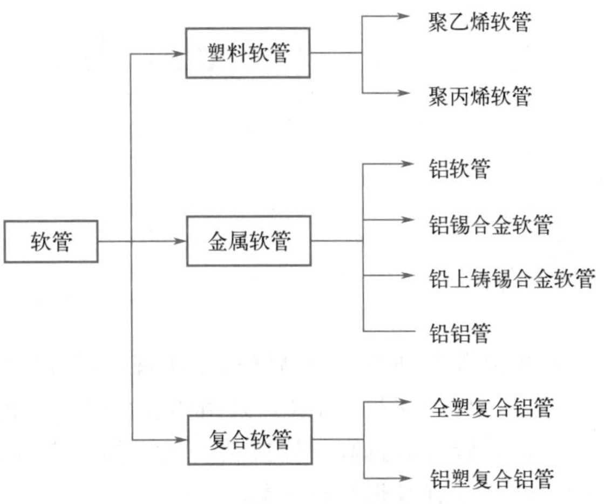

软管
塑料软管
聚乙烯软管
聚丙烯软管
金属软管
铝软管
铅锡合金软管
铅上铸锡合金软管
铅铝管
复合软管
全塑复合铝管
铝塑复合铝管

图 3-37　软管的分类

（二）复合软管的分类及特点

所谓复合软管，就是将具有高阻隔性的铝箔与具有柔韧性和耐药性的塑料经挤出复合成片材，然后经制管机加工而成。我国《医药包装行业“十五”发展规划纲要》规定，软膏类药物的包装，将彻底淘汰铅锡管和低质塑料制品，发展有内喷涂的铝管，在兼顾环保和药用要求的前提下支持高水平复合软管的研究。

1. 复合软管的分类

复合软管按印刷方式分为表印软管（印刷油墨附着于复合片材外侧）和里印软管（印刷油墨附着于复合膜材 PE 膜的内侧或其与铝箔之间某一层）。按材质分为纸铝塑复合软管和铝塑复合软管。

2. 复合软管的特点

（1）抗挠曲、抗龟裂：在使用过程中经反复挤压，不会造成管体开裂等问题。

（2）**阻隔性强：**由于复合层中含有铝箔，可有效隔绝氧气、水蒸气、光线等，保护内容物。

（3）**无溶剂残留：**复合过程中不使用有机溶剂。采用表面印刷时使用紫外固化油墨，也没有溶剂。采用凹版里印时虽然使用有机溶剂，但由于用量少和铝箔的阻隔作用，不可能对内容物造成影响。

（4）**印刷精美：**颜色可多达12种，其粘结力、色泽、耐磨性等优点是其他材质所不可比的。

（5）**防伪作用强：**铝塑复合软管的生产设备投资大、工艺复杂，特别是可采用防伪油墨进行印刷，可有效防止假冒。

在国内，铝塑复合软管在药品软膏剂包装上的应用已日趋广泛，市场潜力巨大。

（三）生产工艺及设备

表印和里印软管生产工艺流程分别如图3-38和图3-39所示。

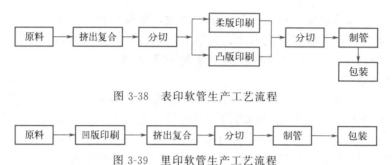

图3-38　表印软管生产工艺流程

图3-39　里印软管生产工艺流程

软管生产的主要原料包括低密度聚乙烯（LDPE）、乙烯-丙烯酸共聚物（EAA）、沙林树脂（Surlyn，离子型聚合物）、Al（铝箔）、高密度聚乙烯（HDPE）、油墨和光油。

挤出复合工艺过程在挤出复合机上完成。EAA等树脂颗粒经过加热熔化挤出成熔融状薄膜，在橡胶压辊与冷却钢辊间与铝、LDPE薄膜等多种材料粘合制成用于生产制作管身的复合片材。挤出复合机有多种样式，如单螺杆单工位、单螺杆双工位、双螺杆双工位等多种形式。制管工艺流程如图3-40所示。

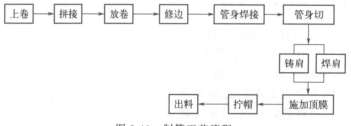

图3-40　制管工艺流程

上述流程全部在一台制管机上实现。国外制管机主要由两家瑞士的公司在生产，一家是AISA，采用焊肩方式，另一家是KMK，采用铸肩方式。所谓焊肩，就是在制管机上，将预制的管肩精确传送至合适的工位，与管身通过高频焊接粘合到一起。所谓铸肩，就是在制管机上，将制管肩的粒料熔融后挤至管肩模具，然后与管身焊接到一起。

塑料焊接采用的都是高频焊接，即由高频发生器产生功率可控的高频电流，通过线圈产生磁场，铝箔在磁场感应下发热，导致黏结料和PE熔化，在一定的压力下黏结到一起。

（四）复合软管的应用

铝塑复合软管内外侧PE膜常温下不溶于一般溶剂，有良好的耐酸、耐碱、耐盐和其他化学药品性，以及优良的耐低温性和耐辐射性，所以适用范围非常广泛。当然，用户在选用前，仍应进行稳定性试验、相容性试验等必需的测试，以验证其效果。

常用的管径常用规格为16 mm、19 mm、22 mm、25 mm、30 mm、32 mm、38 mm、40 mm等。根据估算结果，可请软管供应商提供样管进行灌装量测试，并在实际测试的基础上，确定管径和管长。管径和管长尺寸上的配合可参考德国标准DIS 5061 T.3—1992《包装材料　圆柱形铝-聚烯烃制软管、合成薄膜（复合软管）》的规定，见表3-9。

表3-9 管径（d）和管长（L）尺寸配合　　　　　　单位：mm

管径(d)	管长(L)		管径(d)	管长(L)	
	最小值	最大值		最小值	最大值
13.5	50	110	28	100	198
16	65	120	30	120	195
19	65	120	32	120	200
22	65	150	35	120	200
25	100	160	40	120	200

注：管身直径偏差，±0.2 mm；管身长度偏差，±1.5 mm。

第七节 泡罩包装

一、泡罩包装的定义与特点

泡罩包装系指在真空吸泡、吹泡或模压成型的泡罩内充填药品，使用铝箔等覆盖材料，并通过压力，在一定温度和时间条件下与成泡基材热合密封而成的包装形式。药品的泡罩包装又称为水泡眼包装，简称为PTP（press through packaging），是药品包装的主要形式之一，适用于片剂、胶囊剂、栓剂、丸剂等固体制剂药品的机械化包装。

早在20世纪30年代，药品的泡罩包装首先在欧洲兴起，并慢慢地在世界范围内传播使用。我国于20世纪70年代初引进药用泡罩机械设备，但泡罩包装用铝箔等材料仍需依赖进口。直到1986年国内才开始引进国外较先进的生产泡罩包装用材料的铝箔印刷涂布生产线。20世纪90年代，我国已能制造单色或多色铝箔印刷涂布设备，并能印制彩色系列的药品外包装铝塑产品。而且泡罩包装所使用的PTP铝箔材料、铝箔印刷用油墨、铝箔用保护剂、黏合剂、PVC硬片等材料均已国产化，并能满足国内医药市场的需求，国内已取得药品包装材料生产许可证。泡罩包装是当今制药行业应用最为广泛、发展最快的软包装材料之一，也是我国药品固体剂型的主要包装形式。

由于药品包装采用PTP，内容物清晰可见，铝箔表面可以印上设计新颖独特容易辨认的图案、商标说明文字等。同时，铝箔体轻，阻隔性能好，有一定的保护作用，取药方便，轻巧便于携带，而PVC亦具有一定阻隔性能等优点，故这种包装形式在医药领域得到广泛的应用。

二、泡罩包装的常用材料

药品泡罩包装的覆盖材料基本都是铝箔（称为药品泡罩包装用铝箔，亦称为PTP铝箔）；成泡基材使用的大多数为药用聚氯乙烯（PVC）硬片，也有少量使用PVC/PVDC（聚偏二氯乙烯）复合硬片、聚酯（PET）、聚乙烯（PE）和聚丙烯（PP）等材料，还有一种冷冲压成型材料正日益受到市场青睐。

（一）药品泡罩包装用铝箔

欧洲对PTP铝箔的英文表示是Push-through Foil，译成中文就是"可推开铝箔"。我国对PTP铝箔在药品包装材料、容器注册证上使用的称谓是药品包装用PTP铝箔。PTP铝箔表面由保护层/印刷层/铝箔层/印刷层/黏合层组成，最基本组成必须有保护层、铝箔层、黏合层。根据其结构主要有Ⅰ、Ⅱ、Ⅲ、

Ⅳ 4 种形式，如图 3-41 及表 3-10 所示。

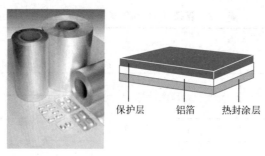

(a) PTP铝箔实物　　　　　　(b) 组成结构示意

图 3-41　PTP 铝箔实物及其结构示意图

表 3-10　PTP 铝箔的 4 种形式

品种	1	2	3	4	5
Ⅰ	保护层	外侧印刷	铝箔基材	内侧印	黏合层
Ⅱ	保护层	—	铝箔基材	内侧印	黏合层
Ⅲ	保护层	外侧印刷	铝箔基材	—	黏合层
Ⅳ	保护层	—	铝箔基材	—	黏合层

注：保护层、黏合层可以是透明无色的，也可以是金色或彩色的；印刷层可以是单色的，也可以是多色的。

1. 药用铝箔

在药品包装材料行业中加工出厂的铝箔习惯称为"原铝箔"或"原箔"，原箔是采用纯度为 99％以上的电解铝，经过压延制作而成。铝具有资源丰富、价格低、容易加工等优点，作为药品包装材料使用时，铝箔是包装材料中唯一的金属材料。铝箔无毒、无味，具有优良的导电性和遮光性，有极高的防潮性、阻气性和保味性，能最有效地保护被包装的药品，是一种至今尚未能被代替的包装材料。在现代包装装潢领域中，几乎所有需要不透光或高阻隔的复合软包装材料均采用铝箔作阻隔层。铝箔质量轻，具有一定的强度，印刷性良好，可以在上面印刷各种文字或图案。当制作成泡罩包装时，使用时稍加压力便可将其压破，患者取药便利，携带方便。因此，铝箔在药品固体剂型包装上得到广泛应用且发展潜力巨大。

2. 药用铝箔涂布保护剂与黏合剂

药用铝箔印刷完毕后需要在铝箔表面上涂覆一层保护剂，另一面涂覆黏合剂。在铝箔表面涂保护剂的目的是防止铝箔表面印刷油墨层的磨损，同时也防止机械操作收卷过程中，外层油墨与内层黏合剂接触而造成包装时药品被污染。涂覆黏合层的作用是让铝箔与塑料硬片热合后能粘在一起，使药品被密封起来。使用的保护剂多数是溶剂型的，其主要化学成分有硝基纤维、合成树脂、增塑剂、助溶剂、稀释剂等。这些组分按一定配比混合，经反应釜搅拌形成溶剂，通过机械涂布在铝箔表面上产生一层保护薄膜。对药用铝箔保护剂的具体要求是：与铝箔有良好的涂覆附着力和柔韧性，透明、光泽度好，耐热溶剂的挥发性好，不残留异味，保护油墨层不脱落，且耐磨性高。

关于药用铝箔黏合剂的应用情况，早期黏合剂用压敏胶，或称单组分胶，主要成分是天然橡胶或合成橡胶，也可用硝化棉纤维，再配丙烯酸树脂加溶剂调配而成。由于主剂是高分子弹性体，需再加上增黏剂作为助剂，可在有机溶剂反应釜中搅拌反应使之混合配成乳液，与塑胶硬片 PVC 粘合。药品泡罩包装铝箔用黏合剂多数以聚氨酯类胶取代压敏胶类。

为了适应药品包装市场的需要，国内药品包装材料生产纷纷开发出彩色药用 PTP 铝箔。彩色药用 PTP 铝箔主要是利用药用 PTP 铝箔在生产过程中涂布保护剂和黏合剂这一特点，将各种颜色的颜料或染料均匀分散到保护剂和黏合剂体系中，使药用 PTP 铝箔的保护层和黏合层呈现不同的色彩。

生产彩色药用 PTP 铝箔的主要问题是颜料原料的选择。由于药用 PTP 铝箔是用于药品、一次性医用品的包装，所选择的颜料一定要对人体无害，并且在保护层和黏合层中状态要稳定，耐溶剂、耐迁移性要好，不会污染所包装的药品、医用品。此外，药用 PIP 铝箔在涂布、印刷及泡罩包装过程均需高温加热，所以对颜料的耐热性要求也比较高。

3. 铝箔生产工艺及设备

（1）生产工艺流程：药品泡罩包装用铝箔（PTP）是以工业用纯铝箔为基材，在药用 PTP 铝箔印刷涂布机上采用凹版印刷技术及辊涂布方法在铝箔表面进行印制文字图案并涂保护剂，在另一表面涂黏合剂的联动工艺过程。PTP 铝箔生产的工艺流程如图 3-42 所示。

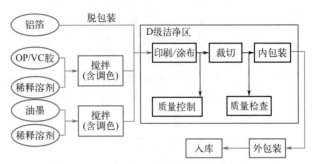

图 3-42　PTP 铝箔生产的工艺流程

（2）主要设备：PTP 铝箔的生产设备主要包括印刷设备、涂布设备和分切设备。

① 凹版印刷涂布机（单色或多色）：因为在生产中主要是在铝箔表面上印刷文字或图案，因此所需的印刷机应具有印刷压力大、烘干能力强、张力控制复杂等特点。

② 凹版涂布机：从前面的生产工艺流程介绍可知，铝箔经过印刷后，要在其另一面涂布热封胶（VC 胶），因此要用凹版涂布机对其进行加工。凹版涂布机的工作原理和结构与凹版印刷涂布机相同。

③ 分切机：铝箔经过印刷和涂布加工后，就要按照要求，裁切成各种宽度的小卷。PTP 铝箔分切机的特点是速度快，收卷压力大，铝箔横向控制精确，分切端面整齐等。

4. PTP 铝箔的应用及发展趋势

适用于 PTP 铝箔包装的药品很多，它和 PVDC 或冷冲压复合材料封合可以包装保质期超过 3 年的药品和其他产品。适用于 PTP 铝箔的包装设备有以下几种：①平板式铝箔泡罩包装机；②滚筒式铝箔泡罩包装机；③冷冲压复合材料包装机等。

一般在使用时，多选用 0.024 mm 厚度的硬质 PTP 铝箔，它适合大多数包装物的要求，当包装物单个面积较大时，应选用 0.03 mm 以上厚度的 PTP 铝箔。

在包装生产中，铝箔包装机的压力、热封辊（板）表面温度、热封辊（板）表面的平整度将会影响 PTP 铝箔的使用。一般热封辊（板）的压力以 0.2～0.4 MPa 为宜，热封辊（板）的温度选用 160～200 ℃ 左右比较合适。热封辊（板）的表面应平整均匀。

由于 PVC 分解后产生的 HCl 对环境有一定的影响，它的单体、增塑剂、稳定剂对人体有害。据报道，德国药品生产企业已经不再采用 PVC 作泡罩式包装，日本亦限制 PVC 制品的生产量。因此目前普遍采用的 PVC 片材作为药品泡罩包装材料将会逐渐被淘汰，取而代之的将会是 PET、PP 等热封片材。

目前，国外还出现了激光全息暗纹防伪 PTP 铝箔，其特点是激光全息图案直观性强，易于消费者鉴别，不影响原有印刷设计和产品包装外观，又不影响原有的 PTP 的性能。该专利防伪 PTP 铝箔也是今后的发展趋势之一。

（二）聚氯乙烯硬片及复合硬片

铝塑泡罩包装中所用的基层材料，最常见的是以聚氯乙烯硬片（简称 PVC 硬片）和以 PVC 硬片为基材涂覆或复合其他功能性高分子材料或金属材料而成的系列复合硬片，这些材料主要是聚偏二氯乙烯（PVDC）、聚三氟氯乙烯（PCTFE）、尼龙（PA）、聚乙烯（PE）、铝箔（Al）等。复合硬片结合了多种材料的性能，不仅具有 PVC 硬片的基本性能，还具有单一材料所没有的优异性能，如：对水蒸气、氧气的优异阻隔性，良好的避光性、热封性，优良的稳定性及加工性。它正在逐渐替代 PVC 硬片，并成为今后包装的发展方向之一。

近年来，国外相继开发了聚丙烯（PP）、聚对苯二甲酸乙二醇酯（PET）、三氟氯乙烯均聚物（ACLAR）、环状烯烃共聚物（COP）等铝塑泡罩包装面层材料。虽然它们在某些方面比 PVC 硬片有优势，但在加工性能、生产效率上远远不如 PVC 硬片，而且需要购置新设备，生产成本较高，因此没有得到广泛的应用。PVC 硬片是铝塑泡罩包装最主要的材料之一。

1. 药用 PVC 硬片

PVC 硬片主要由聚氯乙烯树脂添加一定的加工助剂，通过挤出、压延等加工方法生产出来的符合药用要求的一种包装材料。PTP 成为越来越多的制药企业和新建制药企业推出新药片、丸剂和胶囊剂首选的一种包装方式。国内铝塑泡罩包装材料中 PVC 硬片所占比率为 95% 以上。铝塑泡罩包装国外的发展趋势目前也是以 PVC 硬片为主，只不过现在又出现了 PP、PET、PS 等包装材料，但综合性能与 PVC 硬片相比存在差距，最主要的是药品的包装外观感没有新形象。因此 PTP 所用的药品包装材料在国外主要还是以 PVC 硬片为主，所占比例约在 60%，其余绝大部分是复合片，其他包装材料所占比例很小。

2. 药用 PVC 系列复合硬片

药用 PVC 系列复合硬片是主要由 PVC 硬片与另外一种或几种新型高分子材料膜、片，通过挤出、复合、涂布等加工方法生产出来的又一种符合药品包装要求的新颖组合材料。进入 21 世纪，用药的安全性越来越得到制药企业和消费者的重视。由于有些药品的成分易受到潮解、氧化，原有的 PVC 硬片已不能满足这些药品的包装要求。国内的药品包装材料生产企业根据国外药品包装材料的发展趋势，成功开发了以 PVC 硬片为基材，增加一些具有高阻隔性的高分子材料 [如聚偏二氯乙烯（PVDC）]，综合了 PVC 硬片的刚性、成型好以及 PVDC 对水蒸气、氧气、CO_2、各种气味的极佳阻隔性，成为一种新颖的复合材料，能满足易潮解、易氧化药品及部分中药保留香味的包装要求。同时，它仍然沿用了铝塑泡罩包装形式，这一系列复合材料可以根据药品易受潮、氧化程度为制药企业定制包装材料，成为更高一级的铝塑泡罩包装形式。另外，还有 PVC/PE 包装材料代替玻璃瓶来灌装液体和栓剂药品，使这类药品的用药安全性得到提高。PVDC 与其他聚合物阻隔性能比较见表 3-11。

表 3-11　各种聚合物性能比较

材料名称	水蒸气透过率/ $(g \cdot \mu m \cdot m^{-2} \cdot (24\ h)^{-1} \cdot 38\ ℃/90\% \ RH)$	氧气透过率/ $(cm^3 \cdot \mu m \cdot m^{-2} \cdot (24\ h)^{-1} \cdot Pa^{-1} 23\ ℃/75\% \ RH)$
PVC	350	2000
PP	100~300	60000
PET	700~1200	1900~3500
ACLAR	5~10	800~1500
PVDC(乳液)	10~20	100
PVDC(树脂)	80	300
LDPE	400~600	165000
HDPE	120~160	60000
EVOH	1500	593

3. 原料配方及工艺

（1）PVC 硬片的原料配方及工艺

① 原料：PVC 硬片的原料主要有 PVC 树脂、稳定剂、加工助剂、增强剂、润滑剂、增塑剂等。原料的选用不仅要考虑加工性和二次加工性（进行 PTP 包装），还要考虑符合药品生产的卫生性，两者缺一不可。

a. PVC 树脂：由氯乙烯单体以悬浮法聚合而成。用于 PVC 硬片的树脂牌号主要有 TK-700、TK-800、S-1007、S-800 等，国内已有厂家生产 PVC 树脂，但进口原料质量比国产原料好，主要表现在透明度、杂质晶点、稳定性等方面。PVC 硬片有安全方面的要求，因此选用的 PVC 树脂的氯乙烯单体含量必须小于 5 $\mu g/cm^3$。PVC 树脂的熔融温度与热分解温度很接近，非常难加工，因此在加工过程中必须添加稳定剂等各种助剂。

b. 稳定剂：稳定剂的作用是阻止 PVC 在高温下分解，使加工过程正常进行。PVC 加工所用的热稳定剂主要是有机锡类，但 PVC 硬片只能用硫醇甲基锡和辛基锡。目前国内主要使用的硫醇甲基锡和辛基锡是从国外进口的，牌号有 TM-181-FS、17MOK-N 等，这些产品均获得美国食品药品管理局（FDA）的认可，可以用于药品和食品的包装。国内已有厂家生产硫醇甲基锡，但质量与进口的相比尚有差距，主要表现在稳定性、气味、透明度、卫生性等方面。

c. 增强剂：PVC 塑料的一个非常大的缺点就是它的脆性，为了改善其脆性，必须在加工过程中加入增强剂（也称抗冲改性剂），提高它的抗冲击强度，保证在二次加工中的正常使用。目前国内使用的抗冲改性剂主要是 MBS（甲基丙烯酸甲酯-丁二烯-苯乙烯共聚物），大部分从国外进口，牌号有 B-31、BTA-731、MB-848、M-61 等，这些产品均获得美国 FDA 的认可，可以用于药品和食品的包装。国内已有厂家生产 MBS，但质量与进口的相比尚有差距，主要表现在强度、透明度、稳定性、卫生性等方面。

d. 其他助剂：PVC 加工过程中还需加入润滑剂、增塑剂、加工助剂等其他助剂，主要是提高生产效率、片材塑性及二次加工的性能。选用这些助剂也要考虑它的卫生性能。

② 配方：PVC 硬片主要由 PVC 树脂、助剂等组成，实际上 PVC 硬片中含有 90% 左右的 PVC 树脂，助剂仅占很少一部分。具体成分如下：PVC 树脂 88%～92%；稳定剂 1.5%；增强剂 4.5%；加工助剂 1%～1.5%；增塑剂，0～1%；润滑剂，1.5%～2%。

制药企业在确定由药品包装材料生产企业提供 PVC 硬片前，必须进行稳定性和相容性试验，一旦确定，应与药品包装材料生产企业协定，不能随意改变 PVC 硬片的原料及配方。

③ 工艺：PVC 硬片生产工艺主要有压延法和挤出法。

（2）药用 PVC 系列复合硬片的原料配方及工艺

① 原料：药用 PVC 系列复合硬片的原料主要有 PVC 硬片、PVDC 乳液或树脂、PE 膜、胶黏剂等。原料的选用不仅要考虑加工性和二次加工性（如进行 PTP 包装），还要考虑符合药品生产的卫生性，两者缺一不可。一旦确定材料成分结构后，药品包装材料生产企业不能轻易改变而最终影响到药品品质。

a. PVC 硬片：必须是在符合药品材料生产要求的洁净厂房内生产的，并且获得国家药品监督管理局（NMPA）批准注册的产品，才能用于复合硬片的生产。

b. PVDC：它是一种高阻隔性的高分子材料，纯粹的 PVDC 是一种非常难加工的聚合物，因此它必须与其他基团共聚才能用于加工，不同的共聚基团产生性质不同、加工工艺各异的 PVDC。

c. PE 膜：PE 是由乙烯单体聚合而成，PE 膜的选用与 PVC 硬片一样，必须是在符合药品包装材料生产要求的洁净厂房生产的，并且获得 NMPA 批准注册的产品，才能用于复合硬片的生产。

d. 胶黏剂：目前复合硬片中使用的胶黏剂都是双组分聚酯胶黏剂，它由主剂和固化剂组成。主剂、固化剂和溶剂按一定比例混合均匀后用于生产。胶黏剂的好坏直接影响产品质量，目前国内主要采用进口胶黏剂，国外生产胶黏剂的厂家很多，如德国汉高公司、美国莫顿公司等，这些产品均获得美国 FDA 的认可，可以用于药品和食品的包装。国内已有厂家生产双组分聚氨酯胶黏剂，但与国外产品相比质量尚有较大差距，主要表现在粘接强度、耐热性、卫生性、透明度、涂布均匀性等方面。

② 配方：药用 PVC 系列复合硬片主要由 PVC 硬片、PVDC、PE 膜、胶黏剂等组成，复合硬片含有 70%～90% 的 PVC 硬片，其他原料占很少一部分，具体成分见表 3-12。在确定药品包装材料生产企业提供药用 PVC 系列复合片前，必须进行稳定性和相容性试验，一旦确定，应与药品包装材料生产企业协定，不能随意改变药用 PVC 系列复合片的原料及配方。

表 3-12　药用 PVC 系列复合硬片具体成分

成分	PVC/PE	PVC/PVDC	PVC/PE/PVDC
PVC 硬片	85%	90%	70%
PVDC	—	9.9%	20%
PE 膜	14%	—	8.5%
胶黏剂	1%	0.1%	1.5%

③ 工艺：PVC/PE 复合硬片的生产工艺是干式复合法。胶黏剂配制方法是将主剂、固化剂和溶剂按配比加入不锈钢桶中用高速搅拌机混合均匀，然后加到涂布机胶槽中。PVC 硬片放卷后通过电晕处理机调整表面张力，在涂布端口涂上胶黏剂后，进入热风烘道将胶黏剂中所含溶剂烘干。

PE 膜放卷后通过电晕处理机调整表面张力，与涂布了胶黏剂的 PVC 硬片复合后冷却、收卷。复合好的料卷在 50～60 ℃温度下熟化 3～4 天后，用分切机裁切成各种不同规格的 PVC/PE 产品。PVC/PE 复合硬片生产工艺流程如图 3-43 所示。

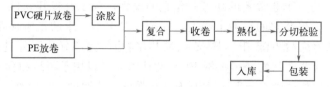

图 3-43　PVC/PE 复合硬片生产工艺流程

PVC/PVDC 复合硬片的生产工艺是逆向凹版涂布。胶黏剂配制方法是将主剂、固化剂和溶剂按配比加入不锈钢桶中用高速搅拌机混合均匀，然后加入涂布胶槽中。PVDC 乳液配制方法是在 PVDC 乳液中加入润滑助剂，搅拌后加入 PVDC 中间槽，用泵打入 PVC 涂布槽中。PVC 硬片放卷后通过电晕处理机调整表面张力，在涂布槽涂上胶黏剂后，进入热风烘道将胶黏剂中所含溶剂烘干，再经过 PVDC 涂布辊涂上 PVDC 后，进入热风烘道将 PVDC 中所含水分烘干，冷却后收卷，然后再多次涂布 PVDC 至达到要求的 PVDC 涂布量。涂布好的料卷在 50～60 ℃温度下熟化 3～4 天后，用分切机裁切成各种不同规格的产品。PVC/PVDC 复合硬片的生产工艺流程如图 3-44 所示。

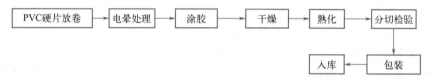

图 3-44　PVC/PVDC 复合硬片生产工艺流程

PVC/PE/PVDC 复合硬片的生产工艺流程则是以上两个工艺的合成，如图 3-45 所示。

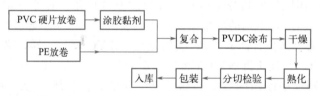

图 3-45　PVC/PE/PVDC 复合硬片生产工艺流程

4. 泡罩包装材料的选择

选择何种药品包装材料，主要由药品的性质（受潮、氧化、香味保留等）和保质期要求来决定。既要考虑药品的品质，又要考虑企业的发展和成本，并结合内置药品的性质和相关的稳定性试验结果来最终确定。表 3-13 是各种用于 PTP 的铝塑泡罩包装材料的比较。

表 3-13　用于 PTP 的各种铝塑泡罩包装材料的比较

性能	PVC	PP	PET	Al	PVC/PVDC
热成型	非常容易	困难	困难	—	非常容易
热封性	好	一般	差	一般	好
设备投资	投资少,国产设备非常普遍	投资大,必须专门设备更新	投资大,必须专门设备更新	—	与 PVC 设备通用
生产效率	高	较低	低	较低	高
外观品质	好	一般	好	好	好
阻水蒸气性	一般	一般	一般	好	好
阻氧气性	一般	—	一般	好	好
价格	低	一般	较高	高	较高

性能	PVC	PP	PET	Al	PVC/PVDC
其他	—	—	—	非热成型加工	—

在选用 PVC 系列复合材料时，对于防潮性要求不高的普通药品，可选用 PVC 硬片；对有防潮及抗氧化要求，或保质期要求较长的药品，可选用 PVC/PVDC 或 PVC/PE/PVDC 复合硬片。

（三）冷冲压成型材料

20 世纪 80 年代，冷冲压成型材料从欧洲医药包装市场发展起来，由于生产此种材料基本无须另外添加生产设备，因而国内许多药品包装材料生产企业纷纷着力研发该产品，目前国内已有企业能独立生产此类冷冲压成型材料。

对于光线、潮气特别敏感的药品的包装，需要比塑料薄膜更好的包装材料的保护。采用铝箔作阻隔层可以起到理想的保护作用，而能提供这种完全保护的包装材料就是冷冲压成型材料。冷冲压成型材料是药品包装的最新形式之一，适用于阻隔性能要求比较高的片剂、胶囊剂、栓剂、丸剂等药品的包装。

1. 冷冲压成型材料的组成

冷冲压成型材料主要由基材和封盖材料组成。

（1）基材：基材主要是铝塑复合膜，基材深度拉伸软质铝塑结构主要有 3 层：外层塑料薄膜（辅助延伸）；软质铝箔（45 μm 或 60 μm，阻隔）；内层塑料薄膜（热封层 PVC、PP、PE、沙林树脂）。

（2）封盖材料：封盖材料主要是热封 PTP 铝箔或铝塑复合膜，冷冲压成型材料的成型方式与 PVC 硬片成型方式不同，采用冷冲压成型工艺，省去了材料加热环节。在进行成型模具设计时，将泡罩宽度与深度之比控制在约 3∶1 为好。一般扁平药片选择 3.5∶1，胶囊剂选择 2.8∶1。另外，成型模头建议使用特氟隆（TEFLON）材质，模头与模腔之间间隙约为 2 mm。冷冲压成型产品如图 3-46 所示。

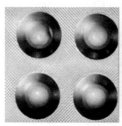

图 3-46　冷冲压成型示意图

2. 产品结构及特点

（1）产品结构：冷冲压成型材料根据用途可分为以下 3 类。

① 片剂、胶囊剂用冷冲压成型包装材料：其结构形式主要有 NY/Al/PVC、NY/Al/PP 等。

② 栓剂用冷冲压成型包装材料：其结构形式主要有 BOPP/Al/PE、OP（保护剂）/Al/PE 等。

③ 涂 VC 剂系列冷冲压成型复合材料：其结构形式主要有 NY/Al/VC 剂等。

（2）产品特点：此类包装材料产品具有以下特点。

① 具有良好密封、抗潮、免受气体、紫外线影响；

② 灌装填充容易；

③ 机械稳定性好；

④ 价格相对实惠；

⑤ 成型过程中不必预热，节省能源；

⑥ 能充分延长药品的使用期限等。

3. 生产工艺及设备

成型材料的生产以尼龙薄膜为基材，在塑料凹版印刷机上印刷，然后在干式复合机上复合 Al 及 PVC，经固化，最后分切包装为成品；或者以软质铝箔为基材，在铝箔印刷涂布机上印刷文字图案，并涂保护剂，而后在干式复合机上复合 LDPE 薄膜，经固化分切包装为成品；或者以软质铝箔为基材，先在铝箔印刷涂布机上涂布 VC 胶黏剂，再在干式复合机上与尼龙薄膜复合，经固化分切包装为成品。

第八节 瓶盖与胶塞

一、瓶盖

瓶盖用于密封瓶子，不仅具有保持内容物产品密闭性能，还具有防盗开启及安全性方面的功能，因此广泛应用在药用瓶装产品上，是瓶容器包装之关键性产品。药品包装中常用的瓶盖包括金属瓶盖、集成式瓶盖和塑料瓶盖。

（一）金属瓶盖

1. 金属瓶盖的定义

金属瓶盖系指以金属材料（如铁、铝或由其他金属）为主制成的瓶盖（如图 3-47 所示）。它适用于医药、保健品、化妆品及食品等行业，主要用于玻璃瓶的封口包装，也有少量塑料瓶的封口包装使用金属瓶盖。对金属瓶盖的总体要求是密封性能要好、开启方便、清洁卫生、外形新颖美观，有特殊行业要求的还须满足耐清洗、耐高温等要求。

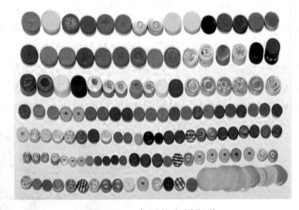

图 3-47　常用的金属瓶盖

2. 金属瓶盖的分类

瓶口有螺纹口和非螺纹口之分，这决定了瓶盖有不同的封口方式，也形成了瓶盖与瓶口部分有不同的结构，一般分为轧口瓶盖和螺旋瓶盖。螺旋瓶盖又分扭断式螺旋瓶盖和普通螺旋瓶盖，这两种瓶盖适应不同形状的瓶口，在封口时还有不同的封口设备与之相适应。金属瓶盖种类繁多，可按不同标准进行分类。

（1）**按用途分类**：有抗生素（包括冻干粉针）玻璃管制瓶和模制瓶、口服液玻璃瓶、输液玻璃瓶及塑料瓶用铝盖、铝塑组合盖；黄圆瓶用防盗铝盖（口服混悬剂用）；固体制剂、胶囊制剂瓶用马口铁螺旋盖等。

（2）**按结构形式分类**：有开花铝盖，易插型铝盖，拉环式铝盖，普通型翻边式或断点式铝塑组合盖（亦称半开式铝塑组合盖），撕拉型铝盖和铝塑组合盖（亦称全开式铝盖、铝塑组合盖），二件或三件组合型铝盖、铝塑组合盖，扭断式防盗螺旋铝盖，马口铁螺旋盖等。

（3）**按材料分类**：有纯铝铝盖、铝合金铝盖、铝塑组合盖、马口铁盖等。

（4）**按规格分类**：有注射剂瓶用 ϕ13 mm、ϕ20 mm 规格；口服液瓶用 ϕ15 mm、ϕ22 mm、ϕ24 mm 规格；输液瓶用 ϕ27 mm、ϕ28 mm、ϕ29 mm、ϕ30 mm、ϕ32 mm、ϕ34 mm 等规格；而 ϕ37 mm、ϕ44 mm、ϕ53 mm 等主要是马口铁螺旋盖的规格。

（5）**按使用方法分类**：有注射用、口服用、外用等。口服用又可分为吸管插入形式、撕拉形式和螺旋形式等。吸管插入形式又分易插型铝盖和易插型铝塑组合盖两种，而撕拉形式又可分为上撕拉型和侧撕拉型两种。

3. 金属瓶盖的特点

金属瓶盖种类多，各有特点，现分别做如下介绍。

（1）**开花铝盖**：结构简单、加工容易，它有二开花和三开花之分，是在铝盖中心孔处做成二点接桥或三点接桥，它们的开启方法是一致的，都是通过镊子将铝盖的开花翘起处掀开，露出中心针刺部位。这种铝盖的缺点是外观粗糙，档次较低，容易污染胶塞部分。

（2）**易插型铝盖**：一般用于小剂量的口服液瓶，盖顶部位制成直径 2～3 mm 大小的薄顶，易于吸管插入，内配天然胶塞或 PVC 滴胶垫用于密封，这种铝盖结构简单，在使用中这种铝盖容易将铝盖外部的异物或细菌因吸管的插入而带入口服液内，造成污染。

（3）**拉环式铝盖**：由铝拉环与铝盖上顶面的一部分铝铆合后，通过拉环用力将事先已刻痕好的铝片撕开，达到开启目的。它的缺点是外形不美观，色彩单一，刻痕处加工精度难以掌握，使得拉环开启力不稳定，使用的可靠性差，有时甚至会出现铝拉环已拉断而铝盖却还未掀开的弊病。

（4）**普通型铝塑组合盖（半开式）**：具有外形美观、制造容易、开启方便等诸多优点，已越来越广泛地为广大制药企业所使用。抗生素、输液及口服液瓶等都可采用这种形式的瓶盖包装，并制成不同颜色以区别不同商标的产品品种和规格，又可以起到防伪作用。铝塑组合盖又有断点式和翻边式两种结构。

（5）**撕拉型铝盖和铝塑组合盖（全开式）**：其用途决定了必须通过铝材的刻痕深度来影响撕开力的大小。撕拉型铝盖的撕拉方式有上撕拉型和侧撕拉型之分；而撕拉型铝塑组合盖只有上撕拉型。无论是哪种形式，它们对材料厚薄要求和加工设备的精度要求都特别高，其加工成本要比普通的铝盖、铝塑组合盖高。这种铝盖是全撕开型的，故一般用于口服液或者外用擦涂液包装。

（6）**二件或三件组合型铝盖、铝塑组合盖**：指由件铝盖组合一起的二件套铝盖，或由二件铝盖和一件塑料盖组合一起的三件套铝塑组合盖。前者的外盖一般是撕拉型的铝盖，内盖是起保护作用的，它们可将铝盖完全撕开从而取出胶塞，这种铝盖档次较高，但成本也相应增加很多，通常用于隐形眼镜生理盐水的瓶口包装；后者的二件铝盖的结构和作用与前者的二件铝盖基本相同，但配上塑料盖后，它的作用又增加了一个，既能注射又能将铝盖全部撕开口服或倒出液体，一般在医用造影剂的包装瓶上使用。

（7）**扭断式防盗螺旋铝盖**：使用方便，可以按不同的剂量分次使用，里面配以不同的密封材料，如橡胶塞、胶垫，或 PE、PVC 塑垫等。它的结构是在铝的圆周上做成 6～8 个等分的连接点，连接点宽度约 0.8 mm，同时滚上 1～2 条条纹便于拧旋，这种瓶盖一次性扭断，所以又称防盗盖。它的缺点是对铝盖的材质要求较高，如果过软，扭断力不容易掌握或扭不断，铝材过硬又给铝盖加工带来不便。

（8）**马口铁螺旋盖**：因其材质较坚硬，不容易在封盖机成型，故一般是在瓶盖加工单位事先将螺纹和卷边口加工好，然后作为成品出售给用户。螺纹的螺距和螺纹的内外径要求必须与瓶口尺寸匹配，它对外观颜色的均匀性也有相应要求。

4. 金属瓶盖的材料

（1）**铝盖**：基材为铝材，有纯铝和合金铝。对于口服液瓶铝盖，一般采用纯铝，牌号可选 1035、1200 等，铝盖与瓶口的密封则采用天然胶垫或 PVC 滴塑垫。而铝合金则不同，它有较强的抗拉强度。铝合金铝盖的牌号通常有 8001、3003 或 AlFeSi、AlMnCu 等合金材料，它们的抗拉强度一般能达到 130～180 N/mm^2，延伸率为≥2.5%。（注：上述牌号的铝材化学成分详见 GB/T 3190—2020《变形铝及铝合金化学成分》，机械性能见 GB/T 3880.1—2023《一般工业用铝及铝合金板、带材　第 1 部分：一般要求》和 YS/T 91—2020《瓶盖用铝及铝合金板、带、箔板》。药用铝盖的国家标准参见 YBB 00082005—2015《注射剂瓶用铝盖》、YBB 00092005—2015《输液瓶用铝盖》。

铝材形状一般为卷材或片材，厚度通常为 0.16～0.28 mm，宽度则可根据冲模的落料直径和冲压机器的送料机构的结构而定，一般为 50～100 mm。

（2）**铝塑组合盖**：铝盖材料选用铝合金，牌号与上述铝合金铝盖相同；铝材的尺寸和表面处理均与上述铝盖相同。塑料盖材料选用聚丙烯树脂（PP），其牌号的选用及相对应的各项物理性能参见 GB/T 12670—2008《聚丙烯（PP）树脂》。聚丙烯的主要特点是无毒、无色、无臭，拉伸强度和透明度都较好，且耐高温，在常用塑料中它是唯一能在水中煮沸和在 130 ℃消毒的塑料。着色颜料一般采用无毒、耐高温、不易变色且具有一定光泽的适用于聚丙烯材料加工的色母料或色母粉。

（3）**断式防盗螺旋铝盖**：该种铝盖的原料是纯铝或铝合金铝材，这种铝盖的特点是高度与直径的比值较大，一般需经过一次或二次拉伸才能达到产品要求，故对铝材要求是延伸率要好，而且要达到一定的制耳率要求，一般需达到≤3%。制耳率是指印刷后的铝盖图案因几次拉伸后产生扭曲变形的程度值。制耳率愈小，变形程度愈小；反之，则愈大。

（4）**马口铁螺旋盖**：基材为马口铁板，亦称镀锡或镀铬薄钢板。铁盖冲压之前先要经过印刷涂油墨，烘干后才能冲压、卷边及压螺纹，制成成品。马口铁板的厚度一般为 0.18～0.4 mm，材料形状为板材，长、宽尺寸通常为 512 mm×712 mm（长×宽）。该种产品对印刷要求较高，尤其是在凹凸图案处及卷边口处，油墨层不应有脱落和开裂现象，对于需要高温灭菌的马口铁盖还要有耐高温要求。

5. 金属瓶盖的生产工艺流程

（1）**注射剂瓶铝盖的生产工艺流程**：如图 3-48 所示，该产品的主要生产工序是铝盖冲压成型和表面处理。

图 3-48　注射剂瓶铝盖生产工艺流程

铝盖的冲压成型是通过冲床将铝片在落料模和拉伸模中经过拉伸、成型、切边等过程变为铝盖产品。因铝盖直径与高度比不大，故一般只需一次拉伸即可，冲压过程中应当注意不允许产生铝盖边口的毛刺，还应控制好开花铝盖的接桥宽度尺寸和撕拉铝盖的刻痕深度，以保证铝盖的接桥断裂力和全开力在标准范围内。

因铝盖在冲压过程有油污和铝屑产生，所以必须经过清洗等表面处理。表面处理的方式一般视铝材情况和用户要求而定。若铝材表面是涂覆的，则只需清洗即可；若不是涂覆铝材，可根据用户要求做电氧化或化学氧化处理。

（2）**口服液瓶铝盖的生产工艺流程**：口服液瓶铝盖主要有易插型铝盖、上撕拉型铝盖（型式）和侧撕拉型铝盖，其生产工艺流程分别如图 3-49、图 3-50 和图 3-51 所示。

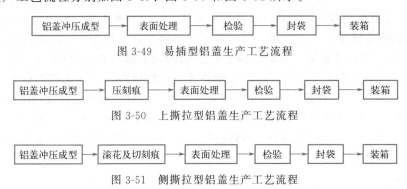

图 3-49　易插型铝盖生产工艺流程

图 3-50　上撕拉型铝盖生产工艺流程

图 3-51　侧撕拉型铝盖生产工艺流程

上述几种铝盖的冲压成型工艺均与抗生素铝盖的冲压成型工艺相同，只是易插型铝盖顶部的薄顶插吸管部位是由冲模保证，在冲压过程中同时完成。撕拉型铝盖因撕拉方向不同，所以压（切）刻痕的模具及设备也不同。上撕拉型铝盖是由冲床冲压完成，刀口装在冲模上；侧撕拉型铝盖则是由专用滚压机完成，刀口装在滚压机轴芯上。

易插型铝盖和撕拉型铝盖的表面处理方式通常采用电氧化处理或电解抛光处理，一般根据需要可制成银白色或金黄色。

（3）**注射剂瓶铝塑组合盖**：其生产工艺流程如图 3-52 所示。

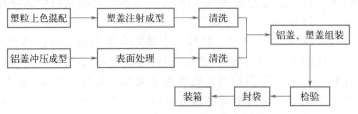

图 3-52　铝塑组合盖生产工艺流程

注射剂瓶铝塑组合盖被国家药品监督管理局划分为Ⅰ类药品包装材料，故它的生产条件必须具备与所包装的药品生产相同的洁净度级别。它规定组装车间必须是 D 级净化生产条件，同时规定在铝盖和塑料盖进入组装车间时须经过清洗，烘干后直接进入 D 级净化车间，烘箱入口对着非洁净区，出口对着洁净区，在产品取出烘箱时严禁打开烘箱的入口门。铝盖的加工工艺与前述的抗生素瓶铝盖相同；塑料盖的加工关键是注塑模具，根据塑料盖的大小和质量选择不同的出模数量，一般为一次出 10～30 个，另外，注塑温度、压力和速度都与产品质量有关。

铝盖、塑料盖的组装主要是通过组装机的热压铆合来完成，为满足洁净生产的要求，一般需采用全自动的组装铆合。

（4）**输液瓶、口服液瓶铝塑组合盖**：因输液瓶、口服液瓶铝塑组合盖的产品结构与抗生素铝塑组合盖基本相同，所以其加工工艺也相同，只是输液产品灌装后灭菌，无须采用 D 级净化生产条件。

（5）**扭断式防盗螺旋铝盖**：其生产工艺流程如图 3-53 所示。铝盖冲压时应有较好的定位基准和定位手段，以防铝盖中心和印刷中心不一致；铝盖的滚花工艺也相当重要，滚刀应经常修磨，保证铝盖圆周方向和连接点均匀，接口处间隙清晰。制版印刷的好坏直接关系到该类产品的生产质量。防盗螺旋铝盖的清洗工艺与普通铝盖清洗相同，主要是洗掉铝盖表面的油污和铝屑。

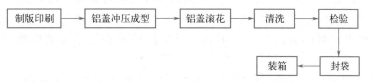

图 3-53　扭断式防盗螺旋铝盖生产工艺流程

（6）**马口铁螺旋盖**：其生产工艺流程如图 3-54 所示。马口铁螺旋盖的制版印刷工艺与防盗螺旋铝盖的印刷基本相同；薄板上蜡是为了提高铁盖冲压的可加工性，脱模方便；铁盖滚花及压螺纹与铝盖滚花工艺大同小异。与扭断式防盗螺旋铝盖不同的是，因为该产品是铁质的，清洗后容易生锈，所以在铁盖滚压后不用清洗，在铁盖冲压前不是上油，而是上蜡，也就是为了减少油污的缘故。

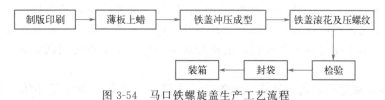

图 3-54　马口铁螺旋盖生产工艺流程

6. 选择金属瓶盖的要求

（1）**根据产品的特性和用途选择瓶盖**：注射剂包装用盖可选择开花铝盖或半开式铝塑组合盖；插吸管形式的口服液瓶可选择易插型铝盖或半开式铝塑组合盖；剂量较小的一般口服液瓶或外用药瓶，可选择撕拉型铝盖（全开式）或铝塑组合盖；剂量较大的口服药瓶可采用防盗螺旋铝盖，有时也可选用全开式铝塑组合盖；输液包装容器通常采用拉环式铝盖或普通型半开式铝塑组合盖；固体制剂（如装片剂、胶囊剂或丸剂等）若采用玻璃瓶包装一般可选马口铁螺旋盖。

（2）**根据产品的价格选择瓶盖**：根据产品成本和用量来选择不同价格的瓶盖。一般地，用量大、售价低的产品选择价格较低的瓶盖，如开花铝盖、拉环铝盖、易插型或撕拉型铝盖等；用量少、产品附加值高的则选用价格较高的瓶盖，如铝塑组合盖、彩色涂膜铝盖等。防盗螺旋铝盖和马口铁螺旋盖因产品单一，没有价格和档次之分，只有用印刷质量的好坏来衡量瓶盖的价格高低。

（二）集成式瓶盖

1. 集成式瓶盖的定义与特点

集成式瓶盖系指按照需要，通过不同组合方式将所需的单体功能有机地集成于一体的方式。集成式瓶盖具有独特的防潮设计，即将防潮剂填装于瓶盖内，有效防止了外界潮湿气体的流入，防潮效果非常好。这种特殊防潮瓶盖与普通的铝箔封口或使用袋装防潮剂的方法相比，无论防潮性能还是安全性能，都具有无可比拟的优势：通常塑料瓶采用铝箔封口方式可以在开启前有效防潮，一旦开启就无法再次封合；而将袋装防潮剂放置包装瓶内虽可以在开启前后有效防潮，但易造成患者误食的情况发生，而集成式防潮盖包装不仅具有良好的储存密闭性，而且可以防止在使用过程中潮湿空气对产品质量的影响，非常适合容易受潮的药品。

2. 集成式瓶盖的种类

根据瓶盖锁紧的方式，瓶盖可分为螺纹盖及揿压盖。螺纹盖利用螺纹锁紧方式，盖与瓶身锁紧牢固，止推力较大；但仅从外观观察常常无法判断瓶盖是否牢固旋紧；而揿压盖通过直观观察可以立即判定欲压盖是否已经与瓶身锁紧。与螺纹盖比较，揿压盖的弱点是止推力较小，在做减压测试时瓶盖易于反弹泄漏。盛装液体的容器一般不宜采用揿压盖。

根据瓶盖的密封原理，密封系统可划分为平压式密封和侧壁式密封。平压式密封只可以用于螺纹盖中，当瓶口外螺纹与瓶盖内螺纹锁紧配合时，随着螺纹的锁紧，瓶口平面与瓶盖内平面的密封圈接触面积增大，从而达到密封的效果。由于在螺纹被紧过程中塑料密封圈产生的变形并非总是有利于密封，因此采用软质的密封垫圈（如橡胶垫圈或纸板垫圈）不失为一个较好的选择。侧壁式密封是利用瓶口内侧与瓶盖密封系统外侧的有效接触来达到密封的效果。为了达到良好的密封效果，通常瓶盖与瓶口内侧接触的部分被制成倒锥拔或橄榄球面。当瓶盖与瓶口锁紧时，密封系统的有效接触面积增大，瓶盖与瓶口内侧接触的部位变形总是朝着有利于密封的方向变化。因此，通常侧壁式密封系统的密封效果要优于平压式密封系统。

（1）集成式防动标识盖：又称防盗保险盖；防动标识也称防动卷、保险圈。它是在普通螺纹盖的基础上，在盖底周边增加一围裙边，并以多点连接，当扭转瓶盖时波形翻边棘齿紧扣于瓶口下端的箍轮上。反旋瓶塞时，裙边锁圈脱落。瓶装药物首次启用前先检查盖锁圈是否完好，可以判断塑料瓶是否曾被打开，药物是否被篡改或盗用。开启保险盖使裙边顺利脱落的转矩力应是轻微和适度的。

（2）集成式防潮盖：系指一种将防潮剂集成于瓶盖内的包装形式，可以降低使用过程中潮气的侵入。药品包装不仅要有良好的贮存密闭性，还应能阻止使用过程中潮湿气体的侵入，保证药品有效期内的贮存环境。通常塑料瓶采用铝箔封口可部分有效地解决仓储防潮，却无法阻止开封后潮湿气体进入瓶内；若将袋装干燥剂置入包装瓶内虽可吸收残留的湿气，却容易给使用者造成不便，而且存在被误食的可能性。两种防潮方式所增加的附加工序导致了药品包装的附加成本增加，于是将防潮剂集成于瓶盖内的概念应运而生了。

（3）集成式防晃动瓶盖：系指为防止胶囊等药品受晃动而破损，而将缓冲体（代替通常使用的药棉或消毒纸絮）集成于瓶盖基座上的一种包装形式。一方面，药品在包装瓶内晃动易导致药品破损或胶囊脱落，采用药用棉花或消毒纸絮作为缓冲体置于瓶体内，使用不便；另一方面由于棉花和纸这些材料本身易于吸湿或堆积不洁物，质量不易控制。因此将缓冲体集成于瓶盖基座上无疑是一个较好的替代方案。

（4）集成式开启助力盖：系指增加开启助力机构的一种包装形式。一方面，当密封系统采用揿压侧壁式密封系统时，瓶盖易开，但与良好的密封效果往往发生冲突，尤其当瓶口口径较大时，这种冲突往往导致顾此失彼。另一方面，就两种功能而言，密封优于易开启功能，因此增加开启助力机构不失为一种综合解决方案。

（5）集成式商标盖：系将商标集成于包装瓶盖上。商标既是制造商知识产权的一种标识，也是市场对于品牌商品认知度的衡量标识。一方面，在生产包装材料的过程中，将商标直接集成于包装瓶盖上提高了瓶盖的造假难度；另一方面，由于瓶盖集多个功能于一体，在方便消费者使用的同时，与其他防伪方案比较可以大大提高包装的防伪效果。

（6）集成式定量盖：患者服用液体药品，往往需要使用量杯或借助于包装容器外壁的刻度值，这种方案不仅对于老年人或儿童极不实用，甚至对于成年人多有不便之处。采用集成式定量套盖可以有效地解决这类问题。

（7）集成式密封系统：将封闭系统（瓶口及瓶盖）集成一体，从而使得瓶身本身一次使用过后不得重复使用。

3. 集成式瓶盖的常用材料

集成式瓶盖的主要原材料比较单一，多为聚烯烃，如 HDPE、LDPE、PP 等。考虑到制造工艺应适当添加润滑剂，并根据所需瓶盖的颜色，选用相应的颜色母料作为辅料。如果集成的功能包含防潮，尚需无毒干燥剂和透析纸板。根据药品的特点，干燥剂可选用单一硅胶、单一大分子筛或硅胶、分子筛混合型干燥剂。

4. 集成式瓶盖的生产工艺及设备

多功能集成式瓶盖的主要制造工艺如图 3-55 所示。

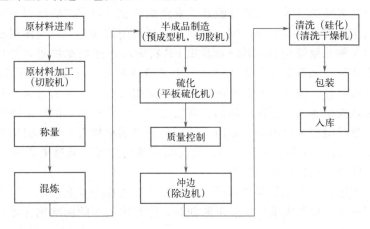

图 3-55　多功能集成式瓶盖的加工工艺流程

基本生产工艺路线：注塑工艺→装配工艺→装填工艺。加工设备包括注塑机、装配机械、装填机械（部分辅件需挤出、吹塑机）。表 3-14 归纳了集成式瓶盖所采用的加工工艺和相应的加工设备。

表 3-14　单体功能集成式瓶盖及其相关工艺、设备

单体功能集成	加工工艺		注塑工艺	挤出吹塑工艺	装配工艺	装填工艺
	加工设备		注塑机	挤出、吹塑机	装配机械	装填机械
	功能集成	功能组合				
干燥剂集成		√				√
螺旋缓冲体集成	√		√			
气囊缓冲体集成		√		√	√	
保险圈集成	√		√			
助力开启集成	√		√			
商标集成	√		√			
定量内盖集成		√	√	√	√	
儿童安全套盖集成		√	√		√	
瓶口集成		√	√		√	

5. 集成式瓶盖选择的注意事项

与传统瓶盖及其相应包装方式相比，采用集成式瓶盖的包装瓶主要优势为功能多样集成，剂型适用范围广，二次包装简便以及较高的性价比。与铝塑包装相比，其环保优势也是显而易见的。在选择时需要考虑以下几点。

① 所包装药品的特性，尤其是对水分的吸湿能力和敏感程度；

② 药品的有效期；

③ 药品的使用环境；

④ 产品生产成本和内容物的附加值等。

（三）塑料瓶盖

药用塑料瓶盖是药用塑料瓶配套使用的重要组成部分。瓶盖大多与药品直接接触，并对气体阻隔、防潮湿、防污染起重要作用。一方面要防止瓶内药物的外溢，另一方面要防止任何异物进入瓶内。阻隔性、

密封性能的好坏在很大程度上取决于瓶口与瓶盖的配合处，包括瓶口闭合处的平整度，瓶盖内层弹性以及盖头锁紧或开启的松紧度。

1. 药用塑料瓶盖种类

药用塑料瓶盖主要有普通螺纹盖、防盗保险盖、安全组合盖、集成式防潮盖等。

普通螺纹盖通过瓶盖内的螺纹与瓶顶的螺纹相啮合达到密闭的功能。目前使用较多的一种塑料盖是防盗保险盖。安全组合盖又称儿童安全盖，其内盖常用 PP 料做成半透明螺纹盖，外层盖以 PE 料做成。内外层盖头的组合结构有多种，如有的外盖盖顶内有多块"塑料弹簧"，盖面上有开启方法的示意图，有的在示意图上还印上醒目的红色。安全组合盖使用时必须先要用力掀压，然后反旋打开，达到防止儿童开启误服药物的目的。目前该安全盖大多为液体制剂塑料瓶配套，生产和使用的厂家还不多。此外，还有集成式塑料瓶盖，将铝箔、纸板组成复合内盖，铝箔、纸板由胶黏剂粘接为一体，铝箔表面根据瓶体材质的不同而涂上与瓶体同质涂层（PE 或 PP、PET 等），在药品灌装后拧盖，通过电磁感应局部加热，使铝箔密封于瓶口，达到密封、防潮、保护药品的目的。

塑料瓶盖的款式、颜色、功能也是多种多样。塑料瓶盖厂往往是专业生产，与塑料瓶厂分工，它们的产品技术含量高，并根据药品包装需求与发展不断创新，体现出较高的标准化程度和专业化水平。

2. 药用塑料瓶盖常用材料

药用塑料瓶盖大多采用 PE、PP 为主要原料。

3. 药用塑料瓶盖制盖成型生产工艺

制盖生产工艺流程如图 3-56 所示。

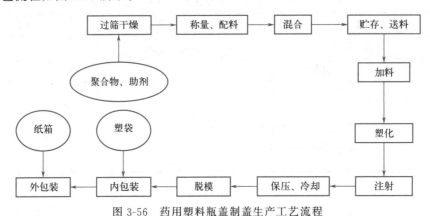

图 3-56　药用塑料瓶盖制盖生产工艺流程

（1）**配合料的制备**：塑料瓶盖的原辅料处理要求和加工过程与瓶身料制备要求基本相仿。要注意的是瓶身主原料是吹塑级的，而瓶盖主原料是注塑级的，同种原料融体指数不同。因此原料在贮存、堆放使用时要严格分开，要有明显识别标志，包括各种回料，要按配方准确配制。

（2）**注塑成型工艺**：注塑成型工艺包括加料、塑化、注射、冷却与脱模等。

① 加料：配合料由密闭管道输送到注塑机顶部料斗，机器开动后，随塑化器料桶内螺杆转动，料斗内的料不断进入料桶，完成给机器加料过程。

② 塑化：塑化是从料斗进入料桶的塑料配合料在料桶中受热达到流动状态并且有良好可塑性的过程。其要求是塑料在进入模腔前达到规定的成型温度，并在规定时间内提供足够量的熔融塑料（塑化量）。熔料各点温度应均匀一致，不发生热分解，以确保塑料瓶盖的物理性能和连续生产的需要。

③ 注射：先是将塑化良好的熔体在螺杆的推压下注入模具（即注射过程），熔料在注射模腔时要经过喷嘴、主（分）流道、浇口，阻力很大，注射压力损失达 30%～70%，故工艺要求必须要有足够大的注射压力，保障充模完全。然后是模塑阶段，即弃模、压实、倒流和浇口固化 4 个步骤。注入模腔的塑料熔体经冷却定型为塑料瓶盖。

④ 冷却与脱模：冷却与脱模阶段是从浇口的塑料完全冻结起到盖子从模具中脱出的阶段。脱模又分强脱模直接脱出和用专用脱模装置推杆帮助脱出。经过对注射时间、注射压力、注射温度和模具冷却相关

工艺调节可以获得满意的产品。

（3）**包装**：目前在塑料盖生产中，基本上采用数量质量换算法。当核定好每箱盖头的数量后，称出每箱的质量，在一定时间周期内，即按该质量作为每箱的装箱数（口）。为减少误差，除了要稳定制盖生产工艺外，还必须经常注意计量器具的准确性，经常校验或修正每箱规定数量盖头的质量。

二、卤化丁基橡胶塞

（一）概述

为防止药品在储存、运输和使用过程中受到污染和渗漏，直到 20 世纪初，瓶塞主要还是由软木或玻璃制成。后由天然橡胶为基础制成的固体胶塞逐渐代替了软木塞和玻璃塞，成为医药产品包装的密封件，包括大输液瓶塞、冻干制剂瓶塞、血液试管胶塞、输液泵胶塞、齿科麻醉针筒活塞、预装注射针筒活塞、胰岛素注射器活塞和各种气雾瓶（吸气器）所用密封件等。

1. 橡胶塞的质量要求

理想的瓶塞应具备以下性能：对气体和水蒸气的低透过性；低吸水率；低浸出物；能耐针刺且不落屑；有足够的弹性，刺穿后再封性好；良好的耐老化性和色泽稳定性；耐蒸汽、氧乙烯和辐射消毒等。

橡胶塞的质量要求为：

① 富有弹性及柔软性，针头容易刺入，拔出后应立即闭合，且能耐受多次穿刺而无碎屑脱落；

② 具耐溶性，不致增加药液中的杂质；

③ 可耐受高温灭菌；

④ 有高度的化学稳定性，不与药物成分发生相互作用；

⑤ 对药液中的药物或附加剂的吸附应很低；

⑥ 无毒性及无溶血作用。

2. 橡胶的特性与分类

（1）**天然橡胶**：天然橡胶是第一种用于药用瓶塞的橡胶。具有比较理想的特性，其回弹性可提供良好的密封性，而且可耐受注射针头多次穿刺仍能重新密封。但是，天然橡胶在割胶和加工过程中不可避免地受到细菌等污染，造成成分复杂，存在异性蛋白等杂质引起注射剂热原等问题，给用药安全留下隐患，另外，天然橡胶在固化或交联过程中，所有的双键中只有 $10\%\sim20\%$ 发生反应，从而导致其暴露于热、氧气或空气等条件下发生化学键断裂而使橡胶表面变黏、裂纹和最终完全降解。因此，天然橡胶胶塞已经停止使用。

（2）**丁基橡胶**：丁基橡胶是由异丁烯单体与少量异戊二烯共聚合而成，商品名通称 Butyl Rubber，代号为 IIR。丁基橡胶为线型高分子化合物，其分子结构式为：

$$\left[\!\!\begin{array}{c}CH_3\\|\\CH_2-C-\\|\\CH_3\end{array}\!\!\right]_m\!\!-CH_2-\!\!\begin{array}{c}CH_3\\|\\C\end{array}\!\!=\!\!\begin{array}{c}\\C-CH_2\\|\\H\end{array}\!\!\bigg]_n$$

（3）**卤化丁基橡胶**：卤化丁基橡胶系丁基橡胶的改性产品，卤代后可提高丁基橡胶的活性，使之与其他不饱和橡胶产生相容性，提高自黏性和互黏性，以及硫化交联能力，同时保持丁基橡胶的原有特性，代号 XIIR。常用的有氯化丁基橡胶（chlorobutyl rubber）和溴化丁基橡胶（bromobutyl rubber）两类，分别为 CIIR 和 BIIR。其结构式如下：

$$\left[\!\!\begin{array}{c}CH_3\\|\\CH_2-C-\\|\\CH_3\end{array}\!\!\right]_n\!\!CH_2-\!\!\begin{array}{c}CH_2\\||\\C\end{array}\!\!\begin{array}{c}\\C-CH_2\\|\\Cl(Br)\end{array}\!\!\left[\!\!\begin{array}{c}CH_3\\|\\CH_2-C-\\|\\CH_3\end{array}\!\!\right]_m$$

卤化丁基橡胶中，结合氯含量为 $1.1\%\sim1.3\%$（质量分数），结合溴含量为 $1.9\%\sim2.1\%$。基本上是每一个双键伴有一个烯丙基卤原子。

3. 卤化丁基橡胶塞的种类

目前国内一般将卤化丁基橡胶药用瓶塞统称为药用丁基橡胶塞，简称丁基胶塞。根据主要材质的不同，卤化丁基橡胶塞分为溴化丁基橡胶塞和氯化丁基橡胶塞。根据所封装药品的不同，卤化丁基橡胶塞可分为以下几种。

（1）输液瓶用卤化丁基橡胶塞：分为 A 型瓶塞和 B 型瓶塞，其中 A 型瓶胶塞尺寸（冠状直径，下同）为 32 mm；B 型瓶胶塞尺寸为 28 mm。

（2）注射剂瓶用卤化丁基橡胶塞：分为 A 型瓶胶塞和 B 型瓶胶塞，胶塞尺寸有 20 mm 和 13 mm 两种。

（3）冷冻干燥输液瓶用卤化丁基橡胶塞：胶塞尺寸有 32 mm、28 mm 两种。

（4）冷冻干燥注射瓶用卤化丁基橡胶塞：胶塞尺寸有 13 mm 和 20 mm 两种，每种规格又根据颈部结构的不同分为单叉、双叉、三叉和四叉 4 种类型。

（5）采血器试管用卤化丁基橡胶塞：根据采血器试管直径的不同，采血器试管塞有多种尺寸，目前已经批量生产的有 14 mm 和 16 mm 两种。

常见卤化丁基橡胶塞如图 3-57 所示。

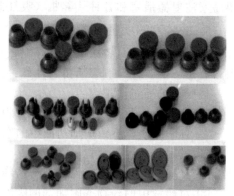

图 3-57　常见卤化丁基橡胶塞

4. 卤化丁基橡胶塞的性能要求

在药品包装上，应用橡胶的性能要求为：低的透气、透湿和透水蒸气性；稳定的化学和生物惰性；在硫化变化过程中低于可抽出物（析出物）；良好的耐热、耐臭氧和耐紫外光性能；在针刺时，自密封性能好以及落屑少。

在医药应用上，硫化胶的性能要求为：无毒；与药品不相容；能耐抗药品；物理性能和化学性能良好；撕裂或穿刺落屑少；密封性良好；刺穿后自密封性好；能用标准法（蒸汽）或非标准法（放射线）杀菌消毒；色泽保持良好；对老化、蒸汽与气体的渗透，水植物油的耐抗性良好；可用低萃取性的硫化系统。

5. 卤化丁基橡胶塞的发展趋势

由于卤化丁基橡胶塞具有天然胶塞无法比拟的优越性，我国在 20 世纪 90 年代初引进和开发出丁基橡胶塞并实现产业化，成为输液及粉针注射药品封装的首选产品。

为解决卤化丁基橡胶塞给药品带来的微粒及抽出物问题，瓶塞行业已开始设法使用塑性弹性体和 Exxpro™ 等新型特种弹性体。这样一方面可降低主体材料本身所释放的微粒污染和析出物，另一方面也可尽量减少产品的构成组分，从而进一步降低瓶塞给药品所带来的负面影响。

此外，为隔离瓶塞与药品的相互接触，胶塞制造企业已陆续研制和开发出镀膜胶塞和涂膜胶塞，即在胶塞表面或与药液接触面采用不同的工艺涂覆一层聚四氟乙烯、聚乙烯或聚丙烯等材料膜。这些材料优越的化学惰性，使得胶塞与药品的相互反应几乎降低到了最低限度。截止到目前，这是解决瓶塞与药品相容性问题最有效的方法。但该类胶塞制造成本较高，应用范围还相当有限。

为满足广大制药企业对不洗即用胶塞的需求，近年来国内外出现了一种"免洗胶塞"，即制药企业在使用时不必再重新清洗胶塞，只需直接将胶塞灭菌即可上机。目前，关于免洗胶塞还没有相应的国际标准和国家标准，因而各制药企业在选用时一定要做好验证工作。

（二）卤化丁基橡胶塞的材料及配方

1. 主体材料

（1）氯化丁基橡胶（CIIR）：是一种含有反应活性氯原子的弹性异丁烯-异戊二烯共聚物。它是第一个商品化的卤化丁基橡胶。关于氯化丁基橡胶的牌号，国际上有美国 Exxon 公司生产的，牌号为 1066，1068；还有德国 Bayer 公司的产品，牌号为 1240，1240 P。

（2）**溴化丁基橡胶（BIIR）**：是一种含有反应活性溴的异丁烯与异戊二烯弹性共聚物。溴化丁基橡胶具有丁基橡胶高度饱和的聚异丁烯主链，因而它拥有丁基橡胶的许多属性。这些属性包括强度，阻尼性，低玻璃化转变温度，空气、气体和湿气的低渗透性，耐老化性及耐天候性。

Exxon的接枝溴化丁基橡胶是溴化丁基橡胶产品中的新成员。它具有一种独特的分子量分布，即包含高分子量的星型接枝分子，因而改善了标准溴化丁基橡胶的胶料加工性能。Exxon公司的溴化丁基橡胶的牌号有8个，分别是2211、2222、2235、2244、2255、6222、7211、7244。Bayer公司的溴化丁基橡胶的牌号有X2和2030，已在药用瓶塞上广泛使用。

（3）**丁基橡胶**：是异丁烯和异戊二烯的共聚物，其中异戊二烯含量是0.5%～2.5%（摩尔分数）。丁基橡胶的透气性在烃类橡胶中是最低的。丁基橡胶表现出高度阻隔性并且在低温下有适当的屈挠性。其玻璃化转变温度（T_g）为-72 ℃。这些性质的综合使之具有无比的优越性。Exxon公司用于药用瓶塞的丁基橡胶牌号有268。Bayer公司用于药用瓶塞的丁基橡胶牌号有301、402。

2. 助剂

（1）**硫化剂**：系指能使橡胶分子由线型结构变为网状（体型）结构的物质，又称交联剂。卤化丁基橡胶塞使用的硫化剂主要有树脂硫化剂（酚醛树脂），如国产101♯、2402♯树脂，国产201♯、202♯树脂，美国生产的SP1044、SP1045、SP1055和聚胺类硫化剂如六亚甲基二胺氨基甲酸盐，国外牌号典型的有Diak No.1。

（2）**硫化促进剂**：系指加入胶料后能缩短硫化时间、降低硫化温度、减少硫化剂用量和提高制品物理力学性能的物质。硫化促进剂最早使用的是苯胺，发展到现在有有机碱类、噻唑类、黄原酸类和次磺酰胺类。卤化丁基硫化促进剂主要有秋兰姆（TMTD、TMTM）、N-环己基-2-苯并噻唑次磺酰胺（CZ）、二乙基二硫代氨基甲酸锌（ZDC）。

（3）**活性剂**：系指加入橡胶配合后，能增加硫化促进剂活性，从而减少硫化促进剂用量或缩短硫化时间，改善硫化胶性能的物质。无机活性剂主要有金属氧化物、氢氧化物和碱式碳酸盐等，有机活性剂主要有脂肪酸、胺类、皂类以及有机促进剂的衍生物等。卤化丁基橡胶塞使用的活性剂有ZnO、MgO、硬脂酸（SA）等。

（4）**补强剂**：系指对橡胶有补强效果的物质。卤化丁基橡胶塞使用的补强剂有煅烧高岭土、白炭黑、炭黑、滑石粉、硫酸钡等无机填料，还有硅烷处理过的滑石粉、硅烷处理过的陶土。

（5）**软化剂**：软化剂又称物理增塑剂，在橡胶中的增塑机理是通过增大分子链间的距离减少分子间的作用力，并产生润滑作用，使分子链之间易滑动，从而增加胶料的塑性。卤化丁基橡胶塞使用的软化剂有石蜡油、低分子量的聚乙烯（AC-617）、低分子量的聚丁烯（H-300，H-100）。

（6）**专用配合剂**：着色剂、防焦剂和防老剂等。

3. 卤化丁基橡胶塞的配方

（1）**配方设计的原则**：卤化丁基橡胶塞的配方设计原则如下所述。

① 所选用的各种原辅材料必须考虑其生物相容性，其主要原料在选择时应遵循以下原则：选择聚合物时，应用少量硫化剂即可硫化；所含杂质和添加剂的量很少；高度的气密性和自密封性能；良好的化学和生物惰性；良好的耐老化和耐消毒灭菌性能。选择硫化剂时，应考虑化学纯度尽可能高，砷、镉、铅等重金属离子含量越低越好；用量应严格控制，不宜过量。选择促进剂时，应无毒无味；使用品种应尽可能少；用量应严格控制。选择填充剂时，应无毒；吸水性极低；化学纯度高；挥发性物质含量少；分散性良好。选择增塑剂时，应与主体材料及填料有良好的相容性；对人体无毒害影响；迁移小，不易被抽提等。

② 成品应符合相关标准和规定。

③ 应能满足客户的特殊要求。

④ 半成品加工工艺性能良好，合格率高。

（2）**卤化丁基胶塞的常用配方举例**：丁基橡胶塞及卤化丁基橡胶塞的常用配方可参考表3-15、表3-16和表3-17。

表 3-15　丁基橡胶塞配方

序号	原材料名称	质量份
1	丁基橡胶(268,301,402)	100
2	煅烧高岭土	100
3	氧化锌	5
4	硬脂酸	1
5	石蜡	2
6	促进剂 TT	1.5
7	硫黄	0.8

表 3-16　卤化丁基橡胶塞（Exxon）配方

序号	氯化丁基橡胶		溴化丁基橡胶		
	原材料名称	质量份	原材料名称	质量份	
1	氯化丁基橡胶 1066	100	溴化丁基橡胶 2244	100	—
2	煅烧高岭土	90	溴化丁基橡胶 2233	—	100
3	聚乙烯(AC-617)	5	煅烧高岭土	60	30
4	硬脂酸	1	滑石粉	—	30
5	氧化锌	3	硬脂酸	1	1
6	二乙基二硫代氨甲酸锌	1.5	聚乙烯(AC-617)	3	4
7	ZDEDC 或酚醛树脂 SP1045	2	白油（石蜡油）	5	5
8			Diak No.1	1	1

表 3-17　卤化丁基橡胶塞（Bayer）配方

序号	氯化丁基橡胶		溴化丁基橡胶	
	原材料名称	质量份	原材料名称	质量份
1	氯化丁基橡胶(1240,1240 P)	100	溴化丁基橡胶(2030)	100
2	煅烧高岭土	100	煅烧高岭土	100
3	聚乙烯(AC-617)	2	聚乙烯(AC-617)	2
4	石蜡	2	石蜡	2
5	氧化锌	2	氧化锌	3
6	ZDMC	0.4	SP1045	2.5

（三）卤化丁基橡胶塞的生产工艺

1. 工艺流程

卤化丁基橡胶塞生产工艺流程与普通橡胶塞生产流程大致相同，各工序应控制严格，此外，增加清洗硅化工序、洁净包装工序，其生产工艺流程如图 3-58 所示。

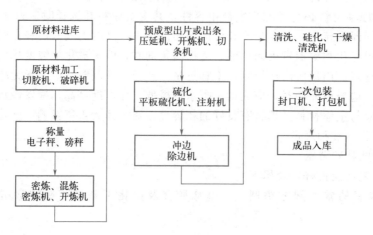

图 3-58　卤化丁基橡胶塞生产工艺流程

2. 典型生产工艺流程简介

（1）**配合**：称量配合是按照配方规定的原材料品种和用量比例，采用适当的衡器进行称量搭配的操作过程。其操作方式常分两种：一种是手工操作法，一种是机械化自动称量配合法。现代化大生产中的称量配合操作都采用机械化自动称量方法。在整个混炼系统中配备一整套原材料贮存和输送、自动称量、向密炼机加料的系统装置。由计算机编程后进行远程操纵和集中控制，大大降低了员工的劳动强度，减少了污染，保证称量的准确度，极大地提高了生产效率。

卤化丁基橡胶切胶后，通过电子皮带秤计量后，送到密炼机，煅烧高岭土，小料通过贮仓，加料螺旋称量，由输送管道集中，复核无误，经过计算机指令，自动输送密炼机，这一系统称之为上辅机系统。

（2）**混炼**：系指将各种配合剂混入生胶中，在机械力作用下，将胶料剪切、捏炼，制成质量均一的混炼胶的加工过程。大多数瓶塞混炼加工的方式仍以开放式炼胶机和密闭式炼胶机的间歇式混炼加工为主。国内企业普遍采用加压式密炼机，在开炼机加硫化剂和硫化促进剂混炼，通过压片制成混炼胶存放。也有采用两段混炼法，先将卤化丁基填料、软化剂、颜料（除硫化剂，硫化促进剂）配合剂在密炼机粗混，制得母炼胶停放，在开炼机加入硫化剂、硫化促进剂，完成胶料的全部混合。这一阶段，终炼结束后，将瓶塞的混炼胶放入指定地点存放。

（3）**预成型**：预成型工艺是根据硫化设备、模具，将混炼胶通过开炼机压片或挤出机挤出、压延机压延成所需规格的半成品的工艺过程，其实也是混炼胶进一步塑化的过程。卤化丁基胶塞的预成型工艺如下：

① 出片时，二辊开炼机的辊筒温度在 70～80 ℃，辊筒上的堆积胶应保持最少。

② 挤出机的喂料量必须足够，以防止夹带空气。

③ 挤出的胶条，切割成等长、等重。

④ 胶条用隔离剂（硬脂酸锌）隔离，或用抗黏聚乙烯薄膜隔离。

⑤ 用压延机代替挤出机，可生产厚度尺寸均匀的胶片。

（4）**硫化**：系指在一定条件下（时间、温度、压力），混炼橡胶由线型状态的橡胶分子链变成立体网状的橡胶分子链的交联过程。丁基瓶塞的硫化目前采用平板硫化法和注射硫化法。硫化温度 160～200 ℃，压力 10～25 MPa，时间 150～900 s。国内外常用的平板硫化法，也就是模压法，都采用电加热抽真空平板硫化机。

（5）**冲切**：冲边也叫修边，用手工或机械的方法，将产品的废边除去，使之达到产品尺寸的规范要求。

丁基橡胶塞的小批量生产采用半自动单模、多孔模冲切，冲刀和冲孔配合精度要求高，若发展到大批量则采用群模整体冲切，统称为机械除边。还要设计模具分型面，使橡胶塞废边便于冷冻除边。现在，大多数瓶塞企业采用冲床修边，模具具有 36 工位、81 工位，冲切的效率比较高。国外新近发展设计无废边模具，硫化时采用自动顶模，无需冲边工序。

丁基橡胶塞冲切工艺为：开启冲边机电源，设定冲切单程往复程序参数，将半成品硫化胶片冠部向下，放入模具冲孔，抚平，手同时启动点动，冲切完成，去掉废边，进入下一步冲切。冲模每冲 3 万～5 万次，需要到磨床上平磨修理。

（6）**清洗硅化**：丁基橡胶塞清洗与普通清洗不一样，由于与药品接触对微粒的控制显得很重要，再加上环境因素，瓶塞静电吸附，除边工序等，药品分装要求必须对瓶塞进行清洗硅化。橡胶塞在清洗机中，经过纯水或注射用水加入无污染清洗剂，通过清洗、漂洗、溢流、硅化、干燥、灭菌（纯蒸汽）、冷却等环节，胶塞的洁净度达到规范要求，这一过程称之为清洗硅化工序。

清洗硅化必须在洁净的环境下进行，洁净室洁净级别为 C 级，出料口局部 A 级，清洗设备符合洁净要求，凡与橡胶塞接触，内壁及管道均采用不锈钢 316L 材质。清洗的介质纯水、注射水、纯蒸汽，包括所有操作人员，必须符合规范要求。国际上通常采用自动清洗机，使清洗、漂洗、溢流、硅化、灭菌等多种工序一次完成。

（7）**包装**：橡胶塞的包装工艺不同于其他产品，在洁净室 B 级背景下的 A 级洁净室进行内包装（初级包装），封口，必要时抽真空，外套一层洁净聚乙烯袋（次级包装）；通过传递窗传递到 D 级包装间进行纸箱包装，封口胶带封口，再用编织袋打包。包装前胶塞必须进行计数或计量。

（四）卤化丁基橡胶塞的应用

1. 适用范围

丁基橡胶塞以其优良的气密性及化学稳定性，可广泛用于粉针注射剂、输液制品、冷冻干燥制剂、生物制剂和血液制品药品的封装。

2. 选用原则

（1）**根据生产工艺进行选择**：采用冷冻干燥法生产注射用无菌粉末时，必须选用冷冻干燥胶塞；而采用其他方法如灭菌溶剂结晶法、喷雾干燥法生产注射用无菌粉末时，则必须采用注射剂瓶用橡胶塞；对于输液产品则应相应选用输液用橡胶塞。

（2）**根据生产设备进行选择**：对于进口分装线，其运行轨道一般适用于冠状直径为 18.8 mm 的胶塞，对应于我国行业标准中的 20-A、20-B1 型产品；而以前使用天然胶塞的生产线一般适用于冠状直径为 19.5 mm 的胶塞，对应于我国行业标准中的 20-B2、20-B4 型产品。

（3）**根据选用的玻璃瓶进行选择**：一般情况下，如果选用符合 GB/T 2639—2008 的玻璃输液瓶，可根据瓶型进行选用，其中，A 型瓶可选用行业标准的 32-A 型橡胶塞，B 型瓶可选用行业标准的 28-B 型橡胶塞。

对于符合 GB/Z 2640—2021 的模制注射剂瓶，同样可根据瓶型进行选择。其中 A 型瓶瓶口内径 12.6 mm，建议选用冠状直径为 13.2 mm 的产品（如 20-A 型产品）；B 型瓶瓶口的 12.5 mm，建议选用冠状直径为 13.0 mm 的产品（如 20-B1、20-B2 型产品）。

（4）**根据相容性试验进行选择**：丁基橡胶塞与药品是直接接触的，不可避免地会与某些药品发生相互反应，因而药品生产企业在确定供货厂家之前，必须进行相容性试验，根据试验结果优选厂家进行配套。

3. 使用注意事项

① 应在洁净区域打开包装，制药企业应在控制区打开包装箱，在 D 级洁净区打开第一层内包装，在 C 级洁净区打开第二层内包装。

② 应采用注射用水进行清洗，清洗次数不宜超过两遍，最好采用超声波清洗，清洗过程中切忌搅拌，并尽可能地减少胶塞间的摩擦。

③ 干燥灭菌最好采用湿热灭菌，121 ℃、0.5 h 即可。如果条件不允许湿热灭菌，只能干热灭菌，则时间最好不要超过 2 h。在胶塞干燥灭菌的过程中，应尽量设法减少胶塞间的摩擦，如采用转动干燥，则设备的转动速度不应超过 1 r/min，并适当设置停转时间。

④ 制药企业可以省略硅化工艺，由于胶塞在制造厂家经过硅化处理，制药企业在满足上机压盖的条件下，一般不需再进行硅化处理。

第九节　药用气雾罐与阀门系统

一、药用气雾罐

1. 药用气雾罐的定义与作用

药用气雾罐（aerosol can）又称耐压容器（pressure canister），系指用于盛装气雾剂产品、具有一定耐压系数和冲击耐力的容器。药用气雾罐是气雾剂产品的重要组成部件，是盛装气雾剂产品的一次性使用容器，见图 3-59。

药用气雾罐的作用常包括三个方面。一是作为气雾剂内容物的盛装容器。因其盛装的内容物中包括抛射剂，而抛射剂又在容器中呈液相和气相两相，气相会产生一定的压力，因此，药用气雾罐需耐受一定压力。二是作为气雾剂阀门的基座。三是印贴标签说明。

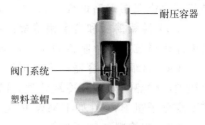

图 3-59　气雾剂容器结构示意图

2. 药用气雾罐的分类与要求

（1）药用气雾罐的分类： 分类方法较多，分别做如下所述。

① 按结构分类：一片罐、二片罐和三片罐。

② 按材质分类：马口铁罐、铝罐、塑料罐、玻璃罐。

③ 按形状分类：直身罐、缩颈罐。铝罐按形状又可分为圆肩型、斜肩型、台阶肩型等。常见的各种气雾罐平面图见图 3-60。

(a) 直身罐　　(b) 缩颈罐　　(c) 圆肩型铝罐　　(d) 斜肩型铝罐　　(e) 台阶肩型铝罐

图 3-60　各种气雾罐平面图

④ 按耐压要求分类：普通罐、高压罐和超高压罐等。

（2）药用气雾罐的要求： 主要包括外观、尺寸、材质、强度、耐压、密封及耐腐蚀方面的要求。

① 外观：要求印刷图文清晰完整，无划伤，罐体平整，有内涂层的要求涂层均匀。

② 尺寸：要求罐口外径与内径、罐口接触高度等符合要求。

③ 材质：马口铁罐的镀锡量约 $5.6\ g/cm^3$，铝罐的铝纯度要求达到 99.5%。

④ 强度：要求阀门封口时罐口及卷边和空罐其他部位不变形，空罐各部位受到一般性撞击时不变形。

⑤ 耐压、密封及耐腐蚀要求：罐体应能耐受工作压力，加压时不渗漏，并有一定的耐压安全系数和冲击耐力。内壁应完整无接缝，金属罐体有焊缝或底部卷封时，应使用完整内涂层以提高密封性；金属罐内壁使用内涂层还可以提高耐腐蚀性，内涂层应安全、稳定，并与药液有良好的相容性。

3. 药用气雾罐的常用材料

气雾剂包装容器材料主要有钢板、铝板、玻璃、不锈钢和塑料，其中以钢板为大多数，占 80%～90%，铝占 10%～15%。金属容器具有强度高，耐冲出；阻隔性能好；易于加工成型；表面装饰性好；卫生安全并可再生利用等特点。但化学稳定性较差，需用环氧树脂等进行内表面处理来保护。玻璃容器因其坚硬、惰性、耐腐蚀、无渗透性、便于加工及可回收利用等特点被广泛应用，但其耐压性和抗撞击性较差，故需在玻璃容器的外面搪以塑料层，既可增加其耐压能力，又可缓冲外界的冲出。塑料容器具有价廉、质轻、美观、耐腐蚀等优点，但存在耐压性较差、渗透性较高以及特殊的气味和增塑剂迁移引起变色等问题。

（1）镀锡薄钢板： 采用平均厚度为 0.15～0.16 mm，镀锡层量（双面）为 5.65 g/m^2 的镀锡薄钢板。由于价格原因，目前镀锡层量最薄已达到 1.14 g/m^2。制罐体用的薄板选择最轻量的，厚度为 0.155～0.251 mm。制作罐底和罐顶用的薄板则选相对厚些的，厚度为 0.343～0.358 mm。

美国多数采用 DR-8 号板（DR 为二次减薄冷轧，8 为硬度相对值），它具有比同等厚度其他钢板更大的硬度、强度和抗压陷性，成本也较低。采用超薄型钢板可能存在的问题就是抗挤压能力差以及在充填过程中抵抗抽真空所造成的内凹陷能力较低。

（2）镀铬板： 某些镀锡板经流体抛光处理后，放入加热的重铬酸钠溶液中，并通上电流，表面镀上一层极薄的铬和氧化铬，可改善涂漆黏附力，其抗氧化性和低温焊接性可达到最佳。日本研制出一种金属铬和氧化铬双层镀铬钢板（ECCS），其镀层非常均匀，成本也较低，对涂漆黏附性很好。

（3）**纯铝薄板和合金铝薄板**：系由工业纯铝或铝合金制成厚度 0.2 mm 以上的板材，铝制喷雾罐系用单片铝材拉伸成形制得的无缝容器。

（4）**玻璃喷雾容器**：主要用于药品包装，这种玻璃压力容器，用钠钙配方Ⅲ型玻璃制造。如不进行涂塑则需做热端处理和冷端处理，以提高其韧性，减少使用中被擦伤、碰伤和腐蚀的可能性。通常使用黏胶型高分子量 PVC（如 HMW-PVC）涂层涂敷于瓶体表面，可增加拉伸强度、耐磨性和吸震性。

（5）**内涂料**：为了增加容器对内装物料的耐腐蚀性，容器内壁常涂以单层、双层或三层内涂料。对某些不含水、与罐体材料无化学反应的产品，则容器内可不涂内涂料。

内涂层作业是在制罐身和罐底前进行的。内涂层使用环氧-酚醛树脂、脲-甲醛-环氧树脂等。若要增强密封性，在焊缝上可加镶条或在卷封前加有机溶胶衬料。某些化工油漆产品含有二氯甲烷、丙酮等一些能溶解乙烯基树脂的溶剂，故除了加边缝镶条，须再加酚醛外层涂料。

4. 制罐工艺流程

（1）**制罐工艺流程**：其工艺流程见图 3-61。

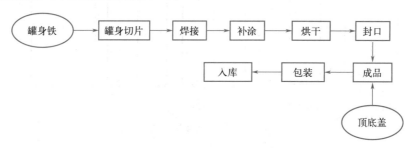

图 3-61　气雾罐制罐工艺流程图

（2）**冲压工艺流程**：其冲压工艺流程见图 3-62。

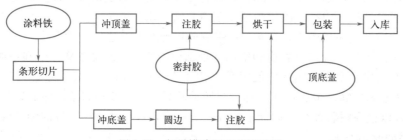

图 3-62　气雾罐冲压工艺流程图

5. 生产设备

制罐生产设备包括翻边缩颈机、封罐机、罐身缝焊机、罐身升运机、压力机、圆边机、注胶机、切片机、双色印铁机、涂布机等。

二、药用气雾剂阀门系统

1. 药用气雾剂阀门的定义

药用气雾剂阀门系指固定在气雾剂耐压容器上的机械装置，关闭时保证内容物不泄漏，促动时使内容物以预定的形态释放出来。它是气雾剂最为重要和关键的部件之一，常常被视作气雾剂的心脏，对药用气雾剂产品的安全性和有效性也起着关键作用。常用的材料有塑料、橡胶、铝或不锈钢等。

2. 气雾剂阀门的种类及特点

（1）**按喷出物的形态分类**：可分为喷雾型阀门、泡沫型阀门、凝胶型阀门、溶液型阀门、粉末型阀门等。促动器上喷孔的形状影响着喷出物的形态，喷孔一般有圆柱形、圆锥形和倒圆锥形 3 种，其中倒圆锥形喷出的雾粒较细。另外，喷孔的孔径大小对喷出物的形态也起作用，一般泡沫型阀门和粉末型阀门的喷孔内径较大。

（2）**按阀杆在阀门中的位置分类**：可分为雄阀和雌阀。雄阀阀杆自成一体，而雌阀中的阀杆则一分为二，上半部分与促动器结合在一起，下半部分作为阀杆座。

（3）**按口径大小分类**：可分为 25.4 mm、20 mm 及其他规格。25.4 mm 口径的阀门尺寸是阀门的标准尺寸，最为常用，因为气雾罐的标准尺寸也是 25.4 mm，故便于不同种类的阀门与气雾罐的装配。20 mm 口径的阀门则较常用于小容量的气雾剂产品，另外根据不同的需求还有其他各种规格的阀门。

（4）**按喷雾连续性方式分类**：可分为非定量阀门、定量阀门和全释型阀门。非定量阀门系指促动时内容物连续不断喷出直至关闭才停止的阀门。定量阀门则是每促动阀门一次，内容物能定量喷出的阀门。对于有剂量要求的药物，则必须以定量阀门与之配套，严格控制每次喷出物的数量以达到医生处方的要求；另有一些药物的贮存要求较高或其成分活性较易受影响，故与其配套的是全释型阀门，药品的容量仅为一次剂量，一次开启全部用尽，即每次用药皆为未开启过的全新包装，以保证达到药效。

（5）**按阀门使用位置分类**：可分为正置式、倒置式及球阀（360°全方位）。正置式阀门系指正置使用，倒置式阀门则倒置使用，球阀可任意方向使用。正置式阀门一般都有引液管，包括外插式和内插式；倒置式阀门因是倒置使用，一般无引液管；而球阀则考虑了固定使用方向阀门的不便，甚至有时错误的使用会导致阀门系统的失效从而使气雾剂产品报废，故开发了可全方位使用的阀门，以方便使用。

3. 气雾剂阀门的组成

气雾剂阀门种类繁多，不同形式的阀门在结构上也略有差异，一个完整的药用气雾剂阀门主要由以下 8 个部件构成，包括封帽、促动器、阀杆、密封圈、阀体、定量室、弹簧和引液管等。气雾剂定量阀门系统装置外形及部件见图 3-63。

（1）**封帽（或固定盖）**：是装配阀杆、阀体等部件的基座，它的另一个作用是将阀门固定并密封在气雾罐上。通常是铝制品，必要时涂上环氧树脂薄膜以防生锈。固定盖的标准尺寸（直径）是25.4 mm，此外还有 20 mm、18 mm 等尺寸。对于 25.4 mm 标准固定盖，在国

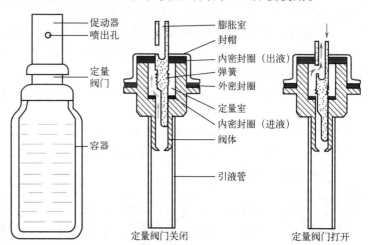

图 3-63　气雾剂定量阀门系统装置外形及部件图

家标准 GB/T 17447—2023《气雾阀》中规定其基本尺寸为 25.15 mm，尺寸偏差±0.08 mm，实际比25.4 mm 略小。这是因为罐口内径 25.40 mm 的喷雾罐尺寸偏差为±0.10 mm，这样阀门的尺寸略小就能保证阀门可以伸入到罐中，还可以再添加外密封圈。

（2）**促动器**：用来打开或关闭气雾剂阀门的装置，具有各种形状并有适宜的小孔与喷嘴相连，控制药液喷出的方向，是阀门系统中最上端部分，一般用塑料制成。促动器是药用气雾剂阀门各部件中最重要的组成部分，它不仅仅控制着阀门的开启或关闭，还影响着气雾剂的喷雾形式，如雾状、泡沫状、凝胶状、粉状等，另外促动器也决定喷射距离、气雾剂的直径等。促动器有一体式与两体式之分，其区别主要在于两体式的阀门在促动器上嵌入了一个微雾化器，可以改变气雾剂的直径或喷出的雾形以满足需要。

（3）**阀杆**：是阀门的轴芯，通常用尼龙或不锈钢制成，顶端与促动器相接，有内孔（出药孔）和膨胀室。若为定量阀门，其下端应有一细槽（引液槽）或缺口供药液进入定量室。阀杆是雄阀特有的部件。雌阀中无一体式的阀杆，而是将阀杆一分为二，上半部与促动器结合一体，下半部即为雌阀阀体中特有的阀杆座。上下两部分共同作用，起到阀杆的功用。阀杆的作用为：通过阀杆的上下运动，控制阀门的开闭；通过阀杆上计量孔的大小调节喷雾速率；作为气雾剂内容物从阀体流向促动器的通道；另外，阀杆还是促动器的安装基座。在雌阀中，计量孔的功能由一槽型结构替代，槽的尺寸、数量等控制喷雾速率。槽型结构有的设计在促动器下端一段中空的细管底部，有的设计在阀杆座的上端。

（4）**密封圈**：是封闭或打开阀门内孔的控制圈，主要起封闭容器、封闭定量室小孔和控制阀门开关

的作用。通常有外密封圈与内密封圈之分。

外密封圈是接合在固定盖与罐口之间，对产品起密封作用；其次，外密封圈可以保护固定盖不受罐内药物的侵蚀。密封圈的种类有多种，有用丁腈橡胶或氯丁基橡胶制成的切割式圆环型外密封圈，此类外密封圈在欧洲国家被广泛使用；有用氯丁基橡胶制成的浇注型外密封圈，此类外密封圈在美国、日本等国家使用较多；此外还有塑料薄套型和薄膜覆盖型外密封圈，这两种外密封圈采用聚乙烯或聚丙烯替代橡胶类产品。

内密封圈又称阀杆密封圈，对阀门的开启和关闭具有很大的影响。在雄阀中，阀门关闭时，内密封圈起着包紧计量孔的作用，使气雾剂产品被密封在罐内；而当阀门开启时，阀杆位置下移，计量孔被暴露在外，从而使气雾剂产品经过阀杆被释放出。在雌阀中内密封圈则作用于阀杆座上端或促动器下方的槽型结构。内密封圈一般由合成橡胶制成，膨胀率是内密封圈必须严格控制的指标。内密封圈接触气雾剂产品后，受抛射剂或药液的影响会产生膨胀或收缩，导致其形状、尺寸及弹性等会有所变化，轻则阀杆复位慢，重则引起泄漏或导致阀门卡壳，无法使用。由此可见，内密封圈不仅与气雾剂产品的密封与否紧密相连，其性能还影响到阀门工作时的灵活性。

（5）阀体：阀体主要起支撑阀杆或弹簧的作用。阀体尾部的孔径大小控制了经过阀体的内容物的流量大小，从而影响药物的喷出速率。此外，阀体侧壁或底部常设有小孔，有利于药物与抛射剂的汽化物混合。关闭时小孔被弹性橡胶密封圈封住，使容器内的物料不能逸出。当揿下促动器时，小孔露出，与药液相通，药液即通过它进入膨胀室，然后从喷嘴喷射出来。

（6）弹簧：弹簧位于阀门杆（或定量室）的下部，由质量稳定的不锈钢制成，以避免药液变色。主要利用弹性使开启的阀门在失去外压力后恢复到关闭的状态。对于侧壁或底部有小孔的阀体，弹簧还能起到搅拌药物与抛射剂的作用。

（7）膨胀室与定量室：膨胀室位于内孔之上阀门杆内。药液由小孔进入膨胀室时，部分抛射剂因减压汽化而骤然膨胀，将药液雾化、喷出，进一步形成微细雾滴。

定量室亦称定量小杯，起定量喷雾作用，由塑料或金属制成。它的容量决定气雾剂一次给出一个准确的剂量大小（一般为 0.05～0.2 ml）。定量室下端伸入容器内的部分有两个小孔，用上下二个密封圈控制药液不外溢，使喷出剂量准确。

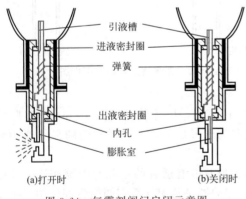

（a）打开时　　　　　（b）关闭时

图 3-64　气雾剂阀门启闭示意图

（8）引液管：通常用塑料制成，连接在阀门杆的下部，是将容器内药液向上输送至阀门系统的通道，向上动力是容器的内压。如不用引液管而仅靠引液槽则使用时需将容器倒置，如图 3-64 所示。当阀门关闭时，定量室与内部药液相通，药液进入并充满定量室，但由于阀杆上的内孔被密封圈封闭，所以药液无法进入阀杆内腔。当阀杆受到向下的压力，阀门打开，阀杆上的内孔进入定量室，同时定量室与药液通路被关闭，定量室中的药液从内孔经膨胀室后立即喷射出来。当施加给阀杆的压力取消后，通过弹簧的作用又将阀杆推回原来的位置，阀杆上的内孔又重新处于被密封圈封闭的状态，阻止药液的流出，使阀门关闭。

4. 主要部件的生产工艺

（1）促动器一般采用聚乙烯树脂或聚丙烯树脂等材料经注吹成型，也有使用聚酰胺或其他材料的。因为是药用气雾剂的阀门，所使用的材料必须符合相应的 GB/T 11115—2009《聚乙烯（PE）树脂》或 GB 4806.6—2016《食品安全国家标准　食品接触用塑料树脂》等标准的规定，应无毒、安全。

（2）固定盖使用的原材料主要有马口铁、铝及不锈钢，一般由薄板带材冲压成型。

（3）阀杆密封圈使用得较多的材料是丁腈橡胶，经过炼胶、热压成材、硫化、裁剪、去粉尘杂质及硅化等多道工艺成型。

（4）阀杆与阀体多用塑料制成，其中以尼龙居多，用模具注射成型。

（5）引液管一般采用符合 GB/T 11115—2009、GB/T 1844.1—2022 标准规定的聚乙烯或聚酰胺制成，成型工艺多为注吹成型工艺。

（6）弹簧一般由不锈钢在自动弹簧机上生产。

5. 主要组装设备

气雾剂阀门的自动组装工作由专用组装机完成。各种牌号的组装机各有差异，一般可由以下几部分组成。

（1）密封圈、内密封圈及阀杆预装机：系将内、外密封圈与阀杆装配在一起。

（2）阀体弹簧装配机：系将阀体与弹簧进行组装。

（3）引液管装配机：系将引液管装配到阀体下端。

（4）促动器组装机：将促动器与阀门其他部件装配成为一体。

（5）阀门包装机：对装配成型的阀门进行自动包装。

6. 气雾剂阀门的应用

（1）适用范围：药用气雾剂阀门根据气雾剂产品的不同需求可选择相适应的阀门产品。例如对喷出物的形态有要求时，可相应选择喷雾型、泡沫型、凝胶型、粉末型等；当气雾剂产品有定量要求时，则可根据剂量的需要挑选匹配的定量阀门，以控制阀门每次的释药量符合药物剂量的规定；又如，根据给药部位的不同，也可选择相对应的有不同结构特性的阀门，像吸入式阀门，其促动器的喷嘴口既要足够小，以便于放入患者的口中，又要避免因其过小而造成的药物沉淀；此外，还有一个很重要的因素，就是必须对气雾剂产品和所使用的阀门间的相容性进行研究，确保阀门与所装药品是相容的，不会对药品的质量产生影响。

（2）选择产品注意事项：选择气雾剂阀门时应注意以下几项。

① 根据产品的使用方式或使用要求选择适宜的气雾剂阀门产品。比如根据气雾剂的使用是否有定量要求选择定量或非定量阀门。若是定量阀门，则进一步根据每次用药剂量的大小选择容量匹配的阀门。一般说来，容量大的阀门精度低一些，每次喷出量的差异大一些，而容量小的阀门虽精度相对较高，但用于大剂量喷射时易造成堵塞。所以没有绝对的可适用任何产品的阀门，一定要根据气雾剂产品的使用特性来选择针对性的阀门，使其既能充分发挥药品的功效，又方便患者的使用。

② 充分考虑气雾剂阀门与其适用药品间的相容性。由于气雾剂药品的组成与一般药品相比较为复杂，不仅包含药品的活性成分，还涉及抛射剂及溶剂。因此在为药品选用合适的阀门时，阀门与其所接触到的各种化学物质的相容性也是必须考虑到的一个重点。一方面，组成阀门的各个部件均需对药品的活性成分、抛射剂、溶剂等具有良好的耐受性，不受它们的影响或侵蚀，不会与之发生化学反应而改变阀门本身的物理化学特性，从而导致阀门在使用过程中发生因部分零件的老化或受损引起的阀门堵塞或气雾剂产品泄漏。另一方面，还要考虑阀门的各个部件的成分是否会迁移到药品中而导致气雾剂产品疗效的降低或对人体产生毒副作用。因此在气雾剂药品选择阀门时，哪怕是一个很成熟的阀门产品，也不能忽视该阀门与特定的药品之间的相容性。

第十节　空心胶囊

一、空心胶囊的定义与种类

空心胶囊（vacant capsule）是用于硬胶囊剂制备的重要药用辅料。胶囊的英文"capsule"起源于拉丁文"CAPSULA"，意指一只小盒子或容器，通常由一个囊体和一个囊帽组成。空心胶囊或软质囊材的主要材料为明胶，常称明胶胶囊。早在 20 世纪，对明胶胶囊的规格分类进行了标准化，这大大促进了胶囊行业的健康发展。同时，胶囊生产和充填的精密设备也大幅度得到了提升。目前，国际上先进的胶囊生产企业已实现生产的高度自动化，生产工艺电脑控制化，胶囊生产环境的控制极为严格，胶囊的质量达到了相当高的水平。近年来，纤维素衍生物（如羟丙甲纤维素）、淀粉、海藻多糖等植物来源的空心胶囊替代材料的研究与应用也在不断增加。

空心胶囊为圆筒状空囊，由可套合或锁合的帽和体两节组成，质硬且有弹性。常用空心胶囊可分为明胶胶囊、纤维素胶囊两类。规格由大到小分为 000 号、00 号、0 号、1 号、2 号、3 号、4 号、5 号共 8 种。常用空心胶囊规格及其填充容积见表 3-18 和图 3-65。

表 3-18　常用空心胶囊规格及其填充容积

规格	000	00	0	1	2	3	4	5
容积/mL	1.42	0.95	0.67	0.48	0.37	0.27	0.20	0.13

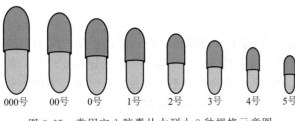

图 3-65　常用空心胶囊从大到小 8 种规格示意图

现在肠溶胶囊剂的工业化生产使用一些新的包衣材料，如邻苯二甲酸醋酸纤维素、邻苯二甲酸聚乙酸乙烯酯、聚乙烯吡咯烷酮、羟甲基丙基纤维素及丙烯酸树脂类。而缓释胶囊剂的制备是先将药物制成颗粒，然后用不同释放速率的材料包衣或制成微囊，按需要的比例混匀，装入空心胶囊中，即可达到缓释长效的作用。

二、空心胶囊的特点及用途

胶囊剂是目前医药行业应用最广泛、生产量最大的固体制剂之一，在现代制药工业中，胶囊剂作为一种优先使用的口服固体制剂其可接受度在不断地提高。

1. 胶囊剂的药剂学特点

（1）可掩盖药物的苦味和臭味，增加患者的顺应性。

（2）药物的生物利用度高，胶囊剂不像片剂和丸剂那样在制备时需要加黏合剂和施加压力，所以在胃肠道中分散快、吸收好。

（3）提高药物稳定性，对光敏感或遇湿、热不稳定的药物，如维生素、抗生素等，可装入不透光的胶囊中，保护药物不受湿气、空气中氧以及光线的作用，从而提高药品的稳定性。

（4）可以延缓、控制或定位释放药物，胶囊剂是开发缓释、控释制剂和复方制剂等的理想剂型，如布洛芬缓释胶囊。亦可制成肠溶胶囊剂在肠中显效，例如消炎镇痛药酮基布洛芬，先制成小丸，包上一层缓慢扩散的半透膜，许多单个包衣小丸装入胶囊中，当水分扩散至药丸后，在渗透压力下，酮基布洛芬溶解，进入小肠缓慢存放，稳定血药浓度可达 24 h。

（5）剂量的准确性和均一性，随着胶囊充填机制造工艺的进步和充填配方的完善，胶囊剂的药物充填剂量已经可达到非常高的准确度和均匀度，完全可以满足治疗的要求。

（6）配方简单，与片剂相比，胶囊充填物的配方简单得多，需要的辅料少，不需要黏合剂，因此同一药物开发胶囊剂的时间也较开发片剂缩短许多。

2. 胶囊剂的技术要求

空心胶囊可用于颗粒、粉末、微丸、微囊甚至液体等充填物料，也可以是这些物料的混合物。用于充填空心硬胶囊的药物通常应满足以下几点要求。

① 当使用全自动充填机时需保证充填剂量的均一性。

② 药物在体内外应能从胶囊中释放，以保证好的生物利用度。

③ 空心胶囊表面可以印上文字和图案，并且可以有多种颜色选择。

3. 胶囊剂的用途

（1）**处方药和非处方药**：胶囊是缓释、控释制剂的良好载体，尤其是微丸充填的胶囊产品，是目前最可靠的缓释、控释剂型，如红霉素肠溶微丸胶囊、布洛芬缓释胶囊和英太青胶囊，分别是微丸充填的缓释、控释制剂，而且胶囊壳具有的颜色和印字带来的易识别性，尤其适用于非处方。

（2）**中成药**：为改变中药丸、散、丹及口服液的定量不准确或携带不方便的特点，胶囊剂是较好的选择。尤其是传统中药一般为复方制剂，制成胶囊剂无需添加很多辅料。胶囊壳本身也可以起到保护层的作用，提高药物稳定性。对吸湿性比较大的中草药提取物，还可选用相对耐热、耐湿的植物胶囊，进一步提高稳定性。

（3）**保健品和营养补充剂**：胶囊剂生产工艺比较简单，需要的生产设备较少，与片剂相比投资也较少，生产周期短，非常适合保健品的生产。国内外一些著名的保健产品如西洋参、脑白金等都有胶囊剂。

4. 空心胶囊的选择原则

（1）**理化性质**：如物料水溶性差，可选用充液胶囊。

（2）**应根据剂量不同选择相应胶囊型号**：由于胶囊剂所需赋形剂较片剂少，对同等量的活性药物，一般可选择相对较小的型号。

（3）**需求**：顾客如要求产品容易识别，可能就需要开发颜色鲜明、印字或图案明显的胶囊产品。不同的颜色会产生不同的感觉，为提高患者顺应性，也可选择相应颜色。顾客如有特殊宗教需求，可能需要选用植物胶囊等替代品。

（4）**销售的目标国家的法律法规**：不同国家对许可的原辅料如色素的限制不同，欧美等西方国家对防腐剂的含量有很高的要求，并且不允使用环氧乙烷消毒，可以选用不加防腐剂，不用环氧乙烷消毒的空心胶囊产品，这也符合绿色环保和健康产品的追求。

（5）**充填设备**：应注意胶囊和充填物料对不同的充填设备的适应性不同。

三、空心胶囊的生产工艺

1. 原料及配方

制备空心胶囊的主要材料明胶是由胶原制成的。按胶原来源不同，明胶可分为骨胶和皮胶。按制备方法不同，明胶可分为 A 型（酸法）或 B 型（碱法）。A 型明胶主要以猪皮等为原料，用酸水解方法制得，B 型明胶主要从动物骨骼和皮肤中以碱水解方法制备。明胶质量和特性主要由起始物料（骨和皮）及提取工艺决定。生产空心胶囊使用的优质明胶，除了符合药典的规定外，还必须具有一定的黏度、冻力、pH 等理化特性和微生物学要求。

为了美观和便于鉴别，胶液中可加入各种食用色素。少量十二烷基磺酸钠可增加空心胶囊的光泽。对光敏感的药物，可加遮光剂（2％～3％二氧化钛）制成不透光的空心胶囊。高质量的空心胶囊不需要加入对羟基苯甲酸酯类等作防腐剂。

2. 生产工艺流程

胶囊生产工艺的基本原理自从 1833 年发明以来几乎没有改变，然而随着生产工艺机械化和自动化的发展，已经使空心胶囊的生产力和产品质量达到了难以想象的高度。空心胶囊的生产工艺流程包括溶胶、蘸胶、干燥、脱模、切割、套合等工序（如图 3-66 所示）。操作环境的温度应为 10～25 ℃，相对湿度 35％～45％，空气洁净度为 C 级。

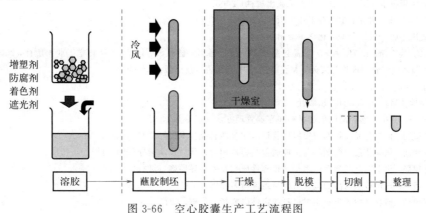

图 3-66　空心胶囊生产工艺流程图

（1）**溶胶**：称取经过检验的明胶，加蒸馏水浸泡数分钟，取出，淋去过多水，放置，使之充分吸水膨胀，移到夹层蒸汽锅中，根据需要加入增塑剂、防腐剂、色素等附加剂和足量的热蒸馏水，加热（<70 ℃）形成浓度为 25%～30% 的明胶溶液。然后将该胶液转入一个控温的储罐中，再经过过滤，除去泡沫备用。

目前先进的厂商在溶胶与蘸胶过程中采用电子计算机控制胶液的黏度，以保持囊壁厚度均匀一致，使空囊的厚薄误差限制在标准范围内，囊身囊帽能紧密套合，不易松动脱落。

（2）**蘸胶**：形状如胶囊的体和帽的金属模针蘸入温度受控的胶液至特定的深度。接着，提出液面，模针翻转使胶液在模针上尽可能均匀地分布。吹以冷风使胶液冷却胶化。囊体和囊帽分别成型。模针要求大小一致，外表光滑，否则影响囊体囊帽的大小规格，不能紧密套合容易松动脱落。

（3）**干燥**：模棒带着附着了胶液的模针通过烘箱将胶液中的水分干燥至要求的水分含量。

（4）**脱模、切割、套合**：胶囊制造机的自动部分将囊体和囊帽分别从模针上剥下，然后切割至准确的长度，再将囊体和囊帽套合至预锁位置。

（5）**印字**：如果需要印字，空心胶囊在计数和包装前上印字机印字。

（刘珊珊）

思考题

1. 请叙述药品包装系统的构成以及《中国药典》中药包材的定义。
2. 请叙述药品包装材料的分类与主要初级包装材料。
3. 请简述药用玻璃的组成及其生产工艺。
4. 请叙述注射剂瓶、预灌封注射器、卡式瓶、安瓿等注射剂玻璃容器的应用特点。
5. 查阅资料，叙述 RTU 注射剂瓶的特点、生产流程与质量要求。
6. 请简述塑料的分类及特点。
7. 何为药用复合膜？简述药用复合膜的特点及生产工艺。
8. 简述输液包装容器的种类及各自特点。
9. 什么是泡罩包装？简述其主要材料及其在药品包装中的应用。
10. 简述卤化丁基胶塞的选用原则。
11. 什么是药用气雾罐？常用材料有哪些？
12. 请举例说明注射剂塑料容器的材料、结构与特点。

参考文献

[1] 国家药典委员会. 中华人民共和国药典. 2020 年版（四部）[M]. 北京：中国医药科技出版社，2020.
[2] 孙智慧. 药品包装实用技术 [M]. 北京：化学工业出版社，2005.
[3] 孙智慧. 药品包装学 [M]. 北京：中国轻工业出版社，2006.
[4] 李永. 药品包装实用手册 [M]. 北京：化学工业出版社，2003.
[5] D. A. 迪安，E. R. 埃文斯，I. H. 霍尔. 药品包装技术 [M]. 徐晖，杨丽，等译. 北京：化学工业出版社，2006.
[6] 张新平，陈晓蕾. 药品包装管理理论与实务 [M]. 北京：中国医药科技出版社，2006.
[7] 李良. 食品包装学 [M]. 北京：中国轻工业出版社，2017.
[8] 董同力. 食品包装学 [M]. 北京：科学出版社，2015.
[9] 国家药品监督管理局. 直接接触药品的包装材料和容器管理办法（局令第 13 号），2004.
[10] 国家药品监督管理局. 化学药品注射剂与塑料包装材料相容性研究技术指导原则（试行），2012.
[11] 国家药品监督管理局. 化学药品注射剂与药用玻璃包装容器相容性研究技术指导原则（试行），2015.
[12] 国家药品监督管理局. 化学药品与弹性体密封件相容性研究技术指导原则（试行），2016.
[13] 国家药品监督管理局. 直接接触药品的包装系统与组件命名原则，2018.
[14] 国家药品监督管理局. 塑料和橡胶类药包材自身稳定性研究指导原则，2016.

第四章
药品包装材料与药物相容性试验

学习要求

1. 掌握：药品包装材料与药物相容性试验的概念、原则与主要研究内容。
2. 熟悉：药品包装材料与药物相容性试验的目的与方法。
3. 了解：化学药品注射剂与玻璃、塑料包装材料相容性试验的内容；化学药品与弹性密封件相容性试验的相关要求。

第一节　概述

一、基本概念

药品包装系统是指容纳和保护药品的所有包装组件的总和，包括初级包装组件（直接接触药品的包装组件）和次级包装组件，后者用于药品的额外保护。药品包装系统一方面为药品提供保护，以满足其预期的安全有效性用途；另一方面还应与药品具有良好的相容性，即不能引入可引发安全性风险的浸出物，或引入浸出物的水平符合安全性要求。

本章所述的药品包装材料，是指药品生产企业生产的药品和医疗机构配制的制剂所使用的直接接触药品的包装材料和容器，简称药包材。直接接触药品的包装材料和容器是药品的一部分，尤其是在药物制剂中，一些剂型如气雾剂等本身就是依附包装而存在的。优质的药品包装材料可以有效地减少药品的破损、提高保护功能，保证药品的有效期；不符合药用标准的包装材料却能够吸收药品中的有效成分而降低其疗效，甚至释放出有害物质而危及使用者的生命。因此，与一般产品的包装材料不同，国家对药品包装材料的质量有着严格的要求。选用对药物无影响、对人体无伤害的药用包装材料必须建立在大量的实验基础之上。

药品包装材料与药物的相容性试验是指为了考察药品包装材料（药包材）与药物间是否发生迁移或吸附等现象，进而影响药物质量而进行的一种试验。广义地来说是指药包材与药物间的相互影响或迁移，包括物理相容性、化学相容性和生物相容性。

药品包装材料众多，包装容器的各异，以及被包装制剂的不同，导致不恰当的材料引起活性成分的迁移、吸附甚至发生化学反应，使药物失效，有的还会产生严重的副作用。为此，国家药品监督管理局

（NMPA）发布了《药品包装用材料容器管理办法（暂行）》《药品包装、标签和说明书管理规定（暂行）》两个局长令，以切实从根本上保证用药的安全性、有效性和均一性。这就要求在为药品选择包装容器（材料）之前，必须检验证实其是否适用于预期用途，必须充分评价其对药物稳定性的影响，评价其在长期的贮存过程中，在不同环境条件下（如温度、湿度、光线等），在运输使用过程中（如与药物接触反应，对药物的吸附等），容器（材料）对药物的保护效果和本身物理、化学和生物惰性，所以在使用药包材之前需做相容性试验。

药品包装材料是否需要进行相容性研究，以及进行何种相容性研究，应基于对制剂与包装材料发生相互作用的可能性以及评估由此可能产生安全性风险的结果。与口服制剂相比，吸入气雾剂或喷雾剂、注射液或注射用混悬剂、眼用制剂或混悬剂、鼻用气雾剂或喷雾剂等制剂，给药后将直接接触人体组织或进入血液系统，被认为是风险程度较高的品种；另外，大多液体制剂在处方中除活性成分外还含有一些功能性辅料如助溶剂、防腐剂、抗氧化剂等，这些功能性辅料的存在，可促进包装材料中成分的溶出，因此与包装材料发生相互作用的可能性较大。按照药品给药途径的风险程度及其与包装材料发生相互作用的可能性分级（表4-1），这些制剂被列为与包装材料发生相互作用可能性较高的高风险制剂。对这些制剂必须进行药品与包装材料的相容性研究，以证实包装材料与制剂具有良好的相容性。

表 4-1　不同给药途径制剂与包装材料发生相互作用的可能性风险分级表

给药途径关注程度	包装与制剂间相互作用的可能性		
	高	中	低
最高	吸入气雾剂、液体注射剂和注射混悬剂	无菌或注射用粉剂、吸入性粉剂	—
高	眼用制剂和混悬剂、皮肤用软膏、鼻用气雾剂和喷雾剂	—	—
低	局部给药的液体制剂和混悬液、局部舌下给药的气雾剂、口服制剂和混悬剂	局部给药的粉剂、口服粉剂	口服片剂、口服胶囊剂（软、硬）

二、国内外对药包材相容性研究的要求

国际上普遍对药包材与药物的相容性给予了高度重视，2005年12月1日欧盟药品评价管理局（EMEA）发布的《直接接触的塑料包装材料指南（Guideline on Plastic Immediate Packaging Materials）》指出，在药物制剂研发中要提供证明所选择的塑料材料支持药品的稳定性、质量一致性和相容性，并对相容性的具体实验内容进行了描述，根据需要提供提取研究和相互作用研究和/或毒理学资料，以证明塑料材料与药品的相容性。

美国在《药用容器及瓶盖系统指南（Guidance for Industry：Container Closure Systems for Packaging Human Drugs and Biologics（1995））》中对于药包材相容性的定义是"药品与包装间的相互作用不足以产生不可接受的改变药品或包装质量的影响"，并将药物按制剂分成5类：①吸入制剂；②注射剂和眼部用药；③口服液体制剂、局部给药制剂和局部释药体系；④口服固体制剂和冻干粉末；⑤其他剂型。美国FDA在密封容器指导原则中将吸入产品归为最高关注度的范畴，并分别于1999年和2002年相继发布了对肺部和鼻用药物的具体指导原则——《FDA关于定量吸入气雾器（MDI）和干粉吸入器（DPI）化学、生产和控制档案的工业指导原则》和《FDA关于鼻用喷雾剂、吸入溶液、悬浮剂、喷雾药品的化学、生产和控制档案的工业指导原则》，两个指导原则均同时规定"出于安全考虑，应选择材料（包装）尽量将浸出物最小化，不影响药品性能和完整性"。目前普遍认为相容性的研究重点在高风险制剂（如吸入气雾剂或喷雾剂、注射剂或注射用混悬剂、眼用制剂或混悬剂、鼻用气雾剂或喷雾剂）。

国内药包材与药物相容性研究已日益引起药品监管机构和药品生产企业的重视。2015年国家药品监督管理局（NMPA）发布了行业标准 YBB 00142002—2015《药品包装材料与药物相容性试验指导原则》，明确指出相容性试验是为考察药包材与药物之间是否发生迁移或吸附等现象，同时指出要使用稳定性试验

样品来考察相容性。国家药品审评中心分别在 2012 年、2015 年、2016 年相继发布了《化学药品注射剂与塑料包装材料相容性研究技术指导原则（试行）》《化学药品注射剂与药用玻璃包装容器相容性研究技术指导原则（试行）》和《化学药品与弹性体密封件相容性研究技术指导原则（征求意见稿）》。三份指导原则对于相容性试验工作的基本思路、考虑要点、试验步骤、结果分析与评价等都做出了具体的规定，进一步规范了药包材与药物的相容性试验工作。《中国药典》（2015 版）首次收录《药包材通用要求指导原则》，对药包材与药物相容性研究的内容进行了概述。

我国药包材与药物相容性试验的研究重点也是集中在高风险制剂上。国家药品监督管理局发布的《总局关于发布药包材药用辅料申报资料要求（试行）的通告》（2016 年第 155 号）中明确提出用于吸入制剂、注射剂和眼用制剂的药包材应提交相容性研究资料，说明药包材与某些药物是否相容及可能存在安全隐患，对于非高风险制剂暂不要求提供相容性研究资料。2017 年发布的《已上市化学仿制药（注射剂）一致性评价技术要求（征求意见稿）》中也明确指出要根据产品特点选择合适的包装材料，并根据影响因素试验、加速试验和长期试验研究结果确定所采用的包装材料和容器的合理性。建议在稳定性考察过程中增加样品倒置考察，以全面研究内容物与胶塞等密封组件的相容性。

三、药包材相容性研究的基本思路与实施步骤

对于药品来说，包装应适用于其预期的临床用途，并应具备以下特性：保护作用、相容性、安全性与功能性。相容性是药品包装必须具备的特性之一；相容性研究则是证明包装材料与药品之间没有发生严重的相互作用，并导致药品有效性和稳定性发生改变，或者产生安全性风险的过程。相容性研究内容既包括包装材料对药品的影响，又包括药品对包装材料的影响。

药品与包装材料的相容性研究应在药品研发初期或是包装材料的选择时就开始进行，并贯穿于药品研发的整个过程。首先，应对包装组件所用材料以及添加剂等进行分析，然后通过初步的稳定性试验、加速试验和长期稳定性试验考察包装材料对药品稳定性的影响，并通过药物与包装材料的相容性研究考察包装材料中成分迁移进入药品的程度、包装材料对制剂中活性成分与功能性辅料的吸附程度，确认包装材料可以保证药品质量稳定，并与药品相容性良好。上市后，如需变更包装，则应评估该变更对药品质量可能产生的影响，并根据影响程度设计相关的试验进行研究，特别是应进行变更后包装材料与药品的相容性研究，证明这种变更不足以对药品质量以及包装材料功能性产生不可接受的变化，即不会导致安全性风险。

除药品对包装材料产生影响并导致其功能性改变需要更换包材的情况外，相容性研究主要是针对包装材料对药品的影响进行。相容性研究过程主要分为以下六个步骤：

① 确定直接接触药品的包装组件；

② 了解或分析包装组件材料的组成、包装组件与药品的接触方式与接触条件、生产工艺过程；

③ 分别对包装组件所采用的不同包装材料进行提取试验，对可提取物进行初步的风险评估并预测潜在的浸出物；

④ 进行制剂与包装容器系统的相互作用研究，包括迁移试验和吸附试验，获得包装容器系统对主辅料的吸附及在制剂中出现的浸出物信息；

⑤ 对制剂中的浸出物水平进行安全性评估；

⑥ 对药品与所用包装材料的相容性进行总结，得出包装系统是否适用于药品的结论。

四、药包材相容性试验的原则

药包材与药物相容性试验提供的是一种试验方法，是一种试验信息的反映，并不单纯作为实验结果的评判，它对于选择适宜的包装材料（形式）起指导作用。国家药品监督管理局《药品注册管理办法（暂行）》已将药品包装材料与药物相容性试验资料列为必备资料。药包材相容性试验的原则包括以下 7 条。

（1）药物在选择药品包装材料、容器时，应首先考虑其保护功能，然后考虑材料、容器的特点和性能（包括化学、物理学、生物学、形态学等）。

（2）药品包装材料应具有良好的化学稳定性、较低的迁移性、阻氧、阻水、抗冲击、无生物意义上的

活性、微生物数在控制范围内、与其他包装物有良好的配合性、适合于自动化包装设备等。

（3）在评价之前，药品包装材料与药物应分别符合其相应标准。

（4）药品包装材料与药物相容性试验应考虑以下几个方面：①形成包装单元时，各包装物应有良好的配合性。②根据生产工艺要求，药品包装材料应具备耐受特殊处理的能力（如钴 60 消毒等）。③在同一包装单元中，首次至末次使用应能保证药物的一致性。④对恶劣运输、不同贮存环境应具备抵抗能力。

（5）所有样品均为上市包装（对临床试验阶段的药品可采用拟上市包装）。

（6）所有试验均应至少取 3 个不同批号的药品及包装材料或容器。考察包装材料时，应选用 3 批包装材料或容器对拟包装的 1 批药物；考察药品时，应选用 3 批药品对 1 批拟上市包装材料或容器。

（7）进行药品包装材料与药物的相容性试验时，可参照药物及该包装材料或容器的质量标准，建立测试方法。必要时，进行方法学的研究。

第二节　相容性试验内容与方法

一、相容性试验的设计要求

药用包装材料与药物的相容性试验是在一个具有可控的环境内，选择一个实验模型，使药品包装材料与药物互相接触或彼此接近地持续一定的时间周期，考察药用包装材料与药物是否会引起相互的或单方面的迁移、变质，从而证实在整个使用的有效期内，药物能否保持其安全性、有效性、均一性，是否能使药物的纯度继续受到控制。以下情况，药品包装材料生产企业应进行药品包装材料与药品的相容性试验。

① 药品的包装、药物的来源改变或变更；
② 药品的包装、药物的生产技术条件、生产工艺改变；
③ 药品包装的配方、工艺、初级原料变动有可能影响药物的功能；
④ 在药物的有效期内，有现象表明药物的性能发生变化；
⑤ 药物的用途增加或改变；
⑥ 药品包装材料与新药一并审批；
⑦ 国家药品监督管理局提出要求；
⑧ 经长期使用，发现药品包装材料对特定药物产生不良后果。

进行药包材与药物相容性试验时应注意的问题：①密闭容器及物理相容；②温度变化、湿度变化及光照变化；③贮存温度、不同气候带的影响；④降解或分解产物；⑤材料中的添加剂等。

二、相容性试验的研究内容与方法

药品包装材料与药物相容性研究的内容包括包装材料对药品的影响以及药品对包装材料的影响，主要包括三个方面：提取试验、相互作用研究（包括迁移试验和吸附试验）和安全性研究。

1. 提取试验

提取试验是指采用适宜的溶剂，在较剧烈的条件下，对包装组件材料进行的提取试验研究。其目的是通过提取试验，对可提取物（包装材料中溶出的添加物、单体及其降解物等）进行初步的风险评估并明确潜在的目标浸出物，并依据提取试验研究中获得的可提取物种类和水平信息，建立灵敏的、专属的分析方法，以指导后续的浸出物研究（迁移试验）。

提取溶剂通常应具有与制剂相同或相似的理化性质，重点考虑 pH、极性及离子强度等。提取条件一般应参考制剂的工艺条件，特别是灭菌工艺条件，通过适当提高加热温度和延长加热时间的方式尽量多地提取出包装材料中的可提取物；但应注意提取条件不能太过剧烈，以避免可提取物完全不能反映浸出物的情况的发生；同时还应注意提取材料的制备及与提取溶剂适宜的计量配比（根据临床用法用量设计），即材料的表面积（或重量）与溶剂的体积比。

分析测试方法通常采用气相色谱-质谱（GC-MS）、液相色谱-质谱（LC-MS）、离子色谱（IC）、电感耦合等离子体发射光谱（ICP）、原子吸收光谱法（AAS）等。一般根据包装的安全性要求计算出分析评价阈值（analytical evaluation threshold，AET），选择可达到其能灵敏检出的分析方法，并进行方法灵敏度、专属性等简单的方法学验证。

2. 相互作用研究

相互作用研究包括迁移试验和吸附试验。迁移试验用于考察从包装材料中迁移并进入制剂中的物质；吸附试验则用于考察由于包材吸附可能引发的活性成分或功能性辅料含量的下降。

有些相互作用可在包装适用性研究阶段发现，有些相互作用则在稳定性研究中方可显现。如在稳定性研究中发现药品与包装材料发生相互作用并对药品的质量或安全性产生影响时，则应查找原因并采取相应的措施，如变更包装或变更贮藏条件等。通过加速和/或长期稳定性试验（注意药品应与包装材料充分接触）增加相应潜在目标浸出物的检测指标，获得药品中含有的浸出物信息及包装材料对药物的吸附数据。

（1）**迁移试验**：迁移试验有必要在研发阶段进行，并证明所用包装材料在拟定的接触方式及接触条件下，浸出物（包括种类和含量）不会改变制剂的有效性和稳定性，且不至于产生安全性方面的风险。

通常，提取试验中采用的提取溶剂只是在极性、pH及离子强度等方面与拟包装的药品相近，并不一定是制剂的实际处方，制剂中的活性成分或者某些辅料的影响，使得提取溶剂、真实制剂与包装材料发生的相互作用可能不同，即提取试验获得的可提取物与真实制剂迁移试验获得的浸出物可能不一致。实际上，提取试验的目的是尽可能多地了解包装组件材料中可能的添加物质，并从提取试验中获得的可提取物种类和水平信息，预测潜在的浸出物；同时根据包装的安全性要求计算出的分析评价阈值（AET），选择可达到其能灵敏检出的分析方法。而迁移试验的目的是采用建立的灵敏、专属、可行的方法检测制剂在有效期内真实的浸出物情况，并据此进行安全性评估。另外，应注意的是，塑料包装材料中某些组分虽然可在提取试验中获得，而在迁移试验中该组分并不会迁移至制剂中（是可提取物而不是浸出物）；但是，该物质有可能在放置过程中发生降解或与其他成分发生反应，而这些降解产物或反应产物可以迁移至制剂中。因此，在进行提取试验的基础上，仍应采用真实制剂进行迁移试验。

迁移试验所用的分析方法通常会采用提取试验研究过程中选择确定的分析测试方法，但在进行浸出物测定时，因浸出物的浓度往往远低于可提取物，且浸出物的测定结果是进行安全性评估的数据依据，故应对浸出物的测定方法进行全面的方法学验证，包括准确度、精密度（重复性、中间精密度和重现性）、专属性、检测限、定量限、线性及范围和耐用性等；以证实其方法能灵敏、准确、稳定地检出制剂中的浸出物。如果浸出物与可提取物的种类不一致，即浸出物超出了可提取物的范畴，且可提取物的检测方法不适用时，则应针对浸出物的实际情况建立新的分析测试方法，并对新建方法进行充分的方法学验证，以确保所建方法可灵敏、准确、稳定地检出制剂中相关的浸出物。

如果包装材料由不同的材料分层组成，则不仅需要评估最内层成分迁移至药品中的可能性，还应考虑中层、外层成分迁移至药品中的可能性；同时还必须要证明在外层的油墨或黏合剂不会迁移入药品中（多层共挤膜外层的油墨或黏合剂因直接附着在外层膜上，且塑料膜属半透性材料，油墨或黏合剂有可能渗透至制剂中，故油墨或黏合剂是否会渗透至制剂中，应一并在迁移试验中进行研究）。

（2）**吸附试验**：吸附试验是对活性成分或辅料是否会被吸附或浸入包装材料进而导致制剂质量改变所进行的研究。通常，吸附试验可通过在制剂的稳定性试验中增加相应的检测指标进行。例如测定活性成分、防腐剂、抗氧化剂含量等。吸附试验中应注意扣除降解的含量降低部分，以及抗氧化剂、防腐剂的常规消耗量等。

3. 安全性研究

根据提取试验获得的可提取物信息及迁移试验获得的浸出物信息，分析汇总可提取物及浸出物的种类及含量，进行必要的化合物归属或结构鉴定，并根据结构类型归属其安全性风险级别。

通过文献及毒性数据库查询相关的毒性资料，换算成人每日允许暴露量（permitted daily exposure，PDE）；评估浸出物是否存在安全性风险，即根据测定的浸出物水平计算实际的每日暴露量与毒理学评估中得到的 PDE 进行比较，做出包装系统是否与药品具有相容性的结论。

如果文献及毒性数据库无相关浸出物的毒性资料，则可对相应的浸出物进行安全性研究，得到相应的毒性数据，换算 PDE；评估浸出物是否存在安全性风险，做出包装系统是否与药品具有相容性的结论。

如果文献及毒性数据库无相关浸出物的毒性资料，也未采用相应的浸出物进行安全性研究，则可依据安全性阈值（safety concern threshold，SCT），评估浸出物是否存在安全性风险，做出包装系统是否与药品具有相容性的结论。

三、相容性试验的条件

1. 光照试验

采用避光或遮光包装材料或容器包装的药品，应进行强光照射试验。将供试品置于装有日光灯的光照箱或其他适宜的光照装置内，照度为 4500 Lx ± 500 Lx 的条件下放置 10 天，于第 5 天和第 10 天取样，按相容性重点考察项目，进行检测。

2. 加速试验

将供试品置于温度 40℃±2 ℃、相对湿度为 90％±10％或 20％±5％的条件下放置 6 个月，分别于 0、1、2、3、6 个月取出，进行检测。对温度敏感的药物，可在温度为 25 ℃±2 ℃、相对湿度为 60％±10％条件下，放置 6 个月后，进行检测。

3. 长期试验

将供试品置于温度 25 ℃±2 ℃、相对湿度为 60％±10％的恒温恒湿箱内，放置 12 个月，分别于 0、3、6、9、12 个月取出，进行检测。12 个月以后，仍需按有关规定继续考察，分别于 18、24、36 个月取出，进行检测，以确定包装对药物有效期的影响。对温度敏感的药物，可在 6 ℃±2 ℃条件下放置。

4. 特别要求

将供试品置于温度 25 ℃±2 ℃、相对湿度为 20％±5％或温度 25 ℃±2 ℃、相对湿度 90％±10％的条件下，放置 1、2、3、6 个月。本试验主要对象为塑料容器包装的眼药水、注射剂、混悬剂等液体制剂及铝塑泡罩包装的固体制剂等，以考察水分是否会溢出或渗入包装容器。

5. 过程要求

在整个试验过程中，药物与药品包装容器应充分接触，并模拟实际使用状况。如考察注射剂、软膏剂、口服溶液剂时，包装容器应倒置、侧放；多剂量包装应进行多次开启。必要时应考察使用过程的相容性。

四、相容性的重点考察项目

药品包装材料和容器作为一种特殊使用的包装材料，需要对药品的功效有足够的保护功能和体现较低的毒性。因此，在为特定的药物选择包装材料和容器的适宜形式之前，必须充分评价这些材料（形式）对药物稳定性的影响，以及评定在长期的贮存过程中，在不同的环境条件下，包装材料和容器对药物的保护功能。

1. 常用包装材料重点考察项目

药物原料及药物制剂常选用的包装材料有玻璃、金属、塑料、橡胶等，不同材料进行药包材相容性试验时，其考察项目有所不同。取经过相容性试验条件放置后的装有药物的三批包装材料或容器，弃去药物，测试包装材料或容器中是否有药物溶入、添加剂释出及包装材料是否变形、失去光泽等。

（1）玻璃：常用于注射剂、片剂、口服溶液剂等剂型包装。玻璃按材质可分为钠钙玻璃、低硼硅玻璃、中硼硅玻璃和高硼硅玻璃。不同成分的材质其性能有很大差别，应重点考察玻璃中碱性离子的释放对药液 pH 的影响；有害金属元素的释放；不同温度（尤其冷冻干燥时）、不同酸碱度条件下玻璃的脱片；含有着色剂的避光玻璃对某些波长的光线透过而使药物分解；玻璃对药物的吸附以及玻璃容器的针孔、瓶口歪斜等问题。

（2）**金属**：常用于软膏剂、气雾剂、片剂等的包装。应重点考察药物对金属的腐蚀；金属离子对药物稳定性的影响；金属涂层在试验前后的完整性等。

（3）**塑料**：常用于片剂、胶囊剂、注射剂、滴眼剂等剂型的包装。按材质可分为高密度聚乙烯、低密度聚乙烯、聚丙烯、聚对苯二甲酸乙二醇酯、聚氯乙烯等。应重点考察水蒸气的透过、氧气的渗入；水分、挥发性药物的透出；脂溶性药物、抑菌剂向塑料的转移；塑料对药物的吸附；溶剂与塑料的作用；塑料中添加剂、加工时分解产物对药物的影响；微粒、密封性等问题。

（4）**橡胶**：通常作为容器的塞、垫圈。按材质可分为异戊二烯橡胶、卤化丁基橡胶、硅橡胶。鉴于橡胶配方的复杂性，应重点考察其中各种添加物的溶出对药物的作用；橡胶对药物的吸附以及填充材料在溶液中的脱落。在进行注射剂、口服液体制剂等试验时，应倒置、侧放，使药物能充分与橡胶塞接触。

各包装材料的相容性试验重点考察项目详见表 4-2。

表 4-2 各包装材料的相容性试验重点考察项目

包装材料	考察项目
玻璃	碱性离子的释放性（影响药液 pH）；不溶性微粒；脱片试验（不同温度、冷冻干燥、不同酸碱度条件下）；金属离子向药物制剂的释放；吸附性；有色玻璃的避光性
塑料	双向穿透性（水蒸气、氧气渗入；水分、挥发性药物透出）；溶出性（添加剂）；吸附性；化学反应性；脂溶性药物、抑菌剂向塑料的转移
金属	被腐蚀性；金属离子向药物制剂的释放性；金属覆盖层是否有足够的惰性
橡胶	溶出性；吸附性；化学反应性；不溶性微粒

2. 原料药及药物制剂相容性重点考察项目

取经过相容性试验条件放置后带包装容器的 3 批药物，取出药物，按表 4-3 项目考察药物的相容性，并观察包装容器。

表 4-3 原料药及药物制剂相容性重点考察项目

剂型	相容性重点考察项目
原料药	性状、熔点、含量、有关物质、水分
片剂	性状、含量、有关物质、崩解时限或溶出度、脆碎度、水分、颜色
胶囊剂	外观、内容物色泽、含量、有关物质、崩解时限或溶出度、水分（含囊材）、粘连
注射剂	外观色泽、含量、pH、澄明度、有关物质、不溶性微粒、紫外吸收、胶塞的外观
栓剂	性状、含量、融变时限、有关物质、包装物内表面性状
软膏剂	性状、结皮、失重、水分、均匀性、含量、有关物质（乳膏还应检查有无分层现象）、膏体易氧化值、碘值、酸败、包装物内表面性状
眼膏剂	性状、结皮、均匀性、含量、粒度、有关物质、膏体易氧化值、碘值、酸败、包装物内表面性状
滴眼剂	性状、澄明度、含量、pH、有关物质、失重、紫外吸收、渗透压
丸剂	性状、含量、色泽、有关物质、溶散时限、水分
口服溶液剂、糖浆剂	性状、含量、澄清度、相对密度、有关物质、失重、pH、紫外吸收、包装物内表面性状
口服乳剂	性状、含量、色泽、有关物质
散剂	性状、含量、粒度、有关物质、外观均匀度、水分、包装物吸附量
吸入气（粉、喷）雾剂	容器严密性、含量、有关物质、每揿（吸）主药含量、有效部位药物沉积量、包装物内表面性状
颗粒剂	性状、含量、粒度、有关物质、溶化性、水分、包装物吸附量
贴剂	性状、含量、释放度、黏着性、包装物内表面颜色及吸附量
搽剂、洗剂	性状、含量、有关物质、包装物内表面颜色

注：表中未列出的剂型，可参照要求制定项目。

3. 不同包装容器重点考察项目

不同包装容器如瓶、袋、泡罩、管等有不同的重点考察项目。

（1）瓶：①密封性；②避光性；③化学反应性；④吸附性。

（2）袋：①密封性；②避光性；③化学反应性；④吸附性；⑤微粒（输液适用）；⑥拉伸强度试验（输液适用）。

（3）泡罩：①密封性；②避光性；③化学反应性。

（4）管：①密封性；②可卷折性；③避光性；④化学反应性（含涂层的惰性）；⑤反弹力（复合管适用）的影响。

五、相容性试验的统计分析

1. 长期试验

（1）**实验批数的确定**：进行试验所需的样品批数最少量应为 3 批，试验者根据实际情况酌情增加试验的批数，但不得低于 3 批量。

（2）**样本量**：进行试验时，所需的包装材料、容器的样本量，应采用随机抽样的方式进行，一般可采用简单随机抽样的方法实行。

（3）**取样时间**：时间间隔通常每个月取样一次，3 个月以后，每 3 个月取样一次；12 个月以后，每 6 个月取样一次；24 个月以后，每年取样一次。

2. 长期试验结果分析

一批药品开始时（零月）的实验值，如溶出度（或药品包装材料、容器的拉伸强度）等试验结果会影响相容性试验结果的确定，在这种情况下考虑药品包装材料与药物的相容性时，应选取 95％置信限内（下限）的值。如果药品包装材料与药物的相容性试验中要考察的项目随时间的增加而增加，应确定 95％置信限（上限）的值。如果试验数据表明分解很少或变异极少，药品包装材料与药品明显相容时，则不必进行上述的计算。如果批与批之间的差异极小（统计检验 $P < 0.25$），则可以将试验数据合并起来处理，使置信限变窄。如果不能将各批之间的数据合并处理，则以影响最大的实验结果作为判断依据。

由于药品包装及药品的多样性，对上述任何一种材料而言，所确定的各种试验项目并非都是必需或可行的，应根据具体情况考虑应做的试验，未提及的其他试验也可能是必须做的。有些药品包装还应考虑同一包装单元中首次至末次使用药物一致性。未提到的材料和剂型可做参照试验。

第三节　化学药品注射剂与药用玻璃包装容器相容性试验

一、概述

药用玻璃系指具有良好化学稳定性和透明性，且能稳定贮存医药产品的玻璃材料或制品。玻璃包装容器包括模制输液瓶和注射剂瓶，以及管制注射剂瓶、安瓿、笔式注射器玻璃套筒和预灌封注射器玻璃针管等。通常，药用玻璃具有较好的物理、化学稳定性，生物安全性相对较高。在为注射剂选择玻璃包装容器时，需要关注玻璃容器的保护作用、相容性、安全性以及与工艺的适用性等。

在相容性研究方面，既需要考察制剂对玻璃容器性能的影响，又要考察玻璃容器对制剂质量和安全性的影响。其影响因素主要包括：①玻璃的类型、玻璃的化学组成、玻璃容器的生产工艺、规格大小、玻璃成型后的处理方式。②药品和处方的性质，如药液的 pH、离子强度等。③制剂生产过程中的清洗、灭菌等工艺对玻璃容器的影响，如洗瓶阶段的干热灭菌工艺、制剂冷冻干燥工艺、终端灭菌工艺等。

一般情况下，管制玻璃容器多适用于包装小容量注射液以及粉末，如安瓿瓶、笔式注射器玻璃套筒和预灌封注射器等；模制玻璃容器多适用于大容量注射剂、小容量注射液和粉末（模制注射剂瓶）的包装，如钠钙玻璃输液瓶、中硼硅玻璃输液瓶等。

二、相容性研究的考虑要点

1. 玻璃的分类

目前，参考 ISO 12775：1997（E）分类方法，根据三氧化二硼（B_2O_3）含量和平均线热膨胀系数（coefficient of mean linear thermal expansion，COE）的不同，将玻璃主要分为两大类：硼硅玻璃和钠钙玻璃，其中硼硅玻璃又可分为高硼硅玻璃、中硼硅玻璃、低硼硅玻璃，详见本书第三章。

2. 注射剂与玻璃包装容器可能发生的相互作用

（1）玻璃容器的化学成分与生产工艺：一般来说，药用玻璃通常包含二氧化硅、三氧化二硼、三氧化二铝、氧化钠、氧化钾、氧化钙、氧化镁等成分。每种成分比例并不恒定，常在一定范围内波动。不同生产企业生产的玻璃，其化学组成会有所不同。为了改善药用玻璃的性能，通常会在玻璃中添加不同的氧化物（如加入氧化钠、氧化钾、氧化钙、氧化钡、氧化锌、三氧化二硼等）和氟化物，可降低玻璃的熔化温度和/或改善玻璃内表面耐受性；如加入三氧化二铝可以改进玻璃的力学性能；加入铁、锰、钛等金属氧化物形成着色玻璃以产生遮光效果；加入氧化砷、氧化锑等物质以除去玻璃中的气泡，增加玻璃的澄清度。因此，玻璃中的金属离子或阳离子基团均有可能从玻璃中迁移出来进入药物中。

玻璃包装容器通常采用模制工艺和管制工艺生产。不同生产工艺对玻璃制品质量的影响不同，特别是对玻璃内表面的耐受性影响较大。模制玻璃容器内表面耐受性基本相同。对管制玻璃制成的不同类型玻璃容器，如管制注射剂瓶（或称西林瓶）、安瓿、笔式注射器玻璃套筒（或称卡式瓶）、预灌封注射器玻璃针管等，在通过加热使容器成型的过程中，由于局部受热（如底部应力环部位、颈部）引起的碱金属和硼酸盐的蒸发及分相等原因，上述部位内表面的化学耐受性通常低于玻璃容器中未受热的部位；另外，不同生产厂家可能选择不同的管制成型工艺，如底部和颈部火焰加工温度以及形成玻璃容器后的退火温度、退火时间等不同，即使采用相同生产商提供的同批次玻璃管，管制玻璃容器也可能存在质量差异，给所包装的药物带来不同的风险。

为了提高玻璃容器内表面耐水性等性能，通常会对玻璃容器的内表面进行化学处理，如用硫酸铵处理。该处理工艺虽然可以提高玻璃的耐水能力，但可能会使某些玻璃的结构脆弱。另外，也有少量玻璃容器采用内表面镀膜处理的方式，但必须注意的是，在药品长期贮藏条件下，膜层材料可能被药物侵蚀，膜层材料及玻璃成分均可能迁移进入药物中。

（2）注射剂与玻璃包装容器的相互作用：注射剂中的药物与玻璃包装容器可发生物理化学反应。如某些药物对酸、碱、金属离子等敏感，如果玻璃中的金属离子和/或镀膜成分迁移进入药液中，可催化药物发生某些降解反应，导致溶液颜色加深、产生沉淀、出现可见异物、药物降解速度加快等现象；玻璃中的钠离子迁移后，导致药液 pH 发生变化，某些毒性较大的金属离子或阳离子基团迁移进入药液也会产生潜在的安全性风险。

对于某些微量、治疗窗窄、结构上存在易与玻璃发生吸附官能团的药物，或是处方中含有微量功能性辅料（如抗氧化剂、络合剂等）的药物，玻璃容器表面可能会产生吸附作用，使药物剂量或辅料含量降低。

玻璃内表面耐受性是指玻璃容器在其包装内容物期间，内表面承受水、酸、碱等物质的物理、化学侵蚀以及温度、压力等环境因素作用的力。注射剂会对玻璃内表面的耐受性产生影响，降低玻璃容器的保护作用和功能性，甚至导致玻璃网状结构破坏致使其中的成分大量溶出并产生玻璃屑或脱片，引发安全性问题。影响玻璃内表面耐受性的因素包括玻璃容器的化学组成、生产工艺、成型后的处理方式，以及药物制剂的处方（组成成分、离子强度、络合剂、pH 等）、灭菌方式等，影响玻璃内表面耐受性的因素见表 4-4。模制玻璃容器所有面的内表面耐受性基本相同，管制玻璃容器靠近底部应力环部位和颈部内表面的化学耐受性低于其他部位，耐腐蚀性受不同药物制剂的影响较大。内表面经过处理（例如用硫酸铵处理）的玻璃可能导致表面层富硅，会造成玻璃结构脆弱。

表 4-4　影响玻璃内表面耐受性的因素

影响因素	常见影响因素	
玻璃容器的组成及生产工艺	玻璃组成	钠钙玻璃、硼硅玻璃(高硼硅玻璃、中硼硅玻璃、低硼硅玻璃)
	制备工艺	模制工艺、管制工艺
	生产过程	成型速度、成型温度
玻璃容器成型后处理工艺及储存条件	成型后的处理	硫酸铵处理
	储存条件	高湿
药物	原料药	药物理化性质
	制剂处方	① 醋酸盐、柠檬酸盐、磷酸盐缓冲液 ② 有机酸的钠盐,如葡萄糖酸盐、马来酸盐、琥珀酸盐、酒石酸盐 ③ 高离子强度,如>0.1 mol/L 的碱金属盐 ④ 配位试剂,例如 EDTA ⑤ 高 pH(> 8.0)
	终端灭菌	灭菌方式、灭菌条件
	标示的储存条件	冷藏或可控室温
	保质期限	贮藏时间

3. 相容性研究的步骤

(1)确定直接接触药品的包装组件;

(2)了解或分析包装组件材料的组成、包装组件与药品的接触方式与接触条件、生产工艺过程,如玻璃容器的生产工艺(模制或管制)、玻璃类型、玻璃成型后的处理方法等,并根据注射剂的理化性质对拟选择的玻璃容器进行初步评估;

(3)对玻璃包装进行模拟试验,预测玻璃容器是否会产生脱片以及其他问题;

(4)进行制剂与包装容器系统的相互作用研究,主要考察玻璃容器对药品的影响以及药品对玻璃容器的影响,应进行药品常规检查项目检查、迁移试验、吸附试验,同时对玻璃内表面的侵蚀性进行考察;

(5)对试验结果进行分析,安全性评估和/或研究;

(6)对药品与所用包装材料的相容性进行总结,得出包装系统是否适用于药品的结论。

玻璃容器相容性研究决策树可见图 4-1。

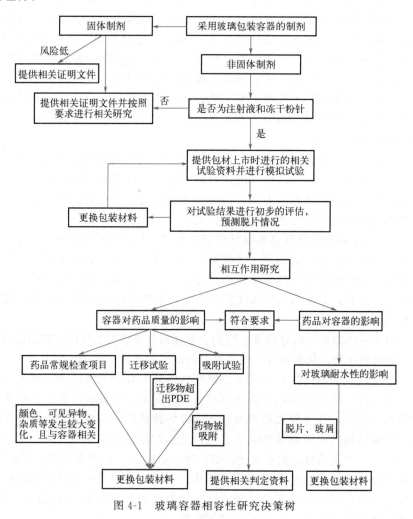

图 4-1　玻璃容器相容性研究决策树

三、相容性研究的主要内容与分析方法

在进行注射剂与玻璃容器的相容性研究前，首先需要了解玻璃的组成成分、生产工艺以及内表面处理方式等信息，然后在此基础之上进行后续的相容性研究。

1. 模拟试验

模拟试验的主要目的是预测玻璃容器发生脱片的可能性。什么是脱片？玻璃内表面的碱金属离子受溶液化学侵蚀，在玻璃表面形成一层高硅氧层。高硅氧层与玻璃内部的未变质玻璃膨胀系数不同，在温度变化时两者之间会产生应力，导致高硅氧层从主体玻璃上脱落到溶液中形成玻璃脱片。试验时，通常采用模拟药品的溶剂，在较剧烈的条件下，对玻璃包装进行试验研究。如果注射剂存在多种包装规格，试验研究容器宜首选比表面积最大的玻璃容器，如果是不同的供应商和（或）不同材质的玻璃包装，应分别进行试验。

模拟溶剂应首选含目标药物的注射剂，如果药物对分析方法产生干扰，可选择与制剂具有相同或相似理化性质的模拟溶剂，重点考虑溶液的 pH、极性及离子强度、离子种类等，如不含药物的空白制剂。模拟试验需在较剧烈的条件下进行。应结合药品在生产、贮存、运输及使用过程中的最极端条件，并选择更强烈的试验条件，如加热、回流或超声、振荡等。

除了选择以上模拟溶剂和模拟条件以外，也可参考美国药典<1660>玻璃内表面耐受性评估指南中加速脱片试验方法（表4-5），并结合药品的 pH、离子强度等因素，选择模拟溶剂和模拟条件。

表 4-5　美国药典加速脱片的介质和条件

介质	0.9%KCl 溶液 pH 8.0	3%枸橼酸钠溶液 pH 8.0	20 mmol/L 甘氨酸溶液 pH 10.0
条件	121 ℃,2 h	80 ℃,24 h	50 ℃,24 h

实验结束后应对玻璃容器内表面进行检查，并对侵蚀后的模拟溶剂进行检测分析，以预测玻璃内表面腐蚀以及玻璃脱片的倾向，可以通过观察玻璃表面的侵蚀痕迹进行初步判断，其他测定指标包括试验液中 Si 元素浓度增加量、Si/B 或 Si/Al 比值的增加量、可见和不可见微粒数增加量、pH 上升程度以及其他多种离子的变化量等。

2. 相互作用研究

进行注射剂与玻璃容器相互作用研究时，应采用拟上市的处方工艺和包装容器生产的制剂，并将玻璃容器以及注射剂均作为试验样品，应采用至少 3 批制剂与 1 批包装容器进行研究。

考察条件需充分考虑药品在贮存、运输及使用过程中可能面临的最极端条件。考察时间点的设置应基于对玻璃包装容器性质的认识、包装容器与药品相互影响的趋势而设置，一般应不少于（0、3、6 个月）三个试验点。通常应选择按正常条件生产、包装、放置的注射剂的包装容器（而不是各包装组件）进行相互作用研究，可参考加速稳定性试验以及长期稳定性试验的试验条件（温度和时间），至少应包括起点和终点，中间点可适当调整。例如，在考察离子浓度的变化情况时，为了使离子浓度-时间曲线的斜率变化结果更具可评价性，可适当增加中间取样点。为了尽可能保证溶液与玻璃容器底部应力环部位和肩部接触，对于注射剂，可采用容器正立和倒置的方式分别进行试验。对不同浓度的注射剂进行研究时，也可采用人用药品注册技术要求国际协调会（International Conference on Harmonization of Technical Requirements for Registration of Pharmaceutical for Human Use，ICH）的稳定性指导原则中推荐的括号法或矩阵法进行试验。

（1）玻璃容器对药品质量的影响

① 药品常规检查项目：在不同的考察条件和时间点对药品进行检查时，应重点关注玻璃容器及其添加物质对药物稳定性的影响，如对药品 pH、溶液澄清度与颜色、可见异物、不溶性微粒、重金属、有关物质和含量等的影响，可参考药品标准进行检验。对 pH 较敏感的药品，应重点关注从玻璃中浸出的碱金属离子等成分对药品稳定性的影响，如药品 pH、药液颜色的变化情况以及可见异物的出现等。

② 迁移试验：玻璃包装容器中组分多为无机盐。迁移入注射剂药液的常见元素包括 Si、Na、K、Li、Al、Ba、Ca、Mg、B、Fe、Zn、Mn、Cd、Ti、Co、Cr、Pb、As、Sb 等。应结合特定玻璃容器的组分以及添加物质的信息，对所含有的离子进行定量检查并进行安全性评估，重点对表 4-6 所列元素的检测结果进行评估；另外，还需对药液中 Si、B、Al 等可预示玻璃被侵蚀或产生脱片趋势的元素进行检查。对于内表面镀膜的玻璃容器，应同时对膜层材料的组分及其降解物的迁移进行考察。

表 4-6　玻璃容器中常用金属元素的每日允许暴露量（注射途径）

金属元素	PDE/(μg/d)	金属元素	PDE/(μg/d)
Pb	5	Sb	90
Co	5	Ba	700
Cd	2	Fe	1300
As	15	Zn	1300
Li	250	Cr	1100

③ 吸附试验：吸附试验主要针对微量、治疗窗窄、结构上存在易与玻璃发生吸附的官能团的药物，以及处方中含有的微量功能性辅料进行。推荐选择该药品的加速试验以及长期留样试验条件（温度和时间）进行吸附试验，通常可选择加速试验以及长期留样试验的考察时间点，按照药品标准进行检验，并根据考察对象（如功能性辅料）等适当增加检验项目，主要对药品以及拟考察辅料的含量等项目进行检查。

（2）药品对玻璃容器内表面的影响：对于含有机酸、络合剂、偏碱、高离子强度的注射剂，应重点关注玻璃容器被侵蚀后出现脱片、微粒（玻屑）的可能性。可在进行模拟试验和迁移试验的同时，对玻璃容器内表面脱片的趋势和程度进行考察。应该注意，药品对玻璃容器颈部和底部成型加工处的侵蚀程度与药品对玻璃壁的侵蚀程度不同，对玻璃容器与药品接触处与非接触处的侵蚀程度也不同（如冻干制剂），在考察药品对玻璃容器内表面的影响时，需注意对玻璃容器不同部位进行考察。

可通过对玻璃容器内表面及/或注射液进行检测分析，评估药品对玻璃容器内表面的影响。常见的方法包括常规观察玻璃表面侵蚀痕迹（对玻璃内表面进行亚甲蓝染色等）以及注射液中的可见异物；采用表面分析技术对玻璃内表面的化学侵蚀进行检测；测定注射液中的不溶性微粒、试验液中 Si 元素浓度增加量、Si/B 或 Si/Al 比值变化以及其他金属离子的变化趋势等，上述数值如发生显著变化，则预示玻璃容器可能受侵蚀产生脱片和微粒（玻屑）或风险增加。

在进行不溶性微粒考察时，可参考《中国药典》（2020 年版）四部通则 0903 进行检查。因玻璃微粒比溶剂重，微粒易积聚在容器底部，为了得到准确数据，应对溶液进行充分振摇后进行测定。

应该注意，玻璃容器产生脱片的倾向与盛装注射液的时间长短直接相关，通常在盛装注射液 3～6 个月以后或者更长时间才可观察到明显的脱片现象，为明确药品对玻璃内表面的影响，可适当延长考察的时间，如在药品加速试验下进行 9～12 个月试验，并在长期留样试验过程中进行考察。

对于可见及不可见微粒检查均符合要求，但注射液中离子浓度发生显著变化的情况，可采用适宜方法，对不溶性微粒检查方法难以检出的粒径更小的微粒进行考察，对玻璃容器受侵蚀产生脱片和微粒（玻屑）的风险和趋势进行分析和评估。

（3）空白干扰试验：试验过程中所采用的试验器具以及进行参比试验时，原则上应尽量避免使用玻璃容器。另外，玻璃包材多与胶塞配合使用，在进行相容性试验时，应考虑避免胶塞对试验结果的影响。例如：在对玻璃包装容器进行相关试验时，空白试验不宜选择橡胶塞作为密封件，可选择聚四氟乙烯瓶，以及聚四氟乙烯或聚丙烯塞，或其他惰性容器进行平行对照。

（4）分析方法与方法学验证：模拟试验和迁移试验应采用专属性强、准确、精密、灵敏的分析方法，以保证试验结果的可靠性；并应针对不同的待测项目选择适宜的分析方法。由于玻璃容器最常见的可提取物为金属离子、不挥发性物质等组分，对可提取物和浸出物的常见分析方法包括：电感耦合等离子体发射光谱（ICP）、原子吸收光谱（AAS）、离子色谱（IC）、高效液相色谱（HPLC）以及与质谱的联机技术如 ICP-MS、HPLC-MS 等，方法学研究时重点关注灵敏度（检测限、基线值）、专属性、准确性等。

考察药品对玻璃内表面影响的分析方法较多。可参照药典方法进行不溶性微粒、可见异物检查；可选择粒径分析仪、扫描电子显微镜-X射线能量色散光谱仪（SEM-EDX）对微粒进行检查；也可选择微分干涉差显微镜（DIC显微镜）、电子显微镜（EM）、二次离子质谱仪（SIMS）、原子力显微镜（AFM）以及电子探针（EPMA）等方法，对玻璃表面的侵蚀程度以及功能层的化学组成进行考察。

四、试验结果分析与安全性评估

根据模拟试验结果对玻璃容器在盛装实际药液时发生脱片的可能性进行初步预测；通过对药品常规项目检查数据、迁移试验中浸出物的种类及含量、吸附试验以及药品对玻璃内表面的影响进行评估，分析判断包装系统是否与药品具有相容性。

1. 模拟试验结果评估

如果试验过程中，玻璃内表面出现侵蚀痕迹；或者试验液中Si元素浓度、Si/B或Si/Al比值、微粒数以及pH等发生显著变化，则预示玻璃容器发生脱片的可能性较大。

2. 药品常规项目检查结果评估

如果试验发现出现溶液颜色加深、产生可见异物、pH变化等现象，应分析原因并对试验结果进行评估。如果上述变化已达到不可接受的程度，且为玻璃容器所致，应考虑采用其他类型玻璃包装容器以及其他形式的包装容器；如果是其他原因所致，应对产品进行优化，如完善制剂的处方工艺等以使产品符合相关质量控制要求。

3. 迁移试验结果评估

根据浸出物的人每日允许摄入量（PDE）值、每日最大用药剂量计算每单个包装容器中各浸出物的最大允许浓度，并在此基础上经计算得到分析评价阈值（AET），分析测试方法应满足该AET值的测定要求。

在提交注册资料时，应提供浸出物的PDE、AET等数值及其计算过程。如果迁移试验显示浸出物含量低于PDE时，可认为浸出物的量不会改变药品的安全性，对患者的安全性风险小。如果迁移试验显示浸出物的含量高于PDE，则认为包装容器与药品不具有相容性，建议更换包装材料。

4. 吸附试验结果评估

如果吸附试验结果显示包装容器对药品或辅料存在较强吸附，并对药品质量产生了显著影响，建议采用适宜的方法消除对产品质量的影响，例如更换包装容器。

5. 药品对玻璃内表面的影响结果评估

在模拟试验和迁移试验过程中，如果肉眼观察玻璃表面出现侵蚀痕迹；或者出现玻屑或者脱片，或者肉眼可见以及不可见微粒的数量超出药典控制要求，则提示药品质量已经产生了显著影响，建议更换包装容器。

如果可见及不可见微粒检查均符合要求，但溶液中SiO_2浓度、Si/B或Si/Al比值发生显著变化，提示玻璃容器产生脱片和微粒（玻屑）的风险及趋势在增大，需继续开展相关研究，并持续监测玻璃容器内表面的变化，或者更换包装容器。

第四节　化学药品注射剂与塑料包装材料相容性试验

一、概述

塑料是指以高分子量的合成树脂为主要组分，加入适当添加剂如增塑剂、稳定剂、阻燃剂、润滑剂、着色剂等，经加工成型的塑性材料，或固化交联形成的刚性材料。塑料是由树脂和添加剂组成的，树脂是塑料的主要成分，它决定了塑料制品的基本性能。添加剂或助剂的作用是改善成型工艺性能、改善制品的使用性能或降低成本等。

常用塑料包装材料的树脂种类包括：聚乙烯（PE），聚丙烯（PP），环状聚烯烃（COC）等。化学药品注射剂常用的塑料包装材料及形式见表4-7。化学药品采用塑料包装材料相容性研究的决策树见图4-2。

表 4-7　注射剂常用的塑料包装形式

注射剂容器	常用包装形式
输液瓶	PP 瓶,PE 瓶
多层共挤膜(袋)	PP/PE 或改性 PP 塑料,如三层共挤膜(袋)、五层共挤膜(袋)等,包括接口、组合盖
塑料(软)袋	PP 直立式(软)袋,PP/PE 或改性 PP 塑料(软)袋
塑料安瓿	PE 安瓿,PP 安瓿
预灌封注射器	COC(器身)注射器

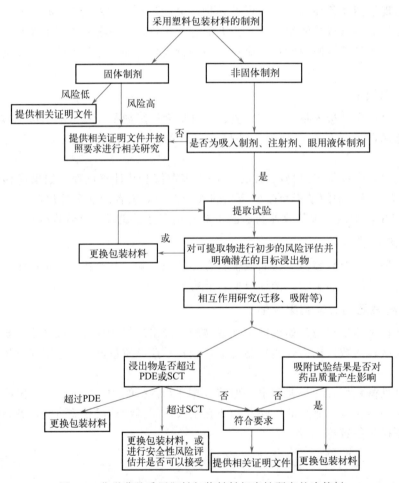

图 4-2　化学药品采用塑料包装材料相容性研究的决策树

二、相容性试验内容与分析方法

药品与包装材料相容性研究的内容主要包括三个方面：提取试验、相互作用研究（包括迁移试验和吸附试验）和安全性研究。相容性研究的试验材料可能是塑料材料，或者塑料组件，也可能是塑料包装容器。

1. 提取试验

提取试验主要针对包装材料进行，应对包装系统中的不同包装组件分别进行提取试验。值得注意的是，在包装材料注册前，为了对包装材料的性质进行全面评估，包装材料生产企业会采取不同溶剂进行一定程度的提取试验，以了解包装材料在不同条件下可能产生的可提取物；在对药物制剂进行研究时，药品研发及生产企业则是在包装材料性质已知的前提下，在包装材料企业提供的包装材料成分信息以及提取试验的基础上，进行药物制剂与包装材料的提取试验。

（1）包装材料样品的前处理：将包装材料清洗干净，滤纸吸干后切成 0.5 cm×2 cm 条状，作为供试品，放入密闭容器内，加入提取溶剂浸没供试品进行浸提。可按表 4-8 所示选择供试品与提取溶剂的加入量，优先按供试品表面积选择与提取溶剂的比例，当样品的表面积不能确定时，则按供试品重量与提取溶剂的比例进行试验。

表 4-8 供试品表面积或重量与提取溶剂的比例

供试品厚度/mm	表面积或重量与提取溶剂体积的比例
≤0.5	6 cm^2/ml
>0.5~1.0	3 cm^2/ml
>1.0	1.25 cm^2/ml
不规则形状	0.2 g/ml

也可采用多个包装容器组件（如多个接口），以增加提取物的浓度，或对提取样品进行富集，使之符合分析仪器的灵敏度要求。需要测定的数据包括：包装样品的尺寸（长、宽、高、直径）；正常包装情况下，药品与包装材料直接接触部分的面积以及提取试验中包装材料与提取溶剂直接接触部分的表面积，如果包装样品与提取溶剂为双面接触，则应计算两面的总面积；如果采用多个包装容器组件，则应计算样品的总面积。包装材料与提取溶剂的接触表面积应高于包装材料与药品的实际接触面积，以尽可能增加可提取物的种类和数量，模拟生产、运输、贮存和使用过程中的最差的条件。

（2）提取溶剂的选择：在包装材料注册前，需对包装材料的性质进行全面评估，应多采用性质各异的提取溶剂对其进行提取试验，理论上，提取溶剂的性质和种类应包括实际使用的所有状况。常可选择的提取溶剂包括注射用水、0.9％氯化钠注射液、pH 3.5 缓冲液、pH 8.0 缓冲液、10％或 15％乙醇等。为了解析包装材料的组分，一般选择的提取条件相对剧烈，有时会选择能将塑料包装材料完全溶解的提取溶剂，但是这种试验并不能反映组分的提取和迁移的真实情况，也远超出生产、运输、贮存和使用过程中的实际最差条件，与药物制剂进行的提取试验目的并不相同。

对注射剂进行提取试验研究时，应将包装材料注册前进行的全面评估数据作为基础。在此前提下，提取试验中所用的提取溶剂性质应尽可能与实际包装的制剂相同或类似，重点考虑 pH、极性及离子强度等因素，建议在条件许可的前提下，优先选择拟包装的制剂作为提取溶剂，也可根据制剂的特性选择其他适宜的提取溶剂（如不含药物的空白制剂）。

（3）提取条件的确定：一般情况下，物质在高温状态下的迁移速率要高于常温或低温状态，因此，提取试验需在较剧烈的条件下进行。应结合药品在生产、贮存、运输及使用过程中的最差条件，确定适宜的提取方法，如加热、索氏提取、回流或超声等。

对于注射剂来说，常采用将前处理后的包装材料置于密封容器中，用提取溶剂加热进行提取。试验时需要考虑生产工艺中可能的加热因素，如灭菌温度和时间。另外，也要注意到，在比灭菌温度更加剧烈的条件下，对塑料材料会产生在常温或灭菌条件下不会发生的破坏作用，因此需对提取温度和时间进行分析和考察，以保证从包装材料中提取出尽可能多的可提取物，但又不致使添加物过度降解以致干扰试验。建议在选择提取温度时，优先选择灭菌温度或在其基础上适当增加，但不应使包装材料产生变形。例如：某注射剂采用 121 ℃、15 min 作为灭菌条件，在进行提取试验时，提取条件的强度应高于该灭菌条件，可选择 121 ℃、60 min 或适当提高温度，并延长提取时间，或选择其他适宜条件作为提取条件。

（4）可提取物信息分析：对提取试验研究中获得的高于分析评价阈值（AET）水平的可提取物进行鉴别，预测潜在的可浸出物，包括单体、起始物质、残留物、降解物质、添加剂等。

2. 相互作用研究

一般应选择按正常条件生产、包装、放置的注射剂的包装容器，而不是各包装组件进行相互作用研究，并根据原料药或辅料的理化性质以及制剂的特点确定相互作用研究的具体内容以及试验强度。相互作用研究考察项目涉及物理、化学、生物等几个方面，且应至少采用3批制剂与1批包装容器进行研究。

（1）迁移试验

① 确定迁移试验条件：应充分考虑药品在生产、贮存、运输及使用过程中可能面临的最极端条件。一般建议选择该药品上市包装的最高浓度，在加速稳定性试验以及长期稳定性试验的条件下进行试验。在对不同浓度的产品进行研究时，可采用矩阵法进行试验。

② 考察时间点：考察时间点的设置应基于对药品包装材料性质的认识、包装材料与药品相互影响的趋势而设置。一般可参考影响因素试验、加速稳定性试验以及长期稳定性试验的考察时间点进行设置，至少应包括起点和终点，中间点可适当调整。

③ 考察项目：一般情况下，应根据材料性质、药品的质量要求设置考察项目。迁移试验的考察项目除质量标准规定的项目外，还应根据提取试验中获得的可提取物信息设定潜在的目标浸出物，以及在放置过程中，包装材料成分中的降解物质或其他新生成物质。

④ 考察样品的放置：考察过程中，药品与包装容器应充分接触，并模拟药品的实际使用状况，设置放置位置时需充分考虑密封件、标签或油墨的接触或影响。

⑤ 在迁移试验中应对高于分析评价阈值（AET）水平的相关浸出物进行鉴别、定量，并评估浸出物的安全性。

（2）吸附试验：推荐选择该药品加速试验以及长期留样试验条件（温度和时间）进行吸附试验，通常可选择加速试验以及长期留样试验的考察时间点，按照药品标准进行检验，并根据考察对象如功能性辅料等适当增加检验项目，主要对药品以及拟考察辅料的含量、pH等项目进行检查。考察样品的放置要求与迁移试验相同。

3. 空白干扰试验

在进行提取试验、迁移试验和吸附试验时，某些情况下需要进行空白干扰试验，以排除供试品本底的干扰，避免出现假阳性结果。例如：在对塑料包装容器进行提取试验时，可选择硼硅玻璃瓶或聚四氟乙烯瓶，以及聚四氟乙烯或聚丙烯塞，或其他惰性容器进行平行对照试验，但不宜选择橡胶塞作为密封件。在进行吸附试验时，某些成分如某些抗氧化剂本身可在放置过程中发生降解，为避免干扰试验结果，可设对照组，选择通常认为不会发生吸附的包装材料（如玻璃等）作对照，进行平行试验。

4. 分析方法

进行提取试验和迁移试验应采用专属性强、准确、精密、灵敏的分析方法，以保证试验结果的可靠性。目前可采用各种光谱、色谱以及联用方法，分别用于检测易挥发性物质、半挥发性物质、不挥发性物质、金属元素、无机离子等组分。应针对不同的待测目标化合物选择适宜的分析方法。

在进行定性研究时，一般可选择液相色谱-质谱（LC-MS）、液相色谱-核磁共振波谱（LC-NMR）、气相色谱-质谱（GC-MS）、气相色谱-红外光谱（GC-IR）、离子色谱-质谱（IC-MS）等联用技术。

在进行定量研究时，一般可选择总有机碳（TOC）、总无机碳（TOA）、气相色谱-红外光谱（GC-IR）、液相色谱（UV、ELSD、ECD等检测器）、液相色谱-质谱（LC-MS）、离子色谱（IC）、气相色谱（GC）、气相色谱-质谱（GC-MS）、高效毛细管电泳法（HPCE）、原子分光光度法（AAS）等。

通常情况下，气相色谱-质谱（GC-MS）用于可挥发或半挥发有机物分析；液相色谱-质谱（LC-MS）用于半挥发及不挥发有机物分析；离子色谱（IC）用于无机或有机阳离子和阴离子分析以及有机酸、碱分析；电感耦合等离子体原子发射光谱法（ICP-AES）、电感耦合等离子体发射光谱-质谱法（ICP-MS）可用于测定无机元素类提取物（如微量元素和重金属等）。另外，在适宜条件下并经验证可行时，也可选择其他分析方法。

在确定分析方法前，可以根据安全性信息来确定可提取物和/或浸出物的允许限度，并将该相应浓度水平作为分析评价阈值（AET），以此来确定分析方法是否拥有检测这些物质的灵敏度。

为了保证分析方法的可靠性，需对分析方法进行验证。提取试验主要进行方法专属性、灵敏度等简单的方法学验证。迁移试验的方法学验证内容包括准确度、精密度（重复性、中间精密度和重现性）、专属性、检测限、定量限、线性及范围和耐用性等。由于痕量分析的特殊性，应特别关注分析仪器、各验证内容的可接受性。

三、试验结果分析与安全性评价

根据提取试验及迁移试验获得的可提取物、浸出物信息，分析汇总浸出物和可提取物的种类及含量，进行结构鉴定，通过安全性研究分析其安全性风险程度，结合吸附试验结果，分析判断包装系统是否与药品具有相容性。

1. 塑料包装材料的安全性评价

如果包装容器各组件所用塑料材料中的添加剂为表4-9所列的常用添加剂，且在包装材料中的含量符合其要求，可以认为包装材料中所含添加剂的量符合要求。如果采用的添加剂未列入表4-9，则应提供该添加剂在包装材料中使用和用量的依据。

表 4-9 塑料包装材料常用添加剂及限度要求

欧洲药典中添加剂编号	名称	CAS号	限度要求
03	烷基酰胺	[61790-57-6]	不超过 0.5%
07	2,6-二叔丁基-4-甲基苯酚	[128-37-0]	不超过 0.125%
08	3-(1,1-二甲基乙基)-β-[3-(1,1-二甲基乙基)-4-羟苯基]-4-羟基-β-甲基苯甲酸-1,2-亚乙基酯	[32509-66-3]	不超过 0.3%
09	四[3-(3,5-二叔丁基-4-羟基苯基)丙酸]季戊四醇酯	[6683-19-8]	不超过 0.3%
10	1,3,5-三甲基-2,4,6-三(3,5-二叔丁基-4-羟基苄基)苯	[1709-70-2]	不超过 0.3%
11	3-(3,5-二叔丁基-4-羟基苯基)丙酸正十八碳醇酯	[2082-79-3]	不超过 0.3%
12	三(2,4-二叔丁基苯基)亚磷酸酯	[31570-04-4]	不超过 0.3%
13	1,3,5-三(3,5-二叔丁基-4-羟基苯甲基)-三嗪-2,4,6[1H,3H,5H]三酮	[27676-62-6]	不超过 0.3%
14	3,9-双十八烷氧基-2,4,8,10-四氧-3,9-二磷螺环[5.5]十一烷	[3806-34-6]	不超过 0.3%
15	1,1'-二(十八烷基)二硫化物	[2500-88-1]	不超过 0.3%
16	二(十二烷基)-3,3'-硫代二丙酸酯	[123-28-4]	不超过 0.3%
17	二(十八烷基)-3,3'-硫代二丙酸酯	[693-36-7]	不超过 0.3%
18	四(2,4-二叔丁基酚)-4,4'-联苯基二亚磷酸酯	[119345-01-6]	—
19	硬脂酸	[57-11-4]	不超过 0.5%
20	油酸酰胺	[301-02-0]	不超过 0.5%
21	芥酸酰胺	[112-84-5]	不超过 0.5%
22	聚丁二酸(4-羟基-2,2,6,6-四甲基-1-哌啶乙醇)酯	[65447-77-0]	—
23	水化碳酸氢氧化镁铝	[12539-23-0]	不超过 0.5%
24	硅铝酸钠	[1344-00-9]	不超过 0.5%
25	二氧化硅	[7631-86-9]	不超过 0.5%
26	苯甲酸钠	[532-32-1]	不超过 0.5%
27	脂肪酸酯或盐	[91050-89-4] [68424-44-2]	不超过 0.5%
28	磷酸钠	[7632-05-5]	不超过 0.5%
29	液状石蜡	[8042-47-5]	不超过 0.5%
30	氧化锌	[1314-13-2]	不超过 0.5%

欧洲药典中添加剂编号	名称	CAS 号	限度要求
31	滑石粉	［14807-96-6］	不超过 0.5%
32	氧化镁	［1309-48-4］	不超过 0.2%

注：塑料包装材料常用添加剂及限度指用于注射剂包装的聚乙烯和聚丙烯塑料常用添加剂以及其在塑料中的限度。对于表中所列添加剂，每种树脂中添加抗氧化剂的种类不能超过 3 种，总量不得超过 0.3%。

2. 确定分析评价阈值（AET）

根据文献或试验获得各浸出物或可提取物的人每日允许暴露量（PDE）。如果不能获得 PDE 数据，研究者可参考目前可获得的已知化合物安全性数据库相关信息，并结合所研究药品的给药途径、用药周期、浸出物或可提取物化学结构等实际情况，确定合适的安全性阈值（SCT）。目前欧洲药品局（European Medicines Agency，EMA）推荐的遗传毒性致癌物的安全性阈值（SCT）为 1.5 μg/日，国际药用气雾剂联盟（International Pharmaceutical Aerosol Consortium，IPAC）推荐的吸入制剂的安全性阈值（SCT）为 0.15 μg/日。

根据浸出物或可提取物的 PDE 或 SCT 数值、每日最大用药剂量以及制剂包装情况（提取试验中使用容器的数量；与提取溶剂直接接触的表面积；制剂生产、运输、贮藏和使用过程中与药液直接接触部分的表面积等），计算每单个包装容器中各浸出物或可提取物的最大允许的实际浓度，并在此基础上经计算得到分析评价阈值（AET），分析测试方法应满足该 AET 的测定要求。在提交注册资料时，应提供浸出物或可提取物的 PDE、SCT、AET 等数值及其计算过程。

3. 可提取物的安全性评价

如果包装材料注册的提取试验以及对药物制剂进行的提取试验结果均显示，提取溶液中某可提取物的含量低于其 PDE 或 SCT，则一般认为由该可提取物导致的安全性风险小，在后续的迁移试验可省略对该成分的研究，但仍应该在后续的迁移试验中对该成分可能产生的降解产物或者相关产物等进行考察。

如果提取溶液中可提取物的含量高于 PDE 或 SCT 时，可以选择进行后续的相互作用研究并对浸出物进行相关的安全性评估，也可以选择更换包装材料重新进行提取试验。

如果认为无需对某提取物进行后续的迁移试验，需提供相应的支持性数据以及分析报告。

4. 浸出物的安全性评价

如果浸出物含量低于 PDE 或 SCT 时，可认为浸出物的量不会改变药品的有效性及安全性，对患者的安全性风险小，包装材料与药品具有相容性。如果浸出物的含量高于 SCT，建议选择更换包装材料。在不更换包装材料时，应进行相关的安全性评估，评估浸出物的安全性风险。如果浸出物的含量高于 PDE，则认为包装材料与药品不具有相容性，建议更换包装材料。

5. 吸附试验结果分析

如果吸附试验结果显示包装材料对药品或辅料存在较强吸附，并对药品质量产生了显著影响，建议更换包装材料。

第五节 化学药品与弹性体密封件相容性试验

一、概述

（一）基本概念

弹性体是指在弱应力下形变显著，应力松弛后能迅速恢复到接近原有状态和尺寸的高分子材料。本节所述的弹性体主要包括合成橡胶和热塑性弹性体。热塑性弹性体是指在高温下能塑化成型，在常温下又能显示橡胶弹性的一种材料，这类材料兼有热塑性塑料的加工成型的特征和硫化橡胶的橡胶弹性性能。

弹性体密封件是指药品包装系统中用于包装药品且直接接触药品的橡胶密封件、热塑性弹性体（thermoplastic elastomer，TPE）密封件的总和（简称密封件）。包括但不限于：注射液用卤化（氯化/溴化）丁基橡胶塞、注射用无菌粉末用卤化（氯化/溴化）丁基橡胶塞、注射用冷冻干燥用卤化（氯化/溴化）丁基橡胶塞、预灌封注射器用卤化（氯化/溴化）丁基橡胶塞和针头护帽、笔式注射器用卤化（氯化/溴化）丁基橡胶塞、吸入制剂用密封件以及其他液体制剂用密封件等，不同剂型药品常用的密封件见表4-10。作为包装组件，密封件一方面应满足包装系统对密封性的要求，为药品提供保护并符合包装预期的使用功能；另一方面还应与药品具有良好的相容性，即不可引入存在安全性风险的浸出物，或浸出物水平符合安全性要求；且不会因为吸附药品中的有效成分或功能性辅料，影响药品的质量、疗效和安全性。

表 4-10　不同剂型药品常用的密封件

给药途径/剂型	常用的密封件
吸入气雾剂和吸入溶液剂，鼻喷雾剂	三元乙丙橡胶密封件，热塑性弹性体密封件
注射液，注射用混悬液	注射液用卤化（氯化/溴化）丁基橡胶塞，聚异戊二烯橡胶塞
无菌粉末和注射用粉末	注射用无菌粉末用卤化（氯化/溴化）丁基橡胶塞 注射用冻干粉末用卤化（氯化/溴化）丁基橡胶塞
局部用溶液及混悬液，局部用和口腔用气雾剂	三元乙丙橡胶密封件
口服溶液及混悬液	卤化（氯化/溴化）丁基橡胶密封件 硅橡胶密封件 热塑性弹性体密封件

表4-11中列出了密封件慎用的添加剂品种清单。密封件生产企业在密封件的生产过程中应尽量避免使用慎用清单的添加剂，药品生产企业在密封件的选择及相容性研究中重点关注慎用清单所列添加剂可能引入的安全性风险。

表 4-11　密封件慎用的添加剂品种

商品名称	化学名称或可能含有的物质	CAS 号	可能产生的危险物质
Diak 1#	六亚甲基二胺氨基甲酸盐	[143-06-6]	有毒
促进剂 M(2-MBT)	2-巯基苯并噻唑	[149-30-4]	亚硝胺
促进剂 DM	2,2′-二硫代二苯并噻唑	[120-78-5]	分解成 2-巯基苯并噻唑
硫化剂 HVA-2	N,N'-间苯撑双马来酰亚胺	[3006-93-7]	有致癌性
促进剂 BZ	二正丁基二硫代氨基甲酸锌	[136-23-2]	亚硝胺类化合物
促进剂 EZ	二乙基二硫代氨基甲酸锌	[136-94-7]	亚硝胺类化合物
促进剂 PZ	二甲基二硫代氨基甲酸锌	[137-30-4]	亚硝胺类化合物
促进剂 DTDM	4,4′-二硫代双吗啉	[103-34-4]	有毒
促进剂 TT	二硫代四甲基秋兰姆	[137-26-8]	易喷出挥发性亚硝胺
炉法炭黑	碳	[1333-86-4]	含多环芳烃类物质

（二）密封件的分类及用途

1. 橡胶类密封件

橡胶是一类线型柔性高分子聚合物；其分子链柔性好，在外力的作用下可产生较大形变，除去外力后能迅速恢复原状；橡胶的特点是在很宽的温度范围内具有优异的弹性，所以又称弹性体。按其来源橡胶可分为天然橡胶和合成橡胶两大类，因天然橡胶已被淘汰，现只讨论合成橡胶。

药品包装常用的橡胶材料按照聚合反应所用的单体的不同，可以分为聚异戊二烯橡胶、丁基橡胶、卤化丁基橡胶、硅橡胶、乙丙橡胶类；按照橡胶组件的结构和加工工艺，又可分为涂层密封件、非涂层密封件，其中涂层密封件包括覆膜、涂膜和镀膜等。

2. 热塑性弹性体密封件

热塑性弹性体是由结成疏松化学交联网络的大分子组成；在特定温度下，其材料的软硬程度和形变难易取决于其物理内聚力。大多数普通热塑性弹性体材料在常温下柔软而易于变形，所以其又被称为类橡胶材料。

热塑性弹性体是具有类似于弹性体材料特性的热塑性塑料，在常温下显示橡胶的高弹性，在高温下又能塑化成型，这种特性取决于材料特定的分子结构。热塑性弹性体与弹性体的主要差别在于前者加热时可以熔融，即能够可逆地改变其力学状态，从而使一些在传统弹性体材料加工过程中不能使用的加工工艺可以在热塑性弹性体加工中得到应用。

热塑性弹性体按照制备方法分为共聚型（化学合成型）热塑性弹性体和共混型（橡胶共混型）热塑性弹性体；按照化学结构可分为苯乙烯系嵌段共聚类（styreneic block copolymer，SBC）、聚氨酯类（thermoplastic polyurethanes，TPU）、聚酯类（thermoplastic polyethylene elastomer，TPEE）、聚酰胺类（thermoplastic polyamide elastomer，TPAE）和聚烯烃类（thermoplastic polyolefin，TPO）等。

3. 药品包装用密封件

按照药品的剂型及给药途径，密封件可分为注射剂用密封件、吸入制剂用密封件、液体制剂用密封件以及其他密封件等。注射剂用密封件有：注射液用卤化丁基橡胶塞，注射用无菌粉末卤化丁基橡胶塞，注射用冷冻干燥用卤化丁基橡胶塞，药用合成聚异戊二烯片，预灌封注射器组合件中的橡胶活塞，预灌封注射器用氯（溴）化丁基橡胶活塞，预灌封注射器用聚异戊二烯橡胶针头护帽，笔式注射器用氯（溴）化丁基橡胶活塞和垫片。吸入制剂用密封件包括如气雾剂阀的内、外密封圈，其材料主要为三元乙丙橡胶（ethylene propylene diene monomer，EPDM）。其他液体制剂用密封件有硅橡胶垫片等。

（三）密封件配方与加工工艺

1. 橡胶密封件

通常情况下，橡胶生产企业是根据成品的性能要求，考虑加工工艺和成本等因素，选择确定橡胶材料和各种配合剂的类型及其用量。

一个完整的橡胶配合体系包括生胶体系、硫化体系、填充增强体系、软化增塑体系和防护体系，有时还包括其他配合体系。

（1）生胶体系： 称之为母体材料或基体材料；是用化学合成的方法制得的未经过任何加工的高分子弹性体。如异戊橡胶、丁基橡胶、乙丙橡胶等。

（2）硫化体系： 其与橡胶大分子起化学作用，使橡胶线型大分子交联形成空间网状结构，提高橡胶的性能及稳定形态。硫化体系包括硫化剂、硫化促进剂和硫化活性剂。

① 硫化剂：是指在一定条件下能使橡胶发生交联的物质。目前使用的硫化剂有硫黄、含硫化合物、过氧化物、醌类化合物、胺类化合物、酚醛树脂和金属化合物等。

② 硫化促进剂：是指能加快硫化速率、缩短硫化时间的物质，简称促进剂。使用促进剂可减少硫化剂的用量，或降低硫化温度，并可提高硫化胶的物理机械性能。常用的促进剂按其化学结构分为噻唑类、秋兰姆类、亚磺酰胺类、胍类、二硫代氨基甲酸盐类、醛胺类、黄原酸盐类和硫脲类。

③ 硫化活性剂：是指能增加促进剂活性，从而减少促进剂用量或缩短硫化时间，改善硫化胶性能的物质，简称活性剂。活性剂多为金属氧化物，常用的有氧化锌等。

（3）填充增强体系： 包括增强剂和填充剂，它们可以提高橡胶的力学性能，改善加工工艺性能，降低成本。增强剂是指可提高橡胶物理机械性能的物质，橡胶工业常用的增强剂主要有炭黑、白炭黑（二氧化硅）和其他矿物填料。填充剂是指在胶料中主要起增加容积作用的物质，橡胶制品中常用的填充剂主要有碳酸钙、陶土（二氧化硅、三氧化二铝、三氧化二铁、氧化钙、氧化镁等）、高岭土（水合硅酸铝）、滑石粉（碳酸镁）等。

（4）**软化增塑体系**：是一类分子量较低的化合物，其能够降低橡胶制品的硬度和混炼胶的黏度，改善加工工艺性能。增塑剂按其来源不同可分为石油系增塑剂、煤焦油系增塑剂、松油系增塑剂、脂肪系增塑剂和合成系增塑剂。

（5）**防护体系**：是指能防止和延缓橡胶老化，提高橡胶制品使用寿命的化学物质，也称为防老剂。根据其作用可分为抗氧化剂、抗臭氧剂、有害金属离子作用抑制剂、抗疲劳老化防紫外线辐射防老化剂。防老化剂主要有胺类和酚类等。

（6）**其他配合体系**：主要是指一些特殊的配合体系，如阻燃、导电、磁性、着色（氧化铁、钛白粉、天然气炭黑）、发泡、香味等配合体系。

2. 橡胶的加工工艺

橡胶制品的制备过程一般包括塑炼、混炼、压延、压出、成型、硫化等加工工艺。

（1）**塑炼**：是指使生胶由弹性状态转变为具有可塑性状态的工艺过程。

（2）**混炼**：是指将各种配合剂混入生胶中制成质量均匀的混炼胶的过程。

（3）**压延**：是指利用压延机辊筒之间的挤压力作用，使物料发生塑性流动变形，最终制成具有一定断面尺寸规格和规定断面几何形状的片状材料或薄膜状材料；或者将聚合物材料覆盖并附着于纺织物表面，制成具有一定断面厚度和断面几何形状要求的复合材料。

（4）**压出**：是指胶料在压出机机筒和螺杆间的挤压作用下，连续地通过一定形状的口型，制成各种复杂断面形状的半成品的工艺过程。

（5）**成型**：是指把构成制品的各部件，通过粘贴、压合等方法组合成具有一定形状的整体的过程。

（6）**硫化**：是指胶料在一定的压力和温度下，橡胶大分子由线型结构变成网状结构的交联过程。硫化后的橡胶由塑性的混炼胶变为高弹性的或硬质的交联橡胶，从而获得更完善的物理机械性能和化学性能，提高和拓宽了橡胶材料的使用价值和应用范围。硫化方法主要有冷硫化、室温硫化和热硫化。

3. 典型密封件——橡胶塞的制造过程

（1）**原材料配合工序**：按照生产配方，对各种物料进行称量。

（2）**混炼工序**：将称量好的橡胶和各种助剂在密闭式炼胶机或开放式炼胶机中混合均匀，然后根据工艺要求，将混炼好的胶料压成合适的胶片。

（3）**硫化工序**：是密封件的成型工序，即将混炼胶放入硫化模具中，经过高温高压和一定时间，橡胶发生化学交联反应而定型成为产品（为了便于密封件脱模，该工序会使用乳化硅油作脱模剂）。

（4）**冲切工序**：将硫化成片的密封件用冲切设备冲成单只产品。

（5）**清洗工序**：使用纯化水或注射水对胶塞进行清洗、硅化，然后干燥（灭菌），清洗过程中会加入适量二甲基硅油（以下简称硅油）硅化，使胶塞滑爽、走机顺畅。

（6）**包装工序**：在C＋A级洁净区域，用双层无菌塑料袋包装，然后移到外包装间纸箱封装。

4. 热塑性弹性体密封件

热塑性弹性体密封件在高温时可以像塑料一样采用注压、挤出、吹塑、模压等加工工艺，无硫化工艺过程。热塑性弹性体的性能是由其结构决定的。一般为多相结构，至少由两相组成，各相的性能及其之间的相互作用将决定热塑性弹性体的最终性能。由于热塑性弹性体使用的加工助剂和配合剂较少，其是一种相对洁净的高分子聚合物。

（四）密封件的主要性能及质量指标

根据密封件的实际使用要求，其检测项目和检测内容会有所不同。通常的检测项目和常用的测试方法包括以下几个方面。

（1）**物理和化学鉴别**：密度法、灰分测试、红外光谱法（IR）等。

（2）**通用性能测试**：不溶性微粒、易挥发性硫化物、邵氏A硬度、穿刺力、穿刺落屑、自密封性等。

（3）**化学性能**：澄清度与色泽、紫外吸光度、易氧化物、pH变化值、不挥发物、电导率、重金属、铵离子、锌离子等。

（4）**生物性能**：溶血、热源、急性全身毒性试验等。

（5）**功能性**：预灌封注射器用橡胶活塞的滑动性等。

（五）密封件的选择及确认原则

药品生产企业在选择及确认包装密封件时，应以对药品的包装、储存、运输和使用中起到保护药品质量、实现给药目的为原则。密封件生产商在进行配方设计和开发时，应依据相关的法律法规选择符合食品、医药品的配合体系和用量，并能确保密封件产品配方的一致性和生产加工工艺的稳定性；且其产品质量符合国家 YBB 标准或其他等同标准。

药品生产企业在对医药用密封件产品的基本的质量要求进行选择和评价时，首先应了解其执行的质量标准［如药包材国家标准（2015 年版）、各国药典最新版］和质量保证体系（如 ISO 15378 或等同标准）等，选用标准符合性好、质量保证体系完善、信誉好，能够建立良好沟通、预见有产品适用性的密封件生产商的产品。然后，再从药品与密封件相容性研究的角度收集密封件的基体材料和配合剂信息，评估生产商使用的基体材料和配合剂的种类及添加量是否符合相关的法律法规，并通过审计要求生产商确保密封件产品的配合和加工工艺稳定，如有变更应及时通知药品生产企业。最后，进行密封件的选择及确认研究，包括体内外生物反应性试验，以及与药品的相容性研究。通过体内外生物反应性试验选择密封件，根据与药品的相容性研究及安全性评估结果确认密封件，并做出密封件适合或不适合包装相应药品的结论。如经研究确认密封件适合包装相应的药品，则最终确定选用生产商的产品名称、型号、规格及质量标准。

另外，建议药品生产企业采用专属性强的检测方法，加强密封件的质量控制；研究常规的提取试验方法、制订可提取物的可接受标准；用可提取物检测的高效液相色谱-二极管阵列（HPLC-DAD）或气相色谱-质谱（GC-MS）谱图进行密封件质量的定性、定量评估，并建立其与迁移试验浸出物安全性水平的相关性。

二、相容性研究的考虑要点

密封件在选择和使用时，应具备如下特性：保护性、安全性、相容性与功能性。安全性研究系指所用密封件材料和制造过程中引入的物质是符合安全性要求的。相容性研究是证明密封件与药品之间没有发生严重的相互作用，并导致药品有效性和稳定性发生改变，或者产生安全性风险的过程。

（一）药品与密封件的相互作用

药品与密封件长期接触后，可能会发生密封件组分（和/或组分的降解产物）向药品中迁移，以及密封件对药品组分的吸附，并发生进一步的物理和/或化学反应。

发生迁移所致的可能反应包括：密封件中某些具有化学活性的低分子有机物迁移进入药品，可催化或与药品成分发生化学反应，导致药品颜色加深、产生沉淀、出现可见异物，活性成分降解速度加快等；密封件中某些非化学活性的低分子有机物，包括表面硅油等，迁移进入药品，造成不溶性微粒增多，并可能絮凝成线状物，造成可见异物超标；密封件无机填料引入的元素或离子（如 Mg、Zn、Al、Si，以及有害的 As、Cd、Sb）会迁移到药品中，导致某些药物产生沉淀，或产生潜在的安全性风险等；密封件中某些具有生物毒性的有机物，会影响橡胶密封件的溶血性能，或导致细胞毒性超标等。

另外，因可能存在容易被橡胶吸附的化学结构，有些药物活性成分和/或辅料会被直接接触药品的密封件吸附，造成药品有效成分和/或功能性辅料含量降低，以及理化性质等改变。例如，无涂层的溴化丁基橡胶塞对丁苯酞注射液中的丁苯酞具有极强的吸附作用，短时间就会造成药品中有效成分消失。对橡胶密封件用作脂溶性活性成分的包装，要特别关注密封件对药物的吸附。

（二）相容性研究的一般步骤

1. 确认密封件组分的法规符合性以及密封件产品的质量标准符合性

收集进行相容性试验所需要的基本信息，包括：与密封件有关的配方、加工助剂、清洗剂和清洗方式、硅油、涂层材料（如有）、灭菌（如有）等信息；与药品有关的处方组成、关键工艺参数、规格、装量、储存条件、给药途径、给药方式和每日最大使用剂量等信息。

2. 拟定相容性研究的试验方案

根据密封件的特点、药品的特点，确定试验样品的批次及数量；根据包装规格及每日最大使用剂量，通过化学计量学计算，制定提取试验样品的制备方法；根据密封件的配合及加工工艺，开发针对相应可提取物的检测方法等。

3. 对密封件进行提取试验和/或模拟提取试验

对于覆膜胶塞和镀膜胶塞，可以一起也可以分别进行提取试验；对可提取物的检测方法进行方法学研究；对可提取物进行风险评估并预测潜在的浸出物；如果可提取物中出现基因毒性、致癌性物质或其他的毒害物质，需慎重评价其风险的可控程度，并做出继续使用或更换密封件的决定。

4. 采用使用密封件的拟市售包装的药品进行浸出物研究（迁移试验）

对浸出物的检测方法进行充分的方法学研究，确认检测方法能专属、准确、灵敏、稳定地检出待测浸出物。迁移试验可与药品的加速和长期稳定性试验一同设计，检测稳定性试验相应时间点样品中的浸出物，观察浸出物的变化趋势，对试验数据进行必要的统计分析和总结。

5. 进行可提取物和/或浸出物安全性评估

建议采用列表的方式。可提取物安全性评估包括检测项目（可提取物名称）、提取溶媒及提取条件、分析方法以及可提取物的来源分析；浸出物安全性评估包括检测项目（浸出物名称）、检测到的最高含量水平、人每日最大摄入量、人每日允许暴露量（PDE）、安全指数等。

6. 对药品与包装所用密封件的相容性进行评估

结合其他保护性、功能性等适用性要求得出密封件是否适用于药品包装的结论。

（三）相容性研究的主要内容与试验方法

1. 密封件配方关键性能表征

应视情况对密封件配方进行表征确认。

2. 药品与密封件相关信息的收集

在设计相容性研究试验方案之前，必须要了解密封件与药品的接触方式及接触条件，以及密封件的生产工艺、清洗剂和清洗方式等；因一些在工艺过程中用到或接触的物质可能会在生产过程中被带入到密封件中，同时，收集药物制剂的处方、工艺、给药途径、给药频率、给药剂量以及疗程等信息。

3. 部分可提取物及分析方法的初步确定

根据配方和加工工艺，初步确定密封件可提取物的种类和检测方法，包括（但不限于）：硬脂酸和软脂酸（GC-MS法），正己烷（GC法），酚类抗氧化剂（HPLC法），卤代低聚物（GC法），金属离子（ICP-OES法），硫、氯化物和溴化物（IC法），亚硝胺及亚硝胺类化合物（GC-NPD法，GC-MS法），2-巯基苯并噻唑（LC-PDA法），多环芳香烃（GC-MS法）等。

（四）可提取物研究

可提取物研究包括材料提取试验和包装容器系统模拟提取试验。材料提取试验的关注点是材料本身具有的无机或有机可提取物，包括密封件配方组成成分及加工工艺过程中添加的物质等。包装容器系统模拟提取试验的关注点则是在药品或模拟药品（当药品成分复杂，对可提取物的检测有干扰时，采用模拟药品）与密封件实际接触的情况下，采用超出正常生产、贮藏条件提取得到的无机或有机可提取物。例如，对最终灭菌工艺的注射剂，采用提高灭菌温度、延长灭菌时间提取；对吸入制剂，采用高于加速试验条件放置一段时间提取等。

可提取物研究是指采用适宜的溶剂、药品或模拟药品，选用一定的提取方式和提取条件，在较严苛的条件下，对密封件材料进行的提取试验研究。其目的是通过良好设计的提取试验，对密封件组分中可提取的无机物和有机物进行可能的定性定量研究，用化学分析的方式，同时借助相关文献对可提取物（密封件中溶出的添加剂、覆膜或镀膜材料中的添加剂、加工助剂、聚合单体及其降解物等）进行初步的风险评估，提示预测潜在的目标浸出物，并依据提取试验研究中获得的已知可提取物的种类和水平信息，建立灵敏的、专属的分析方法，以指导后续的浸出物研究。

1. 提取介质

材料提取试验中提取介质的选择要充分考虑密封件配方成分的特点；包装容器系统提取试验的提取介质的选择要充分考虑药品的处方组成成分的特点。

提取介质首选药品溶液或复溶后的药品溶液。有些药品的处方成分比较复杂（如脂肪乳等），或在相对剧烈的提取条件下药品及辅料可能会降解或聚合；当以药品溶液或复溶后的药品溶液为提取介质存在明显的测定干扰时，可优先选择不含活性成分的空白制剂溶液或接近药品溶液性质的替代溶液（模拟药品）。提取介质的选择应兼顾药物制剂处方中辅料的结构或极性的相似性；对于酸性和碱性药物，还应特别考虑提取介质的酸碱性与之相似。选择提取介质的关键因素包括：溶剂的极性、缓冲溶液及 pH、增溶剂、电解质（离子强度）等；研究者应根据药品的特性进行选择或者做适当调整，以下几种提取介质仅作为选择的参考（不代表该介质适合特定的药品）：①不含活性成分的空白制剂溶液；②纯化水；③酸性缓冲溶液（pH＝2.5，pH 应不高于药品实际处方）；④碱性缓冲溶液（pH 应不低于药品实际处方）；⑤不同浓度的醇溶液（醇浓度应不低于药品实际处方）；⑥正己烷或二氯甲烷（仅适用于气雾剂或特定用途）。

2. 提取方式

选择提取方式应重点考虑药品的制备工艺条件及与密封件接触的实际情况。例如，可以将密封件按照一定的比例［材料的表面积（或重量）与溶剂的体积比］浸泡于提取溶剂中。为减小样品的尺寸，或得到更多的可提取物信息，可将密封件切割成小条或块，但应避免如碾磨等剧烈手段。也可以将提取溶剂加入与密封件配套的包装容器（如西林瓶、铝罐等）中，并用密封件密封后进行提取。

常用的提取方式包括提高温度条件下的加速提取、超声提取、索氏提取、回流提取和强化的灭菌工艺循环提取等。各种提取方式都具有各自的优点和局限。例如：回流提取的效率较高，但提取介质为水溶液时，由于水的沸点较高，回流提取则过于苛刻，可能导致某些有机可提取物发生进一步的降解；在密封容器中采用加速提取的方式效果较好；研究者可根据药品及密封件的特性综合考虑选择适合的提取方式。

3. 检测方法及方法学验证

（1）检测样本的制备：应根据待测物的性质及检测方法的灵敏度，制备检测样本；因可提取物的浓度通常较低，需经过适当的前处理过程制备可提取物的检测样本。

常用检测样本的制备方法有以下几种。

① 直接测定：如分析方法足够灵敏，可采用提取液或模拟提取液直接进行分析测定，无需富集前处理。

② 减压浓缩富集：采用减压旋转蒸发浓缩的方法制备检测样本，但需注意防止温度过高影响样本中待测物的稳定性，避免样本在富集处理过程中待测物进一步降解破坏的情况发生。

③ 液相/固相萃取：当提取液或模拟提取液的浓度较低，而采用的分析方法的灵敏度达不到检测要求时，可对提取液或模拟提取液进行液相/固相萃取；但需注意液相萃取溶剂和固相填料及洗脱溶剂的选择，并采用加内标的方法，确保待测物能有效富集。

（2）检测方法：常用的检测方法有无机物和有机物检测之分。

① 无机物检测：主要用水溶性样品。检测方法有电感耦合等离子体-原子发射光谱法（ICP-OES）、电感耦合等离子体-质谱法（ICP-MS）、原子分光光度法（AAS）等。

② 有机物检测：主要用有机介质样品或水性介质样品。主要检测方法有 HPLC-DAD、高效液相色谱-质谱法（HPLC-MS）、离子色谱法（IC）、气相色谱-氢火焰离子化检测器（GC-FID）、GC-MS 和傅里叶变换红外光谱法（FTIR-ART）等。

（3）方法学验证：可以用定量或半定量的方法。已知可提取物可以用定量方法；未知物可提取物可以用半定量的方法。分析方法的选择和使用时，应根据待测物的性质和测试目的选择适宜的分析方法。对于有机物，一般采用色谱方法，如采用气相色谱-氢火焰离子化检测器/质谱检测器并联法（GC-FID/MS）测定半挥发性和挥发性的物质；采用高效液相色谱-二极管阵列检测器/质谱检测器串联法（HPLC-DAD/

MS）测定不挥发的物质。对于元素的测定，一般采用电感耦合等离子体-质谱法或原子发射光谱法（ICP-MS/ICP-OES）。对于需要特别加以关注的物质，如多环芳香烃类、亚硝胺类、邻苯二甲酸酯类和巯基苯并噻唑等，应开发高灵敏度的检测方法对密封件中的可能残留进行考察。

进行密封件可提取物测定时需注意：

① 应根据提取液及待测物性质的不同，选择适宜的分析测试方法和样本的前处理方法。例如，对水性溶液宜选择合适的溶剂进行萃取转换，浓缩后采用 GC-MS/FID 进行挥发性物质的分析；对于水性溶液也可以直接进样 HPLC-MS/DAD 进行不挥发性物质的分析；对有机相溶液，一般不使用 ICP-MS/OES 等。

② 应选择合适的标准品来评价仪器的系统适用性和灵敏度（检出限）。例如，使用适宜的混合标样来评价 GC-MS/FID 的系统适用性；在溶剂转换前加入内标用于评价溶剂转换的效率等。

③ 常用半定量分析方法对所有被检出的可提取物进行测定，由于离子化效率存在差异，质谱检测器多用于定性分析，定量分析常采用通用型检测器，如 FID、紫外-可见检测器（UV）等。对于已经被鉴定的可提取物，如果可行，应采用合法对照品进行定量分析；对于那些无法获得合法对照品的可提取物，可以比较可提取物与内标或其他相似分子结构的替代参比物质的响应（或响应因子）来估算水平；应使用一种或多种合适的内标来提高方法的准确度和精密度。

（4）可提取物分析：可提取物的检测常为半定量的方法，因此在应用分析评价阈值（AET）的时候，应设立适当的不确定度；对于 GC-MS 来说常用的不确定度为 50%，即将 50% AET 作为最终的 AET。对于检出的超过 AET 的可提取物应进行鉴定，鉴定方法可以使用质谱图的特征离子峰等。被鉴定的可提取物可分为 3 类：①确定的，明确的质谱碎片峰、分子量（或元素组成），与标准品具有相同的光谱图和保留时间；②暂定的，只能获得一部分信息，如碎片离子、部分基团；③未知的，信息不足。

密封件材料相关的常见的可提取物见表 4-12。

表 4-12 密封件材料相关的常见的可提取物

化合物	CAS 号
芘	[129-00-0]
2-巯基苯并噻唑	[149-30-4]
四甲基秋兰姆二硫化物	[137-26-8]
二甲基羟基甲苯（BHT）	[128-37-0]
二苯胺	[122-37-4]
双（2-乙基己基）邻苯二甲酸酯	[117-81-7]
双（十二烷基）邻苯二甲酸酯	[2432-90-8]
硬脂酸	[57-11-4]
2-乙基己醇	[104-76-7]

（五）浸出物研究

浸出物研究应在药品的研发阶段进行，并证明所用密封件在拟定的接触方式及接触条件下，浸出物（包括种类和含量）不会改变药物的有效性和稳定性，且不会产生安全性方面的风险。应至少选用 3 批药品、1 批密封件进行浸出物研究。

1. 试验条件

确定浸出物研究试验条件时，应充分考虑药品在生产、贮存、运输及使用过程中可能面临的最极端条件。如果药品存在多种包装规格，一般建议选择该药品上市包装中比表面积最大的密封件。在药品的加速稳定性试验以及长期稳定性试验的条件下进行浸出物研究。在对不同浓度的产品进行研究时，可采用矩阵法进行试验。进行迁移试验时应注意样品的放置方式，应使密封件尽可能与药品充分接触。

2. 试验时间

可参考加速及长期稳定性试验的考察时间点设置。加速试验至少应包括 0、3、6 个月的时间点；长期试验应按照稳定性试验的时间点要求，在 6 个月以后继续累积数据直至货架期，并观察浸出物的变化趋势。

3. 考察项目

首先应考虑由提取试验中获得的可提取物信息分析预测的潜在浸出物。由于提取试验中的提取溶剂和模拟药品与实际药品的性质仍存在一定的差异，故在药品放置过程中，密封件中的成分可能会有进一步的降解或者与药品处方中的成分发生反应生成新的物质等，因此在浸出物研究中应增加对这些降解产物和新生成的物质进行考察的项目。

4. 检测方法及方法学验证

检测样本的制备、检测方法、分析方法的选择和使用，与可提取物检测基本一致；通常可以采用可提取物测定方法进行浸出物研究。如果浸出物与可提取物的种类不一致，即浸出物超出了可提取物的范畴（首先使用全谱扫描方法进行初步筛选，确定是否有进一步降解物和新的物质产生），且可提取物的检测方法不适用时，则应针对浸出物的实际情况建立新的分析测试方法，并对新建方法进行充分的方法学验证，包括准确度（回收率）、精密度（重复性、中间精密度）、专属性、检测限、定量限、线性和范围等，以确保所建方法可灵敏、准确、稳定地检出药品中相关的浸出物。

5. 浸出物分析

对于检出的超过 AET 的浸出物应进行鉴定，AET 的估计值和终值计算应考虑制剂的给药途径，并结合药品的最大使用剂量进行毒理学评估，以确定浸出物水平是否超出人每日允许暴露量（PDE）。

（六）吸附研究

吸附研究是对药物活性成分或功能性辅料是否会被吸附或迁移至密封件中进而导致药物质量改变所进行的研究。吸附研究通常也是与药物稳定性试验同时进行。样品的放置要求与迁移试验相同。通常可选择加速及长期稳定性试验的考察时间点，主要对药品活性成分的含量以及功能性辅料的含量进行检测［参考《中国药典》（2015 年版）四部通则 9001］，考察含量的变化趋势。必要时应进行平行对照，扣除药品本身降解的影响。

三、试验结果分析与安全性评价

（一）密封件安全性评估

① 密封件加工所用弹性体及助剂应符合相关法规要求。

② 密封件中应关注亚硝胺及类似结构化合物的检出。亚硝胺、亚硝基类物质在现有分析技术条件下应不得检出（欧盟指令为亚硝胺浸出不得过 0.01 mg/kg 弹性体，亚硝基类物质浸出不得过 0.1 mg/kg 弹性体）。

③ 密封件中应关注多环芳烃类物质的检出。

④ 密封件配方中慎用的化学物质（见表 4-11），如巯基苯并噻唑类物质。

⑤ 密封件中应关注邻苯二甲酸酯类物质的检出。

⑥ 密封件可参照 USP 通则 V87/V88，或参考 ISO 10993 进行体内外生物反应性测试。

（二）试验结果的评价

1. PDE 法

根据制剂临床使用情况（每日最大用量），由浸出物浓度计算出人每日最大摄入的浸出物量，并与该浸出物人每日允许暴露量（PDE）进行比较，得出该浸出物水平是否符合安全性要求、该密封件是否与药品具有相容性的结论。

人每日允许暴露量（PDE）可由以下途径获得：①由文献、毒性数据库获得浸出物的 PDE；②通过进行相应的安全性试验获得浸出物的 PDE（具体的计算方法可参考 ICH Q3C、Q3D，并与毒理学专家共同商定）。毒性数据可从数据库 Derek、ToxTree、Leadscope、CCRIS、HSDB、TOXNET、RTECS、TOXLINECORE、TOXLINE SPECIAL、TOXBIO 和 TOXCAS 以及互联网等毒理学参考文献中获得。

2. SCT 或 QT 法

由文献、毒性数据库无法获得浸出物的 PDE，且又未进行相应的毒性试验时，可采用安全性阈值（SCT）进行评估（不同给药途径的 SCT 不同）。对于无文献或无安全性数据的浸出物，当每日摄入量小于 SCT 时，即使该浸出物具有致癌性，其对安全性的影响也可以忽略不计。无需鉴定 SCT 以下的浸出物及进行其他研究。大于 SCT 的浸出物需进行鉴定。当浸出物每日摄入量小于界定阈值（qualification threshold，QT）时，可以忽略非致癌毒性，对于不存在低剂量强效毒性（如基因毒性或者呼吸道刺激性）警示结构的浸出物，无须对与化合物相关的风险进行评估。

美国产品质量研究学会（Product Quality Research Institute，PQRI）推荐吸入制剂的 SCT 为 0.15 μg/日，QT 为 5 μg/天。对注射剂，目前尚未有明确的 SCT 和 QT，暂时可参照 ICH M7〔Assessment and Control of DNA Reactive（Mutagenic）Impurities in Pharmaceuticals to Limit Potential Carcinogenic Risk〕，SCT 按 1.5 μg/日。

对于毒性特别强的物质，如亚硝胺类（N-nitrosamine）、多环芳烃（PAHs 或 PNAs）或 2-巯基苯并噻唑（2-mercaptobenzothiozole）等，不可采用以上两种评估方法，需根据具体情况制定更低的可接受限度。

（三）分析评价阈值（AET）

基于安全性阈值（SCT）以及药物制剂规格、每日最大使用剂量等参数，将 SCT 转化为分析评价阈值（AET）；然后结合提取试验中与提取溶剂直接接触的密封件表面积以及提取溶剂的用量，计算提取试验的 AET 估计值；或者结合制剂生产、运输、贮藏和使用过程中与药液直接接触部分的密封件表面积以及药液体积，计算浸出物研究的 AET 估计值；最后，根据分析方法的不确定度等，计算最终 AET。不确定度通常取 50% AET 估计值或者与标准品比较的响应因子法，二者取较大值。对于 GC-MS 法，一般可采用 AET 估计值的 1/2 作为最终 AET。可提取物和浸出物在测试样本中多为痕量水平，分析方法的灵敏度必须满足最终 AET 浓度水平的测定需要。

对于浓度水平达到或超过 AET 的可提取物和/或浸出物，需要对其进行鉴定及安全性评估。将 SCT 转换为 AET 的通用公式如下：

$$AET\left(\frac{\mu g}{容器}\right)=\frac{各给药途径 SCT}{给药剂量/天}\times\frac{标示剂量}{容器}$$

举例：某标示量为 200 喷的喷雾剂，每日推荐使用剂量为 12 喷，橡胶垫片的重量为 200 mg。因已知吸入制剂的 SCT 为 0.15 μg/日，故橡胶垫片的 AET 估计值为 0.15（μg/日）÷12（喷/天）×200（喷/瓶）÷ 0.2（g/瓶）=12.5 μg/g。按照 GC-MS 法，不确定度为 1/2，如果采用 100 ml 溶剂提取 50 个垫片（10 g），最终折算出的提取液中最终 AET 为 0.625 μg/ml。即对于提取液中，小于 0.625 μg/ml 的组分，无须进行鉴定以及其他研究。

（四）可提取物研究结果评价

对于不超过 AET 的可提取物，可认为该可提取物导致的安全性风险小，在后续的浸出物试验可省略对该可提取物的研究。

对于高于 AET 的可提取物，需进行鉴别或结构确认以及半定量分析，进行初步毒理学评估以判断该物质是否对人体有害。若该可提取物对人体无特殊安全性风险，按每日使用最大剂量折算的可提取物量低于 QT，则在后续的浸出物研究试验中可省略对该可提取物的研究；若该可提取物对人体有特殊的安全性风险，则需在后续的迁移试验中进行研究。但是，上述评估应基于良好设计的提取试验获得的可提取物结果，即可提取物能反映浸出物的情况；否则仍应在后续的迁移试验中进行相应可提取物研究。

（五）浸出物研究结果评价

如果浸出物含量低于人每日允许暴露量（PDE）或 SCT 时，可认为浸出物的水平对人体产生的风险是可以接受的。如果浸出物的含量高于 PDE，则认为浸出物的水平所产生的风险是不可以接受的。在这种情况下，建议更换密封件，若无可更换应进行风险与获益权衡分析。如果浸出物的含量高于 SCT，需对化合物进行鉴定，并明确是否存在警示结构。如存在警示结构，建议更换密封件；如不存在警示结构，则该浸出物的含量不得超过 QT，否则应进行毒理学评估。

（六）吸附研究结果评价

如果吸附试验结果显示密封件对药品或功能性辅料存在较强的吸附，并对药品的质量产生显著影响，建议采用适宜的方法消除这种影响。例如，更换弹性体品种或采用覆膜胶塞等。

（吴琼珠）

思考题

1. 什么是药品包装材料与药物相容性试验？简述其试验原则。
2. 请简述药品包装材料与药物相容性试验的研究内容。
3. 请叙述药品包装材料与药物相容性试验的条件及重点考察项目。
4. 注射液常用的塑料包装形式有哪些？
5. 请简述化学药品注射剂与塑料包装材料相容性的研究内容。
6. 请简述化学药品注射剂与药用玻璃包装容器相容性的研究内容。
7. 简述化学药品与弹性密封件相容性的研究内容。
8. 查阅资料，叙述鼻用喷雾剂的主要包装材料，如何确认包装材料和容器的合理性、耐用性。

参考文献

［1］ 国家药典委员会. 中华人民共和国药典. 2020 年版四部［M］. 北京：中国医药科技出版社，2020.
［2］ 国家药品监督管理局. 直接接触药品的包装材料和容器管理办法（局令第 13 号），2004.
［3］ 孙智慧. 药品包装实用技术［M］. 北京：化学工业出版社，2005.
［4］ 孙智慧. 药品包装学［M］. 北京：中国轻工业出版社，2006.
［5］ 国家药品监督管理局. 化学药品注射剂与塑料包装材料相容性研究技术指导原则（试行），2012.
［6］ 国家药品监督管理局. 化学药品注射剂与药用玻璃包装容器相容性研究技术指导原则（试行），2015.
［7］ 国家药品监督管理局. 化学药品与弹性体密封件相容性研究技术指导原则（试行），2016.
［8］ 国家药品监督管理局. 塑料和橡胶类药包材自身稳定性研究指导原则，2016.
［9］ 国家药品监督管理局. 药品包装材料与药物相容性试验指导原则，2015.

第五章
药包材的质量控制

第一节 药包材的质量保障体系

药包材应符合药用要求，适合其预期用途。一般可从保护性、相容性、安全性和功能性四个方面，针对药包材是否适用于预期用途开展研究和评估。塑料和橡胶等高分子材料药包材还应考虑其自身稳定性研究。

保护性：药包材应为药品提供充分的保护，防止因光照、溶剂损失、接触活性气体（如氧气）、吸收水蒸气和微生物污染等因素对药品质量产生影响，以确保药品在有效期内的质量。药包材的保护性应充分考虑材料、组件和系统的避光性能、阻隔性能、机械性能、密封性等特性。

相容性：药包材应与药品具有良好的相容性。通过可提取物（指在受控的实验室条件下，从药包材中提取的无机或有机化学物质）和浸出物（指在药品标示的贮存和使用条件下，由药包材浸出而存在于药品中的无机或有机化学物质）研究，确认来自药包材的浸出物水平符合安全性要求，且不与药品发生影响药品质量的相互反应。药包材不得与药品的有效成分和功能性辅料产生影响药品质量的吸附，同时，包装药品后也不应对药包材的保护性、功能性等带来不利影响。

安全性：药包材的安全性是指药包材的构成材料应安全，不可引入存在安全性风险的浸出物，或浸出物水平符合安全性要求。

功能性：药包材的功能性是指药包材按照设计发挥作用的能力，包括容纳药品、改善患者的依从性、减少药品浪费、方便使用，以及能够按照说明书的要求准确递送药品等。

自身稳定性：应确保从药包材生产日期到药品有效期内，药包材自身性能保持稳定，贮存条件不会对药包材的质量造成不利影响。

所有药包材的质量标准需证明该材料具有上述特性，并得到有效控制。为此各国对药包材制定了相应质量管理体系和质量标准体系。

一、药包材质量管理体系

药包材生产企业应制定符合药包材质量管理的质量方针和质量目标。并根据产品的特点，建立生产质量管理体系，且保持有效运行。质量管理体系应包括影响药包材质量的所有因素，即应包括机构与人员、厂房与设施（含卫生条件要求）、设备、物料与产品、文件与记录控制、生产管理、质量控制与质量保证等。

（一）常见术语

（1）**质量管理体系**：是指建立质量方针和质量目标，并为达到质量目标所进行的有组织、有计划的活动。

（2）**质量控制**：是质量管理的一部分，强调的是质量要求。具体是指按照规定的方法和规程对原辅料、包装材料、中间品和成品进行取样、检验和复核，以保证这些物料和产品的成分、含量、纯度和形状符合已经确定的质量标准。

（3）**质量保证**：是质量管理的一部分，强调的是为达到质量要求应提供的保证，是为保证产品符合其预定用途并达到规定的质量要求所采取的所有措施的总和。

（4）**质量方针**：由企业高层管理者制定并以正式文件签发的对质量的总体要求和方向，及其质量组成要素的基本要求。

（5）**管理评审**：为评价质量管理体系的适宜性、充分性和有效性所进行的活动，评审包括评价质量管理体系改进的机会和变更的需要，包括质量方针和质量目标。

（6）**审核**：为获得审核证据并对其进行客观的评价，以确定满足审核准则的程度所进行的系统的、独立的并形成文件的过程。

（7）**内部审核**：有时亦称为第一方审核，由组织自己或以组织的名义进行，用于管理评审和其他内部的目的，可作为组织自我合格声明的基础。

（8）**验证**：证明任何程序、生产过程、设备、物料、活动或系统确实能达到预期结果的有关文件证明的一系列活动。药包材生产验证包括厂房、设施及设备设计确认，安装（或移动）确认，运行确认，性能确认和产品验证。验证活动包括根据验证对象提出验证项目、制定验证方案，并组织实施，验证工作完成后写出验证报告，由验证工作负责人审核、批准。

（9）**再验证**：初次验证之后，发生过某些变更或定期进行的验证，旨在证实其"验证状态"没有发生漂移，是验证工作的延续。

（10）**外协物料**：产品由药包材生产企业设计，因没有生产手段等原因选择供应商进行生产。

（二）质量管理体系文件

常见的质量管理体系文件有：①质量方针、质量目标；②组织机构图；③人员岗位职责；④培训管理程序；⑤文件控制程序；⑥记录控制程序；⑦采购控制程序；⑧供应商管理程序；⑨物料的接收、发放和储存控制程序；⑩产品的接收、贮存和发运控制程序；⑪物料放行控制程序；⑫成品放行控制程序；⑬生产控制程序；⑭变更控制程序；⑮偏差管理程序；⑯不合格品控制程序；⑰顾客投诉处理程序；⑱退货处理控制程序；⑲纠正和预防措施控制程序；⑳内部审核控制程序；㉑管理评审控制程序；㉒标识管理程序；㉓批号管理程序；㉔溯源管理程序；㉕设备管理程序；㉖卫生管理程序；㉗洁净室洁净度监测程序；㉘进出洁净室管理程序；㉙检验与试验控制程序确认与验证控制程序。

二、药包材质量标准体系

药包材标准是为保证所包装药品的质量而制定的技术要求。我国现行的药包材标准比较多元化，既包括《中国药典》和国外药典，也包括《国家药包材标准》（2015年版）、执行注册审批制时产生的国家标准和企业内控标准等。国家药品监督管理局制定颁布的药包材标准是国家为保证药包材质量，保证药品安全有效的法定标准，是我国药品生产企业使用药包材、药包材企业生产药包材和药品监督部门检验药包材的法定标准。药包材的质量标准体系主要包括药典体系、ISO体系和各国工业标准体系等。

（一）药典体系

在多数发达国家药典附录中都列有药包材的技术要求，主要针对材料，重点关注安全性项目，如异常毒性、溶血、细胞毒性、化学溶出物、玻璃产品中的砷、聚氯乙烯中的氯乙烯、塑料中的添加剂等，以及有效性项目，如材料的确认、水蒸气渗透量（溢出量）、密封性、扭力。

目前，影响较大的国外药典标准体系，如美国药典（USP）、欧洲药典（EP）、日本药局方（JP）等，均已收载相关药包材标准。从其药典标准框架体系来看，其药包材系列标准更加侧重于以材料及其容器为主线的通用性标准，如玻璃、塑料、橡胶材料和/或其成品的通用要求，同时涵盖了满足通用要求评价的性能测试方法。除此之外，USP还设立了更为广泛的评价和研究指南性章节。在此基础上的标准框架体系将更加有利于具体药包材产品的标准制定。

我国药典药包材标准还在起步阶段，在《中国药典》（2015年版）中首次收载了9621＜药包材通用要求指导原则＞和9622＜药用玻璃材料和容器指导原则＞两个指导原则，开启了药包材标准纳入《中国药典》的序幕，也强化了对药包材及其重要门类玻璃材料的总体要求。基于对药包材标准体系的进一步研究，按照"总体规划，分步推进"的原则；在《中国药典》（2020年版）中修订了＜药包材通用要求指导原则＞和＜药用玻璃材料和容器指导原则＞，加强了药包材通用检测方法的收载，新增通用检测方法16个，进一步扩充了药典药包材标准体系，为后续药包材标准体系的整体完善奠定了基础。

（二）ISO体系

ISO体系根据形状制订标准，如铝盖、玻璃输液瓶，基本上涉及了药包材的所有特性，但缺少材料确认项目，也缺少证明使用过程中不能消除的其他物质（细菌数）和监督抽查所需要的合格质量水平。

ISO/TC 76是国际标准化组织"医用和药用输液、输血和注射及血液加工器具"专业技术委员会，该委员会以制定医用输液、输血和注射器具以及药品包装标准为主要工作内容。ISO/TC 76所制定的国际标准在国际贸易的质量评定中具有重要的作用，因此被世界各国普遍采用。

（三）各国工业标准体系

由ISO/TC 76所制定的标准已得到了世界各国的普遍采用，各国工业标准体系已逐渐向ISO标准转化。

目前，国内标准体系主要项目、格式与ISO体系标准相类似，某些技术参数略逊。安全性项目，如"微生物数""异常毒性""溶血""细胞毒性"等也有涉及。

为加强直接接触药品的包装材料和容器的监督管理，根据《药品管理法》《药品管理法实施条例》及我国药包材发展的实际情况，参考国际上药包材同类标准，我国药监部门组织药典委员会及有关专家开展了药包材国家标准的制定和修订工作。

2002年SFDA制定并颁布实施了国家药品包装容器标准（YBB标准）。其中：2002年颁布两辑计34个标准；2003年又颁布了两辑计40个标准。共涉及产品标准47个，含产品通则2个，具体产品标准45个；方法标准26个；药品包装材料与药物相容性试验指导原则1个。具体产品标准包括塑料产品19个，类型有输液瓶（袋）、滴眼剂瓶、口服固体（或液体）瓶、复合膜（袋）、硬片类等；金属产品5个，类型有铝箔、铝管、铝盖等；橡胶产品2个，均为丁基橡胶产品；玻璃类产品19个，类型有安瓿、输液瓶、口服液瓶等。

2004年又颁布了41个标准，涉及产品标准25个，方法标准16个。其中产品标准包括塑料产品4个，类型有复合膜（袋）、栓剂用AL/PE冷成型复合硬片、口服固体防潮组合瓶盖等；金属产品2个，类型有笔式注射器用铝盖、注射针等；橡胶产品7个，类型有聚异戊二烯垫片、口服液硅橡胶塞、笔式注射器用活塞、预灌封注射器用活塞；玻璃类产品8个，类型有药瓶、输液瓶、口服液瓶等；胶囊用明胶1个；组合式产品3个，类型有输液容器用组合盖、封口垫片、预灌封注射器等。

2015年完善了现行139项药包材标准修订，对部分标准进行了合并和提高，最终形成130项药包材国家标准。SFDA于2015年第164号公告发布了YBB 00032005-2015《钠钙玻璃输液瓶》等130项直接接触药品的包装材料和容器的国家标准（见表 5-1），并于 2015 年 12 月 1 日起实施。

表 5-1　130 项直接接触药品的包装材料和容器的国家标准

序号	种类	国家标准编号	名称
1		YBB 00032005-2015	钠钙玻璃输液瓶
2		YBB 00012004-2015	低硼硅玻璃输液瓶
3		YBB 00022005-2-2015	中硼硅玻璃输液瓶
4		YBB 00332002-2015	低硼硅玻璃安瓿
5		YBB 00322005-2-2015	中硼硅玻璃安瓿
6		YBB 00332003-2015	钠钙玻璃管制注射剂瓶
7		YBB 00302002-2015	低硼硅玻璃管制注射剂瓶
8		YBB 00292005-2-2015	中硼硅玻璃管制注射剂瓶
9		YBB 00292005-1-2015	高硼硅玻璃管制注射剂瓶
10		YBB 00312002-2015	钠钙玻璃模制注射剂瓶
11		YBB 00322003-2015	低硼硅玻璃模制注射剂瓶
12	玻璃类	YBB 00062005-2-2015	中硼硅玻璃模制注射剂瓶
13		YBB 00032004-2015	钠钙玻璃管制口服液体瓶
14		YBB 00282002-2015	低硼硅玻璃管制口服液体瓶
15		YBB 00022004-2015	硼硅玻璃管制口服液体瓶
16		YBB 00272002-2015	钠钙玻璃模制药瓶
17		YBB 00302003-2015	低硼硅玻璃模制药瓶
18		YBB 00052004-2015	硼硅玻璃模制药瓶
19		YBB 00362003-2015	钠钙玻璃管制药瓶
20		YBB 00352003-2015	低硼硅玻璃管制药瓶
21		YBB 00042004-2015	硼硅玻璃管制药瓶
22		YBB 00282003-2015	药用钠钙玻璃管
23		YBB 00272003-2015	药用低硼硅玻璃管
24		YBB 00012005-2-2015	药用中硼硅玻璃管
25		YBB 00012005-1-2015	药用高硼硅玻璃管
26		YBB 00162005-2015	口服固体药用陶瓷瓶
27		YBB 00152002-2015	药用铝箔
28	金属类	YBB 00162002-2015	铝质药用软膏管
29		YBB 00082005-2015	注射剂瓶用铝盖
30		YBB 00092005-2015	输液瓶用铝盖
31		YBB 00382003-2015	口服液瓶用撕拉铝盖
32		YBB 00012002-2015	低密度聚乙烯输液瓶
33		YBB 00022002-2015	聚丙烯输液瓶
34	塑料类	YBB 00242004-2015	塑料输液容器用聚丙烯组合盖(拉环式)
35		YBB 00342002-2015	多层共挤输液用膜、袋通则
36		YBB 00102005-2015	三层共挤输液用膜（Ⅰ）、袋
37		YBB 00112005-2015	五层共挤输液用膜（Ⅰ）、袋

序号	种类	国家标准编号	名称
38		YBB 00062002-2015	低密度聚乙烯药用滴眼剂瓶
39		YBB 00072002-2015	聚丙烯药用滴眼剂瓶
40		YBB 00082002-2015	口服液体药用聚丙烯瓶
41		YBB 00092002-2015	口服液体药用高密度聚乙烯瓶
42		YBB 00102002-2015	口服液体药用聚酯瓶
43		YBB 00392003-2015	外用液体药用高密度聚乙烯瓶
44		YBB 00112002-2015	口服固体药用聚丙烯瓶
45		YBB 00122002-2015	口服固体药用高密度聚乙烯瓶
46		YBB 00262002-2015	口服固体药用聚酯瓶
47		YBB 00172004-2015	口服固体药用低密度聚乙烯防潮组合瓶盖
48		YBB 00132002-2015	药用复合膜、袋通则
49		YBB 00172002-2015	聚酯/铝/聚乙烯药用复合膜、袋
50	塑料类	YBB 00182002-2015	聚酯/低密度聚乙烯药用复合膜、袋
51		YBB 00192002-2015	双向拉伸聚丙烯/低密度聚乙烯药用复合膜、袋
52		YBB 00192004-2015	双向拉伸聚丙烯/真空镀铝流延聚丙烯药用复合膜、袋
53		YBB 00202004-2015	玻璃纸/铝/聚乙烯药用复合膜、袋
54		YBB 00212005-2015	聚氯乙烯固体药用硬片
55		YBB 00232005-2015	聚氯乙烯/低密度聚乙烯固体药用复合硬片
56		YBB 00222005-2015	聚氯乙烯/聚偏二氯乙烯固体药用复合硬片
57		YBB 00182004-2015	铝/聚乙烯冷成型固体药用复合硬片
58		YBB 00202005-2015	聚氯乙烯/聚乙烯/聚偏二氯乙烯固体药用复合硬片
59		YBB 00242002-2015	聚酰胺/铝/聚氯乙烯冷冲压成型固体药用复合硬片
60		YBB 00372003-2015	抗生素瓶用铝塑组合盖
61		YBB 00402003-2015	输液瓶用铝塑组合盖
62		YBB 00212004-2015	药用铝塑封口垫片通则
63		YBB 00132005-2015	药用聚酯/铝/聚丙烯封口垫片
64		YBB 00142005-2015	药用聚酯/铝/聚酯封口垫片
65		YBB 00152005-2015	药用聚酯/铝/聚乙烯封口垫片
66		YBB 00252005-2015	聚乙烯/铝/聚乙烯复合药用软膏管
67		YBB 00072005-2015	药用低密度聚乙烯膜、袋
68		YBB 00042005-2015	注射液用卤化丁基橡胶塞
69	橡胶类	YBB 00052005-2015	注射用无菌粉末用卤化丁基橡胶塞
70		YBB 00232004-2015	药用合成聚异戊二烯垫片
71		YBB 00222004-2015	口服制剂用硅橡胶胶塞、垫片
72		YBB 00112004-2015	预灌封注射器组合件(带注射针)
73	预灌封类	YBB 00062004-2015	预灌封注射器用硼硅玻璃针管
74		YBB 00092004-2015	预灌封注射器用不锈钢注射针
75		YBB 00072004-2015	预灌封注射器用氯化丁基橡胶活塞

序号	种类	国家标准编号	名称
76	预灌封类	YBB 00082004-2015	预灌封注射器用溴化丁基橡胶活塞
77		YBB 00102004-2015	预灌封注射器用聚异戊二烯橡胶针头护帽
78		YBB 00122004-2015	笔式注射器用硼硅玻璃珠
79		YBB 00132004-2015	笔式注射器用硼硅玻璃套筒
80		YBB 00142004-2015	笔式注射器用铝盖
81		YBB 00152004-2015	笔式注射器用氯化丁基橡胶活塞和垫片
82		YBB 00162004-2015	笔式注射器用溴化丁基橡胶活塞和垫片
83	其他类	YBB 00122005-2015	固体药用纸袋装硅胶干燥剂
84	方法类	YBB 00262004-2015	包装材料红外光谱测定法
85		YBB 00272004-2015	包装材料不溶性微粒测定法
86		YBB 00282004-2015	乙醛测定法
87		YBB 00292004-2015	加热伸缩率测定法
88		YBB 00302004-2015	挥发性硫化物测定法
89		YBB 00312004-2015	包装材料溶剂残留量测定法
90		YBB 00322004-2015	注射剂用胶塞、垫片穿刺力测定法
91		YBB 00332004-2015	注射剂用胶塞、垫片穿刺落屑测定法
92		YBB 00342004-2015	玻璃耐沸腾盐酸侵蚀性测定法
93		YBB 00352004-2015	玻璃耐沸腾混合碱水溶液侵蚀性测定法
94		YBB 00362004-2015	玻璃颗粒在98 ℃耐水性测定法和分级
95		YBB 00372004-2015	砷、锑、铅、镉浸出量测定法
96		YBB 00382004-2015	抗机械冲击测定法
97		YBB 00392004-2015	直线度测定法
98		YBB 00402004-2015	药用陶瓷吸水率测定法
99		YBB 00412004-2015	药品包装材料生产厂房洁净室（区）的测试方法
100		YBB 00172005-2015	药用玻璃砷、锑、铅、镉浸出量限度
101		YBB 00182005-2015	药用陶瓷容器铅、镉浸出量限度
102		YBB 00192005-2015	药用陶瓷容器铅、镉浸出量测定法
103		YBB 00242005-2015	环氧乙烷残留量测定法
104		YBB 00262005-2015	橡胶灰分测定法
105		YBB 00012003-2015	细胞毒性检查法
106		YBB 00022003-2015	热原检查法
107		YBB 00032003-2015	溶血检查法
108		YBB 00042003-2015	急性全身毒性检查法
109		YBB 00052003-2015	皮肤致敏检查法
110		YBB 00062003-2015	皮内刺激检查法
111		YBB 00072003-2015	原发性皮肤刺激检查法
112		YBB 00082003-2015	气体透过量测定法
113		YBB 00092003-2015	水蒸气透过量测定法

序号	种类	国家标准编号	名称
114		YBB 00102003-2015	剥离强度测定法
115		YBB 00112003-2015	拉伸性能测定法
116		YBB 00122003-2015	热合强度测定法
117		YBB 00132003-2015	密度测定法
118		YBB 00142003-2015	氯乙烯单体测定法
119		YBB 00152003-2015	偏二氯乙烯单体测定法
120		YBB 00162003-2015	内应力测定法
121	方法类	YBB 00172003-2015	耐内压力测定法
122		YBB 00182003-2015	热冲击和热冲击强度测定法
123		YBB 00192003-2015	垂直轴偏差测定法
124		YBB 00202003-2015	平均线热膨胀系数测定法
125		YBB 00212003-2015	线热膨胀系数测定法
126		YBB 00232003-2015	三氧化二硼测定法
127		YBB 00242003-2015	121 ℃内表面耐水性测定法和分级
128		YBB 00252003-2015	玻璃颗粒在 121 ℃耐水性测定法和分级
129		YBB 00342003-2015	药用玻璃成分分类及理化参数
130		YBB 00142002-2015	药品包装材料与药物相容性试验指导原则

三、药包材国家标准

药包材国家标准是国家为保证药包材质量，保证药品安全有效的法定标准，是我国药品生产企业使用药包材、药包材企业生产药包材和药品监督部门检验药包材的法定标准。药包材国家标准由国家药品监督管理局组织国家药典委员会制定和修订，并由国家药品监督管理局颁布实施。

国家药品监督管理局颁布的药包材标准是 YBB 标准（标准号由 YBB 开头，加上四位年份和四位流水号组成），对不同材料控制的项目涵盖了鉴别试验、物理试验、机械性能试验、化学试验、微生物和生物试验。这些项目的设置为安全合理选择药品包装材料和容器提供了基本的保证，也为国家对药品包装容器实施国家注册制度提供了技术支持。

国家药包材标准由国家颁布的药包材标准（YBB 标准）和产品注册标准组成。药包材质量标准分为方法标准和产品标准，药包材的质量标准应建立在经主管部门确认的生产条件、生产工艺以及原材料牌号、来源等基础上，按照所用材料的性质、产品结构特性、所包装药物的要求和临床使用要求制定试验方法和设置技术指标。上述因素如发生变化，均应重新制定药包材质量标准，并确认药包材质量标准的适用性，以确保药包材质量的可控性；制定药包材标准应满足对药品的安全性、适应性、稳定性、功能性和便利性的要求。不同给药途径的药包材，其规格和质量标准要求亦不相同，应根据实际情况在制剂规格范围内确定药包材的规格，并根据制剂要求、使用方式制定相应的质量控制项目。在制定药包材质量标准时，既要考虑药包材自身的安全性，也要考虑药包材的配合性和影响药物的贮存、运输、质量、安全性和有效性的要求。

目前，由国家药品监督管理局颁布药品包装容器国家标准，其主要是对产品的材料配方、材料性能、助剂、材料安全性等方面进行控制，没有设定有效期，收载的标准也不像《美国药典-国家处方集》那样每年更新。

药包材质量标准的内容主要包括三部分：①物理性能。主要考察影响产品使用的物理参数、机械性能及功能性指标。物理性能的检测项目应根据标准的检验规则确定抽样方案，并对检测结果进行判断。②化学性能。主要考察影响产品性能、质量和使用的化学指标。③生物性能。考察项目应根据所包装药物制剂的要求制定，如注射剂类药包材的检验项目包括细胞毒性、急性全身毒性试验和溶血试验等。药包材的包装上应注明包装使用范围、规格及贮藏要求，并尽可能注明使用期限。

药包材成品须有经批准的现行质量标准，除国家药品包装容器（材料）标准（YBB标准）外，通常还有企业内控标准。物料也应当有有效的现行的质量标准。

物料的质量标准一般应包括：物料名称、质量标准的依据、检验方法、定性和定量的限度要求和有效期或复验期等。

成品的质量标准应包括：产品名称、产品的规格、取样、检验方法、定性和定量的限度要求以及有效期或复验期等。

四、质量控制与质量保证

药包材生产企业的质量管理部门应负责产品生产全过程的质量管理和检验，受企业负责人直接领导。质量管理部门应配备一定数量的质量管理和检验人员，并有与药包材生产规模、品种、检验要求相适应的场所、仪器、设备。不具备检验能力的自检项目应按规定委托有资质的检测单位检测。

为使药包材生产企业持续满足《药包材生产质量管理指南》的要求，并持续改进企业质量体系，企业应对机构与人员，厂房与设施、设备，物料与产品，确认与验证，文件与记录管理，生产管理，质量控制与质量保证，产品销售和产品收回的处理等项目定期进行内部审核，以证实符合相关要求。企业应确定内部审核频次，一般不应超过一年。如果发生重大质量事故，应及时启动内部审核程序，或缩短内部审核间隔。

第二节　典型药包材的质量特性

作为药品的一部分，药包材本身的质量、安全性、使用性能以及药包材与药物之间的相容性对药品质量有着十分重要的影响。

一、药包材的分类和通用要求

（一）药包材的分类

1. 按材质分类

药包材按材质分类可分为塑料类、金属类、玻璃类、陶瓷类、橡胶类和其他类（如纸、干燥剂）等，也可以由两种或两种以上的材料复合或组合而成（如复合膜、铝塑组合盖等）。常用的塑料类药包材有药用低密度聚乙烯滴眼剂瓶、口服固体药用高密度聚乙烯瓶、聚丙烯输液瓶等；常用的玻璃类药包材有钠钙玻璃输液瓶、低硼硅玻璃安瓿、中硼硅管制注射剂瓶等；常用的橡胶类药包材有注射液用氯化丁基橡胶塞、药用合成聚异戊二烯垫片、口服液体药用硅橡胶垫片等；常用的金属类药包材有药用铝箔、铁制清凉油盒等。

2. 按用途和形制分类

药包材按用途和形制可分为输液瓶（袋、膜及配件）、安瓿、药用（注射剂、口服或者外用剂型）瓶（管、盖）、药用胶塞、药用预灌封注射器、药用滴眼（鼻、耳）剂瓶、药用硬片（膜）、药用铝箔、药用软膏管（盒）、药用喷（气）雾剂泵（阀门、罐、筒）、药用干燥剂等。

药包材的命名应按照用途、材质和形制的顺序编制，文字简洁，不使用夸大修饰语言，尽量不使用外文缩写。如口服液体药用聚丙烯瓶。

（二）药包材在生产和应用中的要求

药包材的原料应经过物理、化学性能和生物安全评估，应具有一定的机械强度、化学性质稳定、对人体无生物学意义上的毒害。

药包材的生产条件应与所包装制剂的生产条件相适应；药包材生产环境和工艺流程应按照所要求的空气洁净度级别进行合理布局，生产不洗即用的药包材，从产品成型及以后各工序的洁净度要求应与所包装的药品生产洁净度相同。根据不同的生产工艺及用途，药包材的微生物限度或无菌应符合要求；注射剂用药包材的热原或细菌内毒素、无菌等应符合所包装制剂的要求；眼用制剂用药包材的无菌等应符合所包装制剂的要求。

药品应使用有质量保证的药包材，药包材在所包装药物的有效期内应保证质量稳定，多剂量包装的药包材应保证药品在使用期间质量稳定。不得使用不能确保药品质量和国家公布淘汰的药包材，以及可能存在安全隐患的药包材。

药包材的包装上应注明包装使用范围、规格及贮藏要求，并应注明使用期限。

二、典型药包材的质量特性

药包材因用于包装特殊商品——药品，所以药包材属于专用包装范畴，它具有包装的所有属性，并有特殊性。根据药包材的材质不同、用途不同，其质量特性亦不相同。

（一）金属

金属（metal）在制剂包装材料中应用较多的只有锡、铝、铁与铅，可制成刚性容器，如筒、桶、软管、金属箔等。用锡、铅、铁、铝等金属制成的容器，光线、液体、气体、气味与微生物都不能透过；它们能耐高温也耐低温。为了防止内外腐蚀或发生化学作用，容器内外壁上往往需要涂保护层。

1. 锡

锡（tin）在金属中化学惰性较大，冷锻性最好，易坚固地包附在很多金属表面。锡管中常含 0.5% 铜以增加硬度。锡片上包铝能增进成品外观而又能抵御氧化。但锡价比较昂贵。现已采用价廉的涂漆铝管来代替锡管。一些眼用软膏目前仍用纯锡管包装。

2. 铅

铅（lead）价最廉，镀锡后的铅管具有铅的软度与锡的惰性。多用于日用品，如黏合剂、牙膏等，内服制品不用铅容器（毒性问题）。

3. 铁

铁（iron）在药物包装中不用，但镀锡钢却大量应用于制造桶、螺旋帽盖与气雾剂容器。马口铁（tinplate）是包涂纯锡的低碳钢皮。它具有钢的强度与锡的抗腐蚀力。

4. 铝

铝（aluminium）是原子量低而非常活泼的金属。铝制品质轻，节省运费；具有延展性、可锻性、无气、无味、无毒与不透性；也可制成刚性、半刚性或柔软的容器。铝中加入 3% 的锑（stibium），可以增加铝的硬度。铝表面与大气中的氧起作用能形成氧化铝薄层，该薄层坚硬、透明，保护铝不再继续被氧化。铝制软膏管、片剂容器、螺旋盖帽、小药袋与铝箔等均在药剂中有广泛应用。铝箔在药品包装中使用愈来愈广泛，主要包装形式是泡罩包装、条形包装。铝箔具有良好的包装加工性和保护、使用性能，防潮性好，气体透过性小，是作防潮包装不可缺少的材料，厚度在 20 μm 以上的铝箔防潮性能极佳。

（二）玻璃

药用玻璃材料和容器用于直接接触各类药物制剂的包装，是药品的组成部分。玻璃是经高温熔融、冷却而得到的非晶态透明固体，是化学性能最稳定的材料之一。

玻璃（glass）具有良好的耐水性、耐酸性和一般的耐碱性，还具有良好的热稳定性、一定的机械强度、光洁、透明、易清洗消毒、高阻隔性、易于密封等一系列优点，可广泛地用于各类药物制剂的包装。但因光线可透入，需要避光的药物可选用棕色玻璃容器。玻璃的主要缺点是质重和易碎。

玻璃主要成分是硅酸盐复盐，是由 Na_2SiO_3、$CaSiO_3$、SiO_2 或 $Na_2O \cdot CaO \cdot 6SiO_2$ 等为主要原料形成的一种无规则结构的非晶态固体。药用玻璃可含有硅、铝、硼、钠、钾、钙、镁、锌与钡等阳离子。玻璃的很多有用的性质是由所含金属元素所产生的，降低钠离子含量能使玻璃具有抗化学性，但若没有钠或其他碱金属离子则玻璃难于熔融；氧化硼可使玻璃耐用，抗热震，增强机械强度。

1. 药用玻璃材料和容器的分类

（1）按化学成分和性能分类 药用玻璃国家药包材标准（YBB 标准）根据线热膨胀系数和三氧化二硼含量的不同，结合玻璃性能要求，将药用玻璃分为高硼硅玻璃、中硼硅玻璃、低硼硅玻璃和钠钙玻璃四类。

（2）按耐水性能分类 药用玻璃材料按颗粒耐水性的不同分为Ⅰ类玻璃和Ⅲ类玻璃。Ⅰ类玻璃为硼硅类玻璃，具有高的耐水性；Ⅲ类玻璃为钠钙类玻璃，具有中等耐水性。Ⅲ类玻璃制成容器的内表面经过中性化处理后，可达到高的内表面耐水性，称为Ⅱ类玻璃容器。

（3）按成型方法分类 药用玻璃容器根据成型工艺的不同可分为模制瓶和管制瓶。模制瓶的主要品种有大容量注射液包装用的输液瓶、小容量注射剂包装用的模制注射剂瓶（或称西林瓶）和口服制剂包装用的药瓶；管制瓶的主要品种有小容量注射剂包装用的安瓿、管制注射剂瓶（或称西林瓶）、预灌封注射器玻璃针管、笔式注射器玻璃套筒（或称卡式瓶）、口服制剂包装用的管制口服液体瓶等。不同成型生产工艺对玻璃容器质量的影响不同，管制瓶热加工部位内表面的化学耐受性低于未受热的部位，同一种玻璃管加工成型后的产品质量可能不同。

一般药用玻璃瓶常用无色透明的或棕色的，蓝、绿或乳白色常用作装饰，棕色或红色可阻隔日光中的紫外线。但制造棕色玻璃所加入的氧化铁能渗进制品中，所以药物中含有的成分如能被铁催化时就不宜使用棕色玻璃容器。着色剂可使玻璃呈现各种色泽，如碳与硫或铁与锰（棕色），镉与硫的化合物（黄色），氧化钴或氧化铜（蓝色），氧化铁、二氧化锰与二氧化铝（绿色），硒与镉的亚硫化合物（红宝石色），氟化物或磷酸盐（乳白色）。

USP、BP 规定药用玻璃分为四类，并规定了检查各类玻璃的碱性与抗水性的限度：Ⅰ类为中性玻璃，含三氧化二硼（B_2O_3）10％的硼硅酸盐玻璃。Ⅱ类为经过内表面处理的钠钙硅酸盐玻璃。Ⅲ类为未经表面处理的钠钙玻璃，不能用作注射剂容器。Ⅳ类为普通的钠钙玻璃，只用来包装口服与外用制剂。

中国药典要求，用于盛装注射用输液的玻璃瓶，对生物制品、偏酸偏碱及对 pH 敏感的注射剂，应选择 121 ℃颗粒法耐水性为 1 级及内表面耐水性为 HC 1 级（GB/T 6582—2021）的药用玻璃或其他适宜的包装材料（ISO 4802.1—1988）。符合这项要求的玻璃有两种：一种是Ⅰ型玻璃，它具有优异的化学稳定性（目前国内还没有这种玻璃制造的输液瓶，国际上也不多）。另一种是Ⅱ型玻璃，它的内表面有一层很薄的富硅层，能达到Ⅰ型玻璃的效果，为国际上广泛采用，目前我国 1/3 的输液瓶是用这种玻璃制造的，其余 2/3 的输液瓶是采用含三氧化二硼 2％左右的非Ⅰ非Ⅱ型玻璃制造的。测试证明，Ⅱ型玻璃的抗水性能优于非Ⅰ非Ⅱ型玻璃，但Ⅱ型玻璃仅仅在内表面进行了脱碱处理，如重复使用，由于洗瓶和灌装消毒过程中的损伤，极薄的富硅层易遭到破坏而导致性能下降，因此，国家标准 GB/T 2639—2008 中明确规定，Ⅱ型玻璃仅适用于一次性使用的输液瓶。

钠钙玻璃适用于包装口服、外用制剂。它具有轻微的碱性但不影响制品。一些盐类如枸橼酸、酒石酸或磷酸的钠盐可侵蚀此种玻璃的表面，特别是在高压灭菌条件下，玻璃表面往往出现脱片现象。

2. 药用玻璃材料和容器在生产、应用过程中的基本要求

① 药用玻璃材料和容器的成分设计应满足产品性能的要求，生产中应严格控制玻璃配方，保证玻璃成分的稳定，控制有毒有害物质的引入，对生产中必须使用的有毒有害物质应符合国家规定，且不得影响药品的安全性。

② 药用玻璃材料和容器的生产工艺应与产品的质量要求相一致，不同窑炉、不同生产线生产的产品

质量应具有一致性，对玻璃内表面进行处理的产品在提高产品性能的同时不得给药品带来安全隐患，并保证其处理后有效性能的稳定性。

③ 药用玻璃容器应清洁透明，以利于检查药液的可见异物、杂质以及变质情况，一般药物应选用无色玻璃，当药物有避光要求时，可选择棕色透明玻璃，不宜选择其他颜色的玻璃；应具有较好的热稳定性，保证高温灭菌或冷冻干燥中不破裂；应有足够的机械强度，能耐受热压灭菌时产生的较高压力差，并避免在生产、运输和贮存过程中所造成的破损；应具有良好的临床使用性，如安瓿折断力应符合标准规定；应有一定的化学稳定性，不与药品发生影响药品质量的物质交换，如不发生玻璃脱片、不引起药液的pH 变化等。

药品生产企业应根据药物的物理、化学性质以及相容性试验研究结果选择适合的药用玻璃容器。对生物制品、偏酸偏碱及对 pH 敏感的注射剂，应选择 121 ℃玻璃颗粒耐水性为 1 级及内表面耐水性为 HC 1 级的药用玻璃容器或其他适宜的包装材料。

（三）塑料及其复合材料

塑料（plastic）是一种合成的高分子化合物，具有许多优越的性能，可用来生产刚性或柔软容器。塑料比玻璃或金属轻、不易破碎（即使碎裂也无危险），但在透气、透湿性、化学稳定性、耐热性等方面则不如玻璃。所有塑料都能透气透湿、高温软化，很多塑料也受溶剂的影响。

根据受热的变化塑料可分成二类：一类是热塑性塑料，它受热后熔融塑化，冷却后变硬成形，但其分子结构和性能无显著变化，如聚氯乙烯（PVC）、聚乙烯（PE）、聚丙烯（PP）、聚酰胺（PA）等。另一类是热固性塑料，它受热后，分子结构被破坏，不能回收再次成型，如酚醛塑料、环氧树脂塑料等。前一类较常用。

近年来，除传统的聚酯（PET）、聚乙烯、聚丙烯等包装材料用于医药包装外，各种新材料如铝塑、纸塑等复合材料也广泛应用于药品包装，有效地提高了药品包装质量和药品档次，显示出塑料广泛的发展前景。

药品包装中可使用的塑料还有聚酰胺（PA）、聚氨酯（PUR）、聚苯乙烯（PS）、乙烯/乙烯醇共聚物（EVOH）、乙烯/乙酸乙烯酯共聚物（E/VAC）、聚四氟乙烯（PTFE）、聚碳酸酯（PC）、聚氟乙烯（PVF）等，其用途大都是发挥这些塑料所具有的防潮、遮光、阻气、印刷性好等优点。随着材料科学的发展和人类对健康的关注，药品包装将向着更安全、更全面和无污染方向发展，塑料将以其优良的综合性能和合理的价格而成为医药包装中发展最快的材料。

药用塑料包装材料的选择，不但要了解各种塑料的基本性质，如物理、化学与屏蔽性质，还应清楚塑料中的附加剂。不论何种塑料，其基本组成为：塑料，残留单体，增塑剂，成形剂，稳定剂，填料，着色剂，抗静电剂，润滑剂，抗氧化剂以及紫外线吸收剂等。任一组分都可能迁移而进入包装的制品中。聚氯乙烯（与聚烯烃相比）中含有较多的附加剂，为塑料中有较大危险的一个品种。1950 年 8 月美国 FDA 提出禁止制造和使用聚氯乙烯容器作食品包装，因为它含有残留的单体氯乙烯以及增塑剂邻苯二甲酸二乙基乙酯（DEHP），在燃烧时产生有害的氯和盐酸气体，故不符合安全卫生和消除公害的要求。

（四）橡胶

橡胶（rubber）是指具有可逆形变的高弹性聚合物材料，在室温下富有弹性，在很小的外力作用下能产生较大形变，除去外力后能恢复原状。橡胶属于完全无定形聚合物，它的玻璃化转变温度（T_g）低，分子量往往很大，大于几十万。橡胶可分为天然橡胶与合成橡胶两种。天然橡胶是从橡胶树、橡胶草等植物中提取胶质后加工制成；合成橡胶则由各种单体经聚合反应而得。橡胶制品广泛应用于工业或生活各方面。

橡胶具有高弹性、低透气和透水性、耐灭菌、良好的相容性等特性，因此橡胶制品在医药上的应用十分广泛，其中丁基橡胶、卤化丁基橡胶、丁腈橡胶、乙丙橡胶、天然橡胶和顺丁橡胶都可用来制造医药包装系统的基本元素——药用瓶塞。为防止药品在储存、运输和使用过程中受到污染和渗漏，橡胶塞一般常用作医药产品包装的密封件，如输液瓶塞、冻干剂瓶塞、血液试管胶塞、输液泵胶塞、齿科麻醉针筒活塞、预装注射针筒活塞、胰岛素注射器活塞和各种气雾瓶（吸气器）所用密封件等。

橡胶塞、玻璃或塑料容器的材料可能含有害物质，渗漏进药品溶液中，使药液产生沉淀、微粒超标、

pH 改变、变色等。理想的瓶塞应具备以下性能：对气体和水蒸气低的透过性；低的吸水率；能耐针刺且不落屑；有足够的弹性，刺穿后再封性好；良好的耐老化性能和色泽稳定性；耐蒸汽、氧乙烯和辐射消毒等。

第三节　药包材的检验项目

　　药包材标准是为保证所包装药品的质量而制定的技术要求。药包材质量标准分为方法标准和产品标准，药包材的质量标准应建立在经主管部门确认的生产条件、生产工艺以及原材料牌号、来源等基础上，按照所用材料的性质、产品结构特性、所包装药物的要求和临床使用要求制定试验方法和设置技术指标。

　　制定药包材标准应满足对药品的安全性、适应性、稳定性、功能性、保护性和便利性的要求。不同给药途径的药包材，其规格和质量标准要求亦不相同，应根据实际情况在制剂规格范围内确定药包材的规格，并根据制剂要求、使用方式制定相应的质量控制项目。在制定药包材质量标准时，既要考虑药包材自身的安全性，也要考虑药包材的配合性和影响药物的贮藏、运输、质量、安全性和有效性的要求。

一、药包材质量标准的检测项目

　　药物制剂的包装，在确保自身质量的同时，还须考虑适于使用及确保给药时的安全性。对于制剂包装适用性评价所要求的严格性，按注射剂、液体制剂、半固体制剂、固体制剂等剂型与相对应的直接接触包装之间发生相互作用的风险性不同而不同。因此，应根据制剂特性和药品不同开发阶段，对药包材的适用性进行评价与检测。药包材的检测项目如本章第一节所述，主要包括物理性能、化学性能和生物性能等三个方面。

（一）材料的确认（鉴别）

　　材料的确认（鉴别）主要确认材料的特性。首先，根据材料的不同需设置特殊的检查项目，如聚氯乙烯材料应检查氯乙烯单体，聚对苯二甲酸乙二醇酯（PET）材料应检查乙醛残留量。其次，防止掺杂。最后，用户能确认材料来源的一致性。

（二）材料、容器的检查项目

1. 检查材料的化学性能

　　首先，检查材料在各种溶剂中浸出物的量，主要检查有害物质、低分子量物质、未反应物、制作时带入的物质、添加剂等。常用的溶剂为水、乙醇、正己烷。通常检测项目包括还原性物质、重金属、蒸发残渣、pH、紫外吸光度等。然后，检查材料中特定的物质，如聚氯乙烯硬片中氯乙烯单体、聚丙烯输液瓶催化剂的量、复合材料中溶剂残留量。最后，材料加工时所添加物如橡胶中硫化物、聚氯乙烯膜中增塑剂（邻苯二甲酸二辛酯）、聚丙烯输液瓶中抗氧化剂的量。

2. 检查材料、容器的使用性能

　　例如，容器需检查密封性、水蒸气透过量、氧气透过量、抗跌落性、滴出量（若有定量功能的容器）；片材需检查水蒸气透过量、抗拉强度、延伸率（如该材料、容器需组合使用，需检查热封强度、扭力、组合部位的尺寸等）。

（三）材料、容器的生物安全检查项目

1. 微生物数

　　根据该材料、容器被用于何种剂型测定各种类微生物的量。

2. 安全性

根据该材料、容器被用于何种剂型选择测试异常毒性、溶血、细胞毒性、眼刺激性、细菌内毒素等项目。

二、现行药典收载的药包材检测方法

（一） 121 ℃玻璃颗粒耐水性测定法

121 ℃玻璃颗粒耐水性是玻璃材质耐受水浸蚀能力的一种表示方法。121 ℃玻璃颗粒耐水性测定法是指一定量规定尺寸的玻璃颗粒，在规定的容器内、规定的条件下，用规定量的水加热浸提后，通过滴定浸提液来测量玻璃颗粒受水浸蚀的程度。

【仪器装置】仪器装置由压力蒸汽灭菌器、滴定管、锥形瓶、烧杯（注：玻璃容器须用平均线热膨胀系数约为 $3.3×10^{-6}$ K^{-1} 的硼硅玻璃或石英玻璃制成，新的玻璃容器须经过老化处理，即将适量的水加入玻璃容器中，按试验步骤中规定的热压条件反复处理，直到水对 0.025%甲基红钠水溶液呈中性后方可使用）、烘箱、锤子、由淬火钢制成的碾钵和杵（图 5-1）、永久磁铁、一套不锈钢筛网（含有 A 筛，孔径 425 μm；B 筛，孔径 300 μm；C 筛，孔径 600～1000 μm）等组成。

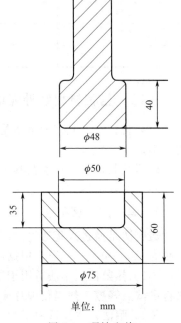

单位：mm

图 5-1 碾钵和杵

试验用水应符合下列要求：

① 试验用水不得含有重金属（特别是铜），必要时可用双硫腙极限试验法检验，其电导率在 25 ℃±1 ℃时，不得超过 0.1 mS/m。

② 试验用水应在经过老化处理的锥形瓶中煮沸 15 min 以上，以去除二氧化碳等溶解性气体。

③ 试验用水对 0.025%甲基红钠水溶液应呈中性，即在 50 ml 水中加入 0.025%甲基红钠水溶液 4 滴，水的颜色变为橙红色（pH 5.4～5.6）。

【供试品的制备】将供试品击打成碎块，取适量放入碾钵中，插入杵，用锤子猛击杵，只准击一次，将碾钵中的玻璃转移到套筛上层的 C 筛上，重复上述操作过程。用振筛机振动套筛（或手工摇动套筛）5 min，将通过 A 筛但留在 B 筛上的玻璃颗粒转移到称量瓶内，玻璃颗粒以多于 10 g 为准。共制备玻璃颗粒 3 份。

用永久磁铁将每份玻璃颗粒中的铁屑除去，移入 250 ml 锥形瓶中，用无水乙醇或丙酮旋动洗涤玻璃颗粒至少 6 次，每次 30 ml，至无水乙醇或丙酮清澈为止。每次洗涤后尽可能完全地倾去锥形瓶内的无水乙醇或丙酮。然后将装有玻璃颗粒的锥形瓶放在电热板上加热，除去残留的丙酮或无水乙醇，转入烘箱中在 140 ℃保持 20 min 烘干，取出，置于干燥器中冷却。贮存时间不得过 24 h。

【测定法】分别取上述玻璃颗粒约 10 g，精密称定，置于 250 ml 锥形瓶中，精密加入试验用水 50 ml。将烧杯倒置在锥形瓶上，使烧杯内底正好与锥形瓶的口边贴合；或用其他适宜材料盖住口部。将锥形瓶放入压力蒸汽灭菌器中，打开排气阀，匀速加热，在 20～30 min 之后使蒸汽大量从排气口逸出，并且持续逸出达 10 min，关闭排气阀，继续加热，以平均 1 ℃/min 的速率在 20～22 min 内将温度升至 121 ℃±1 ℃，到达该温度时开始计时。在 121 ℃±1 ℃保持 30 min±1 min 后，缓缓冷却和减压，在 40～44 min 内将温度降至 100 ℃（防止形成真空）。当温度低于 95 ℃以下时，从压力蒸汽灭菌器中取出，冷却至室温。取试验用水同法进行空白试验，并将滴定的结果进行空白试验校正。在 1 h 内完成滴定。

在每个锥形瓶中加入 0.025%甲基红钠水溶液 4 滴，用盐酸滴定液（0.02 mol/L）滴定至产生的颜色与空白试验一致。

【结果表示】计算滴定结果的平均值，以每 1 g 玻璃颗粒消耗盐酸滴定液（0.02 mol/L）的体积（ml）表示。

如果三份供试品滴定的最高体积与最低体积的差值超出表5-2给出的容许范围，则应重新试验。

表 5-2　测得值的容许范围

每克玻璃颗粒耗用 0.02 mol/L 盐酸的平均测得值/ml	测得值的容许范围
≤0.10	平均值的 25%
>0.10～0.20	平均值的 20%
>0.20	平均值的 10%

【结果判定】玻璃颗粒的耐水性应根据盐酸滴定液（0.02 mol/L）的消耗量（ml）按表5-3进行分级，检验结果应符合各品种项下的规定。

表 5-3　玻璃颗粒试验的耐水性分级

玻璃耐水级别	每克玻璃颗粒耗用盐酸滴定液（0.02 mol/L）的体积/ml
1 级	≤ 0.10
2 级	> 0.10～0.85
3 级	> 0.85～1.5

（二）包装材料红外光谱测定法

包装材料红外光谱测定法是指在一定波数范围内采集供试品的红外吸收光谱，主要用于药品包装材料的鉴别。

仪器及其校正：仪器及其校正照红外分光光度法［《中国药典》（2020 年版）四部通则 0402］要求。

测定法：常用方法有透射法、衰减全反射（attenuated total reflection，ATR）法和显微红外法等。

1. 第一法　透射法

透射法是通过采集透过供试品前后的红外吸收光强度变化，得到红外吸收光谱。透射法光谱采集范围一般为 400～4000 cm^{-1}。根据供试品的制备方法不同，又分为热敷法、膜法、热裂解法等。

（1）热敷法：本法适用于塑料产品及粒料。除另有规定外，将溴化钾片或其他适宜盐片加热后，趁热将供试品轻擦于热溴化钾片或其他适宜盐片上，以不冒烟为宜。

（2）膜法：本法适用于塑料产品及粒料。除另有规定外，取供试品适量，制成厚度适宜均一的薄膜。常用的薄膜制备方式可采用热压成膜，或者加适宜溶剂高温回流使供试品溶解，趁热将回流液涂在溴化钾片或其他适宜盐片上，加热挥去溶剂等。

（3）热裂解法：本法适用于橡胶产品。除另有规定外，取供试品切成小块，用适宜溶剂抽提后烘干，再取适量置于玻璃试管底部，置于酒精灯上加热，当裂解产物冷凝在玻璃试管冷端时，用毛细管取裂解物涂在溴化钾片或其他适宜盐片上，立刻采集光谱。

2. 第二法　衰减全反射法（ATR 法）

衰减全反射法是红外光以一定的入射角度照射供试品表面，经过多次反射得到的供试品的反射红外吸收光谱。该法又分为单点衰减全反射法和平面衰减全反射法。衰减全反射法光谱采集范围一般为 650～4000 cm^{-1}。

本法适用于塑料产品及粒料、橡胶产品。除另有规定外，取表面清洁平整的供试品适量，与衰减全反射棱镜底面紧密接触，采用衰减全反射法采集光谱。

3. 第三法　显微红外法

本法适用于多层膜、袋、硬片等产品。除另有规定外，用切片器将供试品切成厚度小于 50 μm 的薄片，置于显微红外仪上观察供试品横截面，选择每层材料，通常以透射法采集光谱。

（三）玻璃内应力测定法

内应力系指物件由于外因（受力或湿度、温度变化等）而变形时，在物件内各部分之间会产生相互作用的内力，以抵抗这种外因的作用。当外部载荷消除后，仍残存在物体内部的应力，是由于材料内部宏观或微观的组织发生了不均匀的体积变化而产生的。如果玻璃容器中残存不均匀的内应力，将会降低玻璃的机械强度，在药品包装的生产、使用及储存中易出现破裂等问题。

通常玻璃为各向同性的均质体材料，当有内应力存在时，它会表现各向异性，产生光的双折射现象。本法使用偏光应力仪测量双折射光程差，并以单位厚度光程差数值 δ 来表示产品内应力大小。

双折射光程差的测量原理是：由光源发出的白光通过起偏镜后成为直线偏振光，直线偏振光通过有双折射光程差的被测试样和四分之一波片后，其振动方向将旋转一个角度 θ，角度 θ 的数值（单位为度）与被测试样的双折射光程差 T 成正比，其关系式：$T = 565\theta/180 = 3.14\theta$，因此当被测玻璃样品存在内应力时，通过旋转检偏镜可以测得这个角度，即可测得被测试样的双折射光程差 T。内应力的测定主要用于药用玻璃容器退火质量的控制。

【仪器装置】偏光应力仪应符合的技术要求：在使用偏振光元件和保护件进行观察时，光场边沿的亮度不小于 120 cd/m^2；所采用的偏振光元件应保证亮场时任何一点偏振度都不小于 99%；偏振场不小于 85 mm；在起偏镜和检偏镜之间能分别置入 565 nm 的全波片（灵敏色片）及四分之一波片，波片的慢轴与起偏镜的偏振平面成 $90°$；检偏镜应安装成能相对于起偏镜和全波片或四分之一波片旋转，并且有旋转角度的测量装置。

【测定法】供试品应为退火后未经其他试验的产品，须预先在实验室内温度条件下放置 30 min 以上，测定时应戴手套，避免用手直接接触供试品。

（1）无色供试品的测定

① 无色供试品底部的检验：将四分之一波片置入视场，调整偏光应力仪零点，使之呈暗视场。把供试品放入视场，从口部观察底部，这时视场中会出现暗十字，如果供试品应力小，则这个暗十字便会模糊不清。旋转检偏镜，使暗十字分离成两个沿相反方向移动的圆弧，随着暗区的外移，在圆弧的凹侧便出现蓝灰色，凸侧便出现褐色。如测定某选定点的应力值，则旋转检偏镜直至该点蓝灰色刚好被褐色取代为止。绕轴线旋转供试品，找出最大应力点，旋转检偏镜，直至蓝灰色被褐色取代，记录此时的检偏镜旋转角度，并测量该点的厚度。

② 无色供试品侧壁的检验：将四分之一波片置入视场，调整偏光应力仪零点，使之呈暗视场。把供试品放入视场中，使供试品的轴线与偏振平面成 $45°$，这时侧壁上出现亮暗不同的区域。旋转检偏镜直至侧壁上暗区聚汇，刚好完全取代亮区为止。绕轴线旋转供试品，借以确定最大应力区。记录测得最大应力区的检偏镜放置角度，并分别测量两侧壁的厚度（记录两侧壁壁厚之和）。

（2）有色供试品的测定：检验步骤与无色供试品测定相同。当没有明显的蓝灰色和褐色以及玻璃透过率较低时，较难确定检偏镜的旋转终点，这时可以采用平均的方法来确定准确的终点，即以暗区取代亮区的旋转角度与再使亮区刚好重新出现的总旋转角度之和的平均值表示。

【结果计算】

$$\delta = T/t = 3.14\theta/t$$

式中，δ 为供试品的内应力，nm/mm；T 为供试品被测部位的光程差，nm；t 为供试品被测部位通光处的总厚度，mm；θ 为检偏镜旋转角度（在测得最大应力时）；3.14 为采用白光光源（有效波长约为 565 nm）时的常数，检偏镜每旋转 $1°$ 约相当于光程差 3.14 nm。

（四）剥离强度测定法

对于粘合在一起的多层材料，采用测定从接触面进行剥离时产生的力来反映材料的黏合强度。

剥离强度系指将规定宽度的试样，在一定速度下，进行 T 型剥离，测定所得的复合层与基材的平均剥离力。

本法适用于复合在塑料或其他基材（如铝箔、纸等）上的各种软质、硬质复合塑料材料剥离强度的测定。

【仪器装置】可使用材料试验机，或能满足本试验要求的其他装置。仪器的示值误差应在实际值的 $\pm 1\%$ 以内。

【试验环境】样品应在温度 23 ℃±2 ℃、相对湿度 50%±5% 的环境中放置 4 h 以上，并在此条件下进行试验。

【试样制备】取样品适量，将样品宽度方向两端除去 50 mm，均匀截取纵、横向宽度为 15.0 mm±

0.1 mm、长度为 200 mm 的试样各 5 条。复合方向为纵向。

沿试样长度方向一端将复合层与基材预先剥开 50 mm，被剥开部分不得有明显损伤。若试样不易剥开，可将试样一端约 20 mm 浸入适当的溶剂（常用乙酸乙酯、丙酮）中处理，待溶剂完全挥发后，再进行剥离强度的试验。

若复合层经上述方法的处理，仍不能与基材分离，则试验不可进行，判定为不能剥离。

【测定法】将试样剥开部分的两端分别夹在试验机上下夹具中，使试样剥开部分的纵轴与上、下夹具中心连线重合，并松紧适宜。试验时，未剥开部分与拉伸方向呈 T 型，见图 5-2，试验速度为 300 mm/min±30 mm/min，记录试样剥离过程中的剥离力曲线。

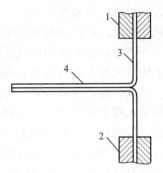

图 5-2　试样夹持示意图

1—上夹具；2—下夹具；

3—试样剥开部分；4—未剥离试样

【结果判定】参照图 5-3 三种典型曲线，采取其中相近的一种取值方法，算出每个试样平均剥离强度。每组试样分别计算其纵、横向剥离强度算术平均值为试验结果，取两位有效数字，单位以 N/15 mm 表示。

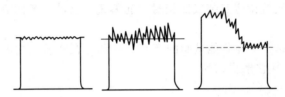

图 5-3　剥离力典型曲线的取值（虚线示值为试样的平均值）

若复合层不能剥离或复合层断裂时，其剥离强度为合格。

（五）拉伸性能测定法

对于塑性材料，抗拉应力表征了材料最大均匀塑性变形的力，拉伸试样在承受最大拉应力之前，变形是均匀一致的，但超出之后，对于没有（或很小）均匀塑性变形的脆性材料，反映了材料的断裂抗力。

拉伸强度系指在拉伸试验中，试验直至断裂为止，单位初始横截面上承受的最大拉伸负荷（抗拉应力）。断裂伸长率系指在拉伸试验中，试样断裂时，标线间距离的增加量与初始标距之比，以百分率表示。

本法适用于塑料薄膜和片材（厚度不大于 1 mm）的拉伸强度和断裂伸长率的测定。

【仪器装置】可使用材料试验机进行测定，或能满足本试验要求的其他装置。仪器的示值误差应在实际值的±1％以内。

仪器应有适当的夹具，夹具应使试样长轴与通过夹具中心线的拉伸方向重合，夹具应尽可能避免试样在夹具处断裂，并防止被夹持试样在夹具中滑动。

【试验环境】样品应在 23 ℃±2 ℃、50％±5％相对湿度的环境中放置 4 h 以上，并在此条件下进行以下试验。

【试样形状及尺寸】本方法规定使用四种类型的试样。Ⅰ、Ⅱ、Ⅲ型为哑铃形试样，见图 5-4～图 5-6；Ⅳ型为长条形试样，宽度 10～25 mm，总长度不小于 150 mm，标距至少为 50 mm。试样形状和尺寸根据各品种项下规定进行选择。

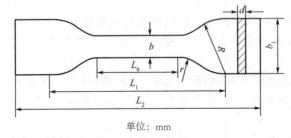

单位：mm

图 5-4　Ⅰ型试样

L_2 为总长 120 mm；L_1 为夹具间初始距离 85 mm±5 mm；L_0 为标线间距离 40 mm±0.5 mm；R 为大半径 25 mm±2 mm；

r 为小半径 10 mm±0.5 mm；b 为平行部分宽度 10 mm±0.5 mm；b_1 为端部宽度 25 mm±0.5 mm；d 为厚度

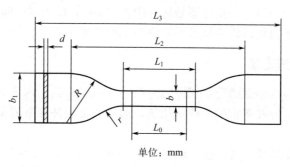

单位：mm

图 5-5　Ⅱ型试样

L_3 为总长 115 mm；L_2 为夹具间初始距离 80 mm±5 mm；L_1 为平行部分长度 33 mm±2 mm；L_0 为标线间距离 25 mm±0.25 mm；R 为大半径 25 mm±2 mm；r 为小半径 14 mm±1 mm；b 为平行部分宽度 6 mm±0.4 mm；b_1 为端部宽度 25 mm±1 mm；d 为厚度

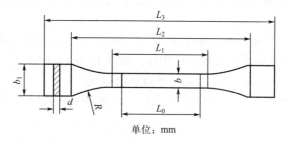

单位：mm

图 5-6　Ⅲ型试样

L_3 为总长 150 mm；L_2 为夹具间初始距离 115 mm±5 mm；L_1 为平行部分长度 60 mm±0.5 mm；L_0 为标线间距离 50 mm±0.55 mm；R 为半径 60 mm；b 为平行部分宽度 10 mm±0.5 mm；b_1 为端部宽度 20 mm±0.5 mm；d 为厚度

【试样制备】 试样应沿纵、横方向大约等间隔裁取。哑铃形及长条形试样可用冲刀冲制，长条形试样也可在标准试片截取板上用裁刀截取。试样边缘必须平滑无缺口损伤，按试样尺寸要求准确打印或画出标线。此标线应对试样产品不产生任何影响。试样按每个试验方向为一组，每组试样不少于 5 个。

【试验速度（空载）】 ①1 mm/min±0.2 mm/min；②2 mm/min±0.4 mm/min，或 2.5 mm/min±0.5 mm/min；③5 mm/min±1 mm/min；④10 mm/min±2 mm/min；⑤30 mm/min±3 mm/min；或 25 mm/min±2.5 mm/min；⑥50 mm/min±5 mm/min；⑦100 mm/min±10 mm/min；⑧200 mm/min±20 mm/min；或 250 mm/min±25 mm/min；⑨500 mm/min±50 mm/min。

应按各品种项下规定的要求选择速度。如果没有规定速度，则硬质材料和半硬质材料选用较低的速度，软质材料选用较高的速度。

【测定法】 ① 用上、下两侧面为平面的精度为 0.001 mm 的量具测量试样厚度，用精度为 0.1 mm 的量具测量试样宽度。每个试样的厚度及宽度应在标距内测量三点，取算术平均值。长条形试样宽度和哑铃形试样中间平行部分宽度应用冲刀的相应部分的平均宽度。

② 将试样置于试验机的两夹具中，使试样纵轴与上、下夹具中心线连线相重合，夹具松紧适宜，以防止试样滑脱或在夹具中断裂。

③ 按规定速度开动试验机进行试验。试样断裂后读取断裂时所需负荷以及相应的标线间伸长值。若试样断裂在标线外的部位，此试样作废。另取试样重做。

【结果的计算和表示】

拉伸强度按式（5-1）计算：

$$\sigma_t = \frac{p}{bd} \tag{5-1}$$

式中，σ_t 为拉伸强度，MPa；p 为最大负荷、断裂负荷，N；b 为试样宽度；d 为试样厚度；

拉伸强度按式（5-2）计算：

$$\varepsilon_t = \frac{L - L_0}{L_0} \times 100\% \tag{5-2}$$

式中，ε_t 为断裂伸长率，%；L_0 为试样原始标线距离，mm；L 为试样断裂时标线间距离，mm。

根据上式分别计算纵、横向组试样的算术平均值为试验结果。

（六）内表面耐水性测定法

内表面耐水性是玻璃容器内表面耐受水浸蚀能力的一种表示方法。内表面耐水性测定法是将试验用水注入供试容器到规定的容量，并在规定的条件下加热，通过滴定浸蚀液来测量玻璃容器内表面受水浸蚀的程度。

【仪器装置】压力蒸汽灭菌器、滴定管、烧杯、锥形瓶（注：玻璃容器须用平均线热膨胀系数约为 $3.3 \times 10^{-6} \ \mathrm{K^{-1}}$ 硼硅玻璃或石英玻璃制成，新的玻璃容器须经过老化处理，即将适量的水加入玻璃容器中，然后按测定法中的热压条件反复处理，直到水对 0.025% 甲基红钠水溶液呈中性后方可使用）。

试验用水应符合下列要求：

① 试验用水不得含有重金属（特别是铜），必要时可用双硫腙极限试验法检验，其电导率在 25 ℃±1 ℃时，不得超过 0.1 mS/m。

② 试验用水应在经过老化处理的锥形瓶中煮沸 15 min 以上，以去除二氧化碳等溶解性气体。

③ 试验用水对 0.025% 甲基红钠水溶液应呈中性，即在 50 ml 水中加入 0.025% 甲基红钠水溶液 4 滴，水的颜色变为橙红色（pH 5.4～5.6）。该水可用于做空白试验。

【供试品的制备】供试品的数量取决于容器的容量、一次滴定所需浸提液的体积和所需的滴定结果的次数，可按表 5-4 计算。

表 5-4　用滴定法测定耐水性时所需容器的数量

灌装体积/ml	一次滴定所需容器的最少数量/个	一次滴定所需浸提液的体积/ml	滴定次数
≤3	10	25.0	1
>3～30	5	50.0	2
>30～100	3	100.0	2
>100	1	100.0	3

供试品的清洗过程应在 20～25 min 内完成，清除其中的碎屑或污物。在环境温度下用水彻底清洗每个容器至少 2 次，灌满水以备用。临用前倒空容器，再依次用水和试验用水各冲洗 1 次，然后使容器完全晾干。

【测定法】取清洗干净后的供试品，加试验用水至其满口容量（容量大于 100 ml 的容器为其 3 个样品满口容量的平均值，容量 100 ml 以下的容器为其 6 个样品满口容量的平均值，计算修约到一位小数）的90%，对于安瓿等容量较小的容器，则灌装水至瓶身缩肩部（其灌装体积为测定至少 6 个样品的平均值，计算修约到一位小数），用倒置的烧杯（经过老化处理的）或其他适宜的材料盖住口部。将供试品放入压力蒸汽灭菌器中，开放排气阀，匀速加热，在 20～30 min 之后使蒸汽大量从排气口逸出，并且持续逸出达 10 min，关闭排气阀，继续加热，以平均 1 ℃/min 的速率在 20～22 min 内将温度升至 121 ℃±1 ℃，到达该温度时开始计时。在 121 ℃±1 ℃保持 60 min±1 min 后，缓缓冷却和减压，在 40～44 min 内将温度降至 100 ℃（防止形成真空）。当温度低于 95 ℃以下时，从压力灭菌器中取出供试品，冷却至室温。在 1 h 内完成滴定。

按表 5-4 规定，对灌装体积小于等于 100 ml 的玻璃容器，将若干个容器中的浸提液合并于一个干燥的烧杯中，用移液管吸取浸提液至锥形瓶中，同法制备相应的份数。

按表 5-4 规定，对灌装体积大于 100 ml 的玻璃容器，用移液管吸取容器中的 100 ml 浸提液至锥形瓶中，同法制备 3 份。取试验用水，进行空白校正。

每份浸提液，以每 25 ml 为单位，加入 0.025% 甲基红钠水溶液 2 滴，用盐酸滴定液（0.01 mol/L）滴定至产生的颜色与空白试验一致。

【结果表示】计算滴定结果的平均值，以每 100 ml 浸提液消耗盐酸滴定液（0.01 mol/L）的体积（ml）表示。小于 1.0 ml 的滴定值应修约到二位小数，大于或等于 1.0 ml 的滴定值应修约到一位小数。

【结果判定】 玻璃容器应根据盐酸滴定液（0.01 mol/L）的消耗量（ml）按表 5-5 进行分级，检验结果应符合各品种项下的规定。

表 5-5　玻璃容器内表面试验的耐水性分级（滴定法）

灌装体积 /ml	每 100 ml 浸提液消耗盐酸滴定液(0.01 mol/L)最大值/ml		
	HC 1 级或 HC 2 级	HC 3 级	HC B 级
≤1	2.0	20.0	4.0
>1~2	1.8	17.6	3.6
>2~3	1.6	16.1	3.2
>3~5	1.3	13.2	2.6
>5~10	1.0	10.2	2.0
>10~20	0.80	8.1	1.6
>20~50	0.60	6.1	1.2
>50~100	0.50	4.8	1.0
>100~200	0.40	3.8	0.80
>200~500	0.30	2.9	0.60
>500	0.20	2.2	0.40

注：HC 1 级适用于硼硅酸盐玻璃制成的玻璃容器分级；HC 2 级适用于内表面经过处理的玻璃容器分级。必要时需要通过表面侵蚀试验对内表面是否经过处理进行判断。表面侵蚀试验方法为：将 40％氢氟酸溶液-2 mol/L 盐酸溶液（1∶9）的混合溶液注入试样至满口容量，于室温放置 10 min，然后小心地倒出试样中的溶液。用水冲洗试样 3 次，再用试验用水冲洗试样 2 次以上，然后按内表面耐水性测定法进行试验。如果试验结果高于原始内表面的试验结果 5 倍以上，则认为这些样品经过表面处理。

注意：氢氟酸具有极强的腐蚀性，即使极少量也有可能导致危及生命的伤害。

（七）气体透过量测定法

本法用于测定药用薄膜或薄片的气体透过量。本法包括压差法和电量分析法。电量分析法仅适用于检测氧气透过量。

气体透过量系指在恒定温度和单位压力差下，在稳定透过时，单位面积和单位时间内透过供试品的气体体积。通常以标准温度和 1 个标准大气压下的体积值表示，单位为 cm^3/（$m^2 \cdot$ 24 h $\cdot$ 0.1 MPa）。

气体透过系数系指在恒定温度和单位压力差下，在稳定透过时，单位面积和单位时间内透过单位厚度供试品的气体体积。通常以标准温度和 1 个标准大气压下的体积值表示，单位为 $cm^3 \cdot cm$/（$m^2 \cdot$ 24 h $\cdot$ 0.1 MPa）。

测试环境为温度 23 ℃±2 ℃，相对湿度 50％±5％。

1. 第一法　压差法

药用薄膜或薄片将低压室和高压室分开，高压室充约 0.1 MPa 的试验气体，低压室的体积已知。供试品密封后用真空泵将低压室内的空气抽到接近零值。用测压计测量低压室的压力增量 Δp，可确定试验气体由高压室透过供试品到低压室的以时间为函数的气体量，但应排除气体透过速度随时间而变化的初始阶段。

【仪器装置】 压差法气体透过量测定仪，主要包括以下几部分。

① 透气室：由上、下两部分组成。当装入供试品时，上部为高压室，用于存放试验气体，装有气体进样管。下部为低压室，用于贮存透过的气体并测定透气过程中的前后压差。

② 测压装置：高、低压室应分别有一个测压装置，高压室的测压装置灵敏度应不低于 100 Pa，低压室测压装置的灵敏度应不低于 5 Pa。

③ 真空泵：应能使低压室的压力不大于 10 Pa。

④ 试验气体：纯度应大于 99.5％。

【测定法】除另有规定外，选取厚度均匀，无褶皱、折痕、针孔及其他缺陷的适宜尺寸的供试品 3 片，在供试品朝向试验气体的一面做好标记，在 23 ℃±2 ℃环境下，置于干燥器中，放置 48 h 以上，用适宜的量具分别测量供试品厚度，精确到 0.001 mm，每片至少测量 5 个点，取算术平均值。置于仪器上，进行试验。为剔除开始试验时的非线性阶段，应进行 10 min 的预透气试验，继续试验直到在相同的时间间隔内压差的变化保持恒定，达到稳定透过。

气体透过量（Q_g）可按式（5-3）计算：

$$Q_g = \frac{\Delta p}{\Delta t} \times \frac{V}{S} \times \frac{T_0}{p_0 T} \times \frac{24}{p_1 - p_2} \tag{5-3}$$

式中，Q_g 为供试品的气体透过量，$cm^3 / (m^2 \cdot 24\ h \cdot 0.1\ MPa)$；$\Delta p / \Delta t$ 为在稳定透过时，单位时间内低压室气体压力变化的算术平均值，Pa/h；V 为低压室体积，cm^3；S 为供试品的试验面积，m^2；T 为试验温度，K；$p_1 - p_2$ 为供试品两侧的压差，Pa；T_0 为标准状态下的温度（273.15 K）；p_0 为 1 个标准大气压（0.1 MPa）。

气体透过系数（P_g）可按式（5-4）计算：

$$P_g = \frac{\Delta p}{\Delta t} \times \frac{V}{S} \times \frac{T_0}{p_0 T} \times \frac{24 \times D}{p_1 - p_2} = Q_g \times D \tag{5-4}$$

式中，P_g 为供试品的气体透过系数，$cm^3 \cdot cm / (m^2 \cdot 24\ h \cdot 0.1\ MPa)$；$\Delta p / \Delta t$ 为在稳定透过时，单位时间内低压室气体压力变化的算术平均值，Pa/h；T 为试验温度，K；D 为供试品厚度，cm。

【试验结果】以三个供试品的算术平均值表示，除高阻隔性能供试品［气体透过量结果小于等于 0.5 $cm^3 / (m^2 \cdot 24\ h \cdot 0.1\ MPa)$］外，每一个供试品测定值与平均值的差值不得超过平均值的 ±10%。高阻隔性能供试品每次测定值均不得大于 0.5 $cm^3 / (m^2 \cdot 24\ h \cdot 0.1\ MPa)$。

2. 第二法 电量分析法（库仑计法）

供试品将透气室分为两部分。供试品的一侧通氧气，另一侧通氮气载气。透过供试品的氧气随氮气载气一起进入电量分析检测仪中进行化学反应并产生电压，该电压与单位时间内通过电量分析检测仪的氧气量成正比。

【仪器装置】电量分析法气体透过量测定仪，仪器主要包括以下几部分。

① 透气室：由两部分构成，应配有测温装置，还需装配适宜的密封件。供试品测试面积根据测试范围调整，通常应在 1~150 cm^2。

② 载气：通常为氮气或者含一定比例氢气的氮氢混合气。

③ 试验气体：纯度应不低于 99.5%。

④ 电量检测器（库仑计）：对氧气敏感，运行特性恒定，用来测量透过的氧气量。

【测定法】除另有规定外，选取厚度均匀、平整、无褶皱、折痕、针孔及其他缺陷的适宜尺寸的供试品 3 片，在供试品朝向试验气体的一面做好标记，在 23 ℃±2 ℃环境下，置于干燥器中，放置 48 h 以上，用适宜的量具测量供试品厚度，精确到 0.001 mm，至少测量 5 个点，取算术平均值。将供试品放入透气室，然后进行试验，当仪器显示的值已稳定一段时间后，测试结束。

氧气透过率（R_{O_2}）可按式（5-5）计算：

$$R_{O_2} = \frac{(E_c - E_0)Q}{AR} \tag{5-5}$$

式中，R_{O_2} 为氧气体透过率，$cm^3 / (m^2 \cdot 24\ h)$；E_c 为稳定态时测试电压，mV；E_0 为试验前零电压，mV；A 为供试品面积，m^2；Q 为仪器校准常数，$cm^3 \cdot \Omega / (mV \cdot 24\ h)$；$R$ 为负载电阻值，Ω。

氧气透过量（P_{O_2}）可按式（5-6）计算：

$$P_{O_2} = \frac{R_{O_2}}{p} \tag{5-6}$$

式中，P_{O_2} 为氧气透过量，$cm^3 / (m^2 \cdot 24\ h \cdot 0.1\ MPa)$；$R_{O_2}$ 为氧气透过率，$cm^3 / (m^2 \cdot 24\ h)$；p 为透气室中试验气体侧的氧气分压，MPa，即氧气的摩尔分数乘以总压力（通常为 1 个大气压）；载气侧的氧气分压视为零。

氧气透过系数（$\overline{P}_{O_2}$）可按式（5-7）计算：

$$\overline{P}_{O_2} = R_{O_2} t \qquad\qquad (5\text{-}7)$$

式中，$\overline{P}_{O_2}$ 为氧气透过系数，$cm^3/(m \cdot 24\ h \cdot 0.1\ MPa)$；$P_{O_2}$ 为氧气透过量，$cm^3/(m^2 \cdot 24\ h \cdot 0.1\ MPa)$；$t$ 为供试品平均厚度，m。

【试验结果】 以三个供试品的算术平均值表示，除高阻隔性能供试品［气体透过量结果小于等于 $0.5\ cm^3/(m^2 \cdot 24\ h \cdot 0.1\ MPa)$］外，每一个供试品测定值与平均值的差值不得超过平均值的 $\pm 10\%$。高阻隔性能供试品每次测定值均不得大于 $0.5\ cm^3/(m^2 \cdot 24\ h \cdot 0.1\ MPa)$。

（八）热合强度测定法

对于热合在一起的材料，用从接触面进行分离时产生的力，反映材料的热合强度。

热合强度系指将规定宽度的试样，在一定速度下，进行 T 型分离或断裂时的最大载荷。

本法适用于塑料热合在塑料或其他基材（如铝箔等）上的热合强度及塑料复合袋的热合强度的测定。

【仪器装置】 可用材料试验机进行测定，或能满足本试验要求的其他装置。仪器的示值误差应在实际值的 $\pm 1\%$ 以内。

（1）材料

① 试验环境：应在温度 23 ℃±2 ℃、相对湿度 50%±5% 环境条件下进行以下试验。

② 试样制备：根据产品项下规定的热合条件，裁取合适大小的样品在热封仪上进行热合。从热合中间部位纵向、横向裁取 15.0 mm±0.1 mm 宽的试样各 5 条。试样应在温度 23 ℃±2 ℃，相对湿度 50%±5% 环境中放置 4 h 以上。

（2）袋

① 试验环境：样品应在温度 23 ℃±2 ℃、相对湿度 50%±5% 的环境中放置 4 h 以上，并在此条件下进行以下试验。

② 试样制备：如图 5-7 所示，分别在袋的不同热合部位，裁取 15.0 mm±0.1 mm 宽的试样总共 10 条，各部位取样条数相差不得超过 1 条。展开长度 100 mm±1 mm，若展开长度不足 100 mm±1 mm 时，可按图 5-8 所示，用胶黏带粘接与袋相同材料，使试样展开长度满足 100 mm±1 mm 要求。

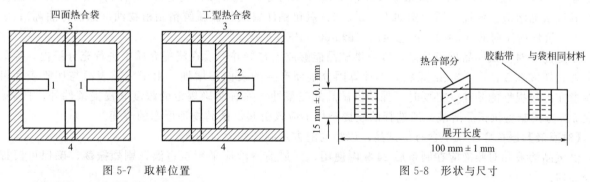

图 5-7　取样位置　　　　　　　　　　　图 5-8　形状与尺寸

1—侧面热合；2—背面热合；3—顶部热合；4—底部热合

【测定法】 取试样，以热合部位为中心，打开成 180°，把试样的两端夹在试验机的两个夹具上，试样轴线应与上下夹具中心线相重合，并要求松紧适宜，以防止试验前试样滑脱或断裂在夹具内。夹具间距离为 50 mm，试验速度为 300 mm/min±30 mm/min，读取试样分离或断裂时的最大载荷。

若试样断在夹具内，则此试样作废，另取试样重做。

【结果判定】 试验结果，材料以纵向、横向 10 个试样的算术平均值，而袋以不同热合部位 10 个试样的平均值作为该样品的热合强度，单位以 N/15 mm 表示。

（九）三氧化二硼测定法

三氧化二硼是硼硅类药用玻璃的主要成分之一。本法系将玻璃容器经碱熔融和酸反应后，再用碳酸钙使硼形成易溶于水的硼酸钙，并与其他元素分离；加入甘露醇使硼酸定量地转变为醇硼酸，用氢氧化钠滴定醇硼酸，根据消耗氢氧化钠滴定液的浓度和体积，计算玻璃及其容器所含的三氧化二硼的量。

通过对硼硅类药用玻璃材料或容器中三氧化二硼含量的测定，可对玻璃材料进行鉴别与分类。

【测定法】 取供试品（取不带印字部位；若有污染，清洗干净），粉碎，研磨至细粉（颗粒度应小于 100 μm），于 105～110 ℃烘干 1 h，置于干燥器中冷却 1 h。取细粉约 0.5 g，精密称定，置于铂坩埚中，加入无水碳酸钠 4 g，盖上坩埚盖，在 850～900 ℃约 20 min 熔融（或置于镍坩埚中，加入氢氧化钠 4 g，盖上坩埚盖，置于电炉上加热，待熔化后，摇动坩埚，再熔融约 20 min。旋转坩埚，使熔融物均匀地附着于坩埚内壁），放冷，用少量热水浸出熔块并转移至烧杯中，加盐酸 20 ml 分散熔块；再用不超过 15 ml 盐酸溶液（1→2）分次清洗坩埚和盖，洗液合并于烧杯中。

待熔块完全分散后用碳酸钙中和剩余的酸，并加入过量碳酸钙 4 g，将烧杯放在水浴中蒸煮约 30 min 后，趁热用快速滤纸过滤，用热水分次洗涤烧杯及沉淀，总量不超过 150 ml，滤液中加乙二胺四乙酸二钠约 1 g，煮沸，取下冷却至室温，加 0.2％甲基红乙醇溶液 2 滴，用 0.1 mol/L 氢氧化钠溶液和 0.1 mol/L 盐酸溶液将溶液调成中性（呈亮黄色），加 0.1％酚酞乙醇指示剂 1 mL 和甘露醇 2～3 g，用 0.1 mol/L 氢氧化钠滴定液滴定至微红色，读取消耗的体积；加入甘露醇约 1 g，轻摇，如微红色褪去，再用 0.1 mol/L 氢氧化钠滴定液滴定至微红色，如此反复直至加入甘露醇后微红色不褪为止，读取消耗的总体积。

取相同材质坩埚同法进行空白试验，并将滴定的结果进行空白校正。每 1 ml 氢氧化钠滴定液（0.1 mol/L）相当于 3.481 mg 的 B_2O_3。

（十）药包材急性全身毒性检查法

本法系将一定剂量的供试品溶液注入小鼠体内，在规定时间内观察小鼠有无毒性反应和死亡情况，以判定供试品是否符合规定的一种方法。

【试验用小鼠】 试验用小鼠应健康合格。须在同一饲养条件下饲养，同一来源，同一品系，性别不限，体重 17～23 g。雌性动物应未育并无孕。做过本试验的小鼠不得重复使用。将小鼠随机分为试验和对照两组，每组 5 只。复试时每组取 18～19 g 的小鼠 10 只。

【供试品溶液的制备】 制备过程应按无菌操作法进行。必要时，制备供试品溶液前先将供试品置高压灭菌器内 115 ℃保持 30 min，或根据实际情况进行灭菌处理。除另有规定外，按品种项下规定的浸提介质制成供试品溶液。浸提介质示例如下：①0.9％氯化钠注射液；②新鲜精制植物油（如棉籽油等）；③乙醇-0.9％氯化钠注射液（1∶20）；④聚乙二醇 400（PEG 400）。

浸提前应对供试样品进行分割，以使供试品能够放入容器并浸没在浸提介质中进行充分浸提，除另有规定外，切成 0.5 cm × 3 cm 条状。不计算因分割而产生的表面积增加。由于完整表面与切割表面可能存在潜在的浸提性能差异，必要时可保持供试品的完整性。除有明确规定的浓度和浸提条件外，按表 5-6 和表 5-7 方式制备供试品溶液。所选择的浸提条件不应该引起供试品物理形态的改变。

【对照液】 浸提介质（不含有供试品）以相同的方式制备作为对照液。

供试品溶液和对照液应在制备后 24 h 内使用，注射前溶液应平衡至室温，剧烈振荡，确保可浸提物充分混匀。

表 5-6　供试品表面积或质量与浸提介质体积的比例

供试品厚度/mm	浸提比例（表面积或质量/体积）±10％
≤0.5	6 cm²/ml
>0.5～1.0	3 cm²/ml
>1.0	1.25 cm²/ml
不规则形状	0.2 g/ml

表 5-7　浸提条件

浸提温度/℃	浸提时间/h
37±1	24±2
37±1	72±2
50±2	72±2
70±2	24±2
121±2	1±0.1

【检查法】 按照表 5-8 规定各组 5 只小鼠分别注射供试品溶液或对照液，注射速度为 0.1 ml/s。PEG 400 供试品溶液及介质对照液在注射前应使用 0.9％氯化钠注射液以 4.1 倍稀释至终浓度 200 mg/mL 后注射。注射后观察小鼠即时反应，于 4 h、24 h、48 h、72 h 观察和记录试验组和对照组小鼠的一般状态、毒性表现和死亡小鼠数，并在 72 h 时称量小鼠体重。小鼠反应观察判定按表 5-9 进行。

表 5-8　注射程序

供试品溶液或对照液	剂量	注射途径
0.9％氯化钠注射液	50 ml/kg	IV
乙醇-0.9％氯化钠注射液(1∶20)	50 ml/kg	IV
PEG 400	10 g/kg	IP
植物油	50 ml/kg	IP

注：IV—静脉注射；IP—腹腔注射。

表 5-9　注射后小鼠反应观察指标

程度	症状
无	注射后未见毒性症状
轻	注射后有轻微症状但无运动减少、呼吸困难或腹部刺激症状
中	出现明显腹部刺激症状、呼吸困难、运动减少、眼睑下垂、腹泻、体重通常下降至 15～17 g
重	衰竭、发绀、震颤、严重腹部刺激症状、眼睑下垂、呼吸困难、体重急剧下降，通常小于 15 g
死亡	注射后死亡

【结果判定】 如果观察期内供试品组小鼠的毒性反应不显著大于对照组小鼠，则判定供试品合格。如果供试品组小鼠有 2 只或 2 只以上出现中度毒性症状或死亡，或有 3 只或 3 只以上小鼠体重下降大于 2 g，则供试品不合格。如任何一供试品组小鼠显示有轻度的毒性反应，并且不超过 1 只小鼠显示有中度毒性反应的大体症状或死亡，则另取 10 只小鼠进行复试。在 72 h 观察期内，供试品组小鼠的反应不大于对照组小鼠，判定供试品合格。

（十一）药包材密度测定法

密度系指在规定温度下单位体积物质的质量。温度为 t ℃时的密度用 ρ_t 表示，单位为 kg/m^3、g/cm^3。密度是药品包装材料的特性之一，可用于药品包装材料的鉴别。

药品包装材料的密度一般采用浸渍法测定。浸渍法系指测定供试品在规定温度的浸渍液中所受到浮力的大小，可采用供试品排开浸渍液的体积与浸渍液密度的乘积表示。而浮力的大小可以通过测量供试品的质量与供试品在浸渍液中的质量之差求得。

本法适用于除泡沫塑料以外的塑料容器（材料）的密度测定。

【仪器装置】 精度为 0.1 mg 的天平，附密度测定装置（温度计的最小分度值为 0.1 ℃）。

【供试品的制备及测定】 供试品应在 23 ℃±2 ℃、相对湿度 50％±5％环境中放置 4 h 以上，然后在此条件下进行试验。供试品为除粉料以外的任何无气孔材料，表面应光滑平整、无凹陷，清洁，无裂缝，无气泡等缺陷。尺寸适宜,供试品质量不超过 2 g。

浸渍液应选用新沸放冷水或其他适宜的液体(不会与供试品作用的液体)。在测试过程中供试品上端距浸渍液液面应不小于 10 mm,供试品表面不能黏附空气泡,必要时可加入润湿剂,但应小于浸渍液总体积的 0.1%,以除去小气泡。浸渍液密度应小于供试品密度。当材料密度大于 1 时,可选用水或者无水乙醇;当材料密度小于 1 时,可选用无水乙醇。

取供试品适量,置于天平上,精密测定其在空气中的质量(a),然后将供试品置于盛有一定量已知密度(ρ_x)的浸渍液(水或无水乙醇)中,精密测定其质量(b),按式(5-8)计算容器(材料)的密度。

$$\rho_t = \frac{a\rho_x}{a-b} \tag{5-8}$$

式中,ρ_t 为温度为 t ℃时供试品的密度,g/cm^3;a 为供试品在空气中的质量,g;b 为供试品在浸渍液中的质量,g;ρ_x 为浸渍液的密度,g/cm^3。

【附注】水及无水乙醇在不同温度下的密度分别见表 5-10、表 5-11。

表 5-10 水在不同温度下的密度 (g/cm^3)

温度/℃	0.0	0.1	0.2	0.3	0.4	0.5	0.6	0.7	0.8	0.9
18	0.998 62	0.998 60	0.998 59	0.998 57	0.998 55	0.998 53	0.998 51	0.998 49	0.998 47	0.998 45
19	0.998 43	0.998 41	0.998 39	0.998 37	0.998 35	0.998 33	0.998 31	0.998 29	0.998 27	0.998 25
20	0.998 23	0.998 21	0.998 19	0.998 17	0.998 15	0.998 13	0.998 11	0.998 08	0.998 06	0.998 04
21	0.998 02	0.998 00	0.997 98	0.997 95	0.997 93	0.997 91	0.997 89	0.997 86	0.997 84	0.997 82
22	0.997 80	0.997 77	0.997 75	0.997 73	0.997 71	0.997 68	0.997 66	0.997 64	0.997 61	0.997 59
23	0.997 56	0.997 54	0.997 52	0.997 49	0.997 47	0.997 44	0.997 42	0.997 40	0.997 37	0.997 35
24	0.997 32	0.997 30	0.997 27	0.997 25	0.997 22	0.997 20	0.997 17	0.997 15	0.997 12	0.997 10
25	0.997 07	0.997 04	0.997 02	0.996 99	0.996 97	0.996 95	0.996 91	0.996 89	0.996 86	0.996 84

表 5-11 无水乙醇在不同温度下的密度 (g/cm^3)

温度/℃	0.0	0.1	0.2	0.3	0.4	0.5	0.6	0.7	0.8	0.9
18	0.791 05	0.790 96	0.790 88	0.790 79	0.790 71	0.790 62	0.790 54	0.790 45	0.790 37	0.790 28
19	0.790 20	0.790 11	0.790 02	0.789 94	0.789 85	0.789 77	0.789 68	0.789 60	0.789 51	0.789 43
20	0.789 34	0.789 26	0.789 17	0.789 09	0.789 00	0.788 92	0.788 83	0.788 74	0.788 66	0.788 57
21	0.788 49	0.788 40	0.788 32	0.788 23	0.788 15	0.788 06	0.787 97	0.787 89	0.787 80	0.787 72
22	0.787 63	0.787 55	0.787 46	0.787 38	0.787 29	0.787 20	0.787 12	0.787 03	0.786 95	0.786 86
23	0.786 78	0.786 89	0.786 60	0.786 52	0.786 43	0.786 35	0.786 26	0.786 18	0.786 09	0.786 00
24	0.785 92	0.785 83	0.785 75	0.785 66	0.785 58	0.785 49	0.785 40	0.785 32	0.785 23	0.785 15
25	0.785 06	0.784 97	0.784 89	0.784 80	0.784 72	0.784 63	0.784 54	0.784 46	0.784 37	0.784 29

(十二)药包材溶血检查法

本法系通过供试品与血液接触,测定红细胞释放的血红蛋白量以检测供试品体外溶血程度的一种方法。

【试验前的准备】采集健康家兔新鲜血液 20 ml 至抗凝采血管中,加入抗凝剂 1 ml,制备成新鲜抗凝兔血。常见抗凝剂有 3.2%枸橼酸钠或 2%草酸钾。取新鲜抗凝兔血 8 ml,加入 0.9%氯化钠注射液 10 ml 稀释。

【供试品的制备】称取 3 份供试品,每份 5 g,除另有规定外,一般切成 0.5 cm × 2 cm 条状。由于完整表面与切割表面可能存在潜在的提取性能差异,必要时可保持供试品的完整性。

【检查法】供试品组 3 支试管,每管加入供试品 5 g 及 0.9%氯化钠注射液 10 ml;阴性对照组 3 支试管，每管加入 0.9％氯化钠注射液 10 ml；阳性对照组 3 支试管，每管加入纯化水 10 ml。全部试管放入 37 ℃±1 ℃恒温水浴中保温 30 min 后，每支试管加入 0.2 ml 稀释兔血，轻轻混匀，置于 37 ℃±1 ℃水浴中继续保温 60 min。倒出管内液体离心 5 min（2500 r/min）。吸取上清液移入比色皿内或采用酶标仪，按照紫外-可见分光光度法［现行版《中国药典》四部通则 0401］，于 545 nm 波长处测定吸光度。

【结果计算】供试品组和对照组吸光度均取 3 支管的平均值。阴性对照管的吸光度应不大于 0.03；阳性对照管的吸光度应为 0.8±0.3，否则重新实验。溶血率按式（5-9）计算。

$$溶血率(\%)=\frac{供试品组吸光度-阴性对照组吸光度}{阳性对照组吸光度-阴性对照组吸光度}\times100\% \tag{5-9}$$

【结果判定】溶血率应小于 5％。

（十三）药包材细胞毒性检查法

本法系将供试品或供试品溶液接触细胞，通过对细胞形态、增殖和抑制影响的观察，评价供试品对体外细胞的毒性作用。

【试验用细胞】推荐使用小鼠成纤维细胞 L-929。试验时采用传代 48～72 h 生长旺盛的细胞。

【试验前的准备】与样品及细胞接触的所有器具均需无菌。必要时可采用湿热灭菌，如 115 ℃保持 30 min；干热灭菌，如 250 ℃保持 30 min 或 180 ℃保持 2 h。

【供试品溶液的制备】浸提介质的选择宜反映出浸提的目的，优先选用含血清哺乳动物细胞培养基作为浸提介质。除另有规定外，按品种项下规定的浸提介质制成供试品溶液。将供试品切成 0.5 cm × 2 cm 条状，用湿热灭菌或紫外线照射消毒后，置于玻璃容器内。除另有规定外，按表 5-12 选择浸提比例，使浸提液浸没供试品，按表 5-13 选择浸提条件（若采用含血清培养基，应用 37 ℃±1 ℃的条件）。

表 5-12　供试品表面积或质量与浸提介质体积的比例

供试品厚度/ mm	浸提比例(表面积或质量/体积)±10%
≤0.5	6 cm²/ml
>0.5～1.0	3 cm²/ml
>1.0	1.25 cm²/ml
不规则形状	0.2 g/ml

表 5-13　浸提条件

浸提温度/℃	浸提时间/h
37±1	24±2
37±1	72±2
50±2	72±2
70±2	24±2
121±2	1±0.1

1. 第一法　相对增殖度法

【阴性对照液制备】为不加供试品的细胞培养液。

【阳性对照液制备】取生物毒性阳性参比物质，照供试品溶液制备项下的规定进行，如 6.3％苯酚的细胞培养液。

【检查法】取 33 个培养瓶，分别加入 4×10^4 个/ml 浓度细胞悬液 1 ml，细胞培养液 4 ml，置于 37 ℃±1 ℃、5％±1％ CO_2 的条件下培养 24 h。培养 24 h 后弃去原培养液。

（1）阴性对照组：取 13 个培养瓶加入 5 ml 阴性对照液。

（2）阳性对照组：取 10 个培养瓶加入 5 ml 阳性对照液。

（3）试验组：取 10 个培养瓶加入 5 ml 含 50％供试品溶液的细胞培养液，置于 37 ℃±1 ℃、5％±

1% CO_2 的条件下继续培养 7 天。

（4）**细胞形态学观察和计数**：在更换细胞培养液的当天，取 3 瓶阴性对照组，并在更换后第 2、4、7 天，每组各取 3 瓶进行细胞形态观察和细胞计数。

【毒性评定】细胞形态分析标准按表 5-14 规定；细胞相对增殖度分级标准按表 5-15 规定。

表 5-14　细胞形态分析

反应程度	细胞形态
无毒	细胞形态正常,贴壁生长良好,细胞呈梭形或不规则三角形
轻微毒	细胞贴壁生长好,但可见少数细胞圆缩,偶见悬浮死细胞
中度毒	细胞贴壁生长不佳,细胞圆缩较多,达 1/3 以上,见悬浮死细胞
重度毒	细胞基本不贴壁,90％以上呈悬浮死细胞

表 5-15　细胞相对增殖度分级

分级	相对增殖度/％
0	$\geqslant 100$
1	75～99
2	50～74
3	25～49
4	1～24
5	0

根据各组细胞浓度按式（5-10）计算细胞相对增殖度（RGR）。

$$RGR = \frac{供试品组（或阳性对照组）细胞浓度平均值}{阴性对照组细胞浓度平均值} \times 100\% \tag{5-10}$$

【结果评价】试验组相对增殖度（以第 7 天的细胞浓度计算）为 0 级或 1 级判为合格。试验组相对增殖度为 2 级，应结合形态综合评价，轻微毒或无毒的判为合格。试验组相对增殖度为 3～5 级判为不合格。

2. 第二法　琼脂扩散法

本法适用于弹性体细胞毒性的测定。样品中可滤取的化学物质扩散时，琼脂层可起到隔垫的作用保护细胞免受机械损伤。材料中的浸提物将通过一张滤纸（表面积不小于 $100~mm^2$）进行试验。

【阴性对照制备】取无生物毒性阴性参比物质，例如高密度聚乙烯。按照供试品溶液制备项下的规定进行。

【阳性对照制备】取生物毒性阳性参比物质，例如含二乙基二硫代氨基甲酸锌的聚氨酯（ZDEC）。按照供试品溶液制备项下的规定进行。可采用 10% 二甲基亚砜（DMSO）溶液，附着到生物惰性吸收性（例如超细硼硅玻璃纤维滤纸）基质上。

【检查法】取细胞悬浮液（1×10^5 个/ml）7 ml，均匀分散至直径 60 mm 的培养皿中。置于含 $5\% \pm 1\%$ CO_2 气体的细胞培养箱中培养 24 h 至近汇合单层细胞，弃去培养皿中培养基，将熔化琼脂冷却至 48 ℃左右与含 20% 血清的 2 倍新鲜哺乳动物细胞培养基混合，使琼脂最终质量浓度不大于 2%，在每只培养皿内加入新制备的含琼脂培养基（要足够薄以利于可沥滤物的扩散）。

含琼脂培养基凝固后，可用适当的染色方法染色。将供试品、阴性对照、阳性对照小心地放在培养皿的固化琼脂层表面。

每个供试品、阴性对照、阳性对照试样间尽量保持合适的距离并远离培养皿壁，每一培养皿中放置不超过 3 个试样，每个试样至少设置 2 个平行。置于 37 ℃±1 ℃、含 $5\% \pm 1\%$ CO_2 的细胞培养箱中至少培养 24 h±2 h。用显微镜观察每个供试品、阴性对照、阳性对照试样反应区域。用活体染料，如中性红可有助于检测细胞毒性。

【结果评价】按表 5-16 进行细胞毒性评价和分级。如阴性对照为 0 级（无毒）、阳性对照不小于 3 级（中度毒），则细胞培养试验系统有效。

表 5-16　琼脂扩散法试验的毒性分级

分级	毒性	毒性区域的描述
0	无毒	试样周围和试样下面无可见的毒性区域
1	轻微毒	试样下面有一些退化或畸变的区域
2	轻度毒	毒性区域不超出试验边缘 0.45 cm
3	中度毒	毒性区域超出试样边缘 0.45～1.0 cm
4	重度毒	毒性区域超出试样边缘大于 1.0 cm

供试品和/或供试品溶液细胞毒性分级不大于 2 级（轻度毒）时，则判为合格。

3. 第三法　直接接触法

【供试品制备】 采用供试品的平整部分，表面积不小于 100 mm^2。

【阴性对照制备】 取高密度聚乙烯参比物质，照供试品制备项下的规定进行。

【阳性对照制备】 取生物毒性阳性参比物质，照供试品制备项下的规定进行。

【检查法】 取生长旺盛的细胞悬浮液（1×10^5 个/ml）2 ml，置于直径 35 mm 的平皿中培养单层细胞。置于细胞培养箱中培养 24 h 至近汇合单层细胞，吸去培养基，替换为 0.8 ml 的新鲜培养基。

在每个培养皿中单独放置 1 个供试品、阳性对照或阴性对照，每个试样至少设置 2 个平行。将所有的培养物置于 37 ℃±1 ℃、含 5％±1％CO$_2$ 的细胞培养箱中至少培养 24 h，培养箱宜保持适当的湿度。显微镜下观察每个供试品、阴性对照、阳性对照周围，必要时应进行染色。

【结果评价】 按照琼脂扩散法结果评价项下的规定进行。若样品不超过 2 级（轻度毒），则样品判为合格。若试验系统无效，需重复试验过程。

4. 第四法　浸提法

【阴性对照制备】 取高密度聚乙烯参比物质，照供试品溶液制备项下的规定进行。

【阳性对照制备】 取生物毒性阳性参比物质，照供试品溶液制备项下的规定进行。

【检查法】 取生长旺盛的细胞悬浮液（1×10^5 个/ml）2 ml，置于直径 35 mm 的平皿中培养单层细胞。培养不少于 24 h 至细胞至少达到 80％近汇合后，吸去培养基，替换为供试品溶液、阴性对照液或阳性对照液。含血清培养基浸提液和不含血清培养基浸提液无需稀释，平行试验 2 份。0.9％氯化钠注射液为介质的浸提液用含血清的细胞培养基稀释至浸提液浓度为 25％，平行试验 2 份。所有的培养物在 37 ℃±1 ℃、含 5％±1％ CO$_2$ 的培养箱中培养 48 h。48 h 后，在显微镜下观察培养物，如有必要，进行染色。

【结果评价】 按表 5-17 进行毒性评价和分级。若试验系统不成立，重复试验。供试品不超过 2 级（轻度毒），则判为合格。如需进行剂量-反应程度评价，可通过定量稀释供试品溶液，重复试验。

表 5-17　浸提法毒性分级

分级	毒性	毒性区域的描述
0	无毒	胞内颗粒明显,无细胞溶解
1	轻微毒	圆缩、贴壁不佳及无胞内颗粒的细胞不超过 20％,偶见悬浮死细胞
2	轻度毒	圆缩细胞及胞内颗粒溶解的细胞不超过 50％,无严重的细胞溶解现象,细胞间无较大空隙
3	中度毒	圆缩或溶解的细胞不超过 70％
4	重度毒	几乎所有细胞坏死

（十四）注射剂用胶塞、垫片穿刺力测定法

穿刺力是指在穿刺试验中，穿刺器刺透胶塞或垫片的最大力值，用牛顿（N）表示。本法适用于注射剂用胶塞、垫片穿刺力的测定。

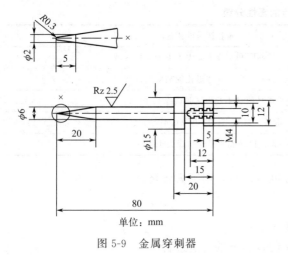

单位：mm

图 5-9　金属穿刺器

1. 第一法

【仪器装置】①材料试验机：该仪器能使穿刺器以 200 mm/min±20 mm/min 速度做垂直运动，运动期间穿刺器受到的反作用力能被记录，精度为±2 N；轴向应有合适的位置放置注射剂瓶，以使注射剂瓶上的胶塞标记位置能被垂直穿刺。②注射剂瓶：与被测胶塞配套，装量 50 ml 以上（含 50 ml），10 个。③铝盖或铝塑组合盖：与被测胶塞配套，10 个。④封盖机：与被测胶塞配套。⑤金属穿刺器：不锈钢（如 1Cr18Ni9Ti）长针，规格尺寸见图 5-9，共 2 个。

【测定法】除另有规定外，对胶塞进行如下预处理：取 10 个与被测胶塞配套的注射剂瓶，每个瓶内加 1/2 公称容量的水，把被测胶塞分别装在配套注射剂瓶上。盖上铝盖或铝塑组合盖，用封盖机封口，放入高压蒸汽灭菌器中加热，在 30 min 内升温至 121 ℃±2 ℃，保持 30 min，然后 30 min 内冷却至室温。

用丙酮或其他适当的有机溶剂擦拭一个穿刺器尽可能不使其钝化，将其安装于材料试验机对应位置上。将上述 10 个预处理过的注射剂瓶分别放入穿刺装置中，打开铝盖或铝塑组合盖，露出胶塞标记部位，穿刺器以 200 mm/min 的速度对胶塞标记位置进行垂直穿刺，记录刺透胶塞所施加的最大力值。重复上述步骤，穿刺接下来的 4 个注射剂瓶，每次穿刺前，都要用丙酮或其他适当的有机溶剂擦拭穿刺器，待 5 个注射剂瓶均被穿刺一次后，更换一个穿刺器，重复上述步骤穿刺剩下的 5 个注射剂瓶。

【结果表示】以刺透胶塞所施加的最大力值表示，若 10 个瓶中任意 2 瓶之间穿刺力的差值大于 50 N，则需重新试验，重新试验差值仍大于 50 N，则更换两根金属穿刺器重新进行整个试验。在穿刺过程中，若有两个以上（含两个）胶塞在穿刺过程中被推入瓶中，则判该项不合格；若 10 个被测胶塞中有一个被推入瓶中，则需另取 10 个胶塞重新试验，不得有胶塞被推入瓶中。

2. 第二法

【仪器装置】①材料试验机：该仪器能使穿刺器以 200 m/min±20 mm/min 速度做垂直运动，运动期间穿刺器受到的反作用力能被记录，精度为±0.25 N；轴向应有合适的位置放置注射剂瓶，以使注射剂瓶上的胶塞标记位置能被垂直穿刺。②注射剂瓶：与被测胶塞配套，装量 50 ml 以下，10 个。③铝盖或铝塑组合盖：与被测胶塞配套，10 个。④封盖机：与被测胶塞配套。⑤注射针：外径 0.8 mm、斜角型号 L 型（长型），斜角 12°±2° 10 个。使用前用丙酮或其他适当的有机溶剂擦拭。

【测定法】除另有规定外，对胶塞进行如下预处理：估算 10 个被测胶塞总表面积 A（cm²），将胶塞置于合适的玻璃容器内，加二倍胶塞总表面积 2A 的水（ml），煮沸 5 min±15 s，用冷水冲洗 5 次，将洗过的胶塞放入锥形瓶中，加二倍胶塞总表面积 2A 的水（ml），用铝箔或一个硅硼酸盐烧杯将锥形瓶瓶口盖住，放入高压蒸汽灭菌器中加热，在 30 min 内升温至 121 ℃±2 ℃，保持 30 min，然后 30 min 内冷却至室温，取出，在 60 ℃热空气中干燥 60 min，取出，将胶塞贮存于密封的玻璃容器中备用。

取 10 个配套的注射剂瓶，分别加入公称容量的水，装上预处理过的被测胶塞，加上铝盖或铝塑组合盖，用封盖机封口。将一支注射针置于材料试验机上固定，将注射剂瓶放入材料试验机中，打开铝盖或铝塑组合盖，露出胶塞标记部位，穿刺器以 200 mm/min 的速度对胶塞标记位置进行垂直穿刺，记录刺透胶塞所施加的最大力值。更换一支注射针重复上述步骤，直至所有胶塞被穿刺一次。

【结果表示】以刺透胶塞所施加的最大力值表示。

3. 第三法

【仪器装置】①材料试验机：该仪器能使穿刺器以 200 mm/min±20 mm/min 速度做垂直运动，运动期间穿刺器受到的反作用力能被记录，精度为±2 N；轴向应有合适的位置放置垫片支撑装置，以使支撑装置上的垫片标记部位能被垂直穿刺。②垫片支撑装置：该装置为带有垫片夹持器的钢瓶，当用夹持器将垫片夹持在该装置顶部时，该装置能支撑、固定住垫片在被穿刺时不被刺入瓶内，瓶内容量 50 ml 以上

（含 50 ml）；也可采用其他合适的垫片支撑装置进行本法。垫片支撑装置如图 5-10 所示。③穿刺器：金属穿刺器（图 5-9）和塑料穿刺器（图 5-11）。

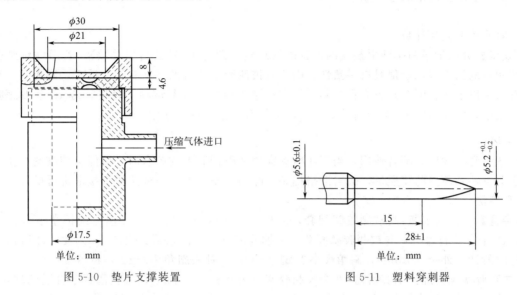

图 5-10　垫片支撑装置　　　　　图 5-11　塑料穿刺器

【测定法】除另有规定外，对垫片进行如下预处理：取 10 个被测垫片置于合适的玻璃容器中，放入高压蒸汽灭菌器中，在 30 min 内升温至 121 ℃±2 ℃，保持 30 min，取出，冷却至室温。如果用于大容量注射剂用塑料组合盖中的垫片不能在 121 ℃±2 ℃下保持 30 min，则以实际生产中采用的灭菌温度对垫片进行预处理。

取一个预处理过的垫片，置于支撑装置中，用丙酮或其他适当的有机溶剂擦拭一个穿刺器尽可能不使其钝化，将穿刺器置于材料试验机上固定，以 200 mm/min 的速度对垫片标记部位进行垂直穿刺，记录刺透垫片所施加的最大力值。另取一个垫片重复上述步骤，直至 10 个垫片均被穿刺一次。穿刺器使用前，检查穿刺器的锋利度，穿刺器应保持其原始锋利度未遭破坏。

【结果表示】以刺透胶塞所施加的最大力值表示，并在结果中注明所用穿刺器类型。

（十五）注射剂用胶塞、垫片穿刺落屑测定法

穿刺落屑是指在穿刺试验中，穿刺器刺透胶塞或垫片所产生的，在没有放大工具帮助下观察到的可见落屑数，以落屑数量计。本法适用于注射剂用胶塞、垫片穿刺落屑的测定。

1. 第一法

本法目的是测定不同注射液用胶塞或冻干胶塞穿刺落屑的相对趋势关系，其结果受多种因素的影响，如胶塞优化过程、封盖装置类型、密封阻力、穿刺器大小、穿刺器锋利程度、穿刺器上润滑剂的数量和操作者视力好坏等。基于上述原因，为了得到可比较的结果，有必要控制以上影响结果的因素，为此被测胶塞必须和已知穿刺落屑数的阳性对照胶塞做同步比较试验。

【仪器装置】①注射剂瓶：与被测胶塞配套，装量 50 ml 以上（含 50 ml），20 个（包括对照试验）。②铝盖或铝塑组合盖：与被测胶塞配套，20 个。③封盖机：与被测胶塞配套。④抽滤装置。⑤金属穿刺器：不锈钢（如 1Cr18Ni9Ti）长针，规格尺寸见图 5-9，1 个。

【测定法】选择 20 个注射剂瓶，每个瓶内加 1/2 公称容量的水。取 10 个被测胶塞和 10 个阳性对照胶塞分别装在注射剂瓶上，盖上铝盖或铝塑组合盖，用封盖机封口，放入高压蒸汽灭菌器中，在 121 ℃±2 ℃下保持 30 min，取出，冷却至室温，分两排放置，第一排为被测胶塞，第二排为阳性对照胶塞。

用丙酮或其他适当的有机溶剂擦拭金属穿刺器，然后将其浸在水中，使用前，检查穿刺器的锋利度，穿刺器应保持其原始锋利度未遭破坏。手持穿刺器，垂直穿刺第一排第一个被测胶塞上的标记部位，刺入后，晃动注射剂瓶数秒后拔出穿刺器。接着，按上述步骤穿刺第二排第一个已知穿刺落屑数的阳性对照胶塞。以此类推，按先被测胶塞后阳性对照胶塞的顺序，交替垂直穿刺胶塞上的标记部位，直至所有胶塞被穿刺一次。

将第一排注射剂瓶中的水全部通过一张滤纸过滤，确保瓶中不残留落屑。在人眼距离滤纸 25 cm 的位置，用肉眼观察滤纸上的落屑数（相当于 50 μm 以上微粒）。必要时，可通过显微镜进一步证实落屑大小和数量。

对阳性对照胶塞同法计数。

【结果表示】分别记录两排注射剂瓶的可见落屑总数（即每 10 针的落屑总数）。若阳性对照胶塞的结果与先前原测定的结果或标示值具有一致性，则应判被测胶塞测得的结果有效。反之，则无效。在穿刺过程中，若有两个以上（含两个）胶塞在穿刺过程中被推入瓶中，则判该项不合格；若 10 个被测胶塞中有一个被推入瓶中，则需另取 10 个胶塞重新试验，不得有胶塞被推入瓶中。

2. 第二法

药用胶塞通常与注射针配合使用，当用注射针穿透注射剂瓶上的胶塞时，可能会使胶塞产生落屑，其数量和大小会影响到瓶内药物质量，故需严格控制。除另有规定外，一般选用直接法进行试验。

（1）直接法

【仪器装置】①注射剂瓶：与被测胶塞配套，装量 50 ml 以下，12 个。②铝盖或铝塑组合盖：与被测胶塞配套，12 个。③封盖机：与被测胶塞配套。④抽滤装置。⑤注射器：有 1 ml 刻度的注射器，与注射针配套。⑥注射针：外径 0.8 mm，斜角大小 L 型（长型），针头斜角 12°±2°，12 个。

【测定法】胶塞预处理：估算所需 12 个被测胶塞总表面积 A（cm^2），将胶塞置于合适的玻璃容器内，加二倍胶塞总表面积 $2A$ 的水（ml），煮沸 5 min±15 s，用水冲洗 5 次，将洗过的胶塞放入广口锥形瓶中，加二倍胶塞总表面积 $2A$ 的水（ml），用铝箔或一个硅硼酸盐烧杯将锥形瓶瓶口盖住，放入高压蒸汽灭菌器中加热，在 30 min 内升温至 121 ℃±2 ℃，保持 30 min，室温静置冷却 30 min，取出，然后在 60 ℃ 热空气中干燥胶塞 60 min，取出，将胶塞贮存于密封的玻璃容器中备用。

用于水溶液制品的胶塞：向 12 个配套干净小瓶中分别加入公称容量减去 4 ml 的水，盖上预处理过的胶塞，加上铝盖或铝塑组合盖，用封盖机封口，允许放置 16 h。用于冻干剂的胶塞：向 12 个配套干净小瓶分别盖上预处理过的冻干胶塞，加上铝盖或铝塑组合盖，用封盖机封口。

打开铝盖或铝塑组合盖，露出胶塞标记部位。将注射器充水并除去注射针针头上的水，用丙酮或其他适当的有机溶剂擦拭金属穿刺器，垂直向第一个被测胶塞上的标记区域内穿刺，注入 1 ml 水，并抽去 1 ml 空气，拔出注射器，再在胶塞标记区域内另外三处不同位置同法进行穿刺。更换一个新的注射针和被测胶塞，按上述步骤进行穿刺，直至每个胶塞被穿刺 4 次。穿刺时，应检查注射针在试验时是否变钝，每一个胶塞用一个新针。

将瓶中的水全部通过一张滤纸过滤，确保瓶中不残留落屑。用肉眼观察滤纸上的落屑数（相当于 50 μm 以上微粒），必要时，可通过显微镜进一步证实落屑大小和数量。

【结果表示】记录 12 个瓶的可见落屑总数（即每 48 针的落屑总数）。

（2）对照法

胶塞穿刺落屑结果受多种因素的影响，如胶塞优化过程、封盖装置类型、密封阻力、注射针大小、注射针锋利度、注射针上润滑剂的数量、注射针量程和操作者视力好坏等。基于上述原因，为了得到可比较的结果，有必要控制以上影响结果的因素，为此应根据实际情况，适时选择已知穿刺落屑数的胶塞为阳性对照，进行同步比较试验。

【仪器装置】①注射剂瓶：与被测胶塞配套，装量 50 ml 以下，50 个（包括对照试验）。②铝盖或铝塑组合盖：与被测胶塞配套，50 个（包括对照试验）。③封盖机：与被测胶塞配套。④抽滤装置。⑤注射器：有 1 ml 刻度的注射器，与注射针配套。⑥注射针：外径 0.8 mm，斜角大小 L 型（长型），针头斜角 12°±2°，10 个。

【测定法】取 25 个被测胶塞和 25 个阳性对照胶塞，按"直接法"对胶塞进行预处理。

选择 50 个与被测胶塞相配的注射剂瓶，每个瓶内加 1/2 公称容量的水。将预处理过的被测胶塞装在其中 25 个注射剂瓶上，将预处理过的阳性对照胶塞装在另外 25 个注射剂瓶上，加上铝盖或铝塑组合盖，用封盖机封口，分两排放置，第一排为被测胶塞，第二排为阳性对照胶塞。

打开铝盖或铝塑组合盖，露出胶塞标记部位。将注射器充水并除去注射针针头上的水，垂直向第一排第一个被测胶塞上的标记区域内穿刺，拔出注射器，再在胶塞标记区域内另外三处不同位置进行穿刺，最后一次拔出针头前，将 1 ml 水注入瓶内。接着，按上述步骤穿刺第二排第一个阳性对照胶塞。以此类推，按先被测胶塞后阳性对照胶塞的顺序，交替垂直穿刺胶塞上的标记部位，每针刺 20 次后，更换一个注射针，直至所有胶塞被穿刺四次。

将第一排瓶中的水全部通过一张滤纸过滤，确保瓶中不残留落屑。在人眼距离滤纸 25 cm 的位置，用肉眼观察滤纸上的落屑数（相当于 50 μm 以上微粒）。必要时，可通过显微镜进一步证实落屑大小和数量。

对阳性对照胶塞同法计数。

【结果表示】分别记录两排注射剂瓶的可见落屑总数（即每 100 针的落屑总数）。如果阳性对照胶塞的结果与先前原测定结果或标示值具有一致性，则应判被测胶塞测得的结果有效。反之，则无效。

3. 第三法

【仪器装置】①垫片支撑装置：该装置为带有垫片夹持器的钢瓶，当用夹持器将垫片夹持在该装置顶部时，该装置能支撑、固定住垫片在被穿刺时不被刺入瓶内；瓶内容量 50 ml 以上（含 50 ml），也可采用其他合适的垫片支撑装置进行本法。垫片支撑装置如图 5-10 所示。②穿刺器：金属穿刺器（图 5-9）和塑料穿刺器（图 5-11）。③抽滤装置。

【测定法】除另有规定外，对垫片进行如下预处理：取 10 个被测垫片，放入高压蒸汽灭菌器中，在 121 ℃±2 ℃下保持 30 min，取出，冷却至室温。如果用于大容量注射剂用塑料组合盖中的垫片不能在 121 ℃±2 ℃下保持 30min，则以实际生产中采用的灭菌温度对垫片进行预处理。

向垫片支撑装置的瓶腔内加入一半容量的水，取一个预处理过的垫片，置于支撑装置中，用丙酮擦拭穿刺器，手持穿刺器，垂直穿刺垫片标记部位，刺入后，晃动支撑装置数秒后拔出穿刺器，打开支撑装置，取出垫片，将瓶中的水全部通过一张滤纸过滤，确保瓶中不残留落屑。在人眼距离滤纸 25 cm 的位置，用肉眼观察滤纸上的落屑数。重复上述步骤，对余下的 9 个垫片进行试验。

【结果表示】记录 10 个被测垫片的可见落屑总数（相当于 50 μm 以上微粒），并在结果中注明所用穿刺器类型。

第四节　药包材的选择

药品质量的好坏除受制于药品本身的理化性能以外，药品的包装材料对药物的稳定性同样起着至关重要的影响。药品包装材料的材质、容器组成配方、所选择的原辅料及生产工艺的不同，会对药品保护功能产生较大的影响，甚至可能导致不恰当的材料组分的迁移、吸附甚至发生化学反应，使药品失效，有的还会产生严重的副作用。为切实从根本上保证用药的安全性和有效性，这就要求选择合适的包装材料、合适的包装形式，应结合保护性、相容性、安全性、功能性要求。

药包材的选择取决于药包材本身的性能、药品制剂的物理化学性质，药品需要的保护情况，以及应用于市场需要等的要求。除了药包材应具备的相容性、安全性、自身稳定性外，为确认药包材可被用于包装药品，所选用的药包材还应具备保护性和相应功能性（见表 5-18），还应符合一定的选择原则，例如对等性原则、美学性原则、相容性原则、适应性原则、协调性原则（详见第二章和第四章）。

表 5-18　药包材应具备的保护性和功能性

效能	要求	应用研究的性能
保护	保护内装物、防止变质、保证质量	机械强度、防潮、耐水、耐腐蚀、耐热、耐寒、透光、气密性强，防止紫外线穿透，耐油，适应气温变化，无味，无霉，无臭味
工艺操作	易包装、易充填、易封合，效率高，适应机械自动化	刚性、挺力强度、光滑、易开口、热合性好、防止静电
商品性	造型和色彩美观，能产生陈列效果	透明度好、表面光泽、适应印刷，不带静电（不易污染）

效能	要求	应用研究的性能
使用方便	便于开启和取用、便于再封闭	开启性能好、不易破裂
成本低廉	合理使用包装经费	节省包装材料成本及包装机械设备费用与劳工费用等,包装速度快

(吴正红　祁小乐)

思考题

1. 简述药包材的质量管理体系和质量标准体系。

2. 以高硼硅玻璃管制注射剂瓶（西林瓶）为例，叙述药包材质量标准的主要内容。

3. 简述药包材的材质类型，并描述其质量特性。

4. 简述药包材的选择原则。

5. 请以注射笔用卡式瓶为例，叙述卡式瓶系统及其质量要求。

6. 关于注射剂瓶、预灌封注射器、卡式瓶、安瓿等注射剂玻璃容器的尺寸，目前执行的 YBB 国家标准和 ISO 国际标准分别是什么？

参考文献

[1] 国家药典委员会. 中华人民共和国药典. 2020 年版（四部）[M]. 北京：中国医药科技出版社，2020.

[2] 平其能，屠锡德，张钧寿，等. 药剂学 [M]. 4 版. 北京：人民卫生出版社，2013.

[3] 吴正红，周建平. 药物制剂工程学 [M]. 北京：化学工业出版社，2022.

[4] 国家药品监督管理局. 直接接触药品包装材料和容器标准汇编. 2002.

[5] 国家食品药品监管总局. YBB 00032005-2015《钠钙玻璃输液瓶》等130项直接接触药品的包装材料和容器国家标准. 2015 年第 164 号公告.

[6] 国家食品药品监督管理总局. 关于发布化学药品注射剂与药用玻璃包装容器相容性研究技术指导原则（试行）的通告（2015 年第 40 号），2015. 07. 28.

[7] 国家食品药品监督管理局. 关于印发化学药品注射剂与塑料包装材料相容性研究技术指导原则（试行）的通知，2012. 09. 07.

[8] 国家食品药品监督管理局. YBB 00142002-2015 药品包装材料与药物相容性试验指导原则.

[9] the United States Pharmacopeia Convention. USP39-NF34，2015.

[10] EMEA. 3AQ10a. Plastic Primary Packaging Materials，2005.

[11] 陈蕾，康笑博，宋宗华，等.《中国药典》2020 年版第四部药用辅料和药包材标准体系概述 [J]. 中国药品标准. 2020，21（4）：307-312.

[12] 王一叶，杨芳芳，刘舜莉. 关于药包材软管标准的探讨 [J]. 广东化工. 2017，44（11）：169.

[13] 肖洁玲. 药品泡罩包装材料质量标准一致性研究 [J]. 广东化工. 2013，40（13）：64-65.

[14] 翟铁伟，丁恩峰，高海燕. 药品包材法规最新进展和疑难问题讨论 [J]. 医药工程设计. 2013，34（6）：63-68.

第六章
药品包装技术

第一节　药品包装技术概述

药品的质量是药品的核心要素之一，药品的安全性、有效性、稳定性、便利性和质量可控性是药品研发、生产中需要关注的重要因素，而药品包装在其中承担着重要功能。在合理选用药包材之后，还需要借助一系列药品包装技术来保证药品的诸多质量属性，例如小容量注射液准确分剂量、瓶装片剂的准确计数、无菌制剂的无菌无热原、中药颗粒剂的防潮、易氧化药物的防氧化以及药品的防假冒防窃启等，最终在 GMP 环境下运用适宜包装工艺与机械设备加以实现。

一、药品包装技术的概念

药品包装技术是指为实现药品包装所采用的包装方法、工艺步骤、包装机械设备的技术措施、包装生产环境的净化控制、保证包装质量的技术措施等的总称。显然，药品包装是药品生产的关键工艺之一，所采用的药品包装技术水平直接影响着药品包装的质量和包装的效果，最终影响着所包装药品的安全、稳定、贮运、销售和使用。

二、药品包装技术的分类

药品包装技术包括通用包装技术和专门包装技术。

1. 药品通用包装技术

药品通用包装技术是指形成一个药品基本的独立包装件所采用的技术。药品的种类繁多，采用的包装材料、容器各异，包装的形成方法也多种多样，但是要形成一个药品基本的独立包装件的基本工艺过程和步骤是大致一致的。药品通用包装技术主要包括：灌装与充填技术，封口与贴标技术，装盒与装袋技术，打码与印刷技术等。

2. 专门包装技术

专门包装技术是指适用于某些特定产品属性的包装技术。为进一步提高包装药品质量和延长包装药品的贮存期，在药品包装的基本技术基础上又逐渐形成了药品包装的专门技术，例如无菌包装技术、防潮包装技术、控制与调节气氛包装技术、热成型包装技术、防伪技术等。

（1）**无菌包装技术**：它是指将药品、包装容器、材料或包装辅助器材灭菌后，在无菌环境中进行充填和封合的一种包装技术。

（2）**防潮包装技术**：它是指为防止因潮气浸入包装件影响药品质量而采取一定防护措施的包装技术。例如，采用防潮包装材料密封药品，或在包装容器内加入适量干燥剂以吸收残存的潮气和通过包装材料透入的潮气。

（3）**真空包装技术**：它是指将药品装入气密性包装容器，抽去容器内部的空气，使密封后的容器内达到预定真空度的一种包装技术。

（4）**充气包装技术**：它是指将药品装入气密性包装容器，用氮、二氧化碳等气体置换容器中原有空气的一种包装技术。

（5）**热成型包装技术**：它是指采用热成型法将塑料片材加工制成容器并定量充填药品，然后用薄膜覆盖并热合封口完成包装的技术。热成型包装包括泡罩包装、贴体包装和浅盘包装。

（6）**防伪包装技术**：它是指借助于包装材料、包装容器、标签，防止药品在销售、流通与转移过程中被人为的、有意识地仿制、复制、假冒的技术。

（7）**条形包装技术**：它是指将一个或一组片剂、胶囊剂等小型药品包封在两层连续的带状包装材料之间，使每个或每组药品周围热合形成一个单元的一种包装技术。每个单元可以单独撕开或剪开以便于使用。这种包装技术也可以用于包装少量的液体、粉末或颗粒状制剂。

（8）**喷雾包装技术**：它是指将液体或膏状制剂装入带有阀门和推进剂的气密性包装容器中的一种包装技术。当开启阀门时，制剂可在推进剂产生的压力作用下被喷射出来。

（9）**儿童安全包装技术**：它是指能够防止儿童开启、保护儿童安全的包装技术。儿童安全包装的结构设计使大部分儿童在一定时间内难以开启或难以取出一定数量的药品，详见本书第二章。

此外，还有隔热包装、防震包装等技术。防震包装又称缓冲包装，是确保药品从生产到使用过程中不受外力损伤（如碰撞、跌落）的包装，例如吸塑托盘、气泡塑料薄膜、发泡塑料等。无论哪一种包装技术，都必须有利于保证药品制剂的质量安全，有利于药品的生产、储运、销售与使用，不能为了促销而采用日常用品式的包装。

第二节 药品的灌装与充填技术

充填是包装过程的中间工序，在此之前是容器成型或容器准备工序（如成型、清洗、消毒灭菌、干燥、排列等），最后是封口、贴标、打码等工序。液体的充填也称为灌装。充填技术主要用于将药物制剂分装填充入初级包装，在包装技术中占有重要地位。

充填是指将药品制剂按要求的剂量或数量分装入包装容器内的工序。充填要精确计量被包装药品的多少（容积、重量或数量），任何一种充填方法都有其相适应的充填精度。充填精度要求越高，所需设备的价格也就越高。所以，要根据药品、设备等的实际情况确定最优充填精度。

由于要充填的药品种类繁多，剂型规格不同，物理形态各异，物理化学性质各不相同，因而充填具有复杂性，但是，同类剂型的物理形态、流变特性类似，因而充填又在一定范围内又具有普遍性。本节介绍药品充填最常见的两大类：液体制剂的灌装技术和固体制剂的充填技术。

一、液体制剂的灌装技术

在药品生产中，需要灌装的液体制剂甚多，例如供注射、口服或外用的溶液剂、混悬剂和乳剂等。由于液体制剂的药物性质、剂量规格、物理化学性质等各不相同，故采取的灌装方法也不同。影响液体制剂灌装的主要因素是体积、黏度、气体含量、起泡性和固体物含量等，因此，在选用灌装方法和灌装设备时，要加以注意，尤其是小体积、高黏度液体制剂的灌装。

根据灌装的需要，一般将液体制剂按黏度分为三类：流体、半流体和黏滞流体。流体是指靠重力作用按一定速度在管道内自由流动，黏度范围在 $0.001 \sim 0.1$ Pa·s 的液体。半流体除靠自身重力外，还需加上外力才能在管道内流动，黏度范围在 $0.1 \sim 10$ Pa·s 的液体。黏滞流体靠自身重力不能流动，必须借助挤压等较大外力才能流动，黏度在 10 Pa·s 以上的物料。

液体制剂的灌装方法取决于物理化学性质（如黏度、起泡性等）和药品的质量要求（如规格、装量、无菌、装量差异等。无菌制剂的包装技术在第四节中详述）。按照定量原理，液体制剂灌装的基本定量方法分为容积法和称重法；按照灌装压力，也可分为常压法灌装、压力法灌装、等压法灌装和真空法灌装等，这里主要介绍药品灌装中常用的前两种方法。

（一）常压法灌装

常压法灌装是在大气压力下，依靠液体的自重自动流进包装容器内的灌装方法，整个灌装系统在敞开的常压状态下工作。常压法主要用于黏度不大、不含气体、不散发不良气味的液体制剂灌装。

常压灌装法因定量原理不同又可细分为以下几种。

1. 液面感应式灌装法

它是将液体灌装到容器的感应控制液面而自动停止的灌装方法。液面感应控制灌装的基本工作过程为：①进液并排气。容器进入工位，液体灌入容器内，同时将容器内的空气经排气管排出。②感应即停止。容器内液料达到定量控制液面位置后，自动感应停止进液。

2. 溢流式灌装法

通过特殊泵供料，同时在供料完毕后，一部分液体通过溢流口回到料罐，从而保证达到固定液位的灌装方法。容器的灌装液位由容器颈内溢流口的深度决定，灌装量调整方便。该法适合日化、食品、制药等行业的低黏度、高泡液体的灌装。

3. 虹吸式灌装法

它是利用虹吸效应和重力，使液料经虹吸管从贮料罐流入容器中，直至两边液位相等的灌装方法。此法结构简单，但速度较低。

4. 定量杯式灌装法

它是将液体从一个开口料槽输送到容量精确（可以调节）的定量杯中，然后通过定量杯底部的受控阀门将液体流入容器中的灌装方法。此法精确可靠，成本低廉。

5. 计时式灌装法

它是通过控制液体流出的时间来控制灌装量的方法。一种经典装置的灌装原理是：先由外部压力泵使液体流入具有沟槽的圆盘内，借转动的计量圆盘上注流孔开放时间来计量液体的流出量（即恒容积流量），旋转速度决定灌装口在沟槽下停留的时间。若使用几个计量沟槽，则可在同一容器中分别灌入几种不同的液料。此法对于中等黏度液料的灌装精度较高，对于低黏度液料，因两计量圆盘间隙的泄漏难以控制，故精度稍差。

6. 称重灌装法

它是通过对灌入容器的液体进行称重来控制灌装量的方法。与上述体积法灌装相比，称重灌装法具有诸多优势，如精确度更准、更易于校准，并且提高了统计过程控制和可追溯性。

（二）压力法灌装

压力法灌装是外力条件下依靠压力将液体注入包装容器内的灌装方法。压力法主要用于小容量或黏度大的液体制剂灌装。压力法灌装常采用性能较可靠的正排量泵，主要包括以下几种方法。

1. 活塞泵式灌装法

它是通过活塞往复泵送液体实现容积定量的灌装方法。工业生产时常用旋转阀活塞泵，活塞泵的工作原理示意图及应用场景参见图6-1。活塞往复运行时，一定体积的液体被活塞从入口抽入腔室，随后又在活塞的压力下从出口推出腔室，灌入容器。其容积式工作原理可确保水溶液和高黏性液体制剂的高计量精度。可选陶瓷材质还可用于灌装高温和磨损性药品。活塞泵精度高，可靠性好，灵活性强，应用范围广，可用于小容量注射液、软胶囊的定量灌装。

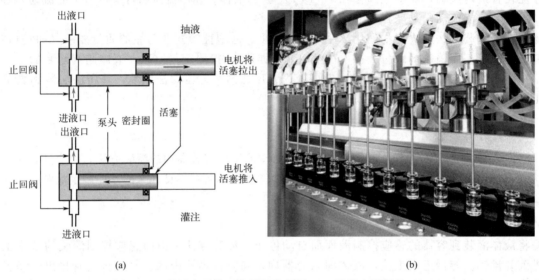

(a)　　　　　　　　　　　　　　　(b)

图 6-1　一种活塞泵的工作原理示意图（a）及其应用场景（b）

2. 隔膜泵式灌装法

它是利用柔性隔膜在气体压力的作用下将液体从液料罐抽到灌装室，然后再注入容器的灌装方法。与液体接触的泵的运动部件是阀装置和隔膜材料，与液体制剂相容性比活塞泵好，但制造较复杂。

3. 蠕动泵式灌装法

蠕动泵中的辊轮或压靴在旋转时会压缩软管，从而通过形成的真空将液体吸入软管中，在辊轮下一次通过时被挤入容器。其工作原理图见图6-2。该法该法准确性、重复性、相容性突出，尤其适合对剪切敏感的生物技术药品，除软管外无任何其他部件与液体接触，不存在泵体和液体制剂相互污染的风险。

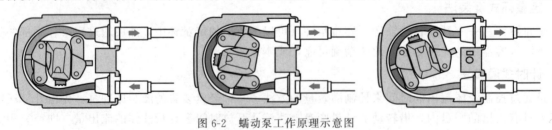

图 6-2　蠕动泵工作原理示意图

4. 时间压力阀灌装系统

随着市场对带有屏障系统的紧凑型设备需求的日益增长，对于灌装系统更加紧凑的要求也不断提高。时间压力阀灌装系统由于其节省空间的设计，通过使用最少的活动机械零件、便利的模具转换、智能的算法，可实现温和、精确的液体灌装。

（三）液体制剂灌装生产线

液体制剂应在符合药品属性的 GMP 生产车间中生产，通常采用全自动生产线，以保证药品质量、提高生产效率。例如，图 6-3 是一种包括灌装在内的全自动液体制剂生产线，可应用于多种规格液体制剂的全自动化生产，可根据不同药用瓶及其功能需求定制系统模块，实现上瓶、灌装（定制上述灌装技术的罐装机构）、上盖、旋盖、贴标等自动化包装工序。

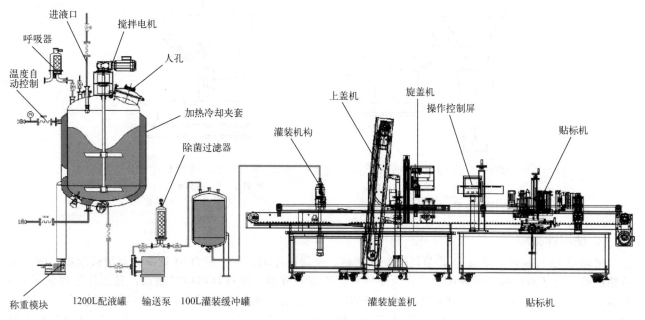

图 6-3　一种全自动液体制剂灌装生产线示意图

二、固体制剂的充填技术

固体制剂包括散剂、颗粒剂、微丸剂、滴丸剂、胶囊剂、软胶囊剂和片剂等多种形态，将其作为充填物料充填入初级包装的方法可分为三大类：第一类是称重充填法，是以重量来计量充填物料的方法；第二类是容积充填法，是以容积来计量充填物料的方法；第三类是计数充填法，是以片剂、胶囊剂、软胶囊剂等较重固体制剂的数量来进行计量的方法。胶囊剂的充填，请参见第三章或药剂学相关书籍。

（一）称重充填法

称重充填法，与液体的称重罐装法类似，通过对填充入容器的固体制剂进行称重来控制装量，一般适用于精度要求高的单剂量包装固体制剂，或者流动性差的粉末状或颗粒状单剂量包装固体制剂（如布洛芬干混悬剂），或者多剂量包装粉状外用固体制剂（如爽身粉）。

称重充填法进行的固体制剂分装，通常采用净重充填法，优点是精度高；而毛重充填法精度低，故在药品中不推荐采用，尤其不适用于包装容器重量变化较大，物料重量占整个包装百分比很小的场合。目前，也可采用毛重称量法，将自动检重秤引入生产线，对生产中分装完毕的颗粒剂重量进行逐袋检测，自动剔除不合格品，解决生产中存在的颗粒剂装量差异的难题。

（二）容积充填法

容积充填法是通过填充容积对固体制剂进行计量，不需要称量装置，充填速度快但充填精度较称重法低。实现物料容积充填的基本原理有两种：控制物料流量和使用计量筒。

1. 控制物料流量

通过计时振动、螺旋或真空，控制物料的流量或时间来保证充填容积。计时振动充填机和螺旋充填机的原理分别见图 6-4 和图 6-5。一般计时振动充填精度最低，而螺旋充填可以获得较高的充填精度。一方面，螺旋充填机的送料轴转动时搅拌器可将物料拌匀、螺旋面又可将物料挤实；另一方面，通过控制螺旋轴旋转的圈数可保证向每个容器充填定量的物料。另外，真空充填可以使物料比较密实，减少桥空（即物料互相支撑形成拱状）现象，因而充填精度比计时振动充填和螺旋充填都高。真空充填法通过滤网给每个包装容器抽真空，因此，充填时容器与真空头之间必须密封。

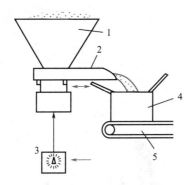
图 6-4　计时振动充填机示意图
1—贮料斗；2—振动托盘进料器；
3—计时器；4—包装容器；5—传送带

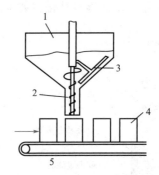
图 6-5　螺旋充填机示意图
1—贮料斗；2—进料轴；3—搅拌器；
4—包装件；5—传送带

2. 使用计量筒

采用重力-计量筒法或真空-计量筒法量取物料，来保证充填容积。重力-计量筒式充填机简单价廉，充填精度低，适于自由流动的固体物料，为使物料迅速流入容器，可对容器加以振动，其工作原理如图 6-6 所示。真空-计量筒法可用于将粉状固体制剂充填于安瓿、注射瓶、塑料袋等，充填容器的范围可从 5 mg 到 5 kg，充填精度为±1%。真空-计量筒式充填机的原理如图 6-7 所示：贮料斗 1 下面装有可调节容积的计量筒转轮，计量筒沿转轮的径向均匀分布，并通过管子与转轮中心连接，转轮中心有一个圆环形真空充气总管 3，用来抽真空和进空气；物料从贮料斗 1 落于计量筒中，经过抽真空后密实均匀；传送带 5 不断将容器送入转轮下方，当转轮转到容器上方时，空气把物料吹入容器内。

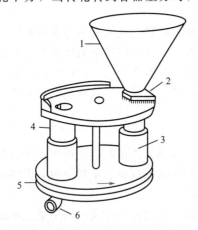
图 6-6　重力-计量筒式充填机示意图
1—供料斗；2—刷子；3—计量筒；
4—伸缩腔；5—空腔组件；6—排料口

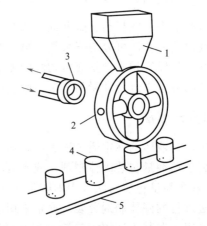
图 6-7　真空-计量筒式充填机示意图
1—贮料斗；2—计量筒转轮；
3—真空充气总管；4—容器；5—传送带

为了提高充填速度和精度，可以采用容积充填法和称量充填法混合使用的方式。固体物料充填方法的选择和液体物料充填一样，需要考虑选择被充填物料的物理特性和充填精度、充填容器的结构和材质、充填的速度、充填机的复杂程度、操作的难易、价格的高低等因素。

（三）计数充填法

计数充填法是药品通过计数定量后充入包装容器的一种充填方法，常用于一些较大的片状和粒状固体制剂（如片剂、胶囊剂、软胶囊剂）的计量充填，适用于塑料瓶、玻璃瓶、复合膜袋、泡罩等多种包装方式。例如，某企业生产的维生素 C 片规格为100 mg，包装为塑料瓶或玻璃瓶装，每瓶 100 片。

计数充填法可手动、半自动和自动化操作，实验室小批量生产时可以采用手动计数或转盘式计数装置，大批量生产时主要采用光电式计数法。光电式计数是采用光电式计数器来完成的，光电计数器是利用光电元件制成的一种自动计数装置。红外光电计数器分为二种，分别为红外遮光式计数器、红外反射式计数器。红外遮光式计数器见图 6-8，其工作原理是从红外发光管发射出的红外光线直射在光电元件（如光电管光敏电阻等）上，每当红外光线被遮挡一次时，光电元件的工作状态就改变一次，通过放大器可使计数器记下被遮挡的次数。

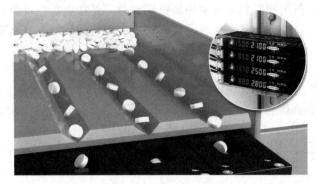

图 6-8　红外遮光式计数器用于片剂计数示意图

第三节　药品包装的封口、贴标与防伪技术

一、药品包装的封口技术

（一）药品包装的封口

封口，也称封缄、封闭或封合，是指药品填充入初级包装后，为了确保药物制剂完整保留在包装容器中，并免受环境中微生物、水分、光线、氧气等因素的影响而对初级包装实施的封闭技术。一般采用封口机实施，封口后需要对包装系统的密封性进行检查。包装系统密封性对于无菌制剂尤为重要，详见本章第四节。

药品包装材料、包装形式、给药装置种类繁多，常见的封口包括：药用塑料瓶、玻璃瓶的封口，玻璃安瓿、塑料安瓿的封口，玻璃注射剂瓶、输液瓶的封口，药用泡罩、复合膜、条形包装的封口，以及软膏、栓剂用包装的封口，气雾剂、吸入剂容器的封口等。

很多包装工序融入制剂生产线、一体化设备，例如：安瓿洗烘灌封联动生产线，吹灌封三合一无菌灌装设备。吹灌封设备（简称 BFS 设备）是将热塑性材料吹制成容器（例如瓶、安瓿、软袋）并完成灌装和密封的全自动生产设备，可连续进行吹塑、灌装、密封的操作。

（二）药品包装的封口技术

容积较大的玻璃瓶、塑料瓶配有瓶盖进行封口，玻璃注射剂瓶、输液瓶配有胶塞和铝盖进行封口，玻璃安瓿采用火焰熔融封口，药用泡罩、复合膜、条形包装等塑料片材、膜材采用热合封口，等等。泡罩、复合膜、安瓿、注射剂瓶等的封口，在第三章、第七章分别结合包装材料、包装设备叙述。这里介绍用于片剂、胶囊剂包装的药用玻璃瓶和塑料瓶的封口技术。

药用玻璃瓶和塑料瓶的封口方式类似，但塑料瓶因其材料特性，封口方式更多，要求更高。

药用塑料瓶主要有三种封口技术：一是瓶口外螺纹与瓶盖内螺纹契合锁紧实现封口；二是采用平压式密封，随着瓶盖的压合，瓶口平面与瓶盖内密封垫片接触实现封口；三是侧壁式密封，在瓶盖压合的过程中，带有倒锥形或椭圆体内塞的瓶盖压入瓶口内部，依靠内塞与瓶口内径的过盈配合实现封口。

药用塑料瓶具体采用哪种封口技术，取决于内容物的性质与塑料瓶的材质。通常，口服固体药用塑料瓶多采用螺纹和铝箔垫片电磁感应封口，除了具有良好的密封效果，还具有防伪和防开启的功用。口服液体药用塑料瓶适宜采用侧壁式密封，并在瓶盖内壁设计盖扣，只需将瓶盖上的密封塞压入封口即可完成瓶口和外盖的紧密封装，此方式可为流体性质的内容物提供最佳密封效果。

药品封口后，需要检查密封性。为了验证所选封口方式的密封性，应对每批产品抽样检测其封口的完好性。YBB 00082002-2015 等相关标准提供了药用塑料瓶密封性测试的基本方法：取适量塑料瓶，分别在瓶内装入玻璃珠，旋紧/盖紧瓶盖，置于具有抽气装置的密封试验仪的真空罐内，并注水浸没，对整个罐体抽真空至真空度为 27 kPa，维持 2 分钟，瓶内不得有进水或冒泡现象，即为瓶体密封性合格。

二、贴标与防伪技术

（一）药品包装的贴标技术

前已述及，标签是指药品包装上印有或者贴有的内容，分为内标签和外标签，可通过贴标、打印在包装上。贴标是将药品标签通过一定的工艺粘贴在内包装和外包装上的技术，药品工业生产上借助贴标机完成。

常用自粘不干胶标签。不干胶是一种自粘标签材料，是以纸张、薄膜或特种材料为面料，背面涂有胶黏剂，以涂硅保护纸为底纸的一种复合材料，经印刷、模切等加工后成为成品标签。在医疗领域，不干胶标签不仅用于药品，还用在医疗器械和医疗用品的包装和标识、患者身份识别、医疗记录管理等方面。

（二）药品包装的防伪技术

1. 药品包装的防伪与防篡改

药品作为与消费者健康和生命息息相关的特殊商品，其安全问题一直备受关注，一方面是药品本身的安全，另一方面是药品包装的安全。药品使用的包装材料与结构形式在确保药品安全、有效、稳定的同时，还起着保证药品的使用可靠和方便开启的作用。可靠完整的药品包装，将安全隐患消除在萌芽状态，这样的药品包装才能牢牢锁住药品安全，构筑起百姓生命健康的安全屏障。因此，药品包装的防伪与防篡改功能与开启后提示功能，对包装的安全功能至关重要。

药品包装防伪（pharmaceutical packaging anti-counterfeit）是借助于包装材料、包装制品（容器）、标签，防止药品在销售、流通与转移过程中被人为的、有意识地篡改、仿制、复制、假冒的技术与方法。防篡改（anti-tamper）包装可防止内装药品或正品包装被替换，只是防伪的一个要素，本身并不能阻止药品的伪造。

根据欧盟防伪指令 2011/62/EU，自 2019 年 2 月 9 日后在欧盟上市的药品需要具备安全功能，即所有的药品包装都必须具有独特的序列编码，使其在全球范围内独一无二；与此同时，所有的药品包装都必须采用适宜的篡改验证包装，避免药品被非法开启或伪造，最大程度保障药品的防伪安全性。

针对不同的药品包装形式，防篡改常用的形式有：粘合封口式折叠纸盒、插锁封口式折叠纸盒、封签及胶带、薄膜包装、收缩套标、展示性泡罩包装、揭开留字标签、易碎标签、易撕线等。此类包装被开启后留痕，可以显示开启的痕迹，提示药品包装被开启或篡改，表明可能存在掺假或未经授权打开包装或将伪造药品进入合法供应链的企图。

一些防篡改包装示例见图 6-9、图 6-10、图 6-11 和图 6-12。图 6-9 所示插锁封口式折叠纸盒中，采用特殊结构进行折叠纸盒密封，第一次开启后，襟片或折叠纸盒的部分被撕掉/或撕开。图 6-10 所示容器内部密封包装中，篡改或打开应导致内部密封或膜发生可见的、不可逆的损坏或变化，并显示篡改的明显证据。图 6-11 所示软包装中，篡改或开启将导致软包装发生可见的、不可逆的损坏或变化，并显示篡改的明显证据。图 6-12 所示吹-灌-封（BFS）

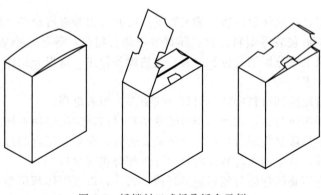

图 6-9　插锁封口式折叠纸盒示例

容器包装中，篡改或打开应导致 BFS 容器发生可见的、不可逆的损坏或变化，并显示篡改的明显证据。

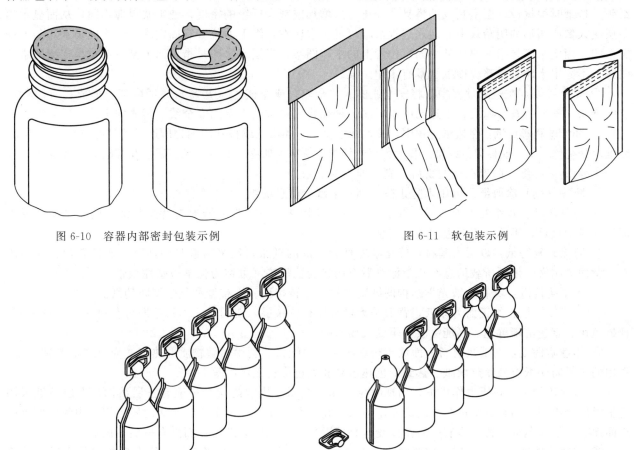

图 6-10　容器内部密封包装示例　　　　　　　　　　　　　图 6-11　软包装示例

图 6-12　吹-灌-封容器包装示例

　　药品包装的防伪技术涵盖多个方面，例如可通过药品包装的结构、造型设计防伪，也可通过标签、装潢元素防伪。一个药品包装可以使用多个防伪技术。药品包装的防伪技术主要包括显性防伪技术、隐性防伪技术、光学防伪技术和数字信息防伪技术。

　　显性防伪技术（explicit anti-counterfeiting technology）是指不需要借助任何工具，通过感官能够清晰辨识的防伪技术，可通过防伪材料、印刷工艺及成型加工等方式体现。

　　隐性防伪技术（hidden anti-counterfeiting technology）是指用感官难以直接辨识，需要借助相关辅助仪器或设备进行鉴别的防伪技术，可通过信息技术与包装印刷技术相结合等方式实现。

　　光学防伪技术（optical anti-counterfeiting technology）是指利用光的干涉、衍射、折射、偏振、波导、定向反射等原理，在承印物上呈现有别于普通油墨印刷的防伪技术。

　　数字信息防伪技术（digital information anti-counterfeiting technology）是指用数字化特征作为信息查询入口，以数据为基本身份代码的防伪技术，可支持电话查询、手机短信查询、扫码查询、网络查询等。

　　药品包装的防伪主要通过以下五类技术实现：材料防伪、设计防伪、印刷工艺防伪、数字信息防伪、特征识别防伪和光学防伪。

2. 药品包装的材料防伪

材料防伪是通过使用防伪材料达到防伪的目的，包括使用防伪纸、防伪油墨和防伪膜等。

（1）防伪纸

防伪纸包括水印纸、安全线纸、纤维丝和彩点纸、剥离易碎纸、防擦（刮）涂改纸、防复印纸、防涂改复写纸、光学防伪纸、干式复写纸、热敏防伪纸、压敏防伪纸和磁性防伪纸等。

① 水印纸：在造纸过程中通过特殊设备使原纸的纤维分布成型，在可见光透射下能显示水印图纹的纸张。抄纸时根据设计图案制成的模具，经压力来增加或减少纤维的密度，使纸浆厚薄不同，从而显示出多层次人像或图形的明暗效果，迎光透视清晰可见。水印在钞纸上的位置有固定水印、半固定水印和不固定水印。固定水印是指在票面某一固定位置上的水印图案；半固定水印是指票面上某一部位呈连续的水印图案；不固定水印是指整版钞纸上都有水印图案。

② 安全线纸：在造纸过程中，将安全线嵌入（全埋）或半嵌入（开窗）原纸内部，形成具有防伪功能的纸张。安全线有金属线、不透明的塑料线、聚酯线、带微缩文字的安全线、荧光安全线。

③ 纤维丝和彩点纸：在造纸过程中，掺入纤维丝、纤维颗粒或特殊添加物所形成的具有防伪功能的纸。纤维丝分有色纤维（或称彩色纤维）和无色荧光纤维。特殊添加物一般有荧光、磁性及其他有色材料等。

④ 剥离易碎纸：附着在标的物后，剥离即碎的纸张。

⑤ 防擦（刮）涂改纸：可用来防止擦（刮）去纸上信息的纸。

⑥ 防复印纸：在纸浆中加入或在纸基上涂布一种特殊物质，强光照射时背景与纸上的图文颜色反差消失或极为接近，不能复印纸上的图文信息。

⑦ 防涂改复写纸：以纸为基材，经化学处理后形成的纸张，经书写或打印即可一次性获得正面为阳文、背面为阴文。纸面所载信息经化学涂改后有明显变色痕迹（可称为化学敏感性纸张）。

⑧ 光学防伪纸：具有微纳光学结构的纸基材料，分转移型、涂布型和复合型防伪纸。

⑨ 干式复写纸：纸正面为原纸，背面是无毒水性有色涂层，使用时无须衬垫即可获得一式多份复制，且显色快、字迹清晰鲜艳，不能涂改，不受气候影响。

⑩ 热敏防伪纸：在纸张材料上面涂布热敏物质后的纸张。利用热敏物质的热可逆变色特征鉴别真伪。常用的热敏防伪纸有液晶热敏纸、热致变色热敏纸和无色染料热敏纸等。

⑪ 压敏防伪纸：在压力作用下，出现颜色变化的纸张。压敏防伪纸一般有三层结构，上层原纸采用高平滑度、组织均匀且低定量高强度的专用原纸，在其背面涂有一层微胶囊包裹的发色剂；中间层原纸的正面涂有一层显色剂，背面涂有一层微胶囊包裹的发色剂；下层原纸的正面涂有一层显色剂。

⑫ 磁性防伪纸：系指将磁粉按照特殊的方式加入纸浆中，或在纸张基材上涂布磁粉或具有磁性的涂料，所制得的具有磁性的纸张。

（2）防伪油墨

防伪油墨主要包括荧光油墨、红外油墨、磁性油墨、防复印油墨、同色异谱油墨、珠光油墨、光学可变油墨、热敏油墨、压敏油墨、水敏油墨、日光激发变色油墨、防涂改油墨、刮擦变色油墨等。

① 荧光油墨：在特定波长光激发下，发出可见光范围内荧光的油墨。根据激发光的波长范围，荧光油墨分为紫外荧光油墨与红外荧光油墨。

② 红外油墨：利用红外线吸收程度不同所制成的油墨。在特定红外光源照射下，油墨颜色发生变化（呈现或消失）。

③ 磁性油墨：加入一种含有磁性的介质材料如氧化铁微粒所制成的特种油墨。

④ 防复印油墨：在彩色复印机荧光灯光线照射下，能改变复印品色调的油墨。

⑤ 同色异谱油墨：在 D65 光源照射下，两种油墨具有相同的视觉效果，即它们具有相同的颜色特征表述值。但是，这两种油墨的光谱特性不同。采用两种颜色相同、光谱特征不同的颜料，生成两种颜色效果一致而光谱特征不同的油墨，成为一对同色异谱油墨。

⑥ 珠光油墨：在油墨中加入二氧化钛包膜的云母粉、彩色无机颜料包膜的彩色珠光颜料所制成的油墨，在承印物上呈现珍珠光泽效果。

⑦ 光学可变油墨：在自然光照射下，变换不同视角，油墨呈现的视觉颜色发生变化。光学可变油墨主要有以下 2 种：一种是偏振型油墨，它是用液晶等偏振材料制成的油墨，印品随角度光变呈显性或隐性（用检偏镜片观察隐藏印记）。另一种是干涉光变油墨，它是将多层干涉薄膜制备成微纳结构粉末颗粒混合到油墨中，形成光学可变油墨。

⑧ 热敏油墨：温度变化时，发生颜色变化的油墨。

⑨ 压敏油墨：在压力作用下，发生颜色变化的油墨。

⑩ 水敏油墨：遇水发生颜色变化的油墨。水敏油墨有可逆和不可逆两种。

⑪ 日光激发变色油墨：在自然光照射下，油墨的外观颜色能发生显著变化，而在无日光照射条件下，外观颜色恢复到油墨本身的颜色，可逆。

⑫ 防涂改油墨：它是对涂改用的化学物质具有显色化学反应或印迹变化的油墨。

⑬ 刮擦变色油墨：在刮擦时出现颜色变化的油墨。

（3）防伪膜

防伪膜主要有光学防伪膜和核径迹防伪膜。

① 光学防伪膜：在薄膜表面通过涂布、热压、辐射固化、真空电镀等方式获得反射光的变化，视觉表现为图文变色、立体、动态、隐藏等防伪特征。

② 核径迹防伪膜：在核反应堆里利用原子核裂变时产生的高能离子轰击塑料而形成的防伪薄膜类防伪材料。特点是其上分布着被高能离子轰击穿透而形成的成千上万的微孔（孔径为 $0.2 \sim 5~\mu m$），可透气透水。轨迹无规律，孔径有大小。

3. 药品包装的设计防伪

设计防伪是通过设计手段达到防伪的目的，包括版纹设计和结构设计。

（1）版纹设计

药品包装装潢的版纹设计包括底纹、团花、花边、微缩文字、潜影、防扫描底纹、防复印线条、浮雕花纹和扰视图文技术等。

① 底纹：以线条元素进行反复变化形成连绵一片的纹路。底纹具有规律性、连续性、贯穿性，富于变化性。

② 团花：以花的各种造型进行加工、夸张处理，配合线条的弧度、疏密，加之色彩的烘托所形成的图案。团花图案轮廓流畅，层次清晰，结构合理。

③ 花边：以一个或几个元素进行连续复制形成的框架形式。

④ 微缩文字：一般情况下，在线条中的微缩文字目测看不见，须借助于 5 倍以上的放大镜可见，很难复制。

⑤ 潜影：将文字或图形潜藏在版纹里。

⑥ 防扫描底纹：使用超高精度扫描仪或照相制版也无法再现版纹的线条。

⑦ 防复印线条：用胶印方式在承印物上印刷方向不一的细线色块，相邻色块内的细线互相平行但方向不同，肉眼看不到色块的交接边缘，而一经复印就会显现出来，从而防止复印伪造。

⑧ 浮雕花纹：运用线条底纹，结合背景图片进行浮雕处理后，使画面产生凹凸视觉效果。

⑨ 扰视图文技术：利用软件设计，将图像混杂、变形、交叠在一起的图案，不可直接读取、扫描或复制，只有在特制的解码镜下，才能显现的防伪图案，并产生三维效果。

（2）结构设计

通过药品包装的结构设计达到防伪目的，包括封口结构、防盗盖、防灌装封盖、多层防转移标识、以及其他破坏型结构。

① 封口结构：利用材料结构，在封口处采用水溶、揭显（VOID）、高温变色等技术或工艺，开启封口时达到一次性破坏效果，或者有明显的开封显示，但无法还原。

② 防盗盖：利用特殊的结构设计，一次开启后破坏无法再次使用，如异形结构或者破坏型结构。

③ 防灌装封盖：利用特殊的结构设计，使包装容器中的液体只能倒出，无法重新灌装的封盖，如重力滚珠、倒锥瓶塞。

④ 多层防转移标识：将标识材料设计为多层结构，当转移标识时材料即可显现信息，且会在包装物表面留下痕迹，标识无法再次复原或转移粘贴。

⑤ 其他破坏型结构：其他通过特殊结构设计的包装，一旦开启即被破坏，无法复原再次使用。如瓶口、瓶盖、大小内塞、金属断瓶装置、凸缘、凸起环等部分组成，通过金属断瓶装置，在瓶颈滑动槽中滑动使瓶体破坏，从而达到防伪的目的。又如顶盖及底盖分别套入盒身两端并以胶水黏固，盒身上端开设有一圈点齿线，开启点齿线打开盒子即破坏了包装，这种结构提高包装的防伪能力。

4. 药品包装的印刷工艺防伪

印刷工艺防伪主要是采用间接凸版印刷、接线印刷、同心圆细线印刷、隔色印刷、对印、底纹对接印刷、暗记印刷、折光潜影印刷等。

① 间接凸版印刷：使用凸版通过中间转移体将油墨转移到承印物上的印刷方式。

② 接线印刷：图案花纹的同一条线上出现多种颜色彼此相接的印刷方式，连接处两种颜色既不能分离又不能重叠。

③ 同心圆细线印刷：同一圆心由里向外扩展的圆周线印刷，线条宽度、线条间隔、颜色密度有随意性。

④ 隔色印刷：图案文字颜色有渐变效果的印刷方式，两色交接处一种颜色自然逐步过渡到另一种颜色，呈现出彩虹效果。

⑤ 对印：对印有印刷品正面图案与背面图案完全地吻合的印刷方式，有重合对印和合成对印两种。重合对印是指同一个图案印在印刷品的正背面，迎光透视时两面图案完全重合。合成对印是指同一图案的一部分印在印刷品正面，另一部分印在印刷品背面，当迎光透视时，两面图案组合在一起，构成一个完整的图案。

⑥ 底纹对接印刷：是一种底纹印刷工艺，此工艺有两种形式。第一种是花纹满版印刷，按规定尺寸裁切后，底纹上原有的花纹在边缘已不完整，但是把其两个裁切边对接，又可以组成一个完整的花纹图案。第二种是在四边印有切边标记，将这些标记正面对折，线纹完全吻合。

⑦ 暗记印刷：在某一特定位置印刷的文字、数字、字母、图形或断点，形成隐藏在图案中有暗记的印刷方式。

⑧ 折光潜影印刷：用特定的印刷方式，在转换角度的条件下，能够实现印品上多维雕刻线条图文效果。

5. 药品包装的数字信息防伪

数字信息防伪主要通过数字编码、数字水印、印刷数字水印、数字签名、数字摘要、信息的加密和解密、数字信封、区块链等方式防伪。

① 数字编码：根据一定的编码规则，将入网产品的品名、生产信息、品牌等要素，为产品生成隐性或显性的防伪编码（数字码、一维码、二维码等），采用打印、贴标、射频卡等方式，将防伪编码标识于其产品或包装上，通过扫描或 NFC 等方式识别或验证。

② 数字水印：运用计算机算法，将特征标识信息直接或间接嵌入数字载体中（包括多媒体、文档、软件等）。

③ 印刷数字水印：通过软件将特征识别信息嵌入到印刷图案中，实现包装的隐形防窜和溯源功能。印刷数字水印分为可见印刷数字水印和不可见印刷数字水印。可见印刷数字水印，在 D65 光源环境下，目视可见性≥99％；不可见印刷数字水印，在 D65 光源环境下，目视不可见性≥99％。

④ 数字签名：附加在数据单元上的数据，或是对数据单元所作的密码变换，这种数据或变换允许数据单元的接收者用以确认数据单元的来源和完整性，并保护数据防止被人（例如接收者）伪造或抵赖。

⑤ 数字摘要：数字摘要采用单向哈希（Hash）函数将需加密的明文"摘要"成一串一定长度的密文，亦称为数字指纹。不同的明文摘要成为密文，其结果总是不同的。生产商应在防伪信息的末尾携带明文的摘要信息，以确保防伪信息的完整性。

⑥ 信息的加密和解密：信息加密技术是利用数学或物理手段，对电子信息在传输过程中和存储体内进行保护，以防止泄漏的技术。生产商应对产品的特性等信息加密，并将密文存储于特定位置，在通信过程中，解密密钥不宜参与通信。信息解密可通过用户端解密软件得以实现。

⑦ 数字信封：数字信封是一种综合利用对称加密技术和非对称加密技术两者的优点进行信息安全传输的一种技术，将加密信件信息的对称密钥通过非对称加密的结果分发，是验证信息完整性的技术。数字信封应包含被加密的产品特性等内容和用于加密该内容的密钥。

⑧ 区块链：利用块链式数据结构来验证与存储数据、利用分布式节点共识算法来生成和更新数据、利用密码学的方式保证数据传输和访问的安全、利用由自动化脚本代码组成的智能合约来编程和操作数据的一种全新的分布式基础架构与计算范式，用区块链技术所串接的分布式账本能让两方有效记录交易，且可永久查验此交易。

6. 药品包装的特征识别防伪

特征识别防伪主要包括DNA（生物脱氧核糖核酸）基因识别、人体特征识别和物理特征识别。

① DNA（生物脱氧核糖核酸）基因识别：从生物体中提取出DNA密码信号，克隆出更多的剂量后，掺入材料中，并经过印刷制作成具有防伪功能的包装产品。

② 人体特征识别：利用人体特征（如指纹、掌纹、虹膜、声纹、面容、红外热像等）进行真伪识别的防伪技术。

③ 物理特征识别：通过扫描提取和识别包装物上的个性化图像、结构、颜色、组成成分等物理特征进行识别的防伪技术。

7. 药品包装的光学防伪

光学防伪技术包括全息技术（浮雕结构模压全息技术和位相结构反射全息技术）、衍射光变技术、折射与反射图像、干涉光变技术、偏振光变技术、亚波长结构光变技术（自然光被动照明光变和偏振光主动照明光变）、磁控印刷光变技术、微透镜成像技术、光子晶体技术等。

① 浮雕结构模压全息技术：采用激光干涉的工艺方法拍摄或刻录文字图像信息，并制作成表面浮雕形微纳结构全息母版，通过模压或UV转印方式实现批量印制，呈现裸眼3D、彩虹及多种隐藏图文等效果。

② 位相结构反射全息技术：采用激光干涉的工艺方法拍摄或刻录文字图像信息，使用银盐感光材料或光聚合物感光材料，制作成内部位相调制反射形全息母版，通过光复制实现批量化生产，呈现稳定的单色或多色三维全息图像。

③ 衍射光变技术：采用半导体技术工艺，通过激光或电子束光刻制作衍射光栅，通过调控频率密度、角度方向，可获得多个角度衍射通道，形成各种可变光学图像。

④ 折射与反射图像：采用多台阶光刻技术或超高精CNC钻石切削等微纳加工方法，通过等高微分压缩3D实物曲面加工制模，在几微米厚的高分子材料上呈现几十毫米的立体浮雕图文、透镜等视觉效果。

⑤ 干涉光变技术：利用真空蒸镀方法制作多层不同折射率的光学薄膜，每层厚度在100 nm以下，通过光线干涉并反射出设定颜色的光，反射光的颜色随观察角度变化。可转移在纸张上，或将薄膜制备成微纳米粉末颗粒混合到油墨中形成光变色油墨。

⑥ 偏振光变技术：利用光波振动形成的偏振光实现随角光变防伪特性。采用OVD（光学可变）晶体材料和胆甾醇材料复合成液晶油墨。胆甾相液晶具有螺旋结构，当光线从不同角度照射时，可实现随角光变效果。

⑦ 自然光被动照明光变：一种亚波长光栅结构，光栅结构特征尺寸小于等于显色波长，结构表面含有高折射率透明氧化物介质，这种结构具有特殊的导模共振效应，可以起到滤波的效果，从而实现零级反射角光变色（又称零级衍射）。在普通环境光照明条件下观察时，产品做90°旋转切换，在反射角可以观察到两种不同波长颜色的切换效果，单色性比较稳定，但对照明要求不苛刻，作为透明覆膜，对底部印刷图案显示的干扰和影响很小，以达到防伪的目的。

⑧ 偏振光主动照明光变：基于亚波长的金属光栅具有偏振特性，亚波长在许多情况下两个偏振态的反射光谱不同，可以通过手机、平板电脑和显示器屏幕等偏振光源照明，获得反射颜色随照射光源偏振极化角度变化的变色效果。

⑨ 磁控印刷光变技术：在光变油墨中加入磁性物质材料，印刷时通过诱导定磁装置获得设计所需要的介质颗粒定向排列，产生3D光变效果。

⑩ 微透镜成像技术：采用折射原理，在薄膜材料正面加工微透镜，微透镜种类分柱面透镜光栅排列和圆点透镜阵列两种结构。材料背面通过微纳印刷图文，通过正面微透镜集成成像背面的图文，形成具有立体深度和跑动变换的图像显示效果。

⑪ 光子晶体技术：采用反蛋白石法、自组装法、飞秒激光干涉法等工艺，调控介质的晶格常数、折射率等参数，产生光子带隙，阻断特定频率的光波长，在载体上显示出与油墨印刷完全不同的光泽。

8. 防伪技术层级与应用要求

（1）防伪技术层级与识别

① 防伪技术层级：包括一线防伪技术、二线防伪技术和三线防伪技术。

一线防伪技术是指在公开说明文件、公开宣传资料及其他公共媒体告知的显性或隐性防伪技术。

二线防伪技术是指仅供制造商及用户内部管理查验需要，不对公众宣传告知的防伪技术。

三线防伪技术是指仅极少数设计者或用户知晓，通常情况下采取适当的安全保密措施，用于仲裁鉴定、举证、解密等最终鉴别的防伪技术。

② 防伪特征识别：包括通用识别、专业识别和专用识别。

通用识别一般用于一线防伪，主要是感官辨识，识别要求不受识别人员、识别工具及环境影响，包括但不限于便携式工具，如放大镜、手机等进行防伪特征识别。

专业识别一般用于二线防伪，对识别人员、识别工具及环境有要求，采用显微镜、激光器、紫外线灯、偏振器、测磁仪、图码扫描及电子芯片扫码器进行防伪特征识别。

专用识别一般用于二线或三线防伪，对识别人员、识别工具及环境有要求，采用非商业采购获得的专用定制检测工具，如专用检测片、解码片、检测器、专用 APP 识读软件及其他专用装置进行防伪特征识别。

实验分析识别一般用于三线防伪鉴定，应由具有相关检测资质的第三方检测机构鉴定。使用金相显微镜、共聚焦显微镜、SEM 扫描电镜、原子力显微镜等进行检验分析，并出具第三方鉴定报告。

（2）**防伪技术应用要求**：选择应用药品包装防伪技术时，应重点考虑包装设计、包装材料与防伪技术方案的实施和包装防伪特征的识别；实施技术方案相关方应具备信息安全管理体系，制造过程中涉及的机器设备应加以保护，且对供应链安全进行评估，满足防伪材料与技术、包装生产与集成的要求。

技术方案设计时，应充分关注安全性和物理特性。

安全性方面，防伪标签或防伪包装产品应具备防复制性、抗仿制性、防篡改性、抗攻击性、可实施性、时效性、符合健康和环境要求。

物理特性方面，包括静态特性、动态特性、耐久性、特征关联性。静态特性应考虑所使用技术的有效空间、兼容性，对材料性能或工艺的干扰性。包括但不限于：防伪标签或防伪包装产品的尺寸、重量、外观、特征波长、温度、结构。动态特性应考虑所选技术与生产工艺的匹配性，包括但不限于：防伪标签或防伪包装产品的粘贴性能、抗拉强度、转移性能、识别性、压力和光照条件。耐久性能应考虑防伪标签或防伪包装产品在生产、储存、运输及使用过程中，环境因素不应影响防伪特征，包括但不限于温度、湿度、酸碱度、光照和辐射。特征关联性应考虑包括但不限于防伪标签或防伪包装产品的视觉可识别性、可机读性及独特性。

第四节　药品的无菌包装技术

一、无菌制剂与无菌包装技术

无菌制剂是指法定药品标准中列有无菌检查项目的制剂，包括注射剂、眼用制剂、无菌软膏剂等。受到污染的无菌制剂一旦流入市场，可能会对患者的健康造成危害，严重的甚至可能危及患者生命。因此，要确保无菌制剂的无菌性，需要基于科学和风险建立完善的无菌制剂生产和质量控制策略、污染控制策略和无菌保证系统，对其生产全过程进行精心设计、验证和控制，对可能引起微生物、热原和微粒的潜在污染进行严格控制，对药品生产相关人员进行充分的培训。

无菌包装技术是无菌制剂生产和质量控制所采用策略的重要组成部分，是指无菌制剂所采用的包装及其实施所采取的技术总称，包括 GMP 车间的洁净度控制，包装材料的清洗、干燥与灭菌，无菌制剂灌装、封口与灭菌，以及直接接触制剂的生产设备的清洁等。

无菌制剂的生产工艺一般分为最终灭菌工艺和无菌生产工艺，两者之间存在本质区别。无菌生产工艺对药物制剂、包装材料、包装技术、包装设备、包装环境的要求更高。

最终灭菌工艺通常要求在严格的生产环境中进行产品灌装和容器密封。大多数情况下，在产品最终灭菌前，制剂、容器和密封组件的微生物污染水平已经控制在较低的范围内，但尚未达到无菌状态，所以药品在最终容器中密封后需要接受灭菌处理，如湿热灭菌，此时要求药包材能耐受高温和高压。

无菌生产工艺适用于最终灭菌工艺下药品不稳定的情形。采用无菌生产工艺生产无菌制剂的过程中，原料药和辅料各组分、容器和密封组件首先以适当的方式分别灭菌或除菌，然后组合在一起。由于产品在最终容器中密封后不再进行灭菌处理，所以必须在更为严格的生产环境中进行产品的无菌生产操作和包装。在组合并加工成为最终的无菌制剂之前，产品的每个部分通常都要接受不同的灭菌处理。如玻璃容器进行干热灭菌或除热原，胶塞进行湿热灭菌，药液进行过滤除菌等。

在将已灭菌或无菌的原料药、各种部件、容器或密封组件组合并加工成为最终的无菌制剂过程中，任何与容器密封完整性相关的手工操作或机械操作失误，均可能会向无菌制剂引入质量风险或污染风险，因此，无菌制剂的包装系统必须经过科学设计，并在生产中对容器密封完整性进行严格验证和控制。

二、药品包装材料的灭菌

无菌制剂的包装材料涉及诸多材质的容器和材料，如玻璃（安瓿、注射剂瓶、输液瓶、卡式瓶、玻璃套筒）、塑料（塑料瓶、软袋用塑料膜、垫片、粒子），此外还有橡胶塞和铝盖等。因此，适用的灭菌方法也不尽相同，但同类材质的灭菌条件基本相同。在灭菌之前，需要经过严格清洗，灭菌之后，需要进行干燥。这里介绍注射剂中使用的典型药包材的基本灭菌方法，制剂产品的灭菌方法参见工业药剂学方面的参考书。

（1）**玻璃容器**：清洗操作可以去除容器表面的微粒和化学物，无菌容器须使用注射用水作为最终的清洗介质。清洗后即可进行干热灭菌，可以灭活微生物和降低细菌内毒素。根据容器大小、材质、质量以及装载结构设置具体的灭菌、去热原的温度和时间。大规模的生产中，通常的方法是容器通过输送机械进行自动流转，采用一体化的清洗设备和隧道烘箱，对容器进行清洗和去热原操作。

（2）**塑料容器的灭菌**：塑料容器由于容易受塑料物理性能的影响（温度、压力的不当会导致容器变形），应采用合适的灭菌条件。灭菌程序除应当进行验证外，还应对原料、配液用水、原材料的清洗、过滤、灌装熔封的无菌操作以及生产环境进行必要的验证和严格的监控。

（3）**胶塞的灭菌**：胶塞灭菌一般采用蒸汽灭菌或 γ 射线灭菌，但是不建议对胶塞进行二次灭菌使用。最终灭菌产品的胶塞可不进行灭菌处理，但需要保证胶塞细菌内毒素和微生物限度满足工艺要求。非最终灭菌产品的胶塞和产品直接接触，需要保证其无菌的特性，必须经过灭菌处理。胶塞灭菌工艺一般使用过度杀灭工艺，但是长时间的高温可能会对胶塞带来影响。胶塞灭菌工艺需要进行验证，灭菌后的胶塞应保证其压塞顺畅、密封性完好及相容性合格。

（4）**铝盖的灭菌**：对于最终灭菌药品的铝盖，通常铝盖生产的最后清洗和包装应在洁净区进行，以保证铝盖的卫生洁净。对于非最终灭菌药品的铝盖，轧盖工艺可分为无菌轧盖（B 级背景下的 A 级）和洁净轧盖（C 级或 D 级背景下的 A 级送风），其中无菌轧盖工艺的铝盖处理需要进行严格的清洗灭菌，并且清洗灭菌工艺需经过验证。

三、无菌制剂的包装工艺

无菌制剂的包装是一系列工序的组合，主要工艺流程包括药品的输入、包装容器或材料的输入（或直接成型）、药品的灌装（充填）以及最后的封口、贴签等。药品的灌装、封口等关键包装工序必须在无菌的环境中进行。

近年来，在无菌制剂生产中越来越多地应用无菌包装一体化系统，例如，吹灌封无菌包装一体化设备。此外，屏障技术和一次性使用技术得到越来越多的应用，无菌制剂的无菌性得到更好的保证，同时也需要关注新设备、新技术本身潜在的质量风险。无菌包装一体化生产系统主要包括包装容器输入部位、包装容器的灭菌部位、无菌充填部位、无菌封口部位、包装件的输出部位。但为了适用不同的包装容器及包装材料，无菌制剂的包装工艺也不相同。工艺设计的主要目标是在解决制剂制备的前提下，保证无菌、无热原（细菌内毒素符合规定），主要策略是严格执行无菌制剂的 GMP 规范，主要措施是对环境、设备、人员、原辅料、容器、工艺流程、工艺参数进行控制与设计。

现行 GMP 规定无菌药品生产所需的洁净区可分为 A、B、C、D 四个级别。最终灭菌产品的无菌生产操作中，轧盖、灌装前物料的准备、浓配和过滤、直接接触药品的包装材料和器具的最终清洗为 D 级洁净度要求；产品灌装、高污染风险产品的配制和过滤、眼用制剂等的配制和灌装以及直接接触药品的包装材料和器具最终清洗后的处理为 C 级洁净度要求；而高污染风险的产品灌装的洁净度要求为 C 级背景下的局部 A 级。

非最终灭菌产品的无菌生产操作中，直接接触药品的包装材料、器具的最终清洗、装配或包装等操作的洁净度要求为 D 级；灌装前可除菌过滤的药液或产品的配制、产品过滤等操作的洁净度要求为 C 级；处于未完全密封状态下的产品置于完全密封容器内的转运、直接接触药品的包装材料和器具灭菌后处于密闭容器内的转运和存放等操作的洁净度要求为 B 级；部分操作的洁净度要求为 B 级背景下的 A 级，如处于未完全密封状态下产品的操作和转运，产品灌装（或灌封）、分装、压塞、轧盖等，灌装前无法除菌过滤的药液或产品的配制，直接接触药品的包装材料、器具灭菌后的装配以及处于未完全密封状态下的转运、存放，无菌原料药的粉碎、过筛、混合、分装等。

根据制备工艺的特点，无菌制剂可分为小容量注射剂、大容量注射剂、注射用无菌粉针剂（包括无菌分装粉针剂和无菌冻干粉针剂）。下面介绍几种典型无菌制剂工艺流程，其中，配液、灌装、封口是关键工艺单元。

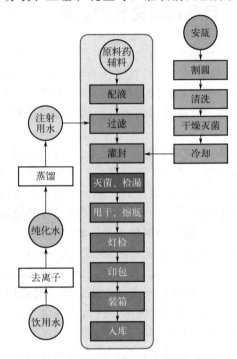

图 6-13　小容量溶液型注射剂的工艺流程

（一）小容量溶液型注射剂

小容量溶液型注射剂的主要工艺流程包括称量、配液、过滤、灌封、灭菌、检漏、灯检、印包、入库等。具体工艺流程见图 6-13。

最终灭菌小容量注射剂指装量小于 50 ml，采用湿热灭菌法制备的灭菌注射剂。除一般理化性质外，无菌、无热原和细菌内毒素、澄明度、pH 等项目的检查均应符合规定。根据生产工艺中安瓿的洗涤、烘干、灌装的机器设备的不同，将最终灭菌小容量注射剂生产工艺流程分为单机灌装工艺流程、洗-烘-灌-封联动组工艺流程，以及安瓿工艺流程。C 级洁净区包括稀配、灌封，且灌封机自带局部 A 级层流。最终灭菌小容量注射剂灌装工艺流程示例见图 6-14。

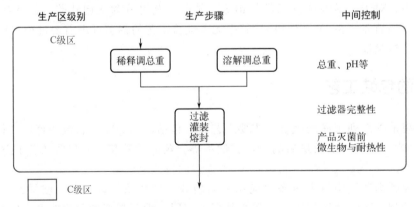

图 6-14　最终灭菌小容量注射剂灌装工艺流程

非最终灭菌小容量注射剂的灌封操作为 B 级背景下局部 A 级，配制好的药液需先经除菌过滤。安瓿需要清洗灭菌，非最终灭菌小容量注射剂灌装工艺流程示例见图 6-15。

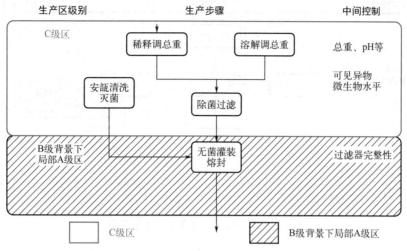

生产区级别　　　　　　　生产步骤　　　　　　　中间控制

图 6-15　非最终灭菌小容量注射剂灌装工艺流程

（二）最终灭菌大容量溶液型注射剂

最终灭菌大容量注射剂是指 100 ml 及 100 ml 以上的最终灭菌试剂，由于用量大且直接进入血液，其质量要求对无菌、无热原及澄明度要求更为严格。最终灭菌大容量注射剂的生产过程包括原辅料的准备、浓配、稀配、瓶外洗、粗洗、精洗、灌装、灭菌、灯检、包装等步骤。最终灭菌大容量注射剂（玻璃瓶）的生产工艺流程示例见图 6-16。

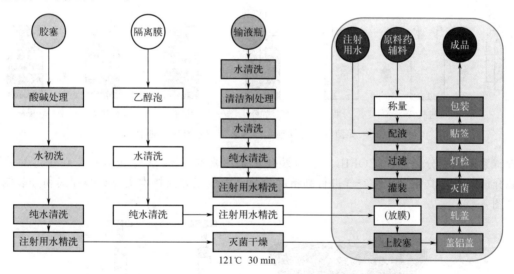

图 6-16　最终灭菌大容量注射剂（玻璃瓶）的生产工艺流程

（三）注射用无菌分装粉末

无菌分装粉针剂是指以无菌操作法将经过无菌精制的药物粉末分装于灭菌容器内的粉针剂。需要无菌分装的粉针剂为不耐热、不能采用成品灭菌工艺的产品，其生产过程必须无菌操作，灭菌后的玻璃瓶需要干燥、无菌、无细菌内毒素和可见异物，确保无菌生产环境、压缩空气质量、半成品装量差异、残氧量和过滤器完整性，保证无菌生产环境、压胶塞质量。无菌分装粉针剂生产工艺流程见图 6-17 和图 6-18。

由于无菌粉末本身复杂的理化特性，无菌粉末分装相较于无菌液体的分装来说，对于分装技术要求很高。目前，根据不同的粉末药品和市场需求，主要存在两种分装技术：气流分装和螺杆分装。对于复杂注射剂，如微球粉末，制备工艺复杂，对分装技术要求更高，而传统的螺杆分装技术有很大局限性，气流分装技术已成为此类产品的主导分装方式。

气流分装技术最早在 1948 年由美国 M&O Perry（当时称 Perry）公司发明并注册 Accofil 专利，并率

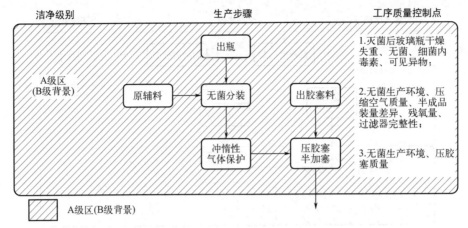

图 6-17　无菌分装粉针剂生产工艺流程

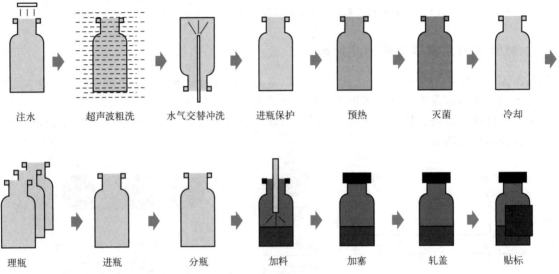

图 6-18　无菌分装粉针剂生产工艺流程示意图（西林瓶）

先应用于青霉素的无菌分装。ACCOFIL 气流分装技术采用真空-压缩空气-定容法，在特定的分装腔内通过多孔过滤介质，使用真空和压缩空气进行高精度分装。该气流分装技术主要有摆针式和分装轮式两种分装形式，见图 6-19。

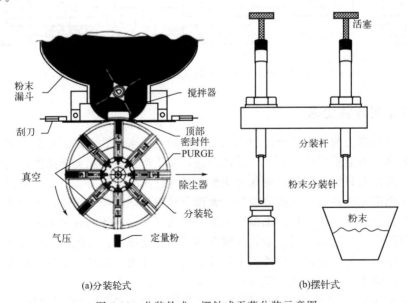

(a)分装轮式　　　　　　　　　(b)摆针式

图 6-19　分装轮式、摆针式无菌分装示意图

摆针式主要应用于微球等微剂量粉末分装。微剂量粉末通常是指单瓶装量小于 100 mg。由于微球等粉末通常分装量很小，微球晶型（晶体）要保护好，分装精度和收率等要求都很高，因此，只有摆针式气流分装技术才能真正满足此类产品的分装要求。而对于 100 mg 以上的普通无菌粉末，例如头孢类等抗生素的分装来说，分装轮式气流分装形式即可满足高产能、高精度等分装要求。

不同的无菌粉末产品的流动性、粒径、密度均一性、吸湿性、活性、毒性等特性均不相同，对于分装设备以及配套的隔离屏障要求也不尽相同，因此，可定制化的分装设备方案尤为重要。

四、无菌包装系统的密封性

1. 包装系统密封性概述

包装系统是指容纳和保护药品的所有包装组件的总和，包括直接接触药品的包装组件和次级包装组件。无菌制剂（例如注射剂）的包装系统应能保持产品内容物完整，同时防止微生物侵入。

包装系统密封性（package integrity），又称容器密封完整性（container-closure integrity），是指包装系统防止内容物损失、微生物侵入以及气体（氧气、空气、水蒸气等）或其他物质进入，保证药品持续符合安全与质量要求的能力。

包装系统密封性检查（package integrity test），或称为容器密封完整性检查（container-closure integrity test，CCIT），是指检测任何破裂或缝隙的包装泄漏检测（包括理化或微生物检测方法），一些检测可以确定泄漏的尺寸和/或位置。

无菌包装系统的泄漏类型主要包括：微生物的侵入；药品溢出或外部液体/固体的侵入；顶空气体含量改变，例如，顶空惰性气体损失、真空破坏和/或外部气体进入。

无菌包装系统密封性质量要求可分为：须维持无菌和产品组分含量，无须维持顶空气体；须维持无菌、产品组分含量和顶空气体；要求维持无菌的多剂量包装，即包装被打开后，防止药品使用过程中微生物侵入和药品泄漏。应根据产品特点开展包装系统密封性的相关研究。

注射剂包装系统密封性符合要求，通常是指包装系统已经通过或能够通过微生物挑战测试。广泛意义上，它是指不存在任何影响药品质量的泄漏。基于科学研究和风险评估，应考虑包装组成和装配、产品内容物以及产品在其生命周期中可能暴露的环境等，确定最大允许泄漏限度（maximum allowable leakage limit，MALL）。如果一个包装系统的泄漏不超过其最大允许泄漏限度，则认为该包装系统密封性良好。

包装系统密封性研究开始于产品的开发阶段，并持续贯穿整个产品生命周期。①在产品开发初期应进行包装密封系统设计选择和质量控制，包括包装组件系统来源、物理指标、部件尺寸、匹配性等；②产品工艺的开发，注意对与密封性相关的关键工艺步骤和关键工艺参数进行研究和控制；③密封性检查方法的开发和验证，关注方法选择及灵敏度，方法需进行合理验证；④稳定性初期和末期外其他时间点可采用包装系统密封性测试作为无菌检查的替代；⑤商业化生产中建立包装系统密封性的检查和控制措施，注意收集与积累泄漏和密封性测试数据，有益于发现和规避损害包装密封性的操作偏离；⑥药品上市后变更可能影响包装密封性时，应考虑对其包装系统密封性进行再评估和再验证。

2. 包装系统密闭性研究及生命周期的管理

（1）包装密封系统的设计选择

产品包装的设计选择应基于注射剂的质量需求（如产品的无菌性和顶空气体的维持），考虑产品内容物、生产工艺、稳定性需求、储存和分发环境、产品最终使用方式等。确定包装形式，选择包装组件，并建立严格的物理指标，部件尺寸及偏差、匹配性要求等的控制标准。

（2）产品工艺开发及验证

产品工艺开发阶段需关注影响包装密封性的关键因素，如关键步骤、工艺条件、生产线及该包装系统的历史经验。

注射剂包装系统的密封性应当经过验证，为提供在最严格条件下密封完整性的证据，验证样品通常模拟工艺最差条件进行生产。检测样品应包括模拟最差工艺条件下生产的样品，还要考虑产品的储运、使用等对包装系统密封性的影响。包装开发和后续验证的目的是保证采用可靠的工艺，在规定的运行参数下，持续生产出质量可靠、包装符合要求的产品。

（3）包装密封性检查方法的选择

包装密封性检查应考虑包装的类型、预期控制要求，根据药品自身特点、生产工艺和药品生命周期的不同阶段，结合检查方法的灵敏度和适用性等，基于风险评估，选择适宜的密封性检查方法。密封性检查方法分为概率性方法和确定性方法两大类。常用的密封性检查方法见表 6-1。

表 6-1　常用的密封性检查方法

类别	检测方法	一般适用范围	文献报道检测限级别[a]	定量/定性
概率性方法	微生物挑战法（浸入或气溶胶法）	包装必须能够承受浸没条件，可能需要工具限制软包膨胀或移动，且可用于培养基灌装；常用于包装密封性验证	4 级	定性
	色水法	必须能承受浸没，可能需要工具限制软包膨胀或移动。主要适用于液体制剂	4 级	定性或定量
	气泡释放法	具有顶空气，必须能够承受浸没，体积较小，小于几升的包装	4 级	定性
确定性方法	高压放电法	产品具有一定导电性，而包装组件相对不导电，且产品不易燃	3 级	定量
	激光顶空分析法	透明包装；需要低氧或低二氧化碳顶空含量的产品；需要低水汽含量的产品；内部包装压力低的产品	1 级	定量
	质量提取法	具有顶空气或充有液体的包装	3 级	定量
	压力衰减法	具有顶空气包装	3 级	定量
	真空衰减法	具有顶空气或充有液体的包装	3 级	定量

注：a 参考国内外相关指导原则给出了气体泄漏率和相对应的泄漏孔径尺寸的数据，对应关系在理论上是大致相当的，而非绝对的。具体数值会随产品包装、检测仪器、检测方法参数和测试样品制备等不同而变化。

密封性检查方法优选能检测出产品最大允许泄漏限度的确定性方法，并对方法的灵敏度等进行验证。如方法灵敏度无法达到产品最大允许泄漏限度水平或产品最大允许泄漏限度不明确，建议至少采用两种方法（其中一种推荐微生物挑战法）进行密封性研究，对两种方法的灵敏度进行比较研究。微生物挑战法建立时，需关注微生物的种类、菌液浓度、培养基种类和暴露时间等。

（4）包装密封性检查方法验证

密封性检查方法需进行适当的方法学验证，重点关注方法灵敏度的考察。灵敏度是指方法能够可靠检测的最小泄漏率或泄漏尺寸，目的在于找出微生物侵入或其他泄漏风险与泄漏孔隙类型/尺寸之间的关系，进而明确检测方法的检出能力。通过挑战性重复测试存在和不存在泄漏缺陷的包装确认方法的灵敏度。

方法验证需设立阴性及阳性对照样品。阴性对照系指不存在已知泄漏孔隙的包装容器，而阳性对照系指采用激光打孔、微管/毛细管刺入等方法制造已知泄漏孔隙的包装容器。概率性检测方法（如微生物挑战法、色水法等）验证时，采用多个不同孔隙尺寸的阳性对照样品，对明确检出概率与泄漏孔隙尺寸间的关系尤为重要。阴性和阳性对照品可采用正常工艺处理的组件，按待测产品的典型方式进行组装。

用于验证的包装样品批次和数量主要基于包装产品的复杂性、产品的质量需求和生产商之前的经验积累，根据风险评估结果制定。

（5）稳定性考察的密封性要求

注射剂稳定性考察初期和末期进行无菌检查，其他时间点可采用包装系统密封性检查替代。采用的密封性检查方法应进行方法学验证。

（6）拟定生产阶段的密封性检查

拟定生产阶段的密封性检查应采用经过验证的测试方法。

保证包装系统密封性主要取决于良好的产品设计（包装的选择）及产品生产过程的控制，而不仅仅依靠在线性能测试或最终产品的检验，因为并非所有的包装系统密封性缺陷都能够被轻易检测到。

基于风险评估，以及产品开发、验证、生产阶段积累的包装密封性数据，开展商业化生产密封性检查。熔封的产品（如玻璃或塑料安瓿等）应当作 100% 密封性检测，其他包装容器的密封性应当根据操作规程进行抽样检查。对于大容量软袋包装等风险较高的产品，建议在工艺验证中增加一定样品量的密封性检查，确认拟定的包装材料、生产工艺的可行性；在商业化生产中科学制定取样计划，增加取样数量和频次；具备条件的进行100％密封性检查。

（7）药品上市后的变更研究

当包装设计、包装材料和/或生产工艺条件等变更可能影响包装密封性时，应考虑对产品包装系统密封性进行再评估和再验证。

第五节　防潮包装技术

一、防潮包装技术概述

防潮包装技术是指为防止潮气（水蒸气）侵入初级包装内部影响内装药品质量所使用的保护性包装技术。防潮包装技术主要包括两种：第一种，采用低透湿性材料或容器对药品进行密封包装，以阻隔环境水蒸气透入包装内部；第二种，在包装容器内装入适量干燥剂，以吸收容器内以及从容器外部渗入的潮气。

潮湿是引起药品变质的主要因素之一，水蒸气的侵入可影响药物制剂的物理、化学、生物学稳定性，从而影响药品的安全性和有效性：①固体制剂可因受潮而发生性状变化、溶出改变、化学降解、细菌滋生等；②液体制剂可因脱湿（干燥）而发生浓度改变、药物析出等，乳剂还可能发生破乳、分层或转相。

防潮包装就是采用防潮材料对药品进行包装，隔绝外界湿气对药品的影响，同时使包装内的空气保持干燥，被包装药品处于临界相对湿度以下，以达到防潮目的。为此，就必须把包装时封入容器内空气中的水蒸气予以清除，并限制因包装材料的透湿性而透入容器内的水蒸气透过量。

限制水蒸气透过量的方法有两种：阻隔和密封。低透湿性材料阻隔水蒸气，能够有效地防止药物制剂的含水量发生变化。高阻隔材料是指对水蒸气或氧气或光线具有良好阻隔性能的材料，例如，玻璃、铝箔、真空镀铝膜、聚偏二氯乙烯（PVDC）等材料对水蒸气有良好的阻隔性。密封是指将药品充填入包装后对包装系统采取的封闭操作。高阻隔材料只有经过密封，才能形成药品与大气完全隔绝的完整包装包装，从而达到防止内容物损失、外界污染物及气体（例如水蒸气）侵入的目的。

除去包装内水蒸气的方法有两种：动态干燥法和静态干燥法。动态干燥法是采用除湿机，降低包装环境的湿度，从而达到降低包装内相对湿度的目的。静态干燥法是在包装内装入一定数量的干燥剂，从而达到吸收包装内部水蒸气、使药品保持干燥状态的目的，其防潮能力决定于包装内固体制剂的数量和性质、包装材料的透湿性、包装系统的密封性、干燥剂的性质和用量、包装内空间的大小等。

二、防潮包装的原理

（一）气体的渗透机理

一般气体都有从高浓度（高分压）区域向低浓度（低分压）区域扩散的性质；空气中的湿度也具有从高湿度侧向低湿度侧扩散、渗透的特性。在药品包装中，要阻隔气体在包装容器内外间的扩散，以往只能采用一定厚度的金属或玻璃容器并严格密封才能实现。现在广泛应用的普通塑料（例如PE、PP、PET、PVC），不能完全阻隔水蒸气和气体分子的扩散透过，值得欣慰的是，一些新型塑料以及真空镀铝塑料复合材料在气体阻隔性上已经有了较大的提高，已经能够满足药品的防潮、保香的需求。

在相同密封条件下，药品包装容器的气体阻隔性很大程度上取决于包装材料的透过率（Q），即单位时间内在单位面积上水蒸气或气体的渗透量，也称为透过率。水蒸气的透过率，叫作水蒸气透过率或透湿率（Q_{wv}），单位为 g/(m² · 24 h)；氧气等气体的透过率，叫作气体透过率或透气率（Q_g），单位为

$cm^3/(m^2 \cdot 24 \ h)$。显然，透过率大的材料阻隔性能低，透过率小的材料阻隔性能高。气体（水蒸气、氧气）透过率是表征包装材料阻隔性能的一个重要参数，是选用包装材料、确定储存期限、采取防范措施的主要依据。水蒸气或气体对包装材料的渗透是单分子扩散过程，即气体分子在高浓度（高分压）侧的压力作用下，首先渗入包装材料（如塑料薄膜）的内表面，然后气体分子在包装材料中从高浓度向低浓度进行扩散，最后在低浓度（低压）侧向外散发。

气体对包装材料的渗透过程如图 6-20 所示。设包装材料的面积为 A，厚度为 δ；气体在高压侧的压力为 p_1，在低压侧的压力为 p_2；气体浓度为 c，高浓度为 c_1，低浓度为 c_2。

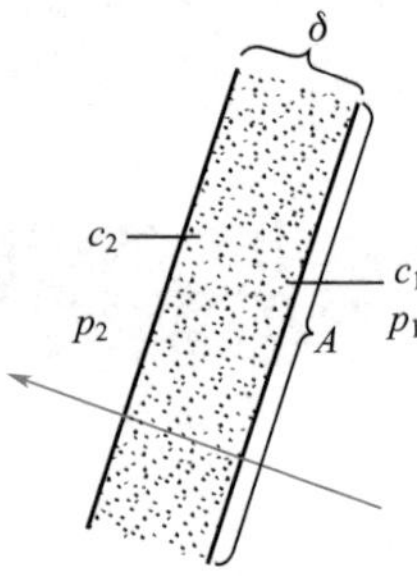

根据费克第 1 扩散定律（Fick's first law of diffusion），渗透速率（m，单位时间内单位面积上的气体渗透量）与浓度梯度成正比，可用式（6-1）表示：

$$m = -D \frac{\mathrm{d}c}{\mathrm{d}x} \tag{6-1}$$

图 6-20　水蒸气渗透示意图

式中，m 为单位时间（s）单位面积（cm^2）的气体渗透量，当气体为水蒸气时，单位为 $g/(s \cdot cm^2)$，当气体为氧气等气体时，单位为 $cm^3/(s \cdot cm^2)$；$-\mathrm{d}c/\mathrm{d}x$ 为浓度梯度，气体从高浓度向低浓度扩散；D 为气体在药包材中的扩散系数，cm^2/s。

式（6-1）积分可写为：

$$m = D \frac{c_1 - c_2}{\delta} \tag{6-2}$$

根据亨利定律（Henry's law），在一定温度下，水蒸气或气体溶解在包装材料中的浓度 c 与该气体的分压 p 成正比，即 $c = Sp$，其中 S 为溶解度系数，用单位体积中所溶解水蒸气质量或气体体积来表示，因此得：

$$m = DS \frac{p_1 - p_2}{\delta} \tag{6-3}$$

取 $P = DS$，并令 P 为渗透系数，则：

$$P = DS = \frac{m\delta}{p_1 - p_2} \tag{6-4}$$

式中，p_1 为高浓度侧压力，kPa；p_2 为低浓度侧压力，kPa；δ 为包装材料厚度，cm；S 为水蒸气或气体在包装材料中的溶解度系数，$g/(cm^3 \cdot kPa)$。P 为水蒸气或气体透过包装材料的渗透系数，$g/(cm \cdot s \cdot kPa)$。

（二）水蒸气渗透系数与水蒸气透过率

在防潮包装设计中，包装材料的水蒸气渗透系数（亦称透湿系数）表示为 P_{wv}（wv 是指 water vaper）。对于材质、规格确定的包装材料，在一定温度下，水蒸气渗透系数是常数。水蒸气渗透系数 P_{wv} 与水蒸气透过率 Q_{wv} 的关系为（令 $Q_{wv} = fm$）：

$$P_{wv} = \frac{m\delta}{p_1 - p_2} = \frac{Q_{wv}}{f} \cdot \frac{\delta}{p_1 - p_2} \tag{6-5}$$

式中，f 为 m 和 Q_{wv} 之间的单位换算因子，$1 \ m^2 \cdot 24 \ h = 864 \times 10^6 \ cm^2 \cdot s = f \ cm^2 \cdot s$。

在实验研究某个材质、规格确定的包装材料的透湿性时，可在某恒定温度（例如设为 40 ℃，或者其他任意恒温 θ ℃）、两侧相对湿度差为 $\Delta h \%$（例如，40 ℃时常设置一侧为 RH 90%，另一侧为干燥剂 RH 0%）条件下进行实验，记录实验温度，测得水蒸气透过量 q_{wv}、材料面积 A 与渗透时间 t，可按式（6-6）求得水蒸气透过率 Q_{wv}：

$$Q_{wv} = \frac{q_{wv}}{At} \cdot f \tag{6-6}$$

根据式（6-4）以及 $Q_{wv} = fm$，可得水蒸气透过率 Q_{wv} 与水蒸气渗透系数 P_{wv} 的关系：

$$Q_{wv} = \frac{P_{wv}(p_1 - p_2)}{\delta} \cdot f \tag{6-7}$$

当实验温度分别为 θ ℃、40 ℃时，可将水蒸气透过率 Q_{wv} 分别写为 Q_θ、Q_{40}，则：

$$Q_\theta = \frac{P_{wv,\theta} \, p_\theta \, \Delta h\%}{\delta} \cdot f \tag{6-8}$$

$$Q_{40} = \frac{P_{wv,40} \, p_{40}(90-0)\%}{\delta} \cdot f \tag{6-9}$$

上述两式中，$P_{wv,\theta}$ 和 $P_{wv,40}$ 分别为 θ ℃、40 ℃时的水蒸气渗透系数；p_θ 和 p_{40} 分别为某温度 θ ℃、40 ℃时的饱和蒸气压，可查表得（本书未列出）；$\Delta h\%$ 为 θ ℃时设置的两侧相对湿度差；（90−0）% 为 40 ℃时设置的两侧相对湿度差。

将上述两式相除得：

$$\frac{Q_\theta}{Q_{40}} = \frac{P_{wv,\theta} \, p_\theta \, \Delta h\%}{P_{wv,40} \, p_{40} \times (90-0)\%} = K \Delta h \tag{6-10}$$

$$K = \frac{P_{wv,\theta} \, p_\theta}{P_{wv,40} \, p_{40} \times 90} \tag{6-11}$$

上述两式中，K 为包装材料在温度 θ ℃时与 40 ℃时渗透性的一个比例系数；在 40 ℃时，任何包装材料的 K 值都相同；同一包装材料较低温度时 K 值较小；不同包装材料同一温度下，K 值越小，对水蒸气的阻隔性越好。

由于水蒸气渗透系数（P_θ，透湿系数）的数值极小，故引入透湿系数值（P'_θ）：

$$P_\theta = P'_\theta \times 10^{-11} \, g/(cm \cdot s \cdot kPa) \tag{6-12}$$

常见包装用塑料薄膜的透湿率、透湿系数值见表 6-2，由此可见，在所列 9 种塑料材料中，聚偏二氯乙烯（PVDC）对水蒸气的阻隔性最好。

表 6-2　包装用塑料薄膜在不同温度下的透湿率（水蒸气透过率）与透湿系数值

序号	塑料薄膜种类	厚度/mm	40 ℃,(90−0)%RH		25 ℃,(90−0)%RH		5 ℃,(90−0)%RH	
			Q_{40}	P'_{40}	Q_{25}	P'_{25}	Q_5	P'_5
1	聚苯乙烯	0.03	129.0	6.75	55.2	6.72	15.60	6.90
2	软聚氯乙烯	0.03	100.0	5.23	28.6	3.41	4.50	1.99
3	硬聚氯乙烯	0.03	30.0	1.57	11.0	1.34	2.30	1.02
4	聚酯	0.03	17.0	0.89	4.8	0.58	0.77	0.34
5	低密度聚乙烯	0.03	16.0	0.84	4.0	0.49	0.50	0.22
6	高密度聚乙烯	0.03	9.0	0.47	2.2	0.27	0.26	0.12
7	未拉伸聚丙烯	0.03	10.0	0.52	2.3	0.28	0.24	0.11
8	拉伸聚丙烯	0.03	7.5	0.39	1.6	0.19	0.17	0.08
9	聚偏二氯乙烯	0.03	2.5	0.13	0.5	0.06	—	—

三、防潮包装材料与干燥剂

（一）塑料包装材料的透湿性

塑料包装材料的透湿性与分子极性、结晶度、分子排列、材料密度等因素有关。

（1）**分子极性与透湿性**：透湿性与塑料分子极性有关。例如，水蒸气对聚酯（PET，极性分子）薄膜的透过速率大于对聚乙烯（PE，非极性分子）薄膜的透过速率。

（2）**结晶度与透湿性**：透湿性与薄膜物质的结晶度有关。例如，对聚氯乙烯（PVC，极性分子非结晶）透湿性高于对聚酯（PET，极性分子结晶）的透湿性。

（3）**分子排列与透湿性**：透湿性与材料分子排列形式有关。例如，双向拉伸聚丙烯（BOPP，分子定向排列）的透湿性低于普通聚丙烯（PP，无定向排列）的透湿性。

（4）**材料密度与透湿性**：透湿性与材料密度有关，如高密度材料的透湿性要低于低密度材料的透湿性。

（5）**其他影响透湿性的因素**：薄膜厚度、折褶、表面损伤以及温度、湿度等。

（二）常用防潮包装材料

具有阻隔水蒸气透过的材料均可作为防潮包装材料。目前应用中防潮性能较好的材料包括玻璃、冷冲压成型铝硬片、铝箔以及塑料复合材料（铝塑复合膜、PVDC 或 CTFE 涂布膜）等。

常用的药用防潮包装材料形式包括：药用玻璃瓶和硬质塑料瓶（用于包装片剂、胶囊剂、软胶囊剂、滴丸等），玻璃注射剂瓶和安瓿（用于包装粉针剂），塑料和铝材泡罩（用于包装片剂、胶囊剂、软胶囊剂等），镀铝复合膜袋（用于包装散剂、颗粒剂、片剂、胶囊剂、软胶囊剂等），铝箔封口垫片（用于药瓶封口）等。

一些常见防潮塑料膜的水蒸气透过率及其单价，见图 6-21。WVTR 是 water vapor transmission rate 的缩写，是美国 ASTM（美国材料与试验协会）水蒸气透过率测定方法中使用的术语。同一概念，本书中称为水蒸气透过率或透湿率（Q_{wv}），《中国药典》中称为水蒸气透过量（WVT），单位都是 g/（$m^2 \cdot$ 24 h）。

塑料膜材的种类与厚度/mil*	WVTR/[g/(m².24h)]**	单位面积相对价格***
PVC(10)	1.1	1
PVC/PVDC(10/1.2)	0.17	2.1
PVC/CTFE(8/0.76)	0.07	2.1
PP(12)	0.20	1.3
PET(10)	2.6	1.4
PS(12)	6	1.2
OPA/aluminum/PVC(1/1.8/2.4)	0	2.9
*mil为长度单位，毫英寸。1 mil约等于0.0254 mm。		
**在20℃和RH 85%条件下测定膜材的WVTR。		
***1代表10 mil厚度PVC膜材的单位面积价格。		

图 6-21　一些常见防潮塑料膜及其水蒸气透过率（WVTR）

（三）干燥剂

干燥剂（desiccant）是指能通过物理和/或化学作用吸收水分，将相应密封包装内的湿度降低至一定程度，并能保持一定时间的产品。干燥剂需要按规定检查吸湿率（moisture absorption rate）。吸湿率是在一定的温度和湿度条件下，一定数量的干燥剂在平衡状态下吸收水蒸气的质量与未吸收水蒸气干燥剂质量的百分比。

药品包装中使用的干燥剂，因其具有吸湿的特性，可以有效地吸收包装中残留的水分或透过包装材料渗入包装的水分，从而降低药品包装系统内部的湿度，避免潮气对药品的不良影响。在食品、药品包装中，常用的干燥剂有硅胶干燥剂、矿物干燥剂（例如蒙脱石）、生石灰干燥剂、纤维（即天然植物纤维）干燥剂和高分子（即高吸收性树脂）干燥剂。

硅胶干燥剂中硅胶的分子式是 $SiO_2 \cdot H_2O$，通常是用 H_2SO_4 处理水玻璃后胶凝而成。硅胶表面层覆盖有许多羟基，有很好的亲水吸附功能，故吸湿速度快，特别是在湿度较高时更为显著，且还可以再生复用。

需要注意的是，实验室常用含有蓝色指示剂（氯化钴）的变色硅胶，当 RH 为 20% 时呈蓝色或浅蓝色，当 RH 为 25% 时开始变为紫红色，当 RH 大于 38% 时变为粉红色，但是有腐蚀性，仅限于科研及工业用途，不能用于食品和药品。

干燥剂的内包装应印有醒目的"干燥剂""不可食用"等字样；含有金属成分的干燥剂还应标注"不可微波"或等效字样。生石灰干燥剂还应标注"不可浸水"或等效的相关醒目警示。

四、水蒸气透过量的测定

药用薄膜或薄片及药用包装容器（如口服固体制剂用包装容器，口服、外用液体制剂用容器、输液容器等包装容器）的防潮性能（水蒸气阻隔性能），常用水蒸气透过率或水蒸气透过量、水分损失率等指标来控制。

《中国药典》中，水蒸气透过量是指在规定的温度、相对湿度、一定的水蒸气压差下，供试品在一定时间内透过水蒸气的量。测定方法包括重量法（第一法）、电解分析法（第二法）和红外检测器法（第三法）。

重量法有增重法和减重法两种方法，基于干燥剂的增重和基于水溶液的减重得到水蒸气透过量。

电解分析法是水蒸气遇电极电解为氢气和氧气，通过电解电流的数值计算出一定时间内透过单位面积供试品的水蒸气透过总量的水蒸气透过量分析方法。

红外检测器法常用于药用薄膜或薄片等材料片材的水蒸气透过量的测定。当供试品置于测试腔时，供试品将测试腔隔为两腔。供试品一边为低湿腔，另一边为高湿腔，里面充满水蒸气且温度已知。由于存在一定的湿度差，水蒸气从高湿腔通过供试品渗透到低湿腔，由载气传送到红外检测器产生一定量的电信号，当试验达到稳定状态后，通过输出的电信号计算出供试品水蒸气透过率。

（一）增重法

在规定的温度、相对湿度环境下，测定材料或容器透入的水蒸气量，通常用干燥剂的重量增重来计算。增重法通常又可分为杯式法和容器法两种。

1. 杯式法

杯式法是指将供试品固定在特制的装有干燥剂的透湿杯上，通过透湿杯的重量增量来计算药用薄膜或薄片的水蒸气透过量。一般适用于水蒸气透过量不低于 2 g/（m² · 24 h）薄膜或薄片。

【仪器装置】包括：恒温恒湿箱（温度精度为±0.6 ℃；相对湿度精度为±2%；风速为 0.5～2.5 m/s；恒温恒湿箱关闭后，15 分钟内应重新达到规定的温、湿度）、分析天平（灵敏度为 0.1 mg）、透湿杯（应由质轻、耐腐蚀、不透水、不透气的材料制成；有效测定面积不得低于 25 cm²。）透湿杯如图 6-22 所示，也可选用满足本试验要求的其他形状结构的透湿杯。

【试验条件】A：温度 23 ℃±2 ℃，相对湿度 90%±5%。B：温度 38 ℃±2 ℃，相对湿度 90%±5%。C：温度 23 ℃±2 ℃，相对湿度 50%±5%。

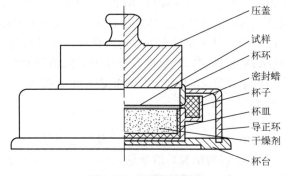

图 6-22　透湿杯组装图

（标注：压盖、试样、杯环、密封蜡、杯子、杯皿、导正环、干燥剂、杯台）

【测定法】选取厚度均匀，无皱褶、折痕、针孔及其他缺陷的供试品三片，分别用圆片冲刀冲切，供试品直径应介于杯环直径与杯子直径之间。将干燥剂放入清洁的杯皿中，加入量应使干燥剂距供试品表面约 3 mm 为宜。将盛有干燥剂的杯皿放入杯子中，然后将杯子放到杯台上，供试品放在杯子正中，加上杯环后，用导正环固定好供试品的位置，再加上压盖。小心地取下导正环，将熔融的密封剂浇灌至杯子的凹槽中，密封剂凝固后不允许产生裂纹及气泡。待密封剂凝固后，取下压盖和杯台，并清除粘在透湿杯边及底部的密封剂。在 23 ℃±2 ℃环境中放置 30 分钟，称量封好的透湿杯。将透湿杯放入已调好温度、湿度的恒温恒湿箱中，16 小时后从箱中取出，放在处于 23 ℃±2 ℃环境中的干燥器中，平衡 30 分钟后进行称量，称量后将透湿杯重新放入恒温恒湿箱内，以后每两次称量的间隔时间为 24、48 或 96 小时，称量前均应先放在处于 23 ℃±2 ℃环境中的干燥器中，平衡 30 分钟。直到前后两次质量增量相差不大于 5%时，方可结束试验。同时取一个供试品进行空白试验。

按式（6-13）计算水蒸气透过量（WVT）：

$$WVT = \frac{24 \times (\Delta m_1 - \Delta m_2)}{At} \tag{6-13}$$

式中，WVT 为供试品的水蒸气透过量，$g/(m^2 \cdot 24\ h)$；t 为质量增量稳定后的两次间隔时间，h；m_1 为 t 时间内的供试品试验质量增量，g；m_2 为 t 时间内的空白试验质量增量，g。A 为供试品透水蒸气的面积，m^2。空白试验系指除杯中不加干燥剂外，其他试验步骤同供试品试验。

【试验结果】试验结果以三个供试品的算术平均值表示，每一个供试品测定值与平均值的差值不得超过平均值的±10％。

【注意事项】

在测定过程中，需要注意如下事项：

（1）**密封剂**：密封剂应在温度 38 ℃、相对湿度 90％条件下暴露不会软化变形。若暴露表面积为 50 cm²，则在 24 小时内质量变化不能超过 1 mg。例如：①85％石蜡（熔点为 50~52 ℃）和 15％蜂蜡组成；②80％石蜡（熔点为 50~52 ℃）和 0％黏稠聚异丁烯（低聚合度）组成。

（2）**干燥剂**：无水氯化钙粒度直径为 0.60~2.36 mm。使用前应在 200 ℃±2 ℃烘箱中，干燥 2 小时。如使用其他干燥剂，如硅胶、分子筛等，使用前应进行有效活化。

（3）**称量**：每次称量后应轻微晃动杯子中的干燥剂，使其上下混合。试验结束后，干燥剂吸湿总增量应不得过 10％。可采用具有温湿度控制及自动连续称量功能，且经验证等效的仪器进行测定。

2. 容器法

容器法是指在规定的温度、相对湿度环境下，包装容器内透入的水蒸气量。一般适用于口服固体制剂用包装容器，如固体瓶等。

【仪器装置】恒温恒湿箱（要求同"杯式法"）、分析天平（灵敏度为 0.1 mg。当称重量大于 200 g 时，灵敏度可不大于 1 mg；当称重量大于 1000 g 时，灵敏度可不大于称重量的 0.01％）。

【试验条件】A：温度 40 ℃±2 ℃，相对湿度 75％±5％。B：温度 30 ℃±2 ℃，相对湿度 65％±5％。C：温度 25 ℃±2 ℃，相对湿度 75％±5％。

【测定法】取试验容器适量，用干燥绸布擦净每个容器，将容器盖连续开、关 30 次后，在容器内加入干燥剂。对于 20 ml 或 20 ml 以上的容器，加入干燥剂至距瓶口 13 mm 处；小于 20 ml 的容器，加入干燥剂量为容积的 2/3，立即将盖盖紧。另取两个容器装入与干燥剂相等量的玻璃小球，作对照用。如有配套封口垫片，可采用适宜条件进行热封，并对热封效果进行确认，需要时可去除瓶盖和纸板以避免干扰。容器分别精密称定，然后将容器置于恒温恒湿箱中，按规定的时间放置后，取出，用干燥绸布擦干每个容器，室温放置 45 分钟，分别精密称定。按式（6-14）计算水蒸气透过量（WVT）：

$$WVT = \frac{1000}{nV}\left[(T_t - T_i) - (C_t - C_i)\right] \tag{6-14}$$

式中，WVT 为供试品的水蒸气透过量，$mg/(24\ h \cdot L)$；V 为容器的容积，mL；n 为放置天数，天；T_t 为试验容器试验后的重量，mg；T_i 为试验容器试验前的重量，mg；C_t 为对照容器试验后的平均重量，mg；C_i 为对照容器试验前的平均重量，mg。

干燥剂：一般为无水氯化钙，粒度直径应为 2.36~4.75 mm。使用前应在 200 ℃±2 ℃烘箱中，干燥 2 小时。如使用其他干燥剂，如硅胶、分子筛等，使用前应进行有效活化。

（二）减重法

减重法系指在规定的温度、相对湿度环境下，一定时间内容器内水分损失的百分比。一般适用于口服、外用液体制剂用容器、输液容器等包装容器。

【仪器装置】恒温恒湿箱（要求同容器法）、分析天平（要求同容器法）。

【试验条件】A：温度 40 ℃±2 ℃，相对湿度 25％±5％。B：温度 25 ℃±2 ℃，相对湿度 40％±5％。C：温度 30 ℃±2 ℃，相对湿度 35％±5％。

【测定法】取试验容器适量，在容器中加入水至标示容量，旋紧瓶盖，如有配套封口垫片，可采用适宜条件进行热封，并对热封效果进行确认，需要时可去除瓶盖和纸板以避免干扰。精密称定，然后将容器置于恒温恒湿箱中，放置 14 天，取出后，室温放置 45 分钟后，精密称定，按式（6-15）计算水分损失百分率：

$$水分损失百分率(\%) = \frac{W_1 - W_2}{W_1 - W_0} \times \%$$

(6-15)

式中，水分损失百分率，%；W_1 为试验前容器及水溶液的重量，g；W_0 为空容器重量，g；W_2 为试验后容器及水溶液的重量，g。

如供试品为已灌装好液体并密封的包装（如输液、口服液体产品等）时，取供试品适量，精密称定，然后将供试品置于恒温恒湿箱中，放置 14 天，取出后，室温放置 45 分钟后，精密称定。可按式（6-16）计算水分损失百分率：

$$水分损失百分率(\%) = \frac{W_1 - W_2}{W_1} \times \%$$

(6-16)

第六节　热成型包装技术

一、泡罩包装技术

（一）药品包装用泡罩

药品包装用泡罩（以下简称泡罩）是指先将硬片基材通过热/或冷加工形成泡罩泡型，再在泡型内填充药品，然后用铝箔等覆盖材料进行覆盖，在一定的温度、压力、时间条件下，覆盖材料与泡型材料或者由泡型材料热合密封而形成的包装系统。泡罩开启方式有推破式、揭开式、揭开推破式等。泡罩一般用于盛装口服固体制剂，也可用于栓剂、软膏剂等制剂。

泡罩基材分覆盖材料和泡型材料（也称成泡材料）两类。其中，覆盖材料指覆盖于泡罩泡型上的材料，通常为铝箔或多层（复合）铝箔，外表面可印刷药品信息；泡型材料指构成泡罩泡型的材料，通常为单层或多层（复合）硬片/膜。

泡罩基材应符合相应材质通则的物理性能、化学性能和微生物限度要求。在物理性能方面，泡罩包装系统应包括基材鉴别、泡罩外观、形状、尺寸、密封性能等质量控制项目；泡罩包装系统应对所盛装药品形成保护，应关注泡罩的透气性、透水性、透光性等对药品的影响，并选择相应的质量控制项目。在化学性能方面，对成品泡罩必要时可制定合适的溶出物试验项目及指标，识别泡罩已知或潜在元素杂质的来源，结合药品质量要求，对其进行风险控制。

（二）泡罩包装技术及其要求

泡型加工工艺常见有热成型工艺、冷冲压成型工艺。

热成型工艺指利用抽真空将加热软化的硬片吸入成型模具内形成泡型（热吸塑）或利用压缩空气将加热软化的硬片吹入成型模具内形成泡型（热吹塑）。一种热成型泡罩包装工艺流程图见图 6-23。

冷冲压成型工艺指在常温下利用冲头将硬片压入成型模具内，使其产生塑性变形形成泡型。另外，还有相对比较少见的热吹塑

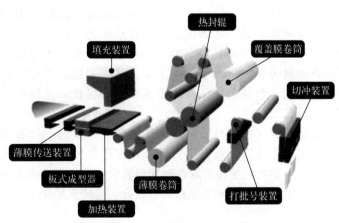

图 6-23　一种热成型泡罩包装工艺流程图

加冲头辅助成型，热成型与冷冲压相结合（又称热带型）的加工形式。在泡罩生产中，应基于风险管理的理念，结合泡罩所盛装的药品需要、泡罩基材本身特性进行风险评估和风险控制。

泡罩包装工艺设计应与药品生产工艺设计同步进行，药品生产企业应建立质量控制文件确保泡罩的泡型容积、壁厚、布局、泡罩板尺寸、密封面积、密封强度等可满足药品盛装、堆码、运输、储存等要求。单一或多品种共线的泡罩生产，生产线的机械设置和调节应有标准化的操作文件。

必要时，应根据泡罩开启方式对成品泡罩进行开启力等力学研究。通过力值测试考察成品泡罩是否存在虚封或无法剥离等情况，从而进一步对生产工艺进行优化，以确保泡罩既可正常开启又能满足药品质量安全控制要求。对其他特殊要求如易撕/折线设计、儿童阻开设计等，也应在产品开发时一并考虑。

二、贴体包装技术

（一）贴体包装及其特点

贴体包装（skin packaging）又叫真空贴体包装（vacuum skin packaging），已广泛应用于真空食品、日用器皿、文教用品、机械零配件、医疗器械、给药装置等的包装。贴体包装与泡罩包装的主要不同点有：以产品本身的形状作为模型（阳模），通过对覆盖其上的塑料膜（贴体泡）抽真空并加热，形成紧贴于产品的贴体泡罩，再使其与底板（卡纸板）热封粘合。

贴体包装特点包括：无需任何模具，可将产品一次密封包装成型，经济、高效；可对不同大小、不同形状的产品进行单独或组合包装，方便、灵活；包装产品清晰可见，立体感强、展示性好；产品紧密固定于薄膜和底板之间，防震、防潮、防尘效果好；与其他包装相比，由于产品紧贴薄膜，包装体积较小，可降低仓贮、运输成本。

要想达到预期的贴体包装效果，充分体现贴体包装的优越性，合理选择包装材料至关重要。用于贴体包装的材料有两类：贴体包装薄膜和底板。

贴体薄膜的一般要求包括：热塑性好，加热后易于软化；延伸性好，具有一定延伸率；抗刺穿、抗撕裂性优异，韧性好；透明度高；热封性好，与底板易于粘合。

此外，食品类产品真空贴体包装除必须达到上述一般要求外，还应具备以下条件：无毒、无污染、在包装内不散发有害气味，符合食品卫生要求；对气体、水蒸气、香味阻隔性能优异，有些食品还需要一定的透气性；包装肉类产品时抗油性优异；包装产品需冷冻储藏时，耐低温性良好。食品专用真空贴体包装薄膜有：①透气膜，透气度高、容易贴体成形，适合冷冻食品；②阻氧膜，对氧气高阻隔性，可有效延长食品保质期；③多层共挤膜，阻隔性能好，适合新鲜冷藏食品，主要用于全自动连续式贴体包装机。食品类产品真空贴体包装的底板要求：一是平板式底托，由塑料片材或纸塑复合材料制成；二是托盘，由塑料制成的具有一定形状的浅盘。

（二）贴体包装工艺

贴体包装的结构形式、组合方法和包装工艺技术与泡罩包装有相似之处。贴体包装的工艺过程为：将被包产品置于专用的底板（纸板或塑料片材）上，使覆盖产品的特制贴体塑料薄膜在抽真空作用下紧贴产品表面，并与底板封合。经贴体包装的产品，既受到良好的保护，又展示了其自然形态及外观。

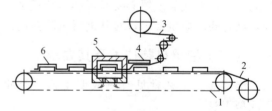

图 6-24　自动连续式贴体包装机工作原理图
1—输送带；2—塑料片材底托；3—贴体薄膜；
4—加热装置；5—真空室；6—包装成品

自动连续式贴体包装机的工作原理见图 6-24。从卷筒膜拉出的贴体薄膜及塑料片材底托由输送带同步步进送入真空室，上膜经过加热装置时被加热软化，进入真空室后覆盖在位于底托上的食品表面，在真空作用下上膜，随即紧贴食品，并与底托周边粘合，包装成品排出后进行分切。

（蒋曙光　周占威）

1. 请叙述药品包装技术的概念与分类。
2. 请查阅相关资料，叙述你发现的新包装技术及其特点。
3. 药品防伪有何意义？查阅资料，列举 2～3 个药品防伪包装，并叙述其防伪技术原理。
4. 请叙述无菌包装技术、防潮包装技术的概念与应用。
5. 制剂的定量分装、定量灌装有何意义？查阅相关资料，谈谈小容量液体灌装的难点与新技术。
6. 请结合 GMP 相关法规与文献，谈谈包装技术对于药品制剂的生产有何重要意义。

■■■■ 参考文献 ■■■■

［1］ 中华人民共和国卫生部. 药品生产质量管理规范（2010 年修订）（自 2011 年 3 月 1 日起施行）. 2010 年 1 月 17 日（中华人民共和国卫生部令第 79 号发布）. https：//www. gov. cn/gongbao/content/2011/content_1907093. html

［2］ 国家药典委员会. 中华人民共和国药典：2020 年版四部［M］. 北京：中国医药科技出版社，2020.

［3］ 国家药品监督管理局. 化学药品注射剂包装系统密封性研究技术指南（试行），2020.

［4］ 国家食品药品监督管理局药品认证管理中心. 无菌药品：药品 GMP 指南［M］. 2 版. 北京：中国医药科技出版社，2023.

［5］ 全国标准化委员会. 包装 药品包装的篡改验证特性（国家标准征求意见稿），2024.

［6］ 中国产学研合作促进会. 团体标准 TCABCSISA0012-2020 包装防伪通用技术要求，2020.

［7］ 孙智慧. 药品包装实用技术［M］. 北京：化学工业出版社，2005.

［8］ 孙智慧. 药品包装学［M］. 北京：中国轻工业出版社，2006.

［9］ D. K. Sarker. Packaging Technology and Engineering Pharmaceutical, Medical and Food Applications［M］. John Wiley & Sons Ltd，2020.

［10］ D. A. 迪安，E. R. 埃文斯，I. H. 霍尔. 药品包装技术［M］. 徐晖，杨丽，等译. 北京：化学工业出版社，2006.

第七章

药品包装机械设备

学习要求

1. 掌握：药品包装机械的概念、特点、作用与组成，粉针剂、水针剂、输液剂无菌包装设备的基本构造与工作原理。

2. 熟悉：药品包装输送机械、充填机械、药品泡罩包设备的基本种类、构造与工作原理。

3. 了解：药品包装机械设备的发展，自学了解吹灌封包装生产线、药品包装计算机化系统、药品包装车间 GMP 要求。

第一节 药品包装机械概述

一、包装机械与药品包装机械

包装机械是完成全部或部分包装过程的机器。其中包括：成型、充填、封口、裹包等主要包装工序，清洗、干燥、杀菌、贴标、捆扎、集装、拆卸等前后包装工序，以及转送、选别等其他辅助包装工序。药品包装机械（pharmaceutical packaging machinery）是完成药品直接包装和药品包装物外包装及药包材制造的机械及设备。药品包装机械是通用包装机械的一个分支，因此它同时具备包装机械的通用特征以及自身特点。

二、药品包装机械的特点

药品包装机械的特点如下：

① 大多数包装机械结构复杂，运转速度快，动作精度高。为满足性能要求，对零件的刚度和表面质量等均有较高的要求。

② 包装机械的自动化程度高，大部分已采用电脑控制等，操作人数少，实现了智能化。

③ 便于清洗，与药品和食品接触的部位要用不锈钢或经化学处理的无毒材料制成，药品包装机械必须符合药品 GMP 认证的要求，保证药品的安全性

④ 包装机械是特殊类型的专业机械，种类繁多，生产数量有限。为便于制造和维修，减少设备投资，在包装机的设计中应注意标准化、通用性及多功能性。

⑤ 包装机一般都采用无级变速装置，以便灵活调整包装速度、调节包装机的生产能力。因为影响包装质量的因素很多，诸如包装机的工作状态（机构的运动状态，工作环境的温度、湿度等）、包装材料和包装物的质量等。为满足生产需要，便于机器的灵活调整，包装机多采用无级变速装置。

三、药品包装机械的作用

药品包装是使药品进入流通领域的必要条件，而实现药品包装的主要手段就是使用药品包装机械。药品包装机械是使药品包装实现机械化、自动化的根本保证，其在现代医药工业生产中具有如下几点重要作用：

① 大幅提高生产效率，实现药品包装生产专业化。
② 降低工人的劳动强度，改善劳动条件。
③ 保证药品的卫生与安全，提高药品包装质量，提升市场销售的潜力。
④ 节约原材料，减少包装场地面积，降低产品成本，有利于保护环境。
⑤ 延长产品的保质期，方便产品流通。
⑥ 促进相关工业的发展。药品包装是一门涉及自动控制、设备等多学科的综合性科学，只有各个相关学科同步协调发展，药品包装机械的整体性能才能有所保证。另外，为适应包装机械高速包装的需要，其相关的前后工序也势必与之适应，从而推动了相关工序的同步发展。

四、药品包装机械的组成

药品包装机械由多个系统和机构组成，各组成要素之间运行关系如图 7-1 所示，组成要素通常分为以下 8 个部分。

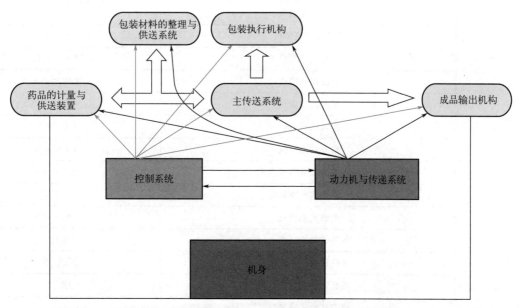

图 7-1　药品包装机械各组成要素间的运行关系示意图

（1）药品的计量与供送装置： 对被包装药品进行排列、整理及计量，并输送至规定包装工位的装置系统。

（2）包装材料的整理与供送系统： 将包装材料整理排列或定长切断，随后逐个输送至规定包装工位的装置系统。有些在供送过程中还起着对纸袋或包装容器的竖起、定型和定位作用。

（3）主传送系统： 把被包装药品以及被包装材料由一个包装工位顺序传送到下一个包装工位的装置系统。单工位包装机没有主传送系统。

（4）包装执行机构： 一种能直接进行裹包、充填、封口、贴标、捆扎和容器成型等包装操作的机构。

（5）**成品输出机构**：一种将包装成品从包装机上卸下、定向排列并输出的机构。有些机器由主传送系统或依靠成品自重卸下。

（6）**动力机与传送系统**：一种将动力机的动力与运动传递给包装执行机构和控制元件，使之实现预定包装行为的系统，其通常由机、电、光、液、气等多种形式的传动、操纵、控制以及辅助装置等组成。

（7）**控制系统**：由各种自动和手动控制装置组成，是现代药品包装机的重要组成部分，包括包装过程及其参数的测控、包装质量、故障与安全控制等。

（8）**机身**：用于固定和支撑相关零部件，保持其工作时规定的相对位置，并起一定的保护、美化外观的作用。

五、包装机械的分类和型号编制方法

（一）包装机械的分类与型号示例

GB/T 7311—2008《包装机械分类与型号编制方法》按照包装机械产品主要功能的不同对包装机械产品进行分类。药品包装相关机械及其术语可参见 GB/T 15692—2024《制药机械 术语》常见的包装机械分类与型号示例如表 7-1 所示。

表 7-1 包装机械的分类与型号示例

分类/代号	型式或名称	型号示例
充填机械/C	量杯式充填机	CL×××
	气流式充填机	CQ×××
	柱塞式充填机	CS×××
	螺杆式充填机	CG×××
	计量泵式充填机	CB×××
	插管式充填机	CA×××
	料位式充填机	CW×××
	定时式充填机	CD×××
	推入式充填机	CT×××
	拾放式充填机	CF×××
	重力式充填机	CZ×××
	净重式充填机	CJ×××
	毛重式充填机	CM×××
	单件计数式充填机	CJD×××
	多件计数式充填机	CJU×××
	转盘计数式充填机	CJP×××
	履带计数式充填机	CJL×××
灌装机械/G	等压灌装机	GD×××
	负压灌装机	GF×××
	常压灌装机	GC×××
封口机械/F	热压式封口机	FR×××
	熔焊式封口机	FH×××
	折叠式封口机	FZ×××
	压纹式封口机	FW×××

分类/代号	型式或名称	型号示例
封口机械/F	插合式封口机	FC×××
	滚压式封口机	FG×××
	卷边式封口机	FB×××
	压力式封口机	FY×××
	旋合式封口机	FX×××
	缝合式封口机	FF×××
	钉合式封口机	FD×××
	胶带式封口机	FJ×××
	粘合式封口机	FN×××
	结扎式封口机	FA×××
裹包机械/B	折叠式裹包机	BZ×××
	扭结式裹包机	BN×××
	接缝式裹包机	BJ×××
	覆盖式裹包机	BF×××
	缠绕式裹包机	BC×××
	拉伸式裹包机	BL×××
	收缩式裹包机	BS×××
	贴体式裹包机	BT×××
多功能包装机械/D	充填-封口机	DC×××
	灌装-封口机	DG×××
	开箱-充填-封口机	DKX×××
	开袋-充填-封口机	DKD×××
	开瓶-充填-封口机	DKP×××
	箱(盒)成型-充填-封口机	DXX×××
	袋成型-充填-封口机	DXD×××
	冲压成型-充填-封口机	DXC×××
	热成型-充填-封口机	DXR×××
	真空包装机	DZ×××
	充气包装机	DQ×××
	泡罩包装机	DP×××
贴标机械/T	粘合贴标机	TN×××
	套标机	TT×××
	订标签机	TD×××
	挂标签机	TG×××
	收缩标签机	TS×××
清洗机械/Q	干式清洗机	QG×××
	湿式清洗机	QS×××
	机械式清洗机	QJ×××

分类/代号	型式或名称	型号示例
清洗机械/Q	电解式清洗机	QD×××
	电离式清洗机	QL×××
	超声波清洗机	QC×××
干燥机械/Z	热式干燥机	ZR×××
	机械式干燥机	ZJ×××
	化学式干燥机	ZH×××
	真空干燥机	ZK×××
杀菌机械/S	热式杀菌机	SR×××
	超声波杀菌机	SC×××
	电离杀菌机	SL×××
	化学杀菌机	SH×××
	微波杀菌机	SW×××
捆扎机械/K	机械式捆扎机	KX×××
	液压式捆扎机	KY×××
	气动式捆扎机	KQ×××
	穿带式捆扎机	KD×××
	捆结机	KJ×××
	压缩打包机	KS×××
集装机械/J	集装机	JZ×××
	堆码机	JD×××
	拆卸机	JC×××
辅助包装机械/U	打码机	UM×××
	整理机	UL×××
	检验机	UJ×××
	选别机	UX×××
	输送机	US×××
	投料机	UT×××
包装容器及容器部件制造机械	制盖机	ZG×××
	制瓶机	ZP×××
	制罐机	ZG×××
	制桶机	ZT×××
	制袋机	ZD×××
包装材料制造机械	瓦楞纸板机械	WLB×××
	蜂窝纸板机械	FBJ×××
其他包装机械	现场发泡机	XFP×××

（二）包装机械的型号编制方法

1. 编制原则

根据包装机械分类与型号编制方法（GB/T 7311—2008），包装机械的型号应反映产品的类别、系列、品种、派生、规格和改进的全部信息，型号包括主型号及辅助型号两个部分。

2. 主型号的编制方法

主型号包括包装机械的分类名称代号和结构形式型号，必要时，也可在其后选加被包装产品、包装材料、包装容器或自动化程度等的选加项目代号。

主型号以其有代表性汉字名称的第一个汉字的拼音字母表示，如遇到重复字母时，可采用第二个汉字的拼音字母以示区别。也可用其汉语名称的几个具有代表性汉字的拼音字母组合表示。其中，字母 I 和 O 一般不使用。

3. 辅助型号的编制方法

辅助型号包括产品的主要技术参数、派生顺序代号和改进设计顺序代号。

主要技术参数用阿拉伯数字表示、应取其极限值。当需要表示二组及以上的参数时，可用"/"隔开。

派生顺序代号以罗马数字Ⅰ、Ⅱ、Ⅲ等表示。

改进设计顺序代号依次用英语字母 A、B、C 等表示。当辅助型号中无主要参数时，在主型号与派生顺序代号或改进设计顺序代号之间用短划线"-"隔开。第一次设计的产品无顺序代号。

4. 包装机械型号的编制格式

（1）编制格式

包装机械型号的编制格式如图 7-2 所示。

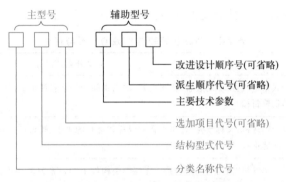

图 7-2 药品包装机械型号的编制格式

（2）编制示例

示例1：量杯式充填机

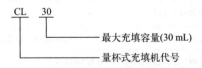

示例2：负压灌装机

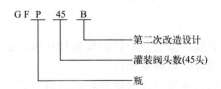

示例 3：等压灌装-封口机

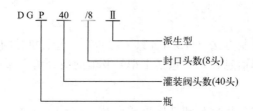

```
DGP    40    /8    Ⅱ
                    └──── 派生型
               └───────── 封口头数(8头)
         └──────────────── 灌装阀头数(40头)
└────────────────────────── 瓶
```

第二节　药品包装常用装置

一、药品包装输送机械

药品包装输送机是在一定线路上连续输送药品的搬运机械，又称药品包装连续输送机。输送机可进行水平、倾斜输送，也可组成空间输送线路，输送线路通常固定。输送机输送能力大，运距长，可在输送过程中同时完成若干工艺操作，应用非常普遍。

在实际应用中，既可采用单机输送方式，也可采用多机输送或与其他输送设备组成水平或倾斜的输送系统，以满足不同工艺布置形式的需要。

药品包装输送机械可按照以下三种分类方式进行分类（表 7-2）。

表 7-2　药品包装输送机械的分类与简介

分类方式	主要分类及简介
按运动方式分	带式输送机：由驱动装置、张紧装置、输送带间的构架和托辊组成，是一种摩擦驱动，以连续方式运输物料的运输机械
	螺旋输送机：又称蛟龙，适用于颗粒或粉状物料的水平、倾斜和垂直等输送形式。旋转的螺旋叶片可将物料向前推移，螺旋式前进输送
	斗式提升机：由均匀固定连接于无端牵引构件上的一系列料斗构成，具有运量大、提升高度高、运行平稳可靠、寿命长等显著优点
按有无牵引件分	具有牵引件的输送机：一般由牵引件、承载构件、驱动装置、张紧装置、改向装置和支承件等组成。此类输送机种类繁多，主要有带式输送机、板式输送机、斗式输送机、自动扶梯、自动人行道等
	不具有牵引件的输送机：其结构组成各不相同，用来输送物料的工作构件亦不相同。辊子输送机、螺旋输送机等属于此类输送机
按使用用途分	散料输送机械：主要包括带式输送机、螺旋输送机、斗式提升机、大倾角输送机等
	物料输送机械：主要包括流水线、悬挂输送线等
	升降机：主要包括气动升降机、齿条式升降机、辊道输送式升降机、剪叉式升降机等

（一）带式输送机

带式输送机由驱动装置、张紧装置、输送带中间的构架和托辊组成，其外形如图 7-3 所示。输送带作为牵引和承载部件，适用于连续输送散碎物料或成件品。

带式输送机是一种通过摩擦驱动以连续方式运输物料的机械。其可以将物料在一定的输送线上，从最初的供料点到最终的卸料点之间形成一种物料的连续输送。它既可以进行碎散物料的输送，也可以进行成

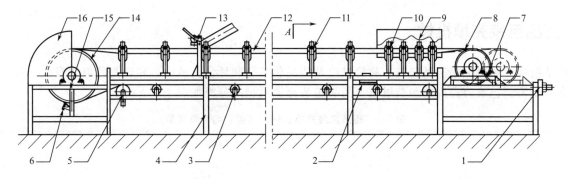

图 7-3　带式输送机的组成和工作原理示意图

1—带拉紧装置；2—空段清扫器；3—下轧辊；4—中间支架；5—改向滚筒；6—清扫器；7—尾架；8—改向滚筒；
9—导料箱；10—缓冲轧辊；11—上轧辊；12—输送带；13—卸料装置；14—传动滚筒；15—头架；16—头罩

件物品的输送；可以在原料堆下面的巷道里送料，还能把各堆不同的物料进行混合。物料可简单地从输送机头部卸出，也可通过犁式卸料器或移动卸料车在输送带长度方向的任一点卸料。除进行纯粹的物料输送外，带式输送机还可以与各工业企业生产流程中的工艺过程的要求相配合，形成有节奏的流水作业运输线。

（二）螺旋输送机

螺旋输送机又称绞龙，适用于颗粒或粉状物料的水平输送、倾斜输送、垂直输送等形式，其输送距离因地形不同而不同，一般为 2～70 m。螺旋输送机的外形如图 7-4 所示。

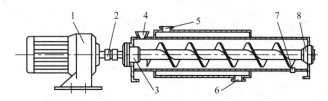

图 7-4　螺旋输送机的组成和工作原理示意图

1—减速机；2—联轴器；3，8—轴承座；4—进料口；5—冷却水出口；6—冷却水入口；7—出料口

螺旋输送机的输送原理如下所述：旋转的螺旋叶片将物料向前推移，实现螺旋式前进输送。提供物料与螺旋输送机叶片一起旋转的力是物料自身质量产生的压力与摩擦力和螺旋输送机螺旋叶片旋转时向前的推力。

螺旋输送机旋转轴的旋向决定了物料的输送方向，但一般螺旋输送机在设计时都是按照单向输送来设计旋转叶片的。当反向输送时，会大大降低输送机的使用寿命。

（三）斗式提升机

斗式提升机是利用均匀固定连接于无端牵引构件上的一系列料斗，竖向提升物料的连续输送机械，具有输送量大、提升高度高、运行平稳可靠、寿命长等显著优点。斗式提升机的外形如图 7-5 所示。

斗式提升机结构简单、运行平稳，可进行掏取式装料，混合式或重力卸料。其轮缘采用组合链轮，更换方便，链轮轮缘经特殊处理，寿命长，下部采用重力自动张紧装置，能保持恒定的张力，避免打滑或脱链，同时在料斗遇阻时有一定的容让性，有效保护运动部件。注意被运输物料温度不宜超过 250 ℃。

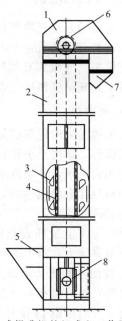

图 7-5　斗式提升机的组成和工作原理示意图

1—机头；2—机壳；3—料斗；4—牵引带；5—装料斗；
6—鼓轮；7—出料口；8—张紧装置

二、药品包装充填机械

药品包装充填机械是药品包装加料机械以及药品包装分装计量机械的总和,是能够将具有一定数量的包装物品充填到包装容器内的包装机械。药品包装充填机械的分类如表 7-3 所示。

表 7-3　药品包装充填机械的分类、名称与类型

分类	产品名称及类型	
充填机:将产品按预定量填充到包装容器内的机器	容积式充填机:将产品按预定容量充填到包装容器内的机器	量杯式充填机 气流式充填机 柱塞式充填机 螺杆式充填机 计量泵式充填机 插管式充填机
	称重式充填机:将产品按预定质量充填到包装容器内的机器	净重式称重充填机 毛重式称重充填机
	计数充填机:将产品按预定数目充填到包装容器内的机器	单件计数充填机 多件计数充填机 定时充填机 转盘计数充填机 履带式计数充填机
灌装机:将液体按预定量灌注到包装容器内的机器	负压灌装机:先对包装容器抽气形成负压,然后将液体充填到包装容器内的机器	
	常压灌装机:在常压下将液体充填到包装容器内的机器	
	等压灌装机:先向包装容器充气,使其内部气体压力和储液缸内的气体压力相等,然后将液体充填到包装容器内的机器	
	压力灌装机:是利用外部的机械压力将液体产品充填到包装容器内的机器	

（一）容积式充填机

将产品按预定的容量充填至包装容器内的充填机叫作容积式充填机。这类充填机适合于干料或黏稠状物料。主要机型有量杯式充填机、气流式充填机、柱塞式充填机、螺杆式充填机、计量泵式充填机和插管式充填机。

1. 量杯式充填机

量杯式充填机是采用定量的量杯量取产品并将其充填到包装容器内的机器,适用于小粒装、碎片状以及粉末状等流动性能良好的物料充填,计量范围通常在 200 ml 以下。实际生产中根据物料视比重稳定性的好坏,充填机的量杯又分为固定式和可调式两种。

图 7-6 所示为固定量杯式充填机。当下料闸门打开时,料斗 1 中的物料靠重力自由下落到装有量杯 5 和对应活门底盖 7 的圆盘 9 表面上积聚;当转盘主轴 8 带动圆盘旋转时,物料刮板 4 将物料推入量杯并将多余的物料刮走;当量杯转到卸料工位时,开启圆销 11 推开量杯活门底盖 7 使物料自由落下充填到正下方的容器中。该机械采用的量杯容量固定,若要改变容积量,则要更换量杯。

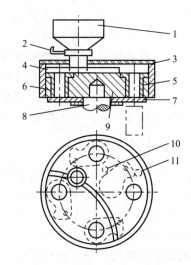

图 7-6　固定量杯式充填机示意图
1—料斗；2—下料闸门；3—外罩；4—刮板；
5—量杯；6—壳体；7—活门底盖；8—转盘主轴；
9—圆盘；10—闭合圆销；11—开启圆销

图 7-7 所示为可调容量式充填机。该机械中采用的量杯由上、下两部分组成，通过调节使活动量杯上下移动，从而改变组合量杯内的容量，不需更换量杯就可调节充填物料的容量。其适用范围、充填原理都与量杯式充填机相同。

2. 气流式充填机

气流式充填机是利用真空吸粉原理量取定量容积的产品，并采用净化压缩空气将产品充填到包装容器内的机器。该机计量精度高，可减少物料的氧化，主要用于医药、化工行业粉料的计量充填。对不同物料，其最佳的真空压力不同，这是因为当真空度过高时，某些物料会被压成粉末；当真空度过低时，物料松散达不到夯实效果，影响计量精度。

图 7-8 所示为气流式充填机。当匀速间歇转动的充填轮 4 中装料容腔与料斗 1 接合时，配气阀与真空管接通使装料容腔内形成真空，物料被吸入装料容腔；当物料随充填轮转到包装容器上方时，被配气阀输送来的压缩空气吹入包装容器中。

3. 柱塞式充填机

柱塞式充填机是采用可调节柱塞行程而改变产品容量的柱塞筒量取产品，并将其充填到包装容器内的机器。该机适用范围较广，粉料、颗粒料及黏稠类物料均可采用，但由于其工作速度较低，故不应用在要求较高速度的工作场合。

图 7-9 所示为柱塞式充填机。当柱塞推杆 1 向上移动时，由于物料的自重或黏滞阻力，使进料活门 3 向下压缩弹簧 2，物料则从活门与柱塞顶盘 5 之间的环隙进入缸体 6 的下部内腔；当柱塞 4 向下移动时，活门 3 在弹簧作用下关闭环隙，柱塞 4 下部的物料被柱塞压出并充填到容器中。

4. 螺杆式充填机

螺杆式充填机是通过控制螺杆旋转的转数或时间来量取产品，并将其充填到包装容器内的机器。该机械利用螺杆螺旋槽的容腔来计量物料，螺杆的每个螺距都有理论容积，因此只要准确控制螺杆的转数或旋转时间，就能获得较为精确的计量值。该机结构紧凑、无粉尘飞扬，并可通过改变螺杆参数来扩大计量范围，应用范围较广，主要用于流动性良好的粉料或小颗粒状物料或在出料口容易结块而不易落下的物料计量充填，不适用于充填易碎颗粒物料或密度变化较大的物料。

图 7-10 所示为螺杆式充填机。料斗 1 内插板 2 打开，由旋转的供料螺杆 3 以恒速供送出物料，当物料量达到要求后，插板 2 闭合，螺杆 3 停止转动，物料停止流下；容器到位后，闸门 7 打开，充填计量螺杆 6 转动将物料计量充填到下方的包装容器内；搅拌器 5 使物料在料斗内能不停转动，避免物料结块；充填完毕后，螺杆 6 停止转动，闸门 7 关闭。

5. 计量泵式充填机

计量泵式充填机是利用计量泵中齿轮的一定转数量取产品，并将其充填到包装容器内的机器。该装置适用于黏性体或流动性好的颗粒或粉状物料的计量。该机采用的计量泵可以是齿轮泵或转阀式计量泵。

图 7-11 所示为计量泵式充填机。当转鼓 3 的计量容腔经过料斗 4 的出料口时，存于料斗 4 中的物料靠重力自由落下充填进转鼓 2 的计量容腔，然后随转鼓 3 转到排料口 1 时，又靠重力自由排出充填入包装容器中，完成物料的计量充填。

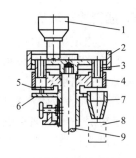

图 7-7 可调容量式充填机示意图
1—料斗；2—护圈；
3—固定量杯；4—活动量杯托盘；
5—活门；6—转盘；
7—下料斗；8—容器；9—转轴

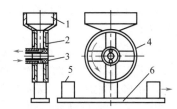

图 7-8 气流式充填机示意图
1—料斗；2—抽气座；3—密封垫；
4—充填轮；5—容器；6—托瓶台

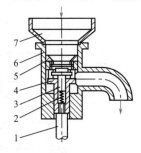

图 7-9 柱塞式充填机示意图
1—柱塞推杆；2—弹簧；
3—活门；4—柱塞；
5—柱塞顶盘；6—缸体；7—料斗

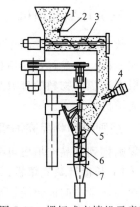

图 7-10 螺杆式充填机示意图
1—料斗；2—插板，3，6—螺杆；
4—料位检测器；5—搅拌器；7—闸门

6. 插管式充填机

插管式充填机是将内径较小的插管插入储粉斗中，利用粉末之间的附着力上粉，到卸粉工位由顶杆将插管中的粉末充填到包装容器内的机器。该机计量精度较低，主要应用于医药行业的小剂量药粉的计量充填。

图 7-12 所示为插管式充填机。工作时，先将内径较小的插管 1 插入具有一定粉层高度的储料槽 2 中，由于粉末之间及粉末与管壁之间都有附着力，所以当插管 1 上升被提起时粉末不会脱落掉下；当插管 1 转到卸料工位时，由顶杆 3 将插管中的物料推入容器 4 中。

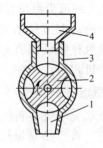

图 7-11　计量泵式充填机示意图
1—排料口；2—转鼓；
3—转鼓；4—料斗

（二）称重式充填机

一般来说，容积式充填机结构简单，操作方便，设备成本低廉，应用非常普遍。但是，它的计量精度（主要是物料的质量）并不高，特别是对一些流动性差、视比重变化较大或易结块产品的包装，往往效果更差。因此，对于计量要求较高的包装，通常采用按预定质量充填到容器中的称重式充填机。

称重式充填机分为净重式充填机和毛重式充填机两类。净重式充填机是一类事先称出产品的重量，随后再将产品充填入包装容器内的充填设备，其外形图如图 7-13 所示。如果充填过程中称量产品是连同包装容器一起进行的，则此种充填机叫作毛重式充填机，如图 7-14 所示。毛重式充填机一般用于易结块或黏滞性强的产品的包装，不适用于容器自身质量较大或容器质量变化较大的场合。

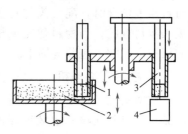

图 7-12　插管式充填机示意图
1—插管；2—储料槽；
3—顶杆；4—容器

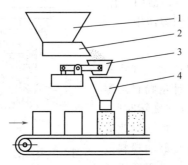

图 7-13　净重式充填机示意图
1—料斗；2—加料器；3—秤；4—漏斗

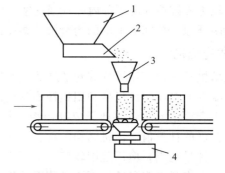

图 7-14　毛重式充填机示意图
1—料斗；2—加料器；3—漏斗；4—秤

（三）计数充填机

计数充填机是将产品按预定数目充填到包装容器内的机器，包括单件计数充填机、多件计数充填机、定时充填机、转盘计数充填机和履带式计数充填机。

根据充填时物料的排放是否具有一定的排列规则，计数充填机可分为规则排列物品充填机和杂乱无序物品充填机两大类。

1. 规则排列物品充填机

规则排列物品充填机可分为长度计数充填机、容积计数充填机和堆积计数充填机三大类。

（1）**长度计数充填机**：外形如图 7-15 所示，常用于长度固定的一些产品的计数充填。排列有序的物品 1 随输送带 2 向前输送，当物品的前端接触到挡板 5 时，微动开关 4 发出信号使横向推板 3 向前推送物品到包装容器中。推板 3 的横向固定长度确定了被包装物品的数量。

（2）**容积计数充填机**：外形如图 7-16 所示，常用于等径或等长类规则排列的物品包装。其结构简单但计量精度较差，主要用于低价格及计数允许偏差较大的场合。料斗 3 与定容箱 1 之间的闸门 2 打开时，物品从料斗 3 中下落到定容箱 1 中形成有规则的排列；当定容箱 1 内充满即达到了预定计量数时，闸门 2 关闭，同时定容箱 1 底门打开，物品就进入包装容器。

（3）**堆积计数充填机**：外形如图 7-17 所示，可将几种不同品种进行组合包装，每种各取一定数量（数量可以相等或不等）包装成一个大包；也可用于形状及大小有差异的物料小包计数充填。间歇运动的计量托体 3 每移动一格，料斗 1 中的物品 2 可对应地落送一个单元体至托体 3 中，托体 3 移动 4 次后，完成大包物品的充填。

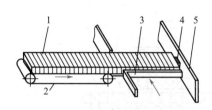

图 7-15　长度计数充填机示意图
1—物品；2—输送带；3—横向推板；
4—微动开关；5—挡板

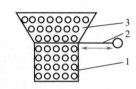

图 7-16　容积计数充填机示意图
1—定容箱；2—闸门；3—料斗

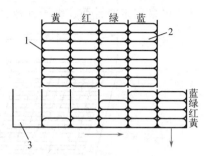

图 7-17　堆积计数充填机示意图
1—料斗；2—物品；3—托体

2. 杂乱无序物品充填机

杂乱无序物品的计数充填机主要用于颗粒状、块状等呈杂乱状排列的物品计数充填。常用的有转鼓式、转盘式、板条式等计数充填机。

（1）**转鼓式计数充填机**：外形如图 7-18 所示，主要用于规则小颗粒物品的集合包装计数充填。计数转鼓 2 转动时，料斗 4 中的物品充填入转鼓中的对应孔眼；充满物品的计量孔眼随转鼓转到出料口时，物品靠自重落到输送带上被送出或直接落入包装容器内完成计数充填。

（2）**转盘式计数充填机**：外形如图 7-19 所示，利用转盘上的计数板对产品进行计数，并将其充填到包装容器内。该机主要适用于规则小颗粒物品的集合包装计数充填。当转动的定量盘 2 上的小孔与料斗 3 底部接通时，料斗 3 中的物品落入小孔中（每孔一颗）；装满物品的每组小孔转到卸料槽 1 处时，物品从孔中落出，随卸料槽 1 充填入包装容器中。该机中定量盘 2 上的小孔计数额分为三组，互成 120°方位，当定量盘 2 上的小孔有两组进入装料工位时，另一组在卸料工位卸料。

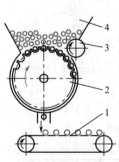

图 7-18　转鼓式计数充填机示意图
1—输送带；2—计数转鼓；3—拨轮；4—料斗

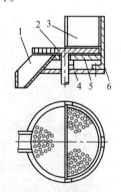

图 7-19　转盘式计数充填机示意图
1—卸料槽；2—定量盘；3—料斗；4—底盘；5—卸料盘；6—支架

（3）**板条式计数充填机**：外形如图 7-20 所示，是一架用板条组成的送料器，由链条驱动，板条上制有凹坑以容纳物料，凹坑形状与物料形状类似。每行板条上有十个凹坑，与前后凹坑排成十列；板条在进料器下面通过时，物料就自由或振动落下；每个凹坑内落入一个物料，多余的物料被刮到后面板条的凹坑中；当充填容器到充填工位时，落料槽内的物料充填入容器；板条停止运动，装好的容器被送走；下一批空的容器被送入定位后，再重复以上动作。图 7-20 中两排凹坑所带的物料被送到一个容器中，因而图示十列凹坑中的板条同时可充填五个容器。送入每个容器的物品数量可由每次充填所使用的排数和通过的板条数来决定。

（4）**推板式计数充填机**：外形如图 7-21 所示，适用于规则颗粒、块料或主体有规则形状的物品（如安瓿瓶）的计数充填。推板 5 从右向左移动时，推板 5 上的孔眼逐个通过供料槽出料口；当孔眼与供料槽上部料口正对时，物料靠重力落入孔眼中；推板 5 继续向左移动，弹簧 4 受到的压力更大，当弹簧弹力足以克服漏板 2 的摩擦阻力时，推板、漏板及弹簧一起左移直到被挡块 1 挡住，此时漏板孔恰好与供料槽下料口正对，推板继续左移，当三孔对齐时，推板孔眼中的物品经供料槽下料口充填入包装容器中。计数充填机还可采用定时计数、电子计数、高度计数等多种方法。

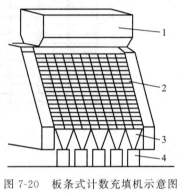

图 7-20　板条式计数充填机示意图
1—容器；2—滑槽；3—板条；4—进料器

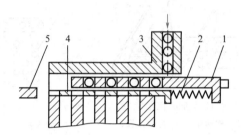

图 7-21　推板式计数充填机示意图
1—挡块；2—漏板；3—供料槽体；4—弹簧；5—推板

（四）灌装机

灌装机是用于液体、半固体制剂分装的一类包装机械，根据其工作原理，灌装机可分为负压灌装机、常压灌装机、等压灌装机和压力灌装机。

1. 负压灌装机

负压灌装机［外形如图 7-22（a）和（b）所示］主要用于不含气体类的液体灌装，由于灌装时处于真空状态，当瓶子破漏时灌装操作应立刻停止，以此减少损失以及药液对设备的污染。

负压灌装法对于瓶的规格要求较严格，因其定量由灌装嘴伸入待灌瓶的深度来决定，瓶的内腔容积变化直接影响定量准确度。负压灌装法使用方便，工作性能好，且容易调整。

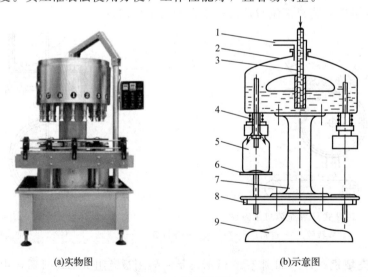

(a)实物图　　　　　　　　　(b)示意图

图 7-22　负压灌装机
1—接真空泵；2—贮液箱；3—进料管；4—灌装阀；5—瓶；6—瓶托；7—立轴；8—齿轮；9—机座

2. 常压灌装机

常压灌装机［外形如图 7-23（a）和（b）所示］一般为回转式，适用于灌装不含气的液体。其灌装阀根据结构不同，分为按重量定量灌装阀、按容积定量灌装阀以及控制液位定量灌装阀。

　　常压灌装机中的瓶托转盘 2 和贮液缸 6 固定在中心轴 7 上，使电机经减速器（示意图中未画）带动中心轴转动，瓶托盘 2 和贮液缸 6 绕中心轴旋转。瓶托除了绕中心轴公转外，还能有规律上升，停留和下降受固定不动的凸轮 1 控制。当放在瓶托上的瓶子在凸轮作用下往上升时，瓶口贴紧灌装阀的喇叭口，将阀门打开，液料由于自身重量流入瓶内，瓶子灌满时间取决于容器容积和液料黏度，由实验和计算确定。瓶子下降时，灌装阀阀门自动关闭。

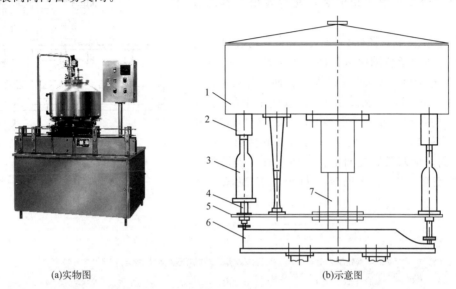

(a)实物图　　　　　　　　　　　　　　　　　(b)示意图

图 7-23　常压灌装机

1—凸轮；2—瓶托转盘；3—支撑轴；4—瓶托；5—灌装阀；6—贮液缸；7—中心轴

3. 等压灌装机

　　等压灌装机［外形如图 7-24（a）和（b）所示］是一种先向包装容器内充气，使其内部气体压力和储液缸内的气体压力相等，然后将液体充填到包装容器内的机器。

　　等压灌装机包括液缸 4、灌装阀 3、灌装程序控制磁柱 2 以及瓶托 1 等。设计灌装系统时，应力求在灌装过程中液体里溶解的气体逸出损失最小，故液缸结构不同于一般液体灌装机的贮液箱。该液缸为环形结构，液缸由进液管 5 与液泵接通，含气液体由液泵将其加压后送至液缸中，液缸环槽底部的圆周上安装若干灌装阀，液缸中的液体由灌装阀灌入瓶内。液缸的液位控制多采用浮子式液位控制器。

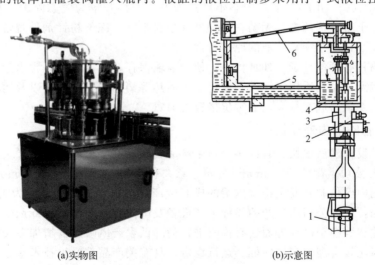

(a)实物图　　　　　　　　　　　　　　　　　(b)示意图

图 7-24　等压灌装机

1—瓶托；2—控制磁柱；3—灌装阀；4—液缸；5—进液管；6—进气管

4. 压力灌装机

压力灌装机，又称机械压力式灌装机，是一种利用外部的机械压力将液体产品充填到包装容器内的灌装机械。对于黏度较大、流动性差的药液，仅依靠其自身的重力作用下落灌装会使得药液的流动速度非常慢，造成灌装效率极低。对此类黏稠的药液采用压力灌装机灌装，能有效提升其灌装速度。

压力灌装机的示意图如图 7-25 所示。压力灌装机的电机经减速器、离合器（示意图中未标注）等传动元件带动传动齿轮 8，传动齿轮带动水平轴 10 经锥齿轮使工作台 6、液缸 2、固定在液缸上的活塞 4 及灌装阀 3、进瓶工作台 7、出瓶工作台 12 等机构转动。液缸下面装有活塞凸轮 11 和瓶托凸轮 9，以驱动活塞 4 和瓶托 5 向上移动和向下移动进行灌装。液缸旋转一周，活塞及瓶托向上移、向下移、停留各一次，每个工位各完成一次工作循环，每个工位灌满一个容器。

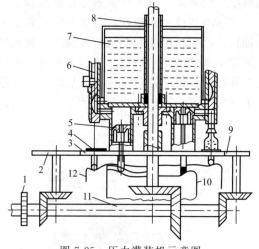

图 7-25　压力灌装机示意图

1—立柱；2—液缸；3—灌装阀；4—活塞；5—瓶托；
6—工作台；7—进瓶工作台；8—传动齿轮；9—瓶托凸轮；
10—水平轴；11—活塞凸轮；12—出瓶工作台

第三节　无菌制剂包装设备

一、粉针剂无菌包装设备

（一）粉针剂无菌包装概述

1. 粉针剂的概述

粉针剂是将药物与试剂混合后，经消毒干燥制成的粉状剂型。粉针剂制备过程中，溶剂在低温（−50～−30 ℃）、低压（6～10 Pa）下从固态不经过液态，直接升华为气态除去。根据制备原理，粉针剂分为无菌粉针剂和冻干粉针剂两类。无菌粉针剂外观呈粉末状；冻干粉针剂外观常呈块状，并且其质地疏松，加水后能迅速复溶，易于恢复药液的原有特性。

粉针剂形式的药物具有剂量准确，外观优良，便于运输保存，稳定性高，含水量低，产品中微粒物质少以及不易被氧化的特点，尤其适用于性质不稳定、不耐热等药物的生产制备以及运输存放。但是粉针剂形式的药物因制备工艺复杂，成本较高，通常价格较为昂贵。

2. 粉针剂生产设备的国内外现状

国外的粉针剂生产设备发展很快，有许多公司生产成套粉针剂生产联动线及单元设备。美国的 Acco-fil 公司、德国的 Bosch 公司、荷兰的 Caimalic 公司、意大利的 Zanasi Nigris、Farmomac 公司等都可提供成套生产线。目前，国内已仿制开发了符合国情的成套生产线及单元设备，已能为制药厂提供符合 GMP 规范的粉针装备，例如：国内公司所生产的粉针生产设备及国内自行研制的粉针剂生产装备。但国内的生产线在联动线的模块化、数控型设计方面还有待改进，为降低生产风险还需增加在线检测装置。国内研制的粉针剂生产装备价格比较合理，实用性好、运行稳定，且有关产品都经过技术鉴定，因此设计选用及用户选购数量较多。

3. 粉针剂包装的包装生产工艺

（1）**粉针剂玻璃瓶的清洗、灭菌和干燥**：根据 GMP 要求，粉针剂玻璃瓶必须达到玻璃瓶洁净度要求。经过冲淋或超声波清洗、用纯水清洗及最后一次用孔径 0.45 μm 滤膜滤过的注射用水清洗，同时洁净的玻璃瓶再经过 4 h 内灭菌和干燥，使玻璃瓶达到洁净、无菌、干燥、无热原的状态。粉针剂玻璃瓶的清洗、灭菌和干燥分别在专用的清洗设备和灭菌干燥设备中进行。

（2）**粉剂的充填及盖胶盖**：采用容积定量方式，按规定粉剂的剂量，通过装粉机构等量地将粉剂分装在玻璃瓶内，并在同一洁净度等级下将经过清洗、灭菌、干燥的洁净胶塞盖在瓶口上。此过程在专用的分装机上完成。

（3）**轧封铝盖**：用铝盖对装完粉剂、盖好胶盖的玻璃瓶进行再密封，防止药品变质、受潮。这一过程采用专用的轧盖机进行操作。

（4）**半成品检查**：粉针剂生产中，为保证粉针剂质量，在玻璃瓶轧封铝盖后要进行一次过程检验，其方式是目测，主要检查玻璃瓶有无破损、裂纹，瓶口是否盖紧胶塞，铝盖的包封是否完好，瓶内药粉剂量是否准确，瓶内有无异物等。

（5）**粘贴标签**：贴签机用于将带有药品名称、药量、用法、生产批号、有效期、批准文号、生产厂以及特定标识字样的标签规整、牢固地粘贴在玻璃瓶瓶身上。整机工作时能自动完成送瓶、送标、同步分离标签、贴标和自动打批号等贴标全过程。经检查符合要求的产品即为成品。

（6）**装盒与装箱**：为方便储运、销售及使用，粉针剂制成成品后以 10 瓶、20 瓶或 50 瓶为一组装在纸盒内并加封，最后装入纸箱。

（二）粉针剂包装容器的无菌处理设备

1. 抗生素玻璃瓶清洗机

受生产制造以及包装、贮运过程中各种因素影响，玻璃瓶的洁净度通常不符合粉针剂灌装使用的要求，因此分装粉剂之前必须对玻璃瓶进行严格的清洗灭菌。目前使用的洗瓶机根据其清洗原理，可分为毛刷洗瓶机和超声波洗瓶机两大类。

（1）**毛刷洗瓶机**：毛刷洗瓶机是一种应用较早的抗生素玻璃瓶洗瓶设备，其特点是结构简单、操作容易、运行及维护成本较低。毛刷洗瓶机可通过设备上设置的毛刷去除瓶壁上的杂物，从而达到清洗的目的。这种设备由于具有清洗效果不佳、用水用电量较大等缺点目前已较少在生产中使用。

① 主要结构：毛刷洗瓶机主要由输瓶转盘、旋转主盘、刷瓶机构、翻瓶轨道、机架、水气系统、机械传动系统和电气控制系统组成，其外形如图 7-26 所示。

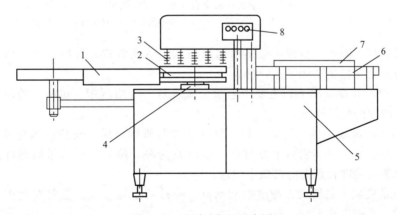

图 7-26　毛刷洗瓶机示意图

1—输瓶转盘；2—旋转主盘；3—刷瓶机构；4—机械传动系统；5—机架；6—翻瓶轨道；7—水气系统；8—电气控制系统

② 工作过程：通过人工或机械方法，将需要清洗的玻璃瓶瓶口向上送入输瓶转盘中，经过输瓶转盘整理排列成行输送到旋转主盘的齿槽中，经过淋水管时瓶内灌入洗瓶水，圆毛刷在上轨道斜面的作用下伸入瓶内以 450 r/min 的转速刷洗瓶内壁，此时瓶子在压瓶机构的压力下自身不能转动，待瓶子随主盘旋转脱离压瓶机构，瓶子在圆毛刷张力作用下开始旋转，经过固定的长毛刷与底部的月牙刷时，瓶外壁与瓶底得到刷洗。圆毛刷与旋转主盘同步旋转一段距离后，毛刷上升脱离玻璃瓶，玻璃瓶被旋转主盘推入螺旋翻

瓶轨道，在推进过程中瓶口翻转向下，经离子水和注射用水两次冲洗，再经洁净压缩空气吹净水分，而后翻瓶轨道将玻璃瓶再翻转使瓶口向上，送入下道工序。

（2）**超声波洗瓶机：**超声波洗瓶机是一种专用于清洗瓶子的设备，适用于规格为 2～100 ml 的抗生素玻璃瓶。超声波洗瓶机的自动化程度很高，能使瓶壁上的污物在空气的侵蚀、乳化、搅拌作用下，加以适宜的温度、时间，并在清洗用水的作用下被清除干净，以达到清洗的目的。

以适用的玻璃瓶规格为准，超声波洗瓶机可分为单一型和综合型两类。单一型超声波洗瓶机仅能清洗一种规格的玻璃瓶，而综合型超声波洗瓶机可清洗多种规格的玻璃瓶。若以清洗玻璃瓶传动装置的传送方式为准，超声波洗瓶机又可分为水平传动型和行列式传动型两大类。

① 水平传动型超声波洗瓶机：水平传动型洗瓶机是一类能使被清洗的玻璃瓶在传送过程中处在水平面内运动的洗瓶机，如 QCL 型全自动超声波洗瓶机，其适用于制药行业中对模制、管制抗生素玻璃瓶、安瓿瓶和口服液瓶的清洗。机体为立式转鼓结构，采用机械手夹瓶翻转和喷管往复跟踪，利用超声波清洗和水气交替喷射冲洗的原理，对容器逐个进行清洗。瓶子经过网带输送、超声波粗洗、螺杆输送、凸轮提升、机械手翻瓶、洗吹（包括两次循环水、一次过滤压缩空气、一次注射水、两次过滤压缩空气，共六次对瓶子进行清洗和吹干）、翻瓶、出瓶输送全过程；整个过程采用自动控制，清洗清洁程度高，碎瓶率低，通用性广，运行稳定，水、气管路不交叉污染，符合 GMP 质量认证体系的要求。QCL 型号全自动超声波洗瓶机如图 7-27（a）和（b）所示。

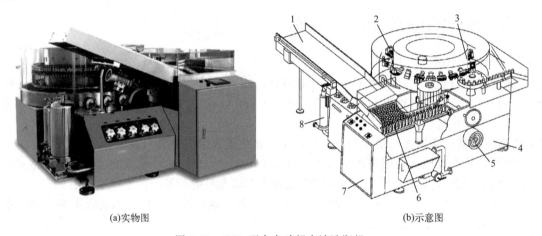

(a)实物图　　　　　　　　　　　　　　　　(b)示意图

图 7-27　QCL 型全自动超声波洗瓶机

1—送瓶机构；2—冲洗机构；3—出瓶机构；4—机身；5—主传动系统；6—清洗装置；7—控制装置；8—水气系统

超声波洗瓶机型虽有不同，其结构一般是由送瓶机构、清洗装置、冲洗机构、出瓶机构、主传动系统、水气系统、机身及电气控制系统等部分组成。

a. 送瓶机构：一般单独设置动力，主要由电机、减速器、输瓶网带、过桥、喷淋头等组成，是西林瓶排列并输送到清洗装置的传递机构。

b. 清洗装置：由超声波换能器、送瓶螺杆、提升装置等机构组成，安装在床身水槽中。当西林瓶在过桥上充满清水后，经过超声波换能器上方时进行超声波清洗，然后，利用送瓶螺杆连续输送到提升装置，由提升装置逐个送入冲洗转盘上的机械手中进行冲洗。

c. 冲洗机构：由带机械手的转盘、冲洗摆动圆盘、喷针装置等组成。主要对超声波清洗后的西林瓶进行冲洗、去除污垢，并初步吹干。

d. 出瓶机构：由出瓶拨盘、导轨、传动装置等组成。将冲洗、吹干过的西林瓶从机械手上接下来，再逐个输出到下道工序。

e. 主传动系统：由主电机、减速器、传动轴、凸轮、链轮系组成，安装在床身内部，向机器提供动力和扭矩。

f. 水气系统：由过滤器、阀门、电磁换向阀、水泵、水箱、加热器、排水管及导管组成，向机器提供清洗、冲洗、吹干用洁净水和压缩空气。

g. 机身：包括水槽、立柱、底座、护板及保护罩。为整机安装各种机构零部件提供基础。通过底座下的调节螺杆可调整机器的水平和整机高度。

h. 电气控制系统：由操作柜、驱动电路、调速电路、控制电路、超声波发生器、传感装置等组成，用以操作机器。

② 行列式传动型超声波洗瓶机：它是一类能使被清洗玻璃瓶在传送过程中处在行列式运动的垂直和水平面内运动的洗瓶机，如 KXP 型直线式洗瓶机，如图 7-28（a）和（b）所示。

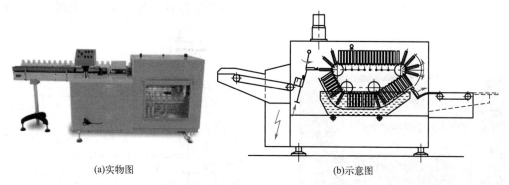

(a)实物图   (b)示意图

图 7-28　行列式传动型超声波洗瓶机

③ 超声波洗瓶机的工作方式：准备清洗的玻璃瓶瓶口向上放置在送瓶机构的网袋上，通过网袋成排连续地送入机身水槽中，经过过桥时被喷淋头喷水充满玻璃瓶，在通过超声波换能器上方时，瓶壁的污垢被清洗掉，再通过输瓶螺杆和提升装置，小瓶逐个被转动着的冲洗转盘上的机械手夹持。机械手翻转使瓶口向下，喷针装置上的喷针插入瓶内并与瓶同步运动，喷针喷出循环水、注射用水将瓶的内外壁冲洗干净，瓶上的残留水再经洁净压缩空气初步吹干。机械手再翻转使瓶口向上，当转到与出瓶机构接口时，机械手松脱，瓶子被拨瓶盘拨送至灭菌干燥机。

行列式传动型超声波洗瓶机的洗瓶工艺过程与上述水平传动型的洗瓶工艺过程基本相同，但机械结构完全不同，主要区别是超声清洗后玻璃瓶传递是行列成排进行的，而水平传动型依靠机械手单个连续运行的。

④ 超声波洗瓶机的工作原理：液体介质在超声波的机械振动作用下产生压缩和膨胀现象，液体内部产生拉力和压力的交替变化。在液体膨胀的过程中，存在拉力使液体产生分离，从而在液体内部产生小气泡。在液体温度较低时，形成的气泡几乎是真空的，这种过程叫作气穴现象（或叫空化现象）。在固体与液体的分界面，液体分子的内聚力受到干扰，最容易产生分离现象。另外，玻璃表面看起来光洁，但在微观上凹凸不平，这些不平的峰谷是气穴发源地。因此，在固体与液体的界面上气穴产生最多。紧接在膨胀起穴状态之后的是压缩状态，这时气泡将产生坍陷。在紧靠气穴的极小空间内将产生很高的压力及瞬时高温。这种微观的爆破压将产生相当可观的机械作用力。

概括地说，超声波的清洗原理就是：将物体完全浸入液体中，液体在超声波的作用下产生空化现象，气泡爆炸产生强烈的机械作用力，这种机械化力使得物体表面黏附牢固的污物脱落。实验证明，物体经过 30 秒左右的超声波处理后，其上粘附的所有灰尘，甚至熔结在表面的玻璃屑都能被清除下来。

超声波清洗效果由以下几方面因素决定：

a. 超声波强度：又称单位面积的声功率。功率越大，空化作用就越强，清洗效果也越好。功率大小主要由电功率大小决定，但也受电声转换能量损失及声波传递能量损失的影响。因此选择良好的电声转换材料、最短的声波传递距离是非常必要的。

b. 超声波频率：空化气泡的大小与频率成反比。频率越低产生的气泡越大，气泡爆破力越大。频率越高产生的气泡越小，爆破越小，但其产生的气泡数量却越多。所以，选择适当的频率也非常重要。研究资料表明，最佳空化作用的频率是在 20 ～ 40 kHz。

c. 清洗液的温度：温度越高，气穴产生越多，空化作用产生也越多。但由于温度越高蒸气压越大，气泡内压力增大，气泡爆破力降低。研究表明，液体在 50 ℃左右时空化效果最强，超声清洗效果最好。

2. 抗生素玻璃瓶灭菌干燥设备

洗净的抗生素玻璃瓶必须尽快地经灭菌干燥设备进行干燥和灭菌，使其达到干燥、无菌和无热原状态。灭菌干燥设备有两种型式，一种是柜式，另一种是隧道式。

① 柜式电热烘箱：柜式电热烘箱一般应用在小量粉针剂包装的玻璃瓶灭菌干燥工序，也可用于铝盖或胶塞的灭菌干燥。柜式电热烘箱如图 7-29（a）和（b）所示，它主要由不锈钢板制成的保温箱体、电加热丝、托架、风机、可调挡风板等组成。箱体前后可开门，并设有测温点、进风口和指示灯等。

洗净后的玻璃瓶整齐排列放入到底部的有孔放盘中，放置在托架上，通电启动风机并升温。当箱内温度升至 180 ℃并保持 1.5 h，即可完成玻璃瓶的灭菌干燥。停止加热，风机继续运转以对玻璃瓶进行冷却，当箱内温度降至比室温高 15～20 ℃时，烘箱停止工作。打开洁净室一侧的前门，出瓶并转入下道工序。

(a) 实物图

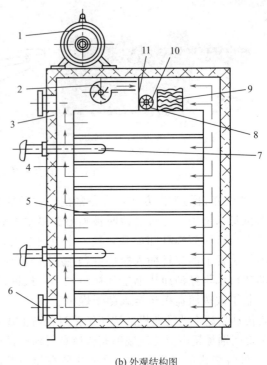
(b) 外观结构图

图 7-29　柜式电热烘箱

1—电机；2—风机；3—保温层；4—风量调节板；5—托架；6—进风口；7—温度计；8—排风调节板；9—电热丝；10—排风口；11—挡风板

② 隧道式灭菌干燥机：隧道式灭菌干燥即从玻璃瓶的输入、预热、加热灭菌干燥、冷却，直至小瓶输出都是连续进行的，其生产能力和自动化程度高，适合大中型制药厂粉针剂的大批量生产。目前，国内外制药厂使用的隧道式灭菌干燥机，根据加热方式的不同，分为净化热空气式和红外线辐射加热式两种。

净化热空气式称为隧道式热空气灭菌干燥机，其外观如图 7-30 所示。红外线辐射加热式通常称为隧道式远红外灭菌干燥机，其示意图如图 7-31 和图 7-32 所示。红外线辐射加热式灭菌干燥机常用于西林瓶的灭菌干燥，其生产能力为 280～780 瓶/min，可满足不同生产环境的需要。例如，SZK 系列远红外杀菌

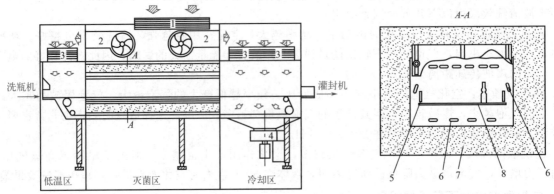

图 7-30　隧道式热空气灭菌干燥机结构示意图

1—过滤器；2—送风机；3—精密过滤器；4—排风机；5—竖直网带；6—电热管；7—隔热材料；8—水平网带

干燥机，如图 7-31 所示。机器采用远红外消毒原理对容器进行短时的高温灭菌，适用于制药公司口服液瓶、抗生素西林瓶等药用玻璃瓶的烘干灭菌，该机为整体隧道式结构，分为预热区、高温灭菌区、冷却区三个部分。

图 7-31　SKZ 系列远红外杀菌干燥机实物图

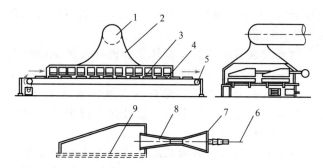

图 7-32　隧道式远红外灭菌干燥机结构示意图

1—排风管；2—罩壳；3—远红外发生器；4—盘装安瓿；5—传送链；
6—铁铬铝网；7—喷射器；8—通风板；9—煤气管

热空气灭菌干燥机采用空气净化技术，用流动热空气对抗生素玻璃瓶进行干燥、灭菌和冷却，机内设置有高效空气过滤器，可实现高洁净度，加热均匀，无低温死角，符合 GMP 要求。整个过程均在密封状态下进行，机内压力高于外界空气压力 5 Pa，使外界空气不能进入，这也是辐射式灭菌干燥机无法比拟的。

（三）粉剂分装机

粉剂分装机的功能是将药物定量灌入抗生素玻璃瓶中，并加上橡胶塞。这是无菌粉针剂生产过程中最重要的工序。根据计量方式的不同，粉剂分装机分为两种型式：一种为螺杆分装机，另一种为气流分装机。两类粉剂分装机均根据体积进行计量，因此药粉的黏度、流动性、比容积、颗粒大小和分布等都直接影响到装量的精确性，同时也影响到分装机构的选择。

完成装粉工作后及时盖塞是防止药品二次污染的有效措施，因此盖塞及装粉大多是在同一装置上先后进行的。轧封铝盖是防止橡胶塞绷弹的必要手段，但为了避免铝屑污染药品，轧封铝盖与前面的工序分开，或不在同室进行。

1. 螺杆分装机

螺杆分装机是一类利用螺杆的间歇旋转将药粉装入瓶内，达到定量分装目的的粉剂分装机。螺杆分装机的计量除与螺杆的结构形式有关外，关键是控制每次分装螺杆的转数，以此实现精确装量。螺杆分装机具有装量调整方便，结构简单，易于维护，且使用中不易产生漏粉、喷粉情况等的优点。

螺杆分装机一般由带搅拌的粉箱、计量分装头、胶塞振动料斗、输塞轨道、真空吸塞与盖塞机构、玻璃瓶输送装置、拨瓶盘及其传动系统、控制系统、机身等组成。因其分装原理实质是按体积定量的，因此药粉的流动性（静止角）、比容、颗粒的大小和均匀度都直接影响到装量的误差。螺杆分装机无需净化的压缩空气及真空泵等附属设备，再者它具有调节范围大、原料损失小等优点，如今它正逐步被应用于粉针生产中。

图 7-33 所示为一种螺杆分装头。粉剂置于粉斗中，粉斗下部有落粉头，其内部有单向间歇旋转的计量螺杆。当计量螺杆转动时，即可将粉剂通过落粉头下部的开口定量地加到玻璃瓶中。为使粉剂加料均匀，料斗内还有搅拌桨，连续反向旋转以输送药粉。动力通过步进电机、联轴器直接带动计量螺杆转动，通过控制定量螺杆转数，实现准确计量。搅拌桨动力通过另一部电机直接带动，使搅拌桨做逆时针连续运转。

螺杆分装机的装量情况通常受下列几个因素影响：

① 电脑控制系统的精度：目前螺杆分装机一般采用电脑控制电动机转数，进而控制药粉装量，因此智能电脑控制系统的精度对装量情况起决定作用。

② 螺杆分装机的螺杆：螺杆也是影响装量的一个方面，尤其是螺杆的螺距。理论上，螺杆的螺距越

小，装量相对越好。但由于药粉物理性质的影响，太小的螺距对于流动性不好的药粉来说，将影响装量，装量差异反而会越大。根据一般机器药粉的物质性质，选择螺距为 8～10 mm 的螺杆最为适宜。此外，螺杆叶片的角度也会影响装量。

③ 螺杆分装机的安装：螺杆分装机的安装也将影响装量。分装机的各部分机械连接都必须牢固且稳定。重新安装清洗后的分装机时，螺杆的安装位置尤其重要。螺杆的末端应与料斗出口平行。螺杆偏上或偏下，分装装量都不能精确。

④ 分量孔的尺寸：分量孔的尺寸也是影响装量的因素。分量孔太小将使从螺杆中出来的药粉不易下落到西林瓶中，进而引起堵嘴，致使装量不稳。分量孔太大，则将导致收不住药粉，起不到定量分装的作用。因此，适中尺寸的分量孔是确保装量精确的重要部分。

⑤ 分装所用原料药粉的物理性质：首先是药粉的流动性。流动性好的药粉易于分装，装量好差异小；流动性差的药粉，则不易于分装，装量差异大。但是，流动性过于大的药粉，同样不利于分装。因流动性太好，药粉可顺着螺杆的空隙向外漏，机器开启后，严重的撒药现象将影响装量。其次，药粉的比容也影响装量。比容小、体积大的药粉不易分装，装量差异大。相反，比容大、体积小的药粉，则易分装，装量差异小。螺杆分装机是按体积进行分装装量控制的，因此对比容的影响很大。此外，混合均匀的药粉相对易于分装，装量差异小，而混合不均匀的药粉装量则易受影响。

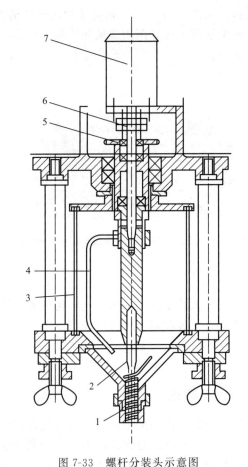

图 7-33 螺杆分装头示意图

1—落粉头；2—计量螺杆；3—粉斗；
4—搅拌桨；5—搅拌驱动轮；6—离合器；7—步进电机

2. 气流分装机

气流分装机的工作原理是利用真空吸取定量容积的粉剂，再通过净化干燥压缩空气将粉剂吹入玻璃瓶中。气流分装机的特点是：在粉腔中形成的粉末块直径幅度较大，装填速度快，一般可达 300～400 瓶/min，自动化程度高，装量精度高，因此此类分装机得到广泛使用。国外在 20 世纪 60 年代就已开始研制气流分装机，并且正逐步形成系列化。如德国的 AFG 160、AFG 320 A 气流分装机，意大利 ZETA-100、ZETA-150、ZETA-300 气流分装机等。通过不断地引进、消化和吸收，自 20 世纪 80 年代起，我国也开始自主生产气流分装机。如国内 QFZ 系列气流式粉剂分装机，如图 7-34 所示，适用于西林瓶粉剂的分装和上塞，通过更换不同规格的

图 7-34 QFZ 系列气流式粉剂分装机实物图

组件可以进行不同药剂量的生产，符合 cGMP 要求。气流式粉剂分装机还可以与其他设备连接组成自动化生产线，具有无瓶不分装、无瓶不加塞、分装计量精确等优点。

（1）典型气流分装机：AFG 320A 型气流分装机是我国目前引进最多的一种粉剂分装机。这种分装机主要由粉剂分装系统、盖胶塞机构、机身及主传动系统、输送瓶系统、拨瓶转盘机构、真空系统、压缩空气系统、电气控制系统和空气净化系统等部分组成。AFG 160 型的结构与 AFG 320A 型的结构基本相同，但是 AFG 160 型是单轨输瓶，AFG 320A 型则是双轨输瓶。AFG 系列气流分装机的示意图如图 7-35 所示。

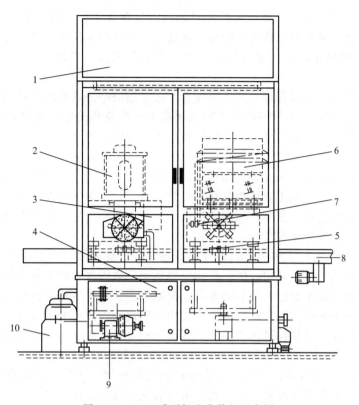

图 7-35 AFG 系列气流分装机示意图

1—层流控制系统；2—粉剂分装系统；3—压缩空气系统；4—电气控制系统；5—吸粉器；
6—盖胶塞机构；7—真空系统；8—拨瓶转盘机构；9—玻璃瓶输送系统；10—机身及主传动系统

① 粉剂分装系统：它是气流分装机的重要组成部分，其功能是盛装粉剂，通过搅拌和分装头进行粉剂定量，在真空和压缩空气辅助下周期性地将粉剂分装于瓶内。该系统主要由装粉筒、搅粉斗、粉剂分装头、传动装置、升降机构等组成。粉剂分装系统如图 7-36 所示。

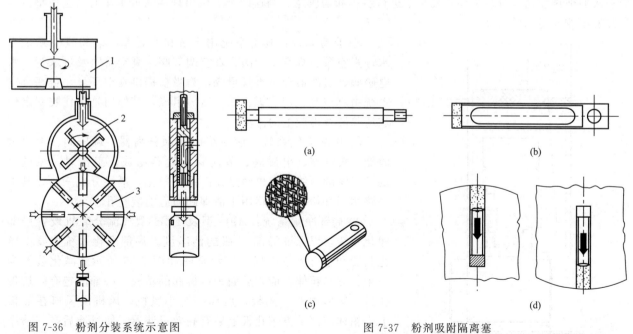

图 7-36 粉剂分装系统示意图

1—装粉筒；2—搅粉斗；3—粉剂分装头

图 7-37 粉剂吸附隔离塞

(a) 烧结金属活塞柱；(b) 烧结金属吸粉柱；(c) 隔离刷吸粉柱；(d) 吸粉和出粉示意图

粉剂分装头是气流分装机实现定量分装的主要构件。主体（分装盘）是由不锈钢制成的圆柱体，分装盘上有八等分分布单排（或两排）直径一定的光滑圆孔，又称分装孔。圆孔中有可调节的粉剂吸附隔离塞，通过调节隔离塞顶部与分装盘圆柱面的距离（即孔深）就可调节粉剂装量。分装盘后端面有与装粉孔数相同且和装粉孔相通的圆孔，靠分配盘与真空和压缩空气相连，实现分装头在间歇回转中的吸粉和卸粉。

粉剂吸附隔离塞有活塞柱和吸粉柱，其头部滤粉部分可用烧结金属或细不锈钢纤维压制的隔离刷，外罩不锈钢丝网，如图7-37所示。装量的调节由粉剂隔离塞在分装孔的位置确定，可调节吸粉柱端部螺杆在螺母上的位置或旋转吸粉柱端部的滑块嵌入有阿基米德曲线凹槽的装量调节盘的角度来实现装量调节。

影响粉剂分装误差的主要因素有：分装头旋转时的径向跳动使分装孔药面不平；分装头后端面跳动使真空、压缩空气泄漏或串通；分装头外圆表面粗糙而黏附药粉；分装孔内表面粗糙而粘附药粉；分装孔分度不准使药粉卸在瓶口外；分装孔不圆使得装量时药粉被吸走；分装头内腔八边形与轴线不垂直造成气体泄漏；粉剂隔离塞过于疏松或过于紧密；压缩空气压力不稳定使得粉体流量过大或过小；药粉的粒径、含水量、流动性的变化引起粉剂密度改变。

② 盖胶塞机构：塞胶塞机构主要由供料漏斗、胶塞料斗、振荡器、垂直滑道、喂胶塞器、压胶塞头以及其传动机构和升降机构组成。其中，供料机构主要用于存放胶塞；胶塞料斗用于转运胶塞；垂直滑道用于将从料斗运输来的胶塞送至滑道下边的喂塞器；喂塞器主要用于将垂直滑道送来的胶塞通过移位推杆进行真空定位，以吸除胶塞内的污物；压胶塞头主要用于实现压胶塞机的盖胶塞功能；传动装置用于实现压胶塞头的间歇转动、喂塞移位推杆进出以及压头摆动运动；升降机构则可用于调整盖塞头爪扣与瓶口的距离。

③ 机身及主传动系统：机身是由不锈钢方管焊接而成的框架、面板、底板和侧护板组成，下部有可调地脚，用于调整整机水平和使用高度。机身为整机安装机构提供支撑基础。

主传动系统主要由带有减速器、无级调速机构和电机组成的驱动装置、链传动、换向机构、间歇机构等组成，为装扮和盖塞系统提供动力。

④ 玻璃瓶输送系统：该系统由不锈钢丝制成的单排或双排输送网带及驱动装置、张紧轮、支撑梁、中心导轨和侧导轨组成，完成粉剂分装过程中玻璃瓶的输送。

⑤ 拨瓶转盘机构：拨瓶转盘机构安装在装粉工位和盖塞工位，主要由拨瓶盘、传动轴、八个等分啮合的电磁离合器以及刹车盘组成的过载保护机构等组成。其作用是通过间歇机构的控制，准确地将输送网带送入的玻璃瓶送至分装头和盖塞头下进行装粉和盖胶塞。当这两个工位出现倒瓶或卡车时，会使整机停车并发出故障显示的信号。

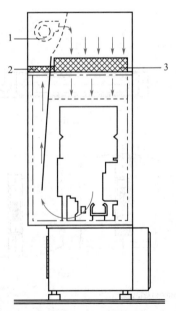

图7-38　气流分装机局部净化系统
1—风机；2—粗效过滤器；3—高效过滤器

⑥ 真空系统：真空系统用于装粉和盖塞。装粉真空系统由水环真空泵、真空安全阀、真空调节阀、真空管路及进水管、水电磁阀、过滤器和排水管组成，为吸粉提供真空环境。盖塞真空系统由真空泵、调节阀、滤气器等组成，其作用是吸住胶塞定位和清除胶塞内腔上的污垢。

⑦ 压缩空气系统：该系统由油水分离器、调压阀、无菌过滤器、缓冲器、电磁阀、节流阀及管路组成。工作时，经过过滤、干燥的压缩空气再经过无菌系统净化，最终分成三路，其中一路用于卸粉，另两路用于清理卸粉后的装粉孔。

⑧ 局部净化系统：AFG型及FZH型气流分装机设置局部净化系统，以保证局部A级的洁净度。局部净化系统主要由净化装置和平行流罩组成，其示意图如图7-38所示。净化装置为一个长方形箱体，前、后面为可拆卸的箱板，底部固定有两块带孔板，箱体内有一隔板，后部装有小风机，风机出风口在隔板上。箱体前部下方带孔板上装有高效过滤器，使过滤后空气洁净度达到百级；在风机进风口下部带孔板上装有粗效过滤器。平行流罩为铝合金型材并镶有机玻璃板构成围框，前后为对开门，坐落在分装机台面上，上部即为净化装置，使分装部分形成一个循

环空气流通的密闭系统。

（2）**气流分装机生产过程中的常见问题及解决方式**：气流分装机在粉针剂生产过程中常见的问题及相应的解决方式如下：

① 装量差异：造成装量差异的原因有真空度过大或过小，料斗内药粉量太少，隔离塞堵塞或活塞个别位置不准确。应对可能的原因逐一分析并加以排除。

② 缺罐：造成缺罐的原因是分装头内粉剂吸附隔离塞堵塞。应及时调换隔离塞。

③ 盖塞效果不佳：盖塞效果不佳指出现缺胶塞或胶塞从瓶口弹出等的情况。前者的原因是胶塞硅化不适或加盖部分位置不当，后者可能是由于胶塞硅化时硅油量过多或是容器温度过高，从而导致其内部空气膨胀所致。可采用调节盖塞部分的位置，减少硅油量或使瓶子温度降低后再使用的方式加以解决。

④ 机器停动：缺瓶、缺塞、防护罩未关好等因素均可造成不出车，应当按照故障指示灯的显示排除故障。

（四）粉针剂轧封铝盖包装设备

粉针剂一般均易吸湿，水分的存在可致药物稳定性下降，因此粉针剂在分装并塞胶塞后还应及时轧封铝盖，以保证瓶内药粉密封不透气，确保药物在贮存期内的质量。轧盖机是一种用铝盖对装完粉剂、盖好胶塞的玻璃瓶进行轧盖再密封的设备。铝盖分为中心孔铝盖、两接桥、三接桥、开花铝盖、撕开式铝盖和不开花铝盖。此外，还有铝塑组合盖。

轧盖机根据铝盖收边成形的原理可分为卡扣式和滚压式两类。卡口式轧盖机是利用分瓣上的卡口模具将铝盖收口并包封在瓶口上。分瓣卡口模已由三瓣式发展成八瓣式。滚压式成形是利用旋转的滚刀通过横向进给将铝盖滚压在瓶口上。滚压式轧盖机根据滚压刀的数量分为单刀式和三刀式。此外，轧盖机根据操作方式可分为手动、半自动和全自动。

轧盖机一般由料斗、铝盖输送轨道、轧盖装置、玻璃瓶输送装置、传送系统、机身和电气控制系统组成。图7-39为DGK系列轧盖机的联动生产线，该生产线由QCK系列立式超声波洗瓶机、SZK系列热风循环隧道灭菌烘箱和DGK系列轧盖机组成。本机为机电一体化高智能制药设备，产品性能稳定，操作简单可靠，外表美观，轧盖机不仅可以单独使用，还可以根据用户不同的工艺要求配置满足不同瓶子规格、不同生产产量的生产要求。

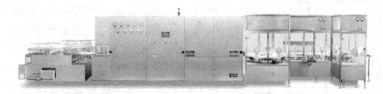

图7-39 DGK系列轧盖机的联动生产线实物图

1. 料斗

料斗是盛装待轧封的铝盖，并将铝盖以同一方向整理并送入铝盖输送轨道的装置。常见的料斗型式有振动料斗和带选择器的料斗。

（1）**振动料斗**：振动料斗由上部的料斗和下部的电磁振荡器组成。料斗为不锈钢锥底圆筒，内壁焊有平板螺旋轨道，直到圆筒上部，与外壁上的矩形盒轨道相接。内壁轨道靠近出口处设有识别器，将铝盖整理成一个方向。料斗在振荡器的振动作用下使铝盖沿着螺旋轨道爬行，整理成同一方向后进入外壁轨道，再利用外轨道的斜坡滚动进入铝盖输送轨道。目前，国内外大部分型号的轧盖机均选用振动料斗。

（2）**带选择器的料斗**：该种料斗是由不锈钢卧式半锥形料斗体和底部垂直放置的选择器两部分组成。选择器是一个外缘周边平面上有一圈均匀分布的凸三角形牙的圆盘和一侧面上有凹三角形牙的板状圆环构成。相对的两个三角形牙之间有一个适当的间隙，正好能使呈一定方向的铝盖通过。机器工作时，选择器转动将状态合适的铝盖送入输送轨道。

2. 铝盖输送轨道

铝盖输送轨道一般都是由两侧板、盖板和底板构成，上端与料斗铝盖出口相接，下端为挂盖机构，在

图 7-40　挂盖输送轨道实物图

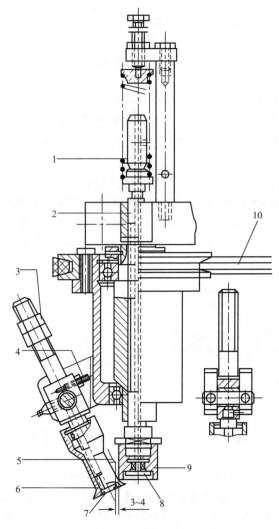

图 7-41　三刀头轧盖装置
1—压紧弹簧；2—导杆；3—配重螺母；4—止推螺钉；
5—刀头限定位置；6—刀头；7—螺塞；
8—直杆；9—压套；10—三角带

轧盖机上有斜放和竖直放两种。铝盖在轨道中的方向总是铝盖口对着瓶子的行进方向。挂盖机构设置在轨道的下部，活动的两侧板通过弹簧夹持和定位铝盖，使得铝盖倾斜处于一个合适的角度。工作时瓶子经过挂盖机构下方，将铝盖挂在瓶口上，再经过压板将铝盖压正。其挂盖输送轨道如图 7-40 所示。

3. 轧盖装置

轧盖装置是轧盖机的核心部分，其作用是在铝盖扣在瓶口上后，将铝盖紧密牢固地包封在瓶口上。轧盖装置分为三刀滚压式和卡口式两种型式，其中三刀滚压式轧盖装置又分为瓶子不动型和瓶子随动型两种型式。

（1）瓶子不动三刀滚压式轧盖装置：该轧盖装置由三组滚压刀头及连接刀头的旋转体、铝盖压边套、心杆和皮带轮组及电机组成。其轧盖过程如下：电机通过皮带轮组带动滚压刀头高速旋转，转速约 2000 r/min，在偏心轮带动下，轧盖装置整体向下运动，先是压边套盖住铝盖，只露出铝盖边沿待收边的部分，在继续下降过程中，滚压刀头在沿压边套外壁下滑的同时，在高速旋转离心力作用下向心收拢滚压铝盖边沿使其收口。三刀头轧盖装置如图 7-41 所示。

（2）瓶子随动三刀滚压式轧盖装置：该轧盖装置由电机、齿轮、七组滚压刀组件、中心固定轴、回转轴、控制滚压刀组件上下运动的平面凸轮和控制滚压刀离合的槽形凸轮等部分组成。其轧盖过程是：扣上铝盖的小瓶在拨瓶盘带动下进入到一组正好转动过来并已下降的滚压刀下，滚压刀组件中的压边套先压住铝盖，在继续转动中，滚压刀通过槽形凸轮下降并借助自转在弹簧力作用下，将铝盖收边轧封在小瓶口上。

（3）卡口式轧盖装置：该轧盖装置由分瓣卡口模、卡口套、连杆、偏心机构等部分组成。其轧盖过程是：扣上铝盖的小瓶由拨瓶盘送到轧盖装置下方间歇停止时，偏心轴带动连杆推动卡口模、卡口套向下运动，卡口模先行到达收口位置，卡口套继续向下，收拢卡口模瓣使其闭合，将铝盖收边轧封在小瓶口上。SQ、DQ、KZG等型号的轧盖机上的轧盖装置都属于该类型。

4. 玻璃瓶输送装置

由于轧盖原理不同，玻璃瓶输送的形式也不同。通常，玻璃瓶的输送装置根据轧盖装置的型式被分为两类。

（1）针对卡口式轧盖机：其玻璃瓶的输送依靠缓冲转盘的推动力将玻璃瓶送入轨道，进到拨瓶盘，轧完盖后再通过拨瓶盘拨入轨道输送出去。

（2）针对滚压式轧盖机：其玻璃瓶的输送采用单独设置玻璃瓶输送装置。该输送装置由不锈钢丝或塑料板制成的网带及驱动装置、张紧轮、支撑梁、导轨等构成，并将其整体安装在机身上，完成玻璃瓶的输送。有时根据联线整体布局需要，在此装置前入口端增设一个与其结构型式相同、长度短一些能活动的输瓶装置，也称前输瓶装置，两装置首尾采用铰链连接。联线时将活动的输送装置放在无菌分装室，以便操作人员需要时断开联动线。

5. 传动装置

尽管各类型的轧盖机整体结构有所差别，但其传动系统均由电机、调速装置、减速器、传动齿轮组或链轮系、传动轴、间歇机构、过载保护装置等部分构成。驱动拨瓶盘按规定进行动作，从输送网带上接过瓶子，完成扣盖、轧盖，再将玻璃瓶送入网带。

6. 床身

各类型的轧盖机都是由主体构架、面板、围板及可调地脚组成，用以支撑、安装其他装置。

7. 轧盖机的自动控制

一般结构比较简单的轧盖机不设置自控功能。而结构较为复杂的轧盖机都具有无瓶、倒瓶、卡车、铝盖供应不足的自动显示并停机的功能。

8. 轧盖装置运行稳定性的影响因素

轧盖装置运行稳定性的影响因素及其解决措施如下：

（1）扣盖不稳定：扣盖的质量好坏是轧盖机稳定运行的关键。为解决扣盖不稳定的问题，在调整过程中要减少瓶子楔入铝盖的深度以减少牵连运动的影响，并且两片弹簧压片的力以及压舌的高度一定要与之适应，否则会造成瓶子的胶塞被刮掉。经检验，这样调整后，扣盖的成功率能达到99％以上。

（2）轧刀不稳定：轧刀不稳定将会带来如下两种后果：①轧刀刀面磨损严重，导致轧刀更换频繁，加大了维护的成本及工作量；②轧刀容易松动，轧刀面极易离开基准面，造成调刀频繁，经常出现松盖现象，对成品质量造成较大影响。及时改变轧刀结构，适当调整瓶颈与轧刀接触圆锥面的角度是解决轧刀不稳定问题的关键措施。

（五）贴标签机

贴标签机是以黏合剂把纸或金属箔标签粘贴在规定的包装容器上的设备。粉针剂的贴标签机主要用于对粉针剂产品进行标识，在玻璃瓶的瓶身上粘贴产品标签。通常，贴标签机由放卷轮、缓冲轮、导向辊、驱动辊、收卷轮、剥离板及贴标辊这七个部分构成。经典贴签机有 TQ 400 型高速贴签机、ELN 2011 型贴签机、不干胶标签贴签机、CY-GDP24 全自动智能高速定位轮转式贴标机。

1. TQ 400 型高速贴签机

该机的性能与 EVWOI 型贴签机性能相近，是一种适用范围大、贴签速度高、综合性能强的粘贴标签设备。该机主要由玻璃瓶输送系统、供签机构、涂胶机构、打字机构、贴签机构、主传动系统、真空系统、机身和电气控制系统等组成。其结构示意图如图 7-42 所示。

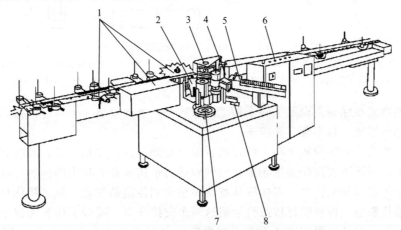

图 7-42　TQ 400 型高速贴签机

1—小瓶输送系统；2—涂胶机构；3—贴签机构；4—打字机构；5—供签机构；6—电气控制系统；7—主传动系统；8—真空系统

在机器工作时，签盒中排列整齐的标签通过供签系统中的吸签头利用真空吸出，经过传签辊传入打字机构打印批次号和生产日期或有效期字样，再传给贴签机构中的贴签辊，此时标签背面朝外被涂上一层由涂胶机构中的涂胶头送来的胶液，当标签由贴签辊带到与玻璃瓶接触后，由于玻璃瓶的滚动，就将标签粘贴在瓶身上，再经过抚平按牢，完成贴签过程。

整机的运动是通过主电机带动各个机构实现的。主传动系统采用无级调速，可调范围为 70～400 瓶/min，速度的选择可通过程控数显编码器预置。整机功能可实现无瓶不吸签、供签，无签不打字、不涂胶液。工作过程中可预置两种速度运行，高速用于贴签，低速用于调整，这是该贴签机的一个显著特点。

（1）供签系统：由签盒、吸签机构、传签辊、标签识别光电传感器组成。当传签辊无签通过时，标签识别传感器会发出信号使打字机构字头不接触标签，涂胶头离开标签、涂不上胶。

（2）涂胶机构：由胶盒、传胶辊、涂胶辊、涂胶头构成。涂胶头有两个对称扇状圆弧面，圆弧面的高度和圆弧展开长与标签的高度和宽度相匹配，所粘的胶面正好能涂满整个标签。它有两个运动：一是转动，在圆弧面与标签背面滚动接触中把胶传给标签；二是离开贴签辊的移动，当标签识别传感器发出无签信号时，它会被电磁铁拉开，不与标签接触。

（3）打字机构：由墨辊、传墨辊及安装架、字头辊（其内装有字头）和打字辊构成。工作时，字头辊中的字头与打字辊上的标签滚动接触，将字印在标签上。当标签识别传感器发出无签信号时，有一电磁铁将打字机构拉开使字头不与打字辊接触，实现不打字功能。

（4）贴签机构：由贴签辊、成组窄条传动按摩带、按摩带、固定按摩带组成。贴签辊上有爪钩和真空吸孔固定和传递标签。当玻璃瓶与带胶的标签接触后，窄条传动按摩带与固定按摩带的相对运动使玻璃瓶产生滚动，就牢固地把标签贴在瓶身上。

（5）主传动系统：由减速器的电机、无级调速装置、链传动、齿轮、传动轴、减速器等构成，为各系统和装置提供动力和运动。

（6）真空系统：由真空泵、管路、电磁换向阀组成，为供签系统、打字机构、贴签机构固定标签提供吸附真空。

2. ELN 2011 型贴签机

此种贴签机主要适用 7 ml 抗生素玻璃瓶，经简单改装也可适用其他规格玻璃瓶但范围不大，所以整机和装置的结构尺寸更为紧凑。ELN 2011 型贴签机如图 7-43 所示。

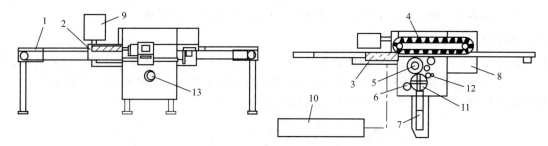

图 7-43　ELN 2011 型贴签机

1—玻璃瓶输送装置；2—挡瓶机构；3—操纵箱；4—主传动系统；5—电气控制柜；6—送瓶螺杆；7—贴签辊；8—涂胶机构；9—转动圆盘机构；10—打印机构；11—机身，12—V 形夹传动链；13—签盒

此种贴签机传签形式在结构上设置了一个转动圆盘机构，上面安装 4 个一样的摆动传签头，代替供签系统中的吸签机构和传签辊、打字辊、涂胶头。

传签过程是：传签头先在涂胶辊上粘上胶，随着圆盘转到签盒部位粘上签，当转到打字工位，印字辊就将标记印在标签上，再转下去与贴签辊相接，贴签辊通过爪钩和真空吸附将标签接过送至与瓶接触，把标签贴在瓶上。整个传签过程从传签头将标签从签盒中粘出到传给贴签辊，标签始终粘在传签头上，省去了从吸签头把签传给传签辊，传签辊再传给打字辊这两个交接环节，减少了传签失误率。

此种贴签机在结构上取消长固定按摩板和大按摩带，以带 V 形夹的传动链和小固定按摩板代替，使其结构紧凑。此外，此种贴签机无瓶不粘签、无签不打字的功能是通过气缸带动签盒和打字机构退让来实现的，动作平稳。

3. 不干胶标签贴签机

不干胶标签贴签机与涂胶贴签机整体结构基本相似，不同之处就是不干胶标签贴签机不设涂胶机构，设置了不干胶标签纸带与隔离塑料薄膜分开装置和定尺剪切机构。我国在线使用的不干胶标签贴签机均以计算机控制，并具有打印批次号功能。

4. CY-GDP24全自动智能高速定位轮转式贴标机

该机具有高速贴标功能，贴标过程由伺服电机驱动标签运行，单独电机驱动完成收纸。该机器所有部件采用封闭和防水设计，可保证所有轴承在干燥环境运行的同时隔绝粉尘。出标头采用双压辊结构，确保标签拉紧又避免了因底纸模切损伤而产生的断标现象，分段式离合器使张力更加均衡。CY-GDP24全自动智能高速定位轮转式贴标机如图7-44所示。

图7-44　CY-GDP24全自动智能高速定位轮转式贴标机

二、水针剂无菌包装设备

水针剂，又名注射剂，系将药物配制成水性或非水性溶液、悬浊液或乳浊液并灌装入安瓿或多剂量容器中而成的制剂。通常来说，要求在注射后能迅速起效的水针剂将以水性溶液或水的复合溶液形式配制，如水溶液中加入适量乙醇、丙二醇、甘油等。有些药物不宜制成水溶液，如遇药物在水中难溶、不稳定或为延长药效等的情况，可将药物制成油溶液、水或油混悬液、乳浊液，且一般仅供肌内注射用。

大多水针剂的包装采用玻璃安瓿，这是因为安瓿在灌装后能立即烧熔封口，可做到绝对密封并保证无菌，所以应用广泛。玻璃安瓿可分为单支安瓿和双联安瓿两大类。水针常用安瓿的规格有 1 ml、2 ml、5 ml、10 ml 和 20 ml 五种。

（一）水针剂容器处理设备

安瓿作为包装水针剂的容器，在其制造及运输过程中难免会有微生物及不溶性尘埃黏滞于瓶内。为避免这些污染在用药时带来的安全隐患，在灌装水针剂药液前必须进行洗涤，要求在最后一次清洗时，须采用经微孔滤膜精滤过的注射用水加压冲洗，再经灭菌干燥方能灌注药液。下面介绍常用的几种注射剂器处理设备。

1. 安瓿的洗涤设备

常用的安瓿洗涤设备主要有以下三种。

（1）**喷淋式安瓿洗瓶机组**：喷淋式安瓿洗瓶机组的结构示意如图7-45所示。这种机组由喷淋机、甩水机、蒸煮箱、水过滤器及水泵等机件组成。喷淋机主要由传送带、淋水板及

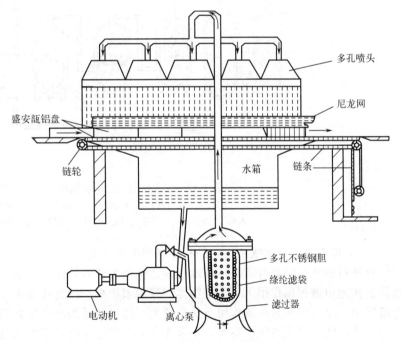

图7-45　喷淋式安瓿洗瓶机组示意图

水循环系统组成。这种生产方式的生产效率高，设备简单，曾被广泛采用。但这种方式存在占地面积大、耗水量多且洗涤效果欠佳等缺点，目前逐渐被更为高效的安瓿洗涤设备取代。

（2）**气水喷射式安瓿洗瓶机组**：这种机组适用于大规格安瓿和曲颈安瓿的洗涤，是目前水针剂生产上常用的洗涤方法。气水喷射式洗涤机组主要由供水系统、压缩空气及其过滤系统、洗瓶机三大部分组

成。洗涤时，利用洁净的洗涤水及经过过滤的压缩空气，通过喷嘴交替喷射安瓿内外部，将安瓿洗净。整个机组的关键设备是洗瓶机，而关键技术是洗涤水和空气的过滤，以保证洗瓶符合要求。

图 7-46（a）所示为目前应用较多的全自动 X-P100 型气水喷射式安瓿洗瓶机的外观实物图。图 7-46（b）为其内部结构实物图。

(a) 外观实物图　　　　　　　　　　(b) 内部结构实物图

图 7-46　X-P100 型气水喷射式洗瓶机

洗瓶机采用两水一气对安瓿瓶进行内外冲洗，安瓿送达位置时，针头插入安瓿瓶内，并向安瓿瓶内注入自来水洗瓶，继续对安瓿瓶补充纯化水或去离子水洗瓶，用无油压缩空气将安瓿瓶内的洗涤水吹去。进口凸轮分割器控制进瓶旋转工位，瓶子破损率低，运行稳定。本机结构紧凑，设计合理。

图 7-47 所示的是气水喷射式安瓿洗瓶机组的工作原理示意图。

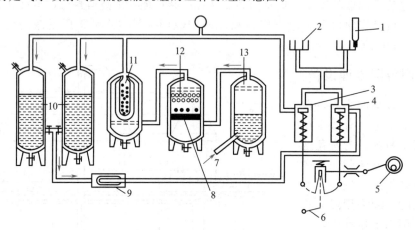

图 7-47　气水喷射式安瓿洗瓶机组工作原理示意图

1—安瓿；2—针头；3—喷气阀；4—喷水阀；5—偏心轮；6—脚踏板；7—压缩空气进口；
8—木炭层；9、11—双层涤纶袋滤器；10—水罐；12—瓷环层；13—洗气罐

（3）超声波安瓿洗瓶机：它是利用超声技术清洗安瓿新技术。在液体中传播的超声波能对物体表面的污物进行清洗。它具有清洗洁净度高、清洗速度快等特点。特别是对盲孔和各种几何状物体，洗净效果独特。在超声波振荡作用下，水与物体的接触表面将产生空化现象。所谓空化是在声波作用下，液体中产生微气泡，小气泡在超声波作用下逐渐长大，当尺寸适当时产生共振而闭合。在小泡湮灭时自中心向外产生微驻波，随之产生高压、高温，小泡涨大时会摩擦生电，于湮灭时又中和，伴随有放电、发光现象，气泡附近的微冲流增强了流体搅拌及冲刷作用。超声波的洗涤效果是其他清洗方法不能比拟的，当将安瓿浸没在超声波清洗槽中，它不仅保证外壁洁净，也可保证安瓿内部无尘、无菌，从而达到洁净度要求。

通常用连续操作的机器实现大规模处理安瓿的需求。运用针头单支清洗技术与超声技术相结合的原理就构成了连续回转超声清洗机，其工作原理如图 7-48 所示。

清洗流程是利用一个水平卧装的轴，拖动有 18 排针管的针鼓转盘间歇旋转，每排针管有 18 支针头，构成共有 324 个针头的针鼓。与转盘相对的固定盘上，于不同工位上配置有不同的水、气管路接口，在转

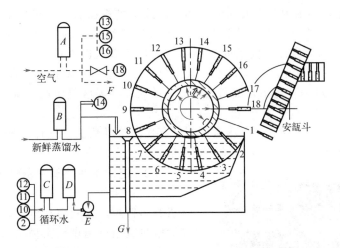

图 7-48　18 工位连续回转超声清洗机的洗瓶原理图

1—引瓶；2—注循环水；3，4，5，6，7—超声清洗；8，9—空位，10，11，12—循环水清洗；13—吹气排水；
14—注新蒸馏水，15，16—压气吹净；17—空位；18—吹气送瓶
A，B，C，D—过滤器；E—循环泵；F—吹除玻璃屑；G—溢流回收

盘间歇转动时，各排针头座依次与循环水、压缩空气、新鲜蒸馏水等接口相通。将安瓿排放在空中呈 45°倾斜的安瓿斗中，安瓿斗下口与清洗机的主轴平行，并开有 18 个通道。利用通道口的机械栅门控制，每次放行 18 支安瓿到传送带的 V 形槽搁瓶板上。传送带间歇地将安瓿送到洗涤区。

在底部装有超声振荡器的洗涤槽内装满洗水，洗涤槽内有溢流口，用以保持液面高度。新鲜蒸馏水（50 ℃）用泵送至 0.45 μm 微孔膜滤器 B，经除菌后送入超声洗涤槽，除菌后的新鲜蒸馏水还被引到接口 14，用以最后冲净安瓿内壁。

在超声水槽下部的出水口与循环水泵相连，用泵将循环水先后打入 10 μm 滤芯粗滤器 D 及 1 μm 滤芯细滤器 C，以去除超声冲洗下来的灰尘和固体杂质粒子，最后以 0.18 MPa 压力进入 2、10、11、12 四个接口。

由无油压缩机送来的 0.3 MPa 压缩空气，经 0.45 μm 微孔膜滤器 A 除菌后压力降至 0.15 MPa，通到接口 13、15、16 及 18 用以吹净瓶内残水和推送安瓿。

从图示的顺序看，安瓿被引进针管后先灌满循环水，而后于 60 ℃ 的超声水槽中经过五个工位，共停留 25 s 左右受超声波空化清洗，使污物振散、脱落或溶解。当针鼓旋转带出水面后的安瓿空两个工位再经三个工位的循环水倒置冲洗，进行一次空气吹除，于第 14 工位接受新鲜蒸馏水的最后倒置冲洗，而后再经两个工位的空气吹净，即可确保洁净质量。最后处于水平位置的安瓿由推送器推出清洗机。

一般安瓿清洗时以蒸馏水作为清洗液。清洗液温度越高，越可加速溶解污物。同时温度高，清洗液的黏度越小，振荡空化效果越好。但温度增高会影响压电陶瓷及振子的正常工作，易将超声能转化成热能，做无用功，所以通常将温度控制在 60~70 ℃ 为宜。

回转超声安瓿清洗机的特点：采用了多功能自控装置；以针鼓上回转的铁片控制继电器触点来带动水、气路的电磁阀启闭；利用水槽液位带动限位棒晶体管继电器动作以启闭循环水泵，从而控制循环水泵；预先调节接点压力式温度计的上、下限，控制接触器的常开触点闭合，使得电热管工作，保持水温。另有一个调节用电热管，供开机时迅速升温用，当水温达到上限打开常闭触点时，关闭用电热管。

2. 安瓿干燥灭菌设备

安瓿干燥灭菌设备是一种通过高温灭活安瓿内存在的生物粒子并除去安瓿瓶内残留的水分，起到对安瓿灭菌干燥作用的设备。安瓿经淋洗后只能去除稍大的菌体、尘埃及杂质粒子，还需通过干燥灭菌去除生物粒子的活性。常规工艺是将洗净的安瓿置于 350~450 ℃ 温度下保温 6~10 min，既能达到杀灭细菌和热原的目的，又可使安瓿干燥。干燥灭菌设备的类型有间歇式和连续式，所用能源有蒸汽、煤气及电热等。

（1）连续隧道式远红外煤气烘箱：远红外线是指波长大于 5.6 μm 的红外线，它是以电磁波的形式

直接辐射到被加热物体上，不需要其他介质的传递，因此该烘箱加热快、热损小，能迅速实现干燥灭菌。隧道式远红外烘箱是由远红外发生器、传送带和保温排气罩组成，其实物图如图 7-31 所示，其结构如图 7-32 所示。瓶口朝上的盘装安瓿由隧道的一端用链条传送带送进烘箱。隧道加热分预热段、中间段及降温段。预热段内安瓿由室温升至 100 ℃ 左右，大部分水分在这里蒸发；中间段为高温干燥灭菌区，温度达 350～450 ℃，残余水分进一步蒸干，细菌及热原被杀灭；降温区是由高温降至 100 ℃ 左右，而后安瓿离开隧道。

为保证箱内的干燥速率不致降低，在隧道顶部设有强制排风系统，及时将湿热空气排出；隧道上方的罩壳上部应保持 5～20 Pa 的负压，以保证远红外发生器的稳定燃烧。

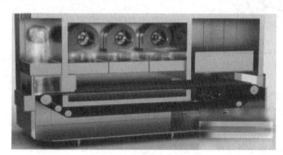

图 7-49　连续电热隧道灭菌烘箱实物图

（2）连续电热隧道灭菌烘箱：这种烘箱的基本结构与煤气烘箱相似，也为隧道式。可考虑与超声波安瓿清洗机和多针拉丝安瓿灌封机配套使用，组成联动生产线。连续电热隧道灭菌烘箱实物图如图 7-49 所示，其结构示意图参见图 7-30。烘箱由传送带、加热器、层流箱、隔热机架组成。各部分的结构和工作原理如下。

① 传送带为了将安瓿水平送入、送出烘箱和防止安瓿走出带外，传送带由三条不锈钢丝编织网带构成。水平传送带宽 400 mm，两侧垂直带高 60 mm，三者同步移动。

② 12 根电加热管沿隧道长度方向安装，在隧道横截面上呈包围安瓿盘的形式。电热丝装在镀有反射层的石英管内，热量经反射聚集到安瓿上，以充分利用热能。电热丝分两组，一组为电路常通的基本加热丝，另一组为调节加热丝，依箱内额定温度控制其自动接通或断电。

③ 该机的前后提供 A 级层流空气形成垂直气流空气幕，一则保证隧道的进、出口与外部污染隔离，二则保证出口处安瓿的冷却降温。外部空气经风机前后的两级过滤达到 A 级的净化要求。烘箱中段干燥区的湿热气经可调风机排出箱外，干燥区应保持正压，必要时由 A 级净化气补充。

④ 隧道下部装有排风机，并有调节阀门，可调节排出的空气量。排气管的出口处还有碎玻璃收集箱，以减少废气中玻璃细屑的含量。

⑤ 箱内温度要求以及整机或联机的动作功能的确保均需由电路控制来实现。如层流箱未开或不正常时，电热器不能打开。平行流风速低于规定时，自动停机，待层流正常时，方能开机。电热温度不够时，传送带电机打不开，甚至洗瓶机也无法运作。生产完毕停机后高温区缓慢降温，当温度降至设定值时，风机自动停机。

（二）安瓿灌封设备

将过滤洁净的药液，定量地灌注进经过清洗、干燥及灭菌处理的安瓿内并封口的过程称为灌封。注射液灌封是水针剂装入容器的最后一道工序，也是水针剂生产中最重要的工序。水针剂的质量直接受灌封区域环境和灌封设备的影响，因此，灌封区域是整个注射剂生产车间的关键部位，应具有严格的洁净度要求。同时，灌封设备的合理设计及正确使用也直接影响注射剂产品的质量。

药液的灌装和封口通常在同一台设备完成。目前采用的安瓿灌封设备主要是拉丝灌封机，共有三种规格：1～2 ml 安瓿灌封机、5～10 ml 安瓿灌封机和 20 ml 安瓿灌封机。但它们的结构并无多大的不同，下面介绍 1～2 ml 安瓿灌封机的结构及工作原理。

图 7-50 所示为 LAGI-2 安瓿拉丝灌封机的结构示意图。由图示的传动系统可知，该机由一台功率为 0.37 kW 的电动机 19，通过皮带轮 18 的主轴传动，再经蜗轮副、过桥轮、凸轮、压轮及摇臂等传动构件转换为设计所需的 13 个构件的动作，各构件之间均能满足设定的工艺要求，按控制程序协调动作。由图 7-50 可见，LAGI-2 安瓿拉丝灌封机主要执行机构是送瓶机构、灌装机构及封口机构。现分别对这三个机构的组成及工作原理介绍如下。

1. 安瓿送瓶机构

安瓿送瓶机构是将密集堆排的灭菌安瓿按照灌封机的要求，在特定的灌封机动作周期内，将固定支数

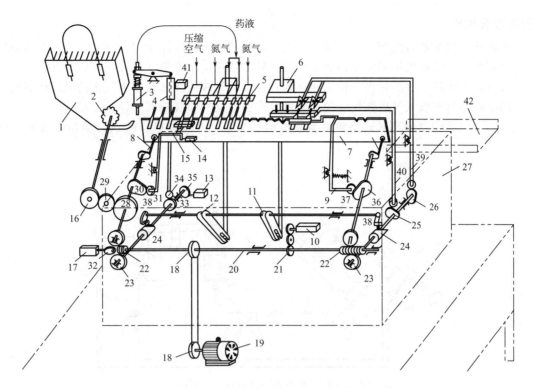

图 7-50　LAGI-2 安瓿拉丝灌封机结构示意图

1—进瓶斗；2—梅花盘；3—针筒；4—导轨；5—针头架；6—拉丝钳架；7—移瓶齿板；8—曲轴；9—瓶口压瓶机构；
10—移瓶齿轮箱；11—拉丝钳上、下拨叉；12—针头架上、下拨叉；13—气阀；14—行程开关；15—压瓶装置；
16，21，28—齿轮；17—压缩气阀；18—皮带轮；19—电动机；20—主轴；22—蜗杆；23—蜗轮；
24，25，30，32，33，35，36—凸轮；26—拉丝钳开口凸轮；27—机架；29—中间齿轮；
31，34，37，39—压轮；38—摇臂压轮；40—火头让开压轮摇臂；41—电磁阀；42—出瓶斗

的安瓿按一定的距离间隔排放在灌封机的传送装置处。图 7-51 所示为 LAGI-2 安瓿拉丝灌封机的送瓶机构示意图。将前工序洗净灭菌后的安瓿放置在与水平成 45°倾角的进瓶斗内，由链轮带动的梅花盘每转 1/3 周，将 2 支安瓿拨入固定齿板的三角形齿槽中。固定齿板有上、下两条，安瓿上下两端恰好被搁置其上而固定；并使安瓿仍与水平保持 45°倾角，口朝上，以便灌注药液。与此同时，移瓶齿板在其偏心轴的带动下开始动作。移瓶齿板也有上下两条，与固定齿板等距地装置在其内侧（在同一个垂直面内共有四条齿板，最上、最下的二条是固定齿板，中间二条是移瓶齿板）。移瓶齿板的齿形为椭圆形，以防在送瓶过程中将瓶撞碎。当偏心轴带动移瓶齿板运动时，先将安瓿从固定齿板上托起，然后越过其齿顶，将安瓿移过2 个齿距。如此反复完成送瓶的动作。偏心轴每转一周，安瓿右移 2 个齿距，依次通过灌药和封口二个工位，最后将安瓿送入出瓶斗。完成封口的安瓿在进入出瓶斗时，由于移动齿板推动的惯性力及安装在出瓶斗前的一块有一定角度斜置的舌板的作用，使安瓿转动并呈竖立状态进入出瓶斗。此外，偏心轴在旋转一周的周期内，前 1/3 周期是用来使移瓶齿板完成托瓶、移瓶和放瓶的动作；后 1/3 周期内，安瓿在固定齿板上滞留不动，以供完成药液的灌注和安瓿的封口。

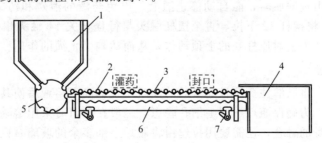

图 7-51　LAGI-2 安瓿拉丝灌封机送瓶机构示意图

1—进瓶斗；2—安瓿；3—固定齿板；4—出瓶斗；5—梅花盘；6—移瓶齿板；7—偏心轮

2. 安瓿灌装机构

安瓿灌装机构是将配制后的药液经计量后，以一定体积注入到安瓿瓶中的设备。为使设备适应不同规格、尺寸的安瓿要求，计量机构须便于调节。经计量后的药液使用类似注射针头装的灌注针灌入安瓿。因灌封是数支安瓿同时灌注，故灌封机应相应地有数套计量机构和灌注针头。为防止药品过快氧化，安瓿瓶内药液的上部空间通常充填氮气以取代空气。充氮操作通过氮气管线端部的针头完成。

图 7-52 所示为 LAGI-2 安瓿拉丝灌封机灌装机构示意图。该灌装机构的执行动作由以下三个分支机构组成。

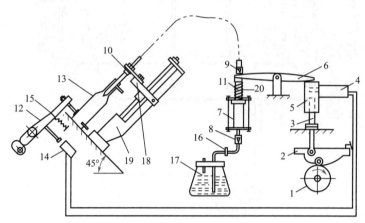

图 7-52　LAGI-2 安瓿拉丝灌封机灌装机构示意图

1—凸轮；2—扇形板；3—顶杆；4—电磁阀；5—顶杆座；6—压杆；7—针筒；8，9—单向玻璃阀；10—针头；11—压簧；
12—摆杆；13—安瓿；14—行程开关；15—拉簧；16—螺丝夹；17—贮液罐；18—针头托架；19—托架座；20—针筒芯

（1）凸轮-杠杆机构：它由凸轮 1、扇形板 2、顶杆 3、顶杆座 5 及针筒 7 等构件组成。它的整个工作过程如下。凸轮 1 的连续转动，通过扇形板 2，转换为顶杆 3 的上、下往复移动，再转换为压杆 6 的上下摆动，最后转换为针筒芯 20 在针筒 7 内的上下往复移动。完成针筒内的筒芯做上、下往复运动，将药液从贮液罐 17 中吸入针筒 7 内并输向针头 10 进行灌装。

实际上，这里的针筒 7 与一般容积式医用注射器相仿。所不同的是，在它的上、下端各装有一个单向玻璃阀 8 及 9。当针筒芯 20 在针筒 7 内向上移动时，筒内下部产生真空；下单向玻璃阀 8 开启，药液由贮液罐 17 中被吸入针筒 7 的下部；当筒芯向下运动时，下单向玻璃阀 8 关阀，针筒下部的药液通过底部的小孔进入针筒上部。针筒芯继续上移，上单向玻璃阀 9 受压而自动开启，药液通过导管及伸入安瓿内的针头 10 而注入安瓿 13 内。与此同时，针筒下部因筒芯上提而造成真空而再次吸取药液；如此循环完成安瓿的灌装。

（2）注射灌液机构：它由针头 10、针头托架 18 及针头托架座 19 组成。它的功能是提供针头 10 进出安瓿灌注药液的动作。针头 10 固定在针头架 18 上，随它一起沿针头架座 19 上的圆柱导轨做上下滑动，完成对安瓿的药液灌装。一般针剂在药液灌装后尚需注入某些惰性气体，如氮气或二氧化碳，以增加制剂的稳定性。充气针头与灌液针头并列安装在同一针头托架上，同步动作。

（3）缺瓶止灌机构：它由摆杆 12、行程开关 14、拉簧 15 及电磁阀 4 组成。其功能是当送瓶机构因某种故障致使在灌液工位出现缺瓶时，能自动停止灌液，以免药液的浪费和污染。在图 7-52 中，当灌装工位因故缺瓶时，拉簧 15 将摆杆 12 下拉，直至摆杆触头与行程开关 14 触头相接触，行程开关闭合，致使电磁阀 4 动作，使顶杆 3 失去对压杆 6 的上顶动作，从而达到了止灌的作用。

3. 安瓿拉丝封口机构

封口是指用火焰加热，将已灌注药液且充氮后的安瓿瓶颈部高温熔融后使其密封。加热时安瓿瓶需自转，使颈部均匀受热熔化。为确保瓶口不留毛细孔隐患，一般在封口时采用熔融拉丝封口的工艺方法。拉丝封口不仅是瓶颈玻璃自身的融合，还需要用拉丝钳将瓶颈上部多余的玻璃靠机械动作强力拉走，与安瓿自身的旋转配合操作，可保证成品封口严密不漏。此外，此法制得的成品封口处玻璃厚薄均匀，不易出现冷爆现象。图 7-53 所示为 SGS2/1-5 安瓿瓶熔封机外观示意图。

将传统的两体机改进为一体机，助燃气泵管需事先接插好，使用时，接通煤气或石油液化气，调整煤气和助燃气开关，即可得到均匀集中的火焰。加热安瓿时，可缓慢旋转摆放安瓿的圆形平台使瓶颈加热均匀，待软化时用镊子将安瓿瓶颈上端向上拉断，安瓿瓶颈下方即可光滑熔封。

图 7-53　SGS2/1-5 安瓿瓶熔封机外观示意图

安瓿拉丝封口机构由拉丝、加热和压瓶三个机构组成。拉丝机构的动作包括拉丝钳的上下移动及钳口的启闭。按其传动形式可分为气动拉丝和机械拉丝两种，其主要区别在于前者是借助于气阀凸轮控制压缩空气进入拉丝钳管路而使钳口启闭；而后者是通过连杆-凸轮机构带动钢丝绳从而控制钳口的启闭。气动拉丝机构的结构简单、造价低、维修方便，但亦存在噪声大并有排气污染等缺点；机械拉丝机构结构复杂，制造精度要求高，但它无污染、噪声低，适用于无气源的场所。

气动封口过程如下所述：

① 当灌好药液的安瓿到达封口工位时，由于压瓶凸轮-摆杆机构的作用，被压瓶滚轮压住不能移动，但由于受到蜗轮蜗杆箱的传动却能在固定位置绕自身轴线做缓慢转动。此时瓶颈受到来自喷嘴火焰的高温加热而呈熔融状态。与此同时，气动拉丝钳沿钳座导轨下移并张开钳口将安瓿头钳住，然后拉丝钳上移将熔融态的瓶口玻璃拉成丝头。

② 当拉丝钳上移到一定位置时，钳口再次启闭二次，将拉出的玻璃丝头拉断并甩掉。拉丝钳的启闭由偏心凸轮及气动阀机构控制；加热火焰由煤气、氧气及压缩空气的混合气体燃烧而得，火焰温度约1400 ℃，煤气压力≥0.98 kPa，氧气压力为 0.02～0.05 MPa。火焰头部与安瓿瓶颈的最佳距离为10 mm。安瓿封口后，由压瓶凸轮-摆杆机构将压瓶滚轮拉开，安瓿则被移动齿板送出。

4. 灌封过程中常见问题及解决办法

（1）冲液：冲液是指在灌注过程中，药液从安瓿内冲起溅在瓶颈上方或冲出瓶外的现象。冲液的发生会导致药液浪费、计量不准、封口处焦头或封口不严密等问题。

解决冲液现象主要可采用如下几种方法：①注液针头出口多采用三角形的开口，此设计能使药液在注液时沿安瓿瓶身进液，而不直冲瓶底，这样可减少液体注入瓶底的反冲力；②调节针头进入安瓿的位置，使其恰到好处；③加长针头吸液和注药的行程，不给药时行程缩短，保证针头出液先急后缓。

（2）束液：束液是指注液结束时针头上有液滴沾留挂在针尖上的现象。束液可导致安瓿瓶颈被液滴弄湿，既影响注射剂容量，又会出现焦头或封口时瓶颈破裂等问题。

解决束液现象可采用下列方法：①设计灌药凸轮，注液结束时能使液滴快速返回；②单向玻璃间设计有毛细孔，使针筒在注液完成后对针筒内的药液有微小的倒吸作用；③生产过程中可在贮液瓶和针筒连接的导管上夹一只螺丝夹，靠乳胶管的弹性作用控制束液。

（3）封口火焰调节：封口火焰的温度直接影响封口质量。火焰过大时，拉丝钳尚未下来，安瓿丝头已被火焰加热熔化并下垂，拉丝钳无法拉丝；火焰过小时，拉丝钳下来时瓶颈玻璃尚未完全熔融，最后将导致拉丝困难，或将整只安瓿拉起，均影响生产操作。此外，封口火焰调节不当，还可能导致"泡头""瘪头""尖头"等问题产生。

① 泡头："泡头"的产生及解决方法如下：a. 煤气太大、火力太旺导致药液挥发，需调小煤气火焰；b. 预热火头太高，可适当降低火头位置；c. 主火头摆动角度不当，一般摆动1～2°角；d. 压脚未到位，使得瓶子上爬，应调整上下角度的位置；e. 钳子位置过低，导致钳去的玻璃太多，玻璃瓶内药液挥发，压力增加而导致泡头，应将钳子位置适当提高。

② 瘪头："瘪头"的产生及解决方法如下：a. 瓶口有水迹或药迹，拉丝后因瓶口液体挥发，压力减小，外界大气压大而瓶口倒吸形成平头，可调节灌装针头的位置和大小，避免药液外冲；b. 回火火焰太大，使已圆口的瓶口重熔，应适当调小回火火焰。

③ 尖头："尖头"的产生及解决方法如下：a. 预热火焰太大，加热火焰过大，致使拉丝时丝头过长，可适当调小煤气量；b. 火焰喷枪离开瓶口过远，加热温度过低，应调节中层火头的位置，使其对准瓶口

并离瓶 3～4 mm；c. 压缩空气压力太大，造成火力过急，温度低于软化点，可将空气量适当调小。

综上所述，封口火焰决定封口质量。通常来说，封口温度设定在 1400 ℃，由煤气和氧气的压力控制，煤气压力＞0.98 kPa，氧气压力处于 0.02～0.05 MPa 范围内，火焰头部与安瓿瓶瓶颈之间的最佳距离为 10 mm。生产中拉丝火焰头前部还有预热火焰，当预热火焰使安瓿瓶瓶颈加热到微红时再移入拉丝火焰以熔化拉丝。有些灌封机在封口火焰后还设有保温火焰，使封好的安瓿缓缓冷却，以防止安瓿因骤冷发生爆裂。

（三）水针剂灭菌设备

为确保水针剂的内在质量，水针剂包装必须无菌并符合药典要求。灌封后的安瓿必须进行高温灭菌，以杀死可能混入药液或附在安瓿内壁的细菌，确保药品的无菌状态。最常使用的是湿热灭菌法，一般情况下 1～2 ml 水针剂多采用 100 ℃流通蒸汽 30 min 灭菌，10～20 ml 水针剂则采用 100 ℃流通蒸汽 45 min 灭菌。对于某些特殊的水针剂产品，则根据药物性质适当选择灭菌温度和时间。也可采用其他灭菌方法，如微波灭菌法和高速热风灭菌法。

灭菌工艺及其验证，可参阅 CDE 发布的《化学药品注射剂灭菌和无菌工艺研究及验证指导原则（试行）》（2020 年第 53 号）。

1. 热压灭菌箱

目前水针剂等的灭菌多采用卧式热压灭菌箱来进行灭菌，其结构如图 7-54 所示。热压灭菌箱箱体分内外两层，由坚固的合金制成。其外层涂有保温材料，箱内设有带轨道并分为若干的格车，格车上有活动的铁丝网格架。箱外附有可推动的搬运车，用于装卸灭菌安瓿。箱内装有淋水排管和蒸汽排管，箱体与外界连接的管道有蒸汽进管、排气管、进水管、排水管、真空管和有色水管等。灭菌箱门由人工开与关，因为是受压容器，箱外装有安全阀和压力表。

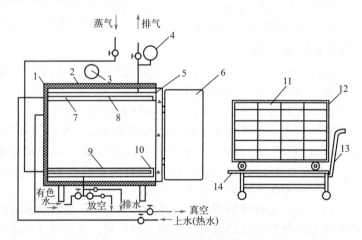

图 7-54　卧式热压灭菌箱结构示意图

1—保温层；2—外壳；3—安全阀；4—压力表；5—高温密封圈；6—箱门；7—淋水管；8—内壁；
9—蒸汽管；10—消毒箱轨道；11—安瓿（盘）；12—格车；13—搬运车；14—格车轨道

热压灭菌箱工作程序分为灭菌、检漏、冲洗三个部分。通常，灭菌消毒与检漏操作在同一个密闭容器中完成。利用湿热法蒸汽高温灭菌且未冷却降温之前，立刻向密闭容器内注入色水，将安瓿完全浸没其中后，安瓿瓶内的气体与药液遇冷形成负压。此时，封口不严的安瓿将出现色水渗入安瓿瓶内的现象，从而同时实现了安瓿的灭菌和检漏。

（1）**高温灭菌**：灭菌箱使用时先打开蒸汽阀，使蒸汽通入夹层中加热约 10 min，压力表读数上升到灭菌所需压力。同时，用小车将装有安瓿的格车沿轨道推入灭菌箱内，紧密关闭箱门并控制一定压力，当箱内温度达到灭菌温度时开始计时。灭菌时间到后首先关闭蒸汽阀，随后打开排气阀排除箱内蒸汽，至此灭菌过程结束。

（2）**色水检漏**：安瓿在灌封过程中有时会出现质量问题，如冷爆、毛细孔等，这些现象用肉眼难以分辨，因此安瓿灭菌之后有一道检漏工序，也在灭菌箱内进行。检漏的方法有两种。一种是真空检漏法，即在灭菌结束后先使安瓿温度降低，然后关闭箱门将箱内空气抽出，当箱内真空度达到 640～680 mmHg

（1 mmHg＝133.322 Pa）时，打开有色水管，将颜色溶液（常用0.05％亚甲基蓝或曙红溶液）吸入箱内，将安瓿全部浸没，由于压力关系，封口不严的安瓿内即进入颜色溶液，从而分辨出安瓿封口好坏。另一种方法是在灭菌后趁热直接将颜色溶液压入箱内，安瓿突然遇冷时内部空气收缩形成负压，颜色溶液也被漏气安瓿吸进瓶内，这样合格品与不合格品能够初步分开。

（3）**冲洗色迹：**检漏后安瓿表面留有色迹，此时淋水排管可放出热水冲洗掉这些色迹。至此，整个安瓿灭菌检测工序全部结束，安瓿从灭菌箱内用搬运车运出，干燥后剔除质量不合格的安瓿。

2. 双扉式程控灭菌检漏箱

双扉式程控灭菌检漏箱为卧式长方形，采用先进的立管式环形薄壁结构，双扉式程控灭菌检漏箱实物如图7-55所示。立管既能加强箱体的强度和刚性，又作为蒸汽的外通道，提高了结构强度。双扉门采用拉移式机械自锁保险，密封结构采用耐高温O形圈，利用特殊结构的气压推力使O形圈发生侧向位移，使双扉门达到自锁密封作用。双扉箱门可左右移开，也可制成上下移开。门的控制为手动与电气自控两种。当定位安排在程控时，有电气和机械连锁安全控制。当消毒室内压力处于−0.01～0.01 MPa范围外，门即自锁，不能打开，手控的误操作也不能打开门。箱内的压力依靠硅橡胶O形圈的密封得到保证。该机还设有手控点动开关与程控两种操作方式，程控可以按设定的温度、压力、真空度及持续时间的长短来操作，也可以按工艺要求用预先贮存的三种程序来安排生产。

图7-55 双扉式程控灭菌检漏箱实物图

双扉式程控灭菌检漏箱工作时，未消毒的产品从箱体的一端进入，经过箱内消毒灭菌后，在箱内大于700 mmHg真空时，注入与药液不同颜色的色水（红或蓝色），封口不密的安瓿便吸进色水，从而区别合格与不合格产品，灭菌品从箱体的另一个门取出，这样产品消毒前后严格分开，不会混淆。双扉式程控灭菌检漏箱使用过程中应注意定期校正各仪表的精度与准确性，对蒸汽、压缩空气的安全阀要定期按压力容器校正，并保持消毒箱内清洁。双扉式程控灭菌检漏箱是国内目前最先进的注射剂灭菌检漏设备。

3. 擦瓶机

安瓿经消毒检漏后，虽经热水冲淋，其外表面仍难免残留有水渍、色斑及其他影响印字等不清洁物质存在，个别破损的安瓿会将药水污溢于其他安瓿的外表面，为此工艺上设有擦瓶机。擦瓶机结构简单，其工作示意图如图7-56所示。

利用与水平面成60°倾角的进瓶盘，使安瓿具有自动下行的动力，在进瓶盘的下口设有一个等速旋转的拨瓶轮，将安瓿依次在拨瓶爪作用下单个进入宽度仅容一个安瓿通过的轨

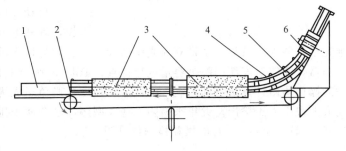

图7-56 擦瓶机工作示意图

1—出瓶盘；2—传送带；3—擦辊；
4—轨道栏杆；5—安瓿；6—拨瓶轮轨道

道。轨道底部有传送带，将安瓿缓慢送过两组擦辊部位。擦辊由胶棒及干绒布套或干毛巾套组成。擦辊轴水平卧置于安瓿轨道一侧的中间部位，它由链轮拖动旋转。当传送带将安瓿拖带到有擦辊处，受摩擦作用边自转边前进。两组擦辊中第一个擦辊的直径稍大，用于揩擦安瓿的中上部，第二个擦辊直径稍小用于揩擦安瓿的中下部，其直径差异应适于安瓿的颈部与瓶身直径的差异。经滚擦干净的安瓿又于轨道末端的出瓶盘集中贮存。

（四）水针剂的质检

在水针剂质量检查中，澄明度检查是保证水针剂质量的关键。水针剂生产过程中难免会带入一些异物，如未滤去的不溶物、容器、滤器的剥落物及空气中的尘埃等，其中橡胶屑、纤维、玻璃屑等在体内会

引起肉芽肿、微血管阻塞及肿块等不同的损坏。这些带有异物的水针剂通过澄明度检查加以剔除。经真空检漏、外壁洗擦干净的安瓿，通过一定照度的光线照射，用人工或光电设备可进一步判别是否存在破裂、漏气、装量过满或不足等问题。空瓶、焦头、泡头或有色点、浑浊、结晶、沉淀以及其他异物等不合格的安瓿，需加以剔除。

1. 人工灯检

人工灯检是一种依靠光源目测振摇后安瓿瓶内药液中运动微粒多少的检测方法。根据我国现行 GMP 规定，一个灯检室只能检查一个品种的安瓿瓶。人工灯检要求灯检人员的视力≥0.9（每年必须定期检测视力），采用 40 W 青光的日光灯为光源，工作台及背景为不反光的黑色。检测时，将安瓿置于检测灯下距离光源 200 mm 处并轻轻转动安瓿，目测药液内有无异物微粒，并根据《中国药典》的有关规定对不合格的安瓿加以剔除。

2. 异物光电自动检查机

半自动或自动安瓿异物检查机的原理是利用旋转的安瓿带动药液一起旋转，当安瓿突然停止转动时，药液由于惯性会继续旋转一段时间。在安瓿停转的瞬间，以束光照射安瓿，背后的荧光屏上即同时出现安瓿及药液的图像。利用光电系统采集运动图像中（此时只有药液是运动的）微粒的大小和数量的信号，再经电路处理可直接得到不溶物的大小和多少的显示结果，最后通过机械动作及时准确地将不合格安瓿输出导轨。

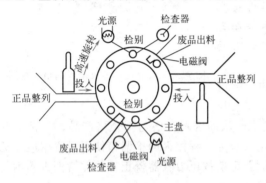

图 7-57 异物光电自动检查机示意图

自动安瓿异物检查机能够同时检查两个安瓿，也可用于一个安瓿接受两次检查，以提高检查精度。自动安瓿异物检查机如图 7-57 所示。与人工灯检方法相比较，光电检查机检出率为人工灯检的 2～3 倍，而漏检率降低为人工灯检的 1/2，误检率在人工误检率的范围之内，说明检测效果优于人工灯检。同时，光电检查机结构简单，操作维修方便，可以代替人工操作，减轻工人劳动强度。但由于安瓿中微粒越少，光电检查机的漏检率就越高，必须采用二次检查，因此机器检查速度较慢，且机器对有色安瓿检测灵敏度很低，有待进一步改进。

自动检出设备主要利用散射光信号检测注射剂中的微粒，其外形如图 7-58 所示。Eisai 结合利用光电晶体管和纤维光学，并安装有另一个带有前光源的检查台、较易检出不透明或黑色的微粒；Brevetti 则利用一排光电检测器，能够对安瓿的整个容量进行检查；Takeda 则是利用电导摄像仪平行检查多个样品。由于这些设备的操作均由计算机自动控制，降低劳动强度，避免了人为因素对检出的影响，同时这些设备的检出速率也大大快于人工检出。近年来国内一些大型药厂已全面采用智能微粒检测仪器来代替人工灯检，检验效果良好。国产 JWG-6A 智能微粒检测仪见图 7-59。

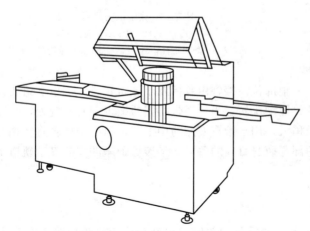

图 7-58 Eisai 微粒自动检查机外形图

图 7-59 JWG-6A 智能微粒检测仪

（五）水针剂外包装设备

安瓿的印字包装是水针剂生产的最后工序。灯检、热源、pH 等检验合格的安瓿还需在瓶身上印刷药品名称、含量、批号、有效期以及商标等标记。并将印字后的安瓿每 10 支装入贴有明确标签的纸盒里。印包机应包括开盒机、印字机、装盒关盖机、贴签机四个单机联动而成。印字包装生产线的生产工艺流程如图 7-60 所示。

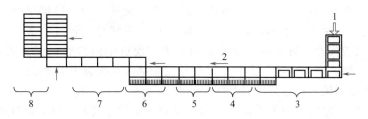

图 7-60　印包生产线流程示意图

1—贮盒运输带；2—传送带；3—开盒区；4—安瓿印字理放区；5—放说明书；6—关盖区；7—贴签区；8—捆扎区

1. 开盒机

国家标准中安瓿的尺寸是有一定的规定的，因此包装安瓿用的纸盒的尺寸、规格也是标准的。开盒机的结构和工作原理如图 7-61 所示。

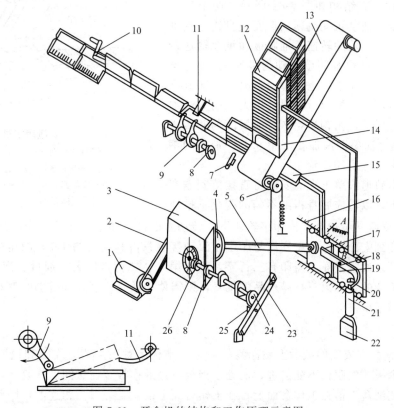

图 7-61　开盒机的结构和工作原理示意图

1—马达；2—皮带轮；3—变速箱；4—曲柄盘；5—连杆；6—飞轮；7—光电管；8—链轮；9—翻盒爪；10—翻盒杆；
11—弹簧片；12—贮盒；13—贮盒输送带；14—推盒板；15—往复推盒板；16—滑轨；17—滑动块；18—返回钩；
19—滑板；20—限位销；21—脱钩器；22—牵引吸铁；23—摆杆；24—凸轮；25—滚轮；26—伞齿轮

在开盒机上有两个推盒板组件 14、15，它们均受滑轨 16 约束。装在贮盒输送带 13 尽头的推盒板 14 靠大弹簧 A 的作用，可将成摞的纸盒推到与贮盒输送带相垂直的开盒台上去，但平时由与滑板 19 相连的返回钩 18 被脱钩器 21 上的斜爪控制，推盒板并不动作。往复推盒板 15 下面的滑动块 17 受连杆 5 带动做往复运动，其往复行程即是一只盒长。受机架上挡板的作用，往复推盒板每次只推光电管 7 前面的，也是一摞中最下面的与开盒台相接触的一只盒子。

当最后一只盒子推走后，光电管 7 发出信号使牵引吸铁 22 动作，脱钩器 21 的斜爪下移，返回钩 18 与脱钩器脱离，弹簧 A 将带动推盒板 14 推送一摞新的纸盒到开盒台。当推盒板向前时，小弹簧 B 将返回钩拉转，钩尖抵到限位销 20 上，同时返回钩 18 另一端与滑动块 17 上的撞轮接触。同时滑动块 17 受连杆 5 作用已开始向后移动，并顶着推盒板 14 后移，返回钩 18 的钩端将滑过脱钩器的销子斜面，将返回钩锁住。当滑块再向前时，返回钩将静止不动。

往复推盒板 15 往复推送一次，翻盒爪在链轮 8 的带动下旋转一周。被推送到开盒台上的纸盒，在一对翻盒爪 9 的压力作用下，使盒底上翘，并越过弹簧片 11。当翻盒爪转过了头时，盒底的自由下落将受到弹簧片 11 的阻止，只能张着口被下一只盒子推向前方。前进中的盒底在将要脱开弹簧片下落的瞬间，遇到曲线形的翻盒杆 10 将盒底张口进一步扩大，直到完全翻开，至此开盒机的工作已经完成。翻开的纸盒由另一条输送带送到印字机下，等待印字及印字后装盒。

翻盒爪的材料及几何尺寸要求极为严格。翻盒爪需有一定的刚度和弹性，既能撬开盒口，又不能压坏纸盒。翻盒爪的长度太长，将会使旋转受阻；翻盒爪若太短，又不利翻盒动作。

2. 印字机

灌封、检验后的安瓿需在安瓿瓶体上用油墨印刷药品名称、有效日期、产品批号等，否则不许出厂和进入市场。安瓿印字机除在安瓿上印字外，还应完成将印好字的安瓿装入纸盒的工序，其结构如图 7-62 所示。两个反向转动的送瓶轮按一定的速度将安瓿逐只自安瓿盘输送到推瓶板前，即送瓶轮。印字轮的转速及推瓶板和纸盒输送带的前进速度同步运行。做往复间歇运动的推瓶板 11 每推送一只安瓿到橡皮印字轮 4 下，也相应地将另一只印好字的安瓿推送到开盖的纸盒 2 槽内。油墨是用人工的方法加到匀墨轮 8 上。通过对滚，由钢质轮 7 将油墨滚匀并传送给橡皮上墨轮 6。随之油墨即滚加在字轮 5 上，带墨的钢制字轮再将墨迹转印给橡皮印字轮 4。

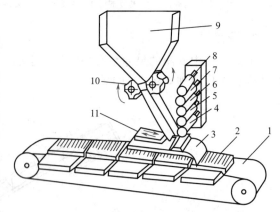

图 7-62　安瓿印字机结构示意图
1—纸盒输送带；2—纸盒；3—托瓶板；4—橡皮印字轮；
5—字轮；6—上墨轮；7—钢质轮；8—匀墨轮；
9—安瓿盘；10—送瓶；11—推瓶板

由安瓿盘的下滑轨道滚落下来的安瓿将直接落到镶有海绵垫的托瓶板 3 上，以适应瓶身粗细不匀的变化。推瓶板 11 将托瓶板 3 及安瓿同步送至橡皮印字轮 4 下。转动着的橡皮印字轮在压住安瓿的同时也拖着其反向滚动，油墨字迹就印到安瓿上。由于安瓿与印字轮滚动接触只占其周长的 1/3，故全部字必须在小于 1/3 安瓿周长范围内布开。通常安瓿上需印有三行字，其中第一、二行是厂名、剂量、商标、药品名等字样，是用铜版排定固定不变的，而第三行是药品的批号，则需使用活版铅字，准备随时变动调整，这就使字轮的结构十分复杂且需紧凑。

3. 贴签机

图 7-63 所示是向装有安瓿的纸盒上贴标签的贴签机结构示意图。装有安瓿和说明书的纸盒在传送带前端受到悬空的挡盒板 3 的阻挡不能前进，而处于挡板下边的推板 2 在做间歇往复运动。当推板向右运动时，空出一个盒长使纸盒下落在工作台面上。在工作台面上纸盒是一只只相连的，因此推板每次向左运动时推送的是一串纸盒同时向左移动一个盒长。胶水槽 4 内存贮有一定液面高度的胶水。由电机经减速后带动的大滚筒回转时将胶水带起，再借助一个中间滚筒可将胶水均布于上浆滚筒 6 的表面上。上浆滚筒 6 与左移过程中的纸盒接触时，自动将胶水滚涂于纸盒的表面上。做摆动的真空吸头 7 摆至上部时吸住标签架上的最下面一张，当真空吸头向下摆动时将标签一端顺势拉下来，同时另一个做摆动的压辊 10 恰从一端将标签压贴在纸盒盖上，此时真空系统切断，真空消失。由于推板 2 使纸盒向前移动，压辊的压力即将标签从标签架 8 上拉出并被滚压平贴在盒盖上。

当推板 2 右移时，真空吸头及压辊也改为向上摆动，返回原来位置。此时吸头重新又获得真空度，开始下一周期的吸签、贴标签动作。

贴标签机的工作要求送盒、吸签、压签等动作协调。两个摆动件的摆动幅度需能微量可调，吸头两端的真空度大小也需各自独立可调，方可保证标签及时吸下，并且不致贴歪。

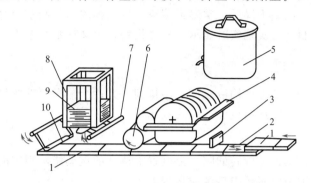

图 7-63　贴签机结构示意图

1—纸盒；2—推板；3—挡盒板；4—胶水槽；5—胶水贮槽；6—上浆滚筒；7—真空吸头；8—标签架；9—标签；10—压辊

三、输液剂无菌包装设备

输液剂，又称大容量注射液，是指由静脉以及胃肠道以外的其他途径滴注入人体内的无菌制剂，输入的剂量通常在 100 ml 以上，甚至数千毫升。输液剂根据包装容器内药液的种类，分为电解质输液、胶体输液、营养输液以及含药输液四大类。

输液剂的生产流程可如下所述：玻璃输液瓶由理瓶机整理后，经转盘送入外洗瓶机刷洗玻璃瓶外表面。随后，玻璃输液瓶由输送带输送入内洗瓶机（如滚筒式清洗机、箱式洗瓶机）进一步清洗玻璃瓶的内表面。洗净的玻璃瓶直接进入灌装机，按要求灌装药液后立刻封口和灭菌。灭菌结束后的成品进行贴签、机打批号以及装箱操作。

输液剂的生产过程以及质量要求基本与溶剂型注射剂相同，但由于输液剂的容量远大于注射剂，其生产过程中还有一些专用的设备。此外，为防止外界空气污染，配制输液的配药车间需要封闭，并设有满足要求的空气输入与排出系统，保证空气洁净。配药用器具、输液泵等应该使用诸如 0Cr18Ni9Ti 等指定的钢材制备。设备内腔需光滑无死角，易于蒸汽灭菌。配药罐及整个工艺管线要求封闭操作。下面将主要介绍输液剂生产过程中的洗瓶、灌装以及灭菌等包装设备。

（一）胶塞清洗机

胶塞清洗机有两种基本形式，一种是国外的容器型机组，相当于我国的 JS 型机组；另一种是国外的水平多室圆筒型机组，相当于我国的 MJK 型机组。它们的特点是集胶塞的清洗、硅化、灭菌、干燥于一体，全过程电脑控制，国内均有引进。目前，我国已研制生产出可用于大输液的丁基橡胶塞和西林瓶橡胶塞的清洗机。

1. 容器型清洗机

容器型清洗机为圆筒型，上端为圆锥形，下端为椭圆形封头，封头与圆筒连接处有筛网分布板，清洗器通过水平悬臂轴支撑于机身，容器可以摆动或旋转 180°。胶塞、洁净水、蒸汽、热空气均可通过悬臂轴进入清洗器内。操作时，用真空吸入橡胶塞、注入洁净水，同时从下方间断地通入适量无菌空气，对胶塞进行沸腾流化状清洗，容器也左右各做 90°的摆动，使附着于胶塞上的杂质迅速洗涤排出；灭菌时，采用纯蒸汽湿热灭菌 30 min，温度为 121 ℃；干燥时，采用无菌热空气由上至下吹干，为防止胶塞凹处积水并使传热均匀，器身也进行摆动。最后器身旋转 180°，使经处理的胶塞排出。卸塞处由高效平行流洁净空气保护。安装时，器身置于无菌室外侧。

2. 水平多室圆筒型清洗机

水平多室圆筒型清洗机的洗涤桶内有 8 等分的料仓，料仓表面布满筛孔，中心轴可带动料仓旋转。洗涤时，洁净水分成两路，一路从设置在洗涤桶顶部喷淋管向下喷淋，另一路通过主传动轴上的喷嘴由下向上喷射，下部料仓浸于水中，杂质通过桶侧的溢流管溢出，完成清洗后将水排干。灭菌时，洗涤桶夹层通蒸汽，桶内逐次通入蒸汽，使桶内温度逐渐升高，直至灭菌温度，保温灭菌；干燥时，无菌空气进入桶内，使桶内温度升至120 ℃，胶塞干燥后，常温无菌空气进入桶内，待胶塞冷却后出料。清洗过程的操作由可编程控制器进行程序控制，可实现实时显示、故障报警、中文提示和报表打印。

（二）理瓶机

理瓶机是一类将已拆包取出的玻璃输液瓶按顺序排列，并逐个输送给洗瓶机的输液剂包装设备。理瓶机的型式有很多，常见的有圆盘式理瓶机和等差式理瓶机。

1. 圆盘式理瓶机

圆盘式理瓶机在运作时，其低速旋转的圆盘上搁置着待洗的玻璃瓶，固定的拨杆将运动着的瓶子拨向转盘周边，经由周边的固定围沿将瓶子引导至输送带上。

2. 等差式理瓶机

等差式理瓶机在运作时，数根平行等速的传送带被链轮拖动着一致向前，传送带上的瓶子随着传送带的前进而前进，与其相垂直布置的差速传送带利用不同齿数的链轮变速达到不同的速度要求。第Ⅰ、第Ⅱ输送带以较低的速度运行，第Ⅲ输送带的速度是第Ⅰ输送带的1.18倍，第Ⅳ输送带的速度是第Ⅰ输送带的1.85倍。差速的存在是为了使瓶子在引出机器时避免出现堆积现象，从而保证玻璃瓶逐个输入洗瓶。在超过输瓶口的前方还有一条第Ⅴ输送带，其与第Ⅰ输送带的速度比是0.85，并且传动方向与前四根输送带相反，其目的是把卡在出瓶口处的瓶子迅速带走。

（三）玻璃瓶清洗机

1. 玻璃瓶外清洗机

玻璃瓶外清洗机是清洗玻璃输液瓶外表面的设备，可分为毛刷固定外洗机和毛刷转动外洗机两种类型。毛刷固定外洗机在运作时毛刷固定在两边，玻璃瓶在输送带的带动下从毛刷中间通过，以达到清洗目的。毛刷转动外洗机运作时毛刷则进行旋转运动，玻璃瓶通过时产生相对运动，使毛刷能洗净玻璃瓶的外表面。此外，毛刷上部安装有喷淋水管，可及时冲走刷洗的污物。

2. 玻璃瓶内清洗机

玻璃瓶内清洗机是清洗玻璃输液瓶内腔的设备，可分为滚筒式清洗机和履带行列式箱式洗瓶机两大类。

（1）滚筒式清洗机：滚筒式清洗机是一种带毛刷刷洗玻璃瓶内腔的清洗机。该机的主要特点是结构简单、操作可靠、维修方便、占地面积小。粗清洗分别置于不同洁净级别的生产区内，避免产生交叉污染。滚筒式清洗机外形如图7-64所示。

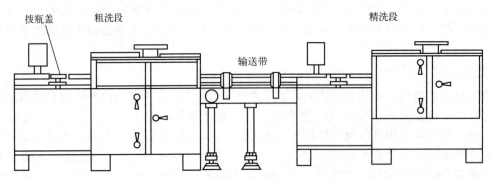

图7-64　滚筒式清洗机外形示意图

该机由两组滚筒组成，一组滚筒为粗洗段，另一组滚筒为精洗段，中间用长2 m的输送带连接。因此精洗段可置于洁净区内，清洗的瓶子不会马上被空气污染。粗洗段由前滚筒和后滚筒组成，滚筒的运转是由马氏机构控制做间歇转动。进入滚筒的空瓶数是由设置在滚筒前段的拨瓶轮控制的，一次可以是两瓶、三瓶、四瓶或更多。更换不同齿数的拨瓶轮则可得到所需的进瓶数。滚筒式清洗机工位示意图如

图 7-65 所示。

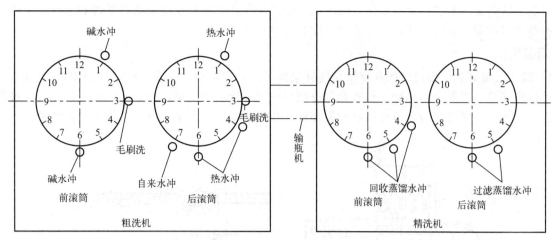

图 7-65　滚筒式清洗机工位示意图

如图 7-65 工位图所示，载有玻璃瓶的滚筒转动到设定位置 1 时，碱液注入瓶内；当带有碱液的玻璃瓶处于水平位置时，毛刷进入瓶内带液刷洗瓶内壁约 3 min，之后毛刷退出。滚筒转到下两个工位逐一由喷液管对刷洗后的瓶内腔冲碱液。当滚筒载着瓶子处于进瓶通道停歇位置时，进瓶拨瓶轮同步送来的待洗空瓶将冲洗后的瓶子推向设有常水外淋、内刷、常水冲洗的后滚筒继续清洗。经粗洗后的玻璃瓶经输送带送入精洗滚筒进行精洗。精洗滚筒取消了毛刷部分，其他结构和原理与粗洗滚筒基本相同。滚筒下部设置了回收注射用水和注射用水的喷嘴，前滚筒利用回收注射用水作外淋内冲，后滚筒利用注射用水作内冲并沥水，从而保证了洗瓶的质量。精洗滚筒设置在洁净区，洗净的玻璃瓶直接进入灌装工序。洗瓶机的单班年产量为 200 万～600 万瓶，适用于中小规模的生产厂。

（2）履带行列式箱式洗瓶机：箱式洗瓶机有带毛刷和不带毛刷两种清洗形式。药品包装瓶在制造及包装环境的洁净度要求很严格，进入药厂的空瓶只需用高压水喷射和水帘冲洗即可达到使用要求，因此输液瓶清洗大多使用多次水冲洗的箱式洗瓶机。随着国内包装材料制作设备的现代化发展，以及对包装材料 GMP 的实施，水气冲洗式洗瓶机得到了广泛的应用。待洗瓶子经预洗（自来水内外各喷射 1 次）、洗涤剂冲洗（洗涤剂内冲 22 次，外冲 20 次）、第一次温水冲洗（循环水内冲 4 次，外冲 3 次）、第二次温水冲洗（循环蒸馏水内冲 4 次，外冲 2 次）、精洗（注射用水内冲 4 次，外冲 2 次）的过程完成清洗。全机采用变频调速和程序控制，具有自动停车报警功能。如图 7-66 所示为 GL 型全自动圆形冲瓶机的实物图。

图 7-66　GL 型全自动圆形冲瓶机实物图

洗瓶的质量需在洗净后进行一次检查。要求洗后的玻璃瓶用目视检测瓶表面没有污点、流痕及无光泽的薄层，装入注射用水后检查不得有异物，白点小于或等于 3 个，pH 为中性。因此必须注意到洗瓶机的精洗部分需置于洁净度符合制药工艺要求的条件下进行，并考虑沥水时间，注射用水达到质量标准要求，冲洗水要保持一定压力。

瓶的洁净度检查方法是将每批清洗后的瓶子随机取 5 个以上装入注射用水至标准容积，手持玻璃瓶输液瓶颈部，按直立、倒立、平视三种位置旋转检视，检查是否达到洁净标准。pH 试验是用 pH 试纸放入洁净的玻璃瓶内，然后取出，试验结果应 pH＝7。

（四）输液剂灌装机

灌装机是将经含量测定、澄明度检查合格的药液灌入洁净的包装容器中。目前，国内玻璃瓶装输液剂的灌装设备有多种机型，按运动形式分有间歇直线式、连续旋转式两种；按计量方式分有流量定时式、量杯容积式、计量泵注射式 3 种；按灌装方式分为常压灌装、负压灌装、正压灌装和恒压灌装 4 种，且这几种机型的剂量误差均在 2% 以内。如遇塑料瓶，现代装置常在吹塑机上成型后于模具中立即灌装和封口，再脱模出瓶，这样更容易实现无菌生产。输液剂灌装设备要注意与药液接触的零部件有摩擦时可能产生微粒，须加终端过滤器，灌装易氧化的药液时，设备应有充氮装置。

1. 灌装机械

（1）**漏斗式灌装机**：通过时间和流量控制计量灌装的容积，漏斗式灌装机结构如图 7-67 所示。该机的优点是结构简单，进瓶采用螺杆式输瓶器和拨瓶星轮输入到灌装工位，出瓶采用拨瓶星轮将灌满药液的瓶子拨送到输瓶机上送走。与药液相接触的零部件无相对运动，不产生摩擦，无微粒进入药液。

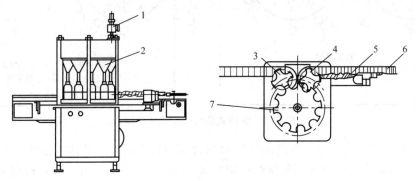

图 7-67　漏斗式灌装机

1—进液调节阀；2—进液漏斗；3—出瓶拨盘；4—进瓶拨盘；5—进瓶螺杆；6—输送带；7—回转工作台

（2）**量杯式负压灌装机**：其结构如图 7-68 所示。该机由药液量杯、托瓶装置及无级变速装置三部分组成。该机为回转式，盛料桶中装有 10 个计量杯，量杯与灌装套用硅橡胶管连接，玻璃瓶由螺杆式输瓶器经拨瓶星轮送入转盘的托瓶装置，托瓶装置由圆柱凸轮控制升降，灌装头套住瓶肩形成密封空间，通过抽真空，药液负压流进瓶内。

量杯式负压灌装机的特点是：量杯计量、负压灌装、药液与其接触的零部件无相对机械摩擦，无微粒产生，保证了药液在灌装过程中的澄明度；计量块调节计量，调节方便简捷。国内量杯式负压灌装机大多是 10 个充填头，产量约为 60 瓶/min。机器设有无瓶不灌装等自动保护装置。缺点是机回转速度加快时，量杯药液产生偏斜，可能造成计量误差。

（3）**计量泵注射灌装机**：通过注射泵对药液进行计量并在活塞的压力下将药液充填于容器中。充填头有二头、四头、六头、八头、十二头等。机型有直线式和回转式两种。直线式玻璃瓶为间歇运动，产量不高，如八头的灌装机产量为 60 瓶/min左右。回转式灌装机为连续作业，产量相对较高。

图 7-69 所示为八头直线式灌装机实物

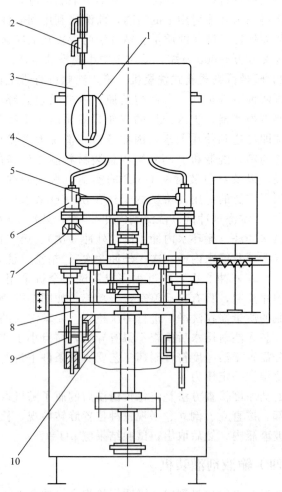

图 7-68　量杯式负压灌装机

1—计量杯；2—进液调节阀；3—盛料桶；4—硅橡胶管；5—真空吸管；6—瓶肩定位套；7—橡胶喇叭口；8—瓶托；9—滚子；10—升降凸轮

图及结构示意图。由图可见，洗净的玻璃瓶在输送带上 8 个一组由两星轮分隔定位，V 型卡瓶板卡住瓶颈，使瓶口准确对准充氮头和进液阀出口。灌装前，先由 8 个充氮头向瓶内预充氮气，灌装时边充氮边灌液。充氮头、进液阀及计量泵活塞的往复运动都是靠凸轮控制。从计量泵送出来的药液先经终端过滤再进入进液阀。由于采用容积式计量，计量调节范围从 100 ml 到 500 ml 可按需要调整，改变进液阀出口型式可对不同容器进行灌装，如玻璃瓶、塑料瓶、塑料袋及其他容器。适应不同浓度液体的灌装。无瓶时计量泵转阀不打开，可保证无瓶不灌装。药液灌注完毕后，计量泵活塞杆回抽时，灌注头止回阀前管道形成负压，灌注头止回阀能可靠地关闭，加之注射管的毛细管作用，保证了灌装完毕不滴液。注射泵式计量，与药液接触的零部件少，没有不易清洗的死角，清洗消毒方便。计量泵既有粗调定位控制药液装置，又有微调装置控制装量精度。

(a) 实物图

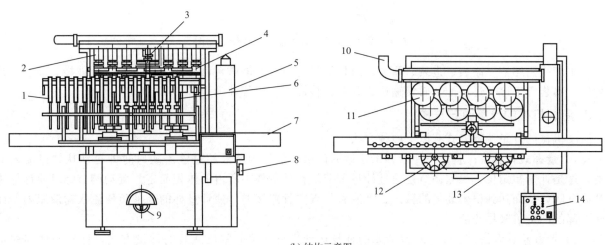

(b) 结构示意图

图 7-69　计量泵注射灌装机

1—预充氮头；2—进液阀；3—灌装头位置调节手柄；4—计量缸；5—接线箱；6—灌装头；7—灌装台；
8—产量调节手柄；9—位置调节手柄；10—药液进口；11—终端过滤器；12，13—星轮；14—操作箱

（4）恒压式灌装机：它是 20 世纪 90 年代推出的输液瓶压力-时间式灌装机。计量以时间和流量来确定，但以计算机来控制液体阀，装量精确。以十六头直线式恒压灌装机为例，整机由恒压储液罐、液体阀和灌液充氮机构、输瓶托瓶机构、计算机控制装置、减速机和变频调速器等组成。首先以氮气来保证置于机器顶端储液罐中压力恒定，其次调定灌注流量为定数，由计算机控制液体阀启闭时间，达到装量准确。装量调节范围有 100 ml、250 ml 和 500 ml 三种，输液瓶的输入有检测计数机构，缺瓶不灌装，整个灌装过程计算机程序控制，自动化程度高。

灌装机工作过程是输液瓶直线列队被推入灌装工位，灌装头不动，托瓶机构在凸轮作用下自动上升托起输液瓶，瓶肩与灌装头橡胶套定位，灌注针头进入瓶内灌液充氮，灌注完毕，瓶托下降，输液瓶在待灌

输液瓶推动下进入塞胶塞工位。由于瓶子直线推进推出，可以错位安装两条线，产量可以很大。该机为直线式间歇灌装，充氮灌液同步进行。灌注头固定，没有抖动和偏斜，针管可相对加粗，减小流体压力，使消泡功能更好。计算机单个控制液阀，计量精度可逐个调解，灌装精度高。液体装置由计算机控制，液体通道无机械摩擦，液阀品质高，无残留液死角，保证了灌装液的质量，不会产生异物并保证了澄明度。该机不需拆卸即可用消毒液和注射用水消毒清洗。

（5）**塑料瓶装输液剂灌装机**：塑料瓶装输液剂灌装方式有两种。一种是与玻璃瓶形式相似，先制成塑料空瓶，制出的空瓶经过整形处理，并经过去除静电和高压净化空气吹净之后，再灌装药液。灌装形式与玻璃瓶相似，灌装后再封口。另一种形式是制瓶、灌装、封口三道工序合并在一台机器上完成，即塑料粒料经吹塑机吹塑成型制成空瓶，立即在同一模具内进行灌装和封口，然后脱模出瓶。在灌装时有 A 级净化空气平行流装置局部保护，免受污染。该设备可以免除洗瓶工序。

（6）**塑料袋装输液剂灌装机**：塑料袋装输液剂灌装方式有两种。一种是先制成带口管的塑料空袋，制出的空袋经过整形处理，再灌装药液，灌装形式与玻璃瓶相似，灌装后再封口。另一种形式是制袋、灌装、封口三道工序合并在一台机器上完成。在灌装时有 A 级净化空气平行流装置局部保护，免受污染。如图 7-70 为非 PVC 膜软袋大输液生产线实物图。

图 7-70　非 PVC 膜软袋大输液生产线实物图

该生产线由印刷、制袋、进袋、灌装、封口等设备组成，能够自动完成印字、制袋、进袋、灌装、排气封口、出袋等工序，还可配备软袋输送、灭菌、检漏、灯检等辅助设备。

2. 灌装机械的计量调节方式

灌装机械的计量调节方式有以下两种方法。

（1）**量杯式计量法**：它是一种以容积定量的计量方法，当药液超过液流缺口时即自动从缺口流入盛料桶，这是计量粗定位。误差调节是通过计量调节块在计量杯中所占的体积而定。旋动调节螺母使计量块上升或下降，从而达到精确装量的目的。吸液管与真空管路接通，使计量杯的药液负压流入输液瓶内。计量杯下部的凹坑可吸尽药液。

（2）**计量泵计量法**：它是一种以活塞的往复运动进行充填并常压灌装的计量方式，计量原理同样是以容积计量。首先粗调活塞行程达到灌装量，进而由下部高精度的微调螺母调节装量的精度。

（五）封口设备

封口设备是与灌装机配套使用的，药液灌装后必须在洁净区迅速封口，免除药品的污染和氧化。常用的封口形式有翻边型橡胶塞和"T"型橡胶塞，胶塞的外面再盖铝盖并轧紧。封口设备有塞胶塞机、压塞翻塞机和轧盖机，下面分别简述。

1. 塞胶塞机

塞胶塞机主要用于"T"型胶塞对 A 型玻璃输液瓶封口，可自动完成输瓶、螺杆同步送瓶、理塞、送塞、塞塞等工序的工作。如图 7-71 所示为回转式塞胶塞机结构图，其工作流程为：装好药液的玻璃瓶在输瓶轨道上经进瓶螺杆 2 按设定的节距分隔开来，再经进瓶拨轮 5 送入回转台的托盘。"T"型塞在理塞料斗 16 中经垂直振荡装置 18 沿螺旋形轨道，在水平振荡装置 15 的作用下，胶塞送至分塞装置 17 的抓塞机械手，机械手再将胶塞传递给扣塞头 10，扣塞头由平面凸轮控制下降套住瓶肩，形成密封区间，此时真空泵经接口 6 向瓶内抽真空，同时扣塞头在凸轮控制下向瓶口塞入胶塞。进瓶时如遇缺瓶，缺瓶检测装置发出信号，经 PC 机指令控制相应扣塞头不供胶塞。出瓶时输送带上如堆积瓶子太多，出瓶防堆积装置 14 发出信号，PC 机控制自动报警停机。故障消除后，机器恢复正常运转。

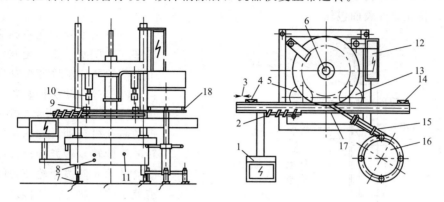

图 7-71　回转式塞胶塞机外形示意图

1—操作箱；2—进瓶螺杆；3—压缩空气接口；4—缺瓶拨轮；5—进瓶拨轮；6—真空泵接口；
7—调节螺栓及脚垫；8—主轴加油口；9—托瓶盘；10—扣塞头；11—减速机油窗；12—接线箱；13—出瓶拨轮；
14—堆积装置；15—水平振荡装置；16—理塞料斗；17—分塞装置；18—垂直振荡装置

图 7-72 所示为"T"型胶塞压塞机构简图。当夹塞爪抓住"T"型塞，玻璃瓶瓶托在凸轮作用下上升，密封圈套住瓶肩形成密封区间，真空吸孔充满负压，玻璃瓶继续上升，夹塞爪对准瓶口中心，在外力和瓶内空间的吸力下，将塞插入瓶口，弹簧始终压住密封圈接触瓶肩。塞胶塞质量应按 JB/T 20078—2013 标准进行检验，并达到标准所规定的质量要求。

2. 压塞翻塞机

压塞翻塞机主要应用于翻边型胶塞对 B 型玻璃输液瓶的封口，能自动完成输瓶、理塞、送塞、压塞、翻塞等工序的工作，如图 7-73 所示。

如图 7-73 所示，该机由理塞振荡料斗、水平振荡输送装置和主机组成。理塞振荡料斗和水平振荡输送装置的结构原理与塞胶塞机的相同。主机由进瓶输瓶机、塞胶压塞机构、翻胶塞机构、

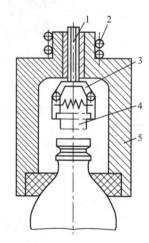

图 7-72　"T"型胶塞压塞机构简图

1—真空吸孔；2—弹簧；3—夹塞爪；
4—"T"型塞；5—密封圈

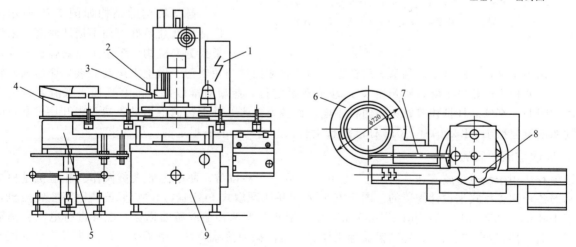

图 7-73　压塞翻塞机示意图

1—电气箱；2—光电检测器；3—分塞装置；4—料斗；5—胶塞分选、输送装置；6—振荡装置；7—水平导轨；8—拨瓶转盘；9—传动箱

传动机构及控制柜等组成。整机工作过程为：装满药液的玻璃瓶经输送带进入拨瓶转盘，同时胶塞从料斗经垂直振荡沿料斗螺旋轨道上升到水平轨道，经水平振荡送入分塞装置，由真空压塞头模拟人手动作将胶塞旋转地压入瓶口内，压好胶塞的玻璃瓶由拨轮转送到翻塞工位，利用爪、套同步翻塞，机械手将胶塞翻边头翻下并平整地将瓶口外表面包住。

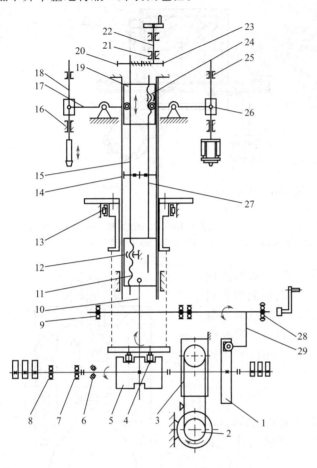

图 7-74　压塞翻塞机传动系统

1—槽凸轮；2—皮带轮；3—三角带；4—滚动轴承；
5—分度转鼓；6，7，8，9，13，16，25，28—轴承；10—摇杆；
11—下滑块；12—螺母；14—齿轮，15，27—丝杆；17—杠杆；
18—加塞主轴；19—上滑块；20，23—升降齿轮；21—轴座；
22—手轮轴；24—补偿螺母；26—翻塞主轴；29—摇杆

该机采用变频无级调速，设有无瓶不送塞、不压塞、瓶口无塞停机补塞，输送带上前缺瓶、后堆瓶自动启停及电机过载自动停车等自动保护装置。压塞翻塞机传动系统如图 7-74 所示。电机通过三角带 3 带动减速机转动，减速机输出轴带动分度转鼓 5 旋转，转鼓推动分度盘上八等分的滚动轴承 4 使拨瓶轮获得间歇运动，实现玻璃瓶的进瓶、工位传递和出瓶运动。同时带动左端三组气阀控制凸轮，实现玻璃瓶定位器和翻塞气缸与回转同步。

减速机输出轴带动槽凸轮 1 及三组电器凸轮回转。三组电器凸轮主要用于三个光电检测装置，可以控制胶塞的电磁铁以及停机时的准停机构。槽凸轮回转带动摇杆 29 沿槽凸轮的槽线摆动，从而提供加塞、翻塞所需的往复运动。摇杆 29 通过固联于其上的摇杆轴带动另一摇杆 10 带动下滑块 11，丝杆 15 和 27 带动上滑块 19 上下运动。上滑块 19 带动两杠杆 17 使加塞主轴 18 和翻塞主轴 26 在滑动轴承 16 和 25 内做往复运动，从而实现加塞翻塞。转动升降手轮通过螺旋升降齿轮 20、23 带动丝杆 15，再通过齿轮 14 传给丝杆 27，通过螺母 12，补偿螺母 24 使上、下滑块沿立柱上升或下降，从而实现调整适应玻璃瓶规格。

翻塞机构的结构如图 7-75 所示。为保证翻塞效果好，而不损坏胶塞，采用五爪式翻塞机构，爪子平时靠弹簧收拢，整个翻塞机构随主轴做回转运动，翻塞头顶杆在平面凸轮或圆柱凸轮轨道上做上下运动。玻璃瓶进入回转的托盘后，翻塞杆沿凸轮槽下降，瓶颈由 V 形块或花盘定位，瓶口对准胶塞。翻塞爪插入橡胶塞，由于下降距离的限制，翻塞芯杆抵住胶塞大头内径平面，而翻塞爪张开并继续向下运动，达到张开塞子翻口的作用。翻塞质量应按 JB/T 20078—2013 标准进行检验，并达到标准所规定的质量要求。

3. 玻璃输液瓶轧盖机

铝盖有适用于翻边型胶塞和"T"盖。近年来又开发了易拉盖，便于医务人员操作。轧盖机是根据符合国标的各种铝盖型式来设计制造的。图 7-76 所示是单头间歇式 FGL100/1000 型玻璃输液瓶轧盖机，它适用于 100 mL、250 mL、500 mL、1000 mL 的 A 型和 B 型两种输液瓶的铝盖，能够进行电磁振荡输送和整理铝盖、挂铝盖、掀铝盖、轧紧铝盖等工序。本机由振动落盖装置、掀铝头、轧盖头及无级变速器等组成。工作时玻璃瓶由输瓶机送入拨盘内，拨盘间歇运动，每运动一个工位依次完成上盖、掀盖、轧盖等功能。轧刀结构如图 7-77 所示，整个轧刀机构沿主轴旋转，又在凸轮作用下做上下运动。三把轧刀均能自行以转销为轴进行摆动。轧盖时，压瓶头抵住铝盖平面，凸轮收口座继续下降，滚轮沿斜面运动，使三把轧刀（图中只绘一把）向铝盖下沿收紧并滚压，即起到轧紧铝盖作用。轧盖时瓶不转动，而轧刀绕瓶旋转。轧盖时，玻璃瓶由拨盘粗定位和轧头上的压盖头准确定位，保证轧盖的质量。

拨盘与分度机构之间有一个超越离合器，实现卡瓶保护。当玻璃瓶"卡死"时，超越离合器打开行程开关，使机器自动停机。超越离合器的结构如图 7-78 所示。超越离合器是在主动件和从动件之间用钢球传递动力。主动件空套在轴上，从动件用键与轴径向定位，轴向以弹簧压紧，调节螺母控制弹簧的压紧力。当从动件负荷超载，主动件跳出钢球在轴上空转，同时挤压从动件碰撞行程开关，使主轴停止转动，从而起到超载保护作用。

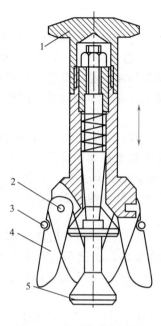

图 7-75　翻塞机构示意图

1—顶杆；2—铰链；3—弹簧；4—爪子；5—芯杆

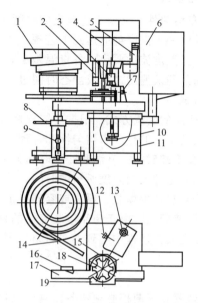

图 7-76　单头间歇式轧盖机

1—振荡落盖料斗；2—上盖装置；3—轧盖工作头；4—箱体；5—电动机；
6—控制箱；7—夹紧偏心轴；8—调节螺母；9—紧固螺栓；10—主机升降调节手轮；
11—前后罩板；12—轧头转速调节手轮；13—主机产量调节手轮；14—落盖滑轨；
15—内月牙板；16—缺瓶开关装置；17—输送带架；18—拨盘；19—外月牙板

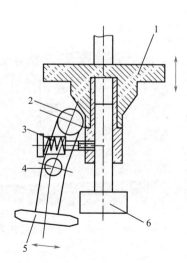

图 7-77　轧刀结构示意图

1—凸轮收口座；2—滚轮；3—弹簧；4—转销；
5—轧刀；6—压瓶头

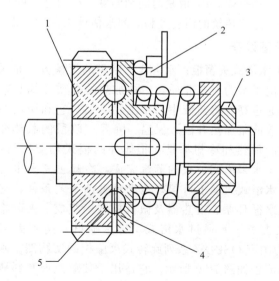

图 7-78　超越离合器示意图

1—主动件；2—行程开关；3—调节螺母；
4—从动件；5—铜球

输送带上若无连续的玻璃瓶时，缺瓶开关装置 16 的挡瓶块打开，使感应式接近开关动作，机器自动启动，进入送瓶工作状态。

（六）输液剂灭菌设备

用强烈的理化因素使任何物体内外部的一切微生物永远丧失其生长繁殖能力的措施，称为灭菌。灭菌常用的方法有化学试剂灭菌、射线灭菌、干热灭菌、湿热灭菌和过滤除菌等。输液剂的灭菌是指杀灭存在于输液瓶内部的一切微生物，包括微生物繁殖体和芽孢的操作。灭菌工序对保证输液剂灌封后药品的质量起着关键作用。目前，输液剂的灭菌常采用高压蒸汽灭菌和水浴式灭菌两种。

1. 灭菌工艺条件

（1）**热分布均匀性**：灭菌工艺规定的时间是在对瓶内药液进行升温、保温、降温的整个灭菌过程中，在灭菌柜内部任何一点温度都应达到工艺规定的温度。特别是恒温阶段，温差应≤0.5 ℃。升温、保温、降温3个阶段中，温度波动要小，各点温差小，分布均匀，不得出现局部药液超温、变色、有效成分降低及分解毒素，局部药液温度过低或静态时间过长可产生颗粒沉淀或灭菌不彻底等不良效果。因此每台灭菌柜都需做热分布试验。

（2）**灭菌药品的装载方式**：根据不同规格和不同包装容器，必须设计出不同的装载方式和装载小车，以保证药品在灭菌柜内的热分布均匀性和合理的产量。回转式灭菌柜的装载车还要做动平衡试验。

（3）**升温和冷却时间**：升温和冷却时间与灭菌对象有关，应考虑容器的传热系数，使传热慢的容器内药液都能达到规定的灭菌温度所需的时间。冷却时必须考虑温差，亦即冷却水的初温及产品所需的冷却速度，不能骤冷骤热产生爆瓶、爆袋或容器变形。

（4）**压力调节问题**：由于药品包装容器的材质不同，对温度、压力比较敏感的材质需用调节压力的办法以保证药品在灭菌过程中不致遭到破坏。特别是塑料瓶、塑料袋等容器，在灭菌过程中从升温到降温，由于容器内外压差关系而可能发生爆破，故应考虑到压力的调节。水浴式灭菌为防止循环水气化也需调节压力。

（5）**仪表装置**：灭菌柜必须装备监测记录仪表，如真空、压力、温度、计时、F_0 值等指示仪表和记录仪表，以反映灭菌器内的各项技术参数。随着微型计算机的发展，灭菌柜的程序控制已经较广泛应用，它可以对灭菌过程的 F_0 值进行计算，对柜内温度、压力和时间进行调节和补偿。

（6）**F_0 值的计算**：F_0 值是把在不同受热温度下的致死效果折算成药品完全暴露在 121 ℃ 湿热灭菌时的致死效果。当温度达到 F_0 值预定温度内它都在不断地累计，因此它的计算采用 F_0 监控仪自动控制并直接显示和打印。F_0 值是时间和温度、压力之间的积分函数，能客观、全面、可靠地反映灭菌效果的数学模型，它比传统的用温度和时间来估计灭菌的效果要准确。

2. 灭菌设备

（1）**水浴式灭菌柜**：水浴式灭菌柜的灭菌方式是采用国际上通用的去离子水为载热介质，用被加热的介质去加热输液瓶内的药液，并通过高温将药液中的微生物杀灭。它利用洁净的去离子水作为对输液瓶加热升温、保温、降温三阶段的载热介质，而对载热介质的加热和冷却都是在柜体外的板式热交换器中进行的。加热去离子水是由锅炉来的蒸汽完成，冷却去离子水可用一般的自来水。水浴式灭菌柜可很好地满足灭菌工艺条件，它是由矩形柜体、热水循环泵、换热器及微机控制柜组成。灭菌柜中，利用循环的热去离子水通过水浴式（即水喷淋）达到灭菌目的。如图 7-79 为国产 OSR-XZ 系列旋转式灭菌柜的实物图。水浴式灭菌柜的灭菌流程如图 7-80 所示。它适用于玻璃瓶或塑料瓶（袋）装输液包装的灭菌，灭菌效果可达到《中国药典》标准。

图 7-79　OSR-XZ 系列旋转式灭菌柜

图 7-81 所示为水浴式灭菌柜控制系统框图。需灭菌的瓶装药品用输送车经送瓶轨道推进灭菌柜，然后启动手动按钮，关闭柜体密封门，由一台辅助供水泵将去离子水注入柜室到指定水位，预进水位控制系统发出工作信号输入微机指令系统。再由微机指令系统按预定的程序指令控制执行系统，使之进入工作状

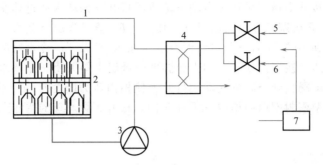

图 7-80　水浴式灭菌流程示意图
1—循环水；2—灭菌柜；3—热水循环泵；4—换热器；5—蒸汽；6—冷水；7—控制系统

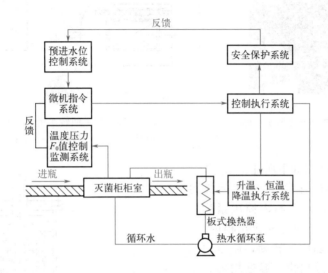

图 7-81　水浴式灭菌柜控制系统框图

态，首先启动热水循环泵，泵送去离子水做循环流动，直至整个灭菌过程结束。循环进水在循环流动中通过一台不锈钢板式换热器进行热交换，将循环水加热升温至灭菌温度。在去离子水加热过程中，温度、压力、F_0 控制系统和控制执行系统均按所接受的预定程序进行升温、恒温、降温的控制和数字显示。如灭菌过程中出现过压、超温情况时，由温度、压力、F_0 值控制系统输出反馈信号至微机指令系统，使之发出自动调节信号，由温度、压力 F_0 值控制系统自动调节到所需温度和压力。灭菌过程达到 F_0 值后，由 F_0 值检测仪发出信号反馈到微机指令系统，指令监控系统进入降温工作状态，把自来水引入该板式换热器的另一通道将循环去离子水的温度迅速冷却到规定的数值。然后，启动手动按钮打开出瓶端的密封门，同时安全保护系统进入工作状态。当柜内温度没有达到规定低温，密封门不能打开。当指令是出瓶门打开时，进瓶门就不会自动打开。这样安全保护系统既保证人身安全，又可防止灭菌前后药品的混装。出瓶端的密封门打开后，灭菌后的药品推出柜外。然后，出瓶密封门关闭，进瓶端的门打开。整个灭菌工作周而复始地进行。灭菌工艺和设备符合 GMP 要求。

水浴式灭菌柜的优点是采用了密闭的循环去离子水，灭菌时不会对药品产生污染，符合 GMP 要求；柜内灭菌温度可靠，且无灭菌死角。此外，F_0 值监控仪监控灭菌的过程进一步保证了产品无菌的质量。

（2）回转水浴式灭菌柜：回转水浴式灭菌柜主要用于脂肪乳输液和其他混悬输液剂型的灭菌，既有水浴式灭菌柜的全部性能和优点，又有自身独特的优点。如图 7-82 为 XG 系列回转水浴式灭菌柜实物图，该灭菌柜的灭菌流程如图 7-83 所示。全套装置由柜体、旋转内筒、减速传动机构、热水循环泵、热交换器、计算机控制柜等组成。计算机控制灭菌柜循环水通过热交换器加热、恒温、冷却。循环水从上面和两侧向药液瓶喷淋，药液瓶随柜内筒旋转，药液传热快，温度均匀，确保灭菌效果。全过程自动控制，温度、压力、F_0 值由计算机显示，超限自动报警，灭菌参数自动实时打印。

灭菌操作过程：装瓶入柜，锁紧灭菌小车→手动关门→气密封→启动供水泵→循环水注入柜内→升温

→传动装置工作→内筒旋转→不锈钢循环泵启动→蒸汽阀打开→循环水通过热交换器加热到灭菌温度→保温→灭菌→F_0 值监控→计算机跟踪显示灭菌温度、压力、F_0 值→降温→蒸汽阀关闭→冷水阀打开→循环水通过热交换器循环冷却到 50 ℃ 左右→若出瓶温度设定在 20 ℃ 以下，冷水阀关闭→冷冻水或 5 ℃ 以下低温水阀打开→循环水通过热交换器循环冷却到出瓶温度→低温水阀关闭→循环水泵停止工作→选装内筒准停在出瓶位置→循环水排出阀打开→高排气动阀打开→使柜内压力降为常压→循环水排尽→真空泵启动，向门内密封槽抽真空→O 型密封圈退回槽内→手动开门，松开灭菌小车锁紧装置，灭菌装瓶车退出柜外，灭菌过程完毕。

图 7-82　XG 系列回转水浴式灭菌柜实物图

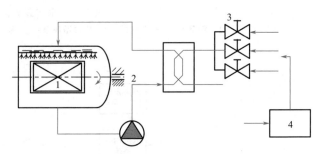

图 7-83　回转水浴式灭菌柜工艺流程图
1—回转内筒；2—减速机构；3—执行阀；4—计算机控制系统

回转水浴式灭菌柜的优点如下所述：

① 柜内设有旋转内筒，内筒的转速无极可调，玻璃瓶固紧在小车上，小车与内筒压紧为一体。内筒旋转有准听装置，方便小车进出柜内。

② 装满药液的玻璃瓶随内筒转动，使瓶内药液不停地旋转翻滚，药液传热快，温度均匀，不产生沉淀或分层，可满足脂肪乳和其他混悬输液药品的灭菌工艺要求。

③ 采用先进的密封装置——磁力驱动器，其结构如图 7-84 所示。把旋转内筒的动力输入和柜外动力输出部分完全隔离，从根本上取消了旋转内筒轴密封结构，使动密封改变为静密封，灭菌柜处于全封闭状态，灭菌过程无泄漏无污染。

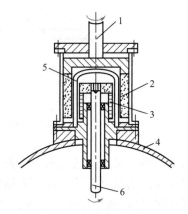

图 7-84　磁力驱动器
1—主动轴；2—外磁钢；3—内磁钢；4—柜体；5—隔离套；6—从动轴

第四节　药品泡罩包装设备

药品的泡罩包装是在通过真空吸泡（吹泡）或模压成型的泡罩内充填好药品后，使用铝箔等覆盖材料，并通过压力，在一定温度和时间条件下与成泡基材热合密封而成。药品的泡罩包装又称为水泡眼包装，简称为 PTP，是药品包装的主要形式之一，具有直观性好、密封性好、对商品起保护作用等优点，广泛用于片剂、胶囊剂、栓剂、丸剂等固体制剂药品的机械化包装。

药用铝塑泡罩包装机又称热塑成型泡罩包装机，用来包装各种几何形状的口服固体药品—片剂、胶囊剂、软胶囊剂、滴丸剂等。药品泡罩包装机是将塑料硬片加热、成型、药品充填，与铝箔热封合、打字（批号）、压断裂线、冲裁和输送等多种功能在同一台机器上完成的高效率包装机械。常用的药用泡罩包装机有三种型式：滚筒式泡罩包装机、平板式泡罩包装机和滚板式泡罩包装机。

20 世纪 50 年代德国最先发明滚筒卧式第一代泡罩包装机，而后日本 CKD 公司生产单滚筒立式泡罩包装机。20世纪60年代德、意等国推出全平板式泡罩包装机。20世纪70年代意大利IMA公司推出滚板式泡罩包装机。近年来，泡罩压片机的更新主要集中于简化设备和提高自动化程度；采用程序控制器和微处理装置，使操作者更易操纵；使用多种硬片成型；快速更换模具和运行中校正成型状态；采用摄像及电子仪器鉴别和剔除漏装或装入不完整药品的板块；泡罩包装与装盒机连接更为协调，冲裁下来的板块直接进入贮槽，成为装盒机的一部分。目前，新型泡罩压片机已提高生产能力至400片/min，实现了CAD/CAM系统，产品的可靠性进一步提高。泡罩包装机除了用于包装药片、胶囊剂外，近年还向多种用途发展，还可用于包装安瓿、西林瓶、药膏等，国外已用于输液袋的保护包装及已灌封的注射器包装。近年来国产泡罩包装机发展迅速，具有自动化程度高、产能高以及大幅度节省包材等优点。

一、滚筒式泡罩包装机

图7-85所示为DPA250型滚筒式泡罩包装机的实物图。其工作原理是卷筒上的PVC片穿过导向辊，辊筒式成型模具通过转动将PVC片匀速放卷，半圆弧形加热器对紧贴于成型模具上的PVC片进行加热软化，成型模具上的泡窝孔转动到适当的位置与机器的真空系统相通，将已软化的PVC片瞬时吸塑成型。成型的PVC片通过料斗或上料机时，药片充填入泡窝。连续转动的热封合装置中的主动辊表面上制有与成型模具相似孔型，主动辊拖动充有药片的PVC泡窝片向前移动，外表面带有网纹的热压辊压在主动辊上，利用温度和压力将盖材（铝箔）与PVC片封合。封合后的PVC泡窝片利用一系列的导向辊，间歇运动通过打字装置时在设定的位置打出批号及生产日期，通过冲裁装置时冲切出成品板块，由输送机传送到下道工序，完成泡罩包装。

(a)滚筒式泡罩包装机实物图

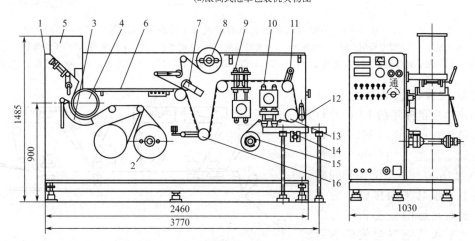

(b)组成及工作原理示意图（单位：mm）

图7-85　DPA 250型滚筒式泡罩包装机

1—机体；2—薄膜卷筒；3—远红外加热器；4—成型装置；5—上料装置；6—监视平台；7—热封合装置；8—薄膜卷筒；9—打字装置；10—冲裁装置；11—可调式导向辊；12—压紧辊；13—间歇进给辊；14—输送带；15—废料辊；16—浮动辊

该种机型的 PVC 片材宽度为 130 mm 和 250 mm 等，PVC 泡窝片运行速度为 2.5～3.5 m/min，冲裁能力达 28～40 次/min。滚筒式泡罩包装机通过真空吸塑成型实现连续包装，生产效率较高；进行双辊滚动热封合时，在封合处近似于线接触，通过瞬间封合使得传导到药品的热量很少，在得到较好封合效果的同时消耗较小的动力。但真空吸塑成型的泡罩壁厚不匀，不适合深泡窝成型。该包装机具有结构简单、操作维修方便等优点，适合于同一品种大批量包装作业，主要用来包装各种规格的糖衣片、胶囊剂、胶丸等固体口服药品。

二、平板式泡罩包装机

平板式泡罩包装机的组成及工作原理如图 7-86 所示。其工作原理是 PVC 片通过预热装置预热软化，在成型装置中吹入高压空气或先以冲头预成型再加高压空气成型泡窝，PVC 泡窝片通过上料机时自动充填药品于泡窝内，在驱动装置作用下进入热封装置，使得 PVC 片与铝箔在一定温度和压力下封合，最后由冲裁装置冲剪成规定尺寸的板块。

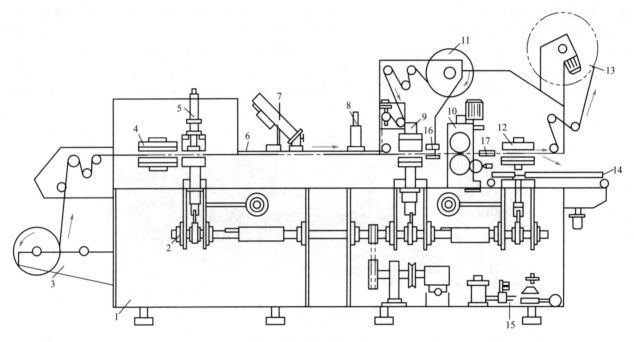

图 7-86　平板式泡罩包装机的组成及工作原理示意图

1—机体；2—传动系统；3—成型模辊组；4—预热装置；5—成型装置；6—导向平台；7—上料装置；8—压平装置；9—热封装置；
10—驱动装置；11—覆盖膜辊组；12—冲裁装置；13—废料辊组；14—输送机；15—气控装置；16—冷却系统；17—电控系统

平板式泡罩包装机包装工艺流程如图 7-87 所示。该包装机使用的 PVC 片材宽度有 210 mm 和 170 mm 等几种，PVC 泡窝片运行速度最高可达 2 m/min，冲裁次数最高可达 30 次/min。各工位都是间歇运动。热封合是上下模具平面接触，为了保证封合质量，要有足够的温度和压力以及封合时间，因此平板式泡罩包装机不易实现高速运转，热封合时消耗功率较大，封合牢固程度不如滚筒式封合效果好，适用

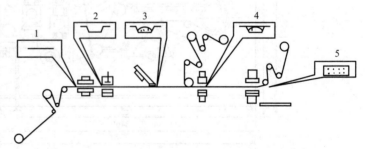

图 7-87　平板式泡罩包装机包装工艺流程图

1—预热；2—吹压；3—充填；4—热封；5—冲裁

于中小批量药品包装和特殊形状物品包装。平板式泡罩包装机最大特点是泡窝拉伸比大，泡窝深度可达 35 mm，满足了大蜜丸、医疗器械等的包装需要。

目前，平板式泡罩包装机已发展出几种类型：有的封合装置可以沿着 PVC 片前进方向往复运动，在热封合的同时通过凸轮摆杆机构使封合台整体往前移动一个工位，依靠封合夹紧力将 PVC 片和盖材同时移动，实现封合和步进同时完成，使得步进精度更高；还有的机型中冲裁装置的传动与成型、热封合的传动是分开的，可以提高冲裁频率，最高可达到 60 次/min 以上。

三、滚板式泡罩包装机

滚板式泡罩包装机是综合了滚筒式和平板式包装机的优点，克服了两种机型的不足，是目前最常用的包装机。它采用平板式成型模具，压缩空气成型，使得成型泡罩的壁厚均匀、坚固，适合于各种药品的包装。滚筒式泡罩包装机连续封合时，PVC 片和铝箔在封合处为线接触，在较低的压力下即可获得理想的封合效果。该机还有高速运转的打字、打孔（断裂线）和无横边废料冲裁机构。因此，滚板式泡罩包装机具有效率高、包装材料用量少、泡罩质量好等特点。

图 7-88 所示为 DPT220 型滚板式泡罩包装机。整机是由送塑机构、加热部分、成型部分、步进机构、充填台、上料机、热封部分、打字、压断裂线部分、冲裁机构、盖材机构、气动系统、冷却系统、电控系统、传动机构和机架等部分组成。

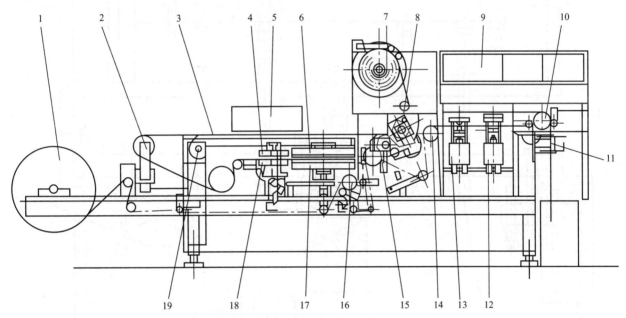

图 7-88　DPT220 型滚板式泡罩包装机组成及工作原理示意图

1—PVC 支架；2，14—张紧辊；3—充填台；4—成型上模；5—上料机；6—上加热器；7—铝箔支架；8—热压辊；9—仪表盘；
10、19——步进辊；11—冲裁装置；12—压断裂线装置；13—打字装置；15—机架；16—PVC 送片装置；17—加热工作台；18—成型下模

（一）加热装置及成型工作台

1. 加热装置

加热装置的作用是将 PVC 片加热到热弹性温度区，PVC 片成型温度为 110~120 ℃。当 PVC 片通过加热装置加热时，要求温度均匀一致，保证成型泡罩质量。PVC 片被加热后，再移动到成型工作台进行成型。在移动过程中，PVC 片因与空气接触而致温度降低，成型模具又要吸收一定的热量，所以从加热台移动出来的 PVC 片温度要高于成型温度，一般为 120 ℃。为了使 PVC 片能够被充分加热软化，加热板的长度是成型模具的 2~2.5 倍。

加热装置的结构如图 7-89 所示。下加热板 3 利用四个支撑杆 5 与座板 6 连接在一起，利用支撑杆 5 调整下加热板的高度和水平位置。上加热板 9 用四个上加热板固定螺栓 8 与支撑架 4 连接。气缸 13 固定在座板 6 上，气缸杆与支撑架 4 连接。座板 6 可以在机架上滑动，调整加热装置与成型工作台间的相对位

置。加热板与成型模具在不影响模具上下运动的情况下距离越近越好，一般≤5 mm，位置调整好之后用挡块锁紧。机器运行时，两块加热板之间的间隙大小是根据不同厚度和不同材质的塑料片材来调整八个调紧螺栓 11 来实现。停机和开机前加热时，上加热板利用气缸将上加热板打开。热传导板 2（下）、10（上）在加热时与 PVC 片接触，在表面涂有一层 0.02～0.03 mm 厚的聚四氟乙烯涂料或硅胶。聚四氟乙烯耐热温度为 250 ℃，摩擦系数较低，可以防止 PVC 受热软化粘连到热传导板。热传导板由四个螺钉固定到加热板上，拆卸更换很方便。

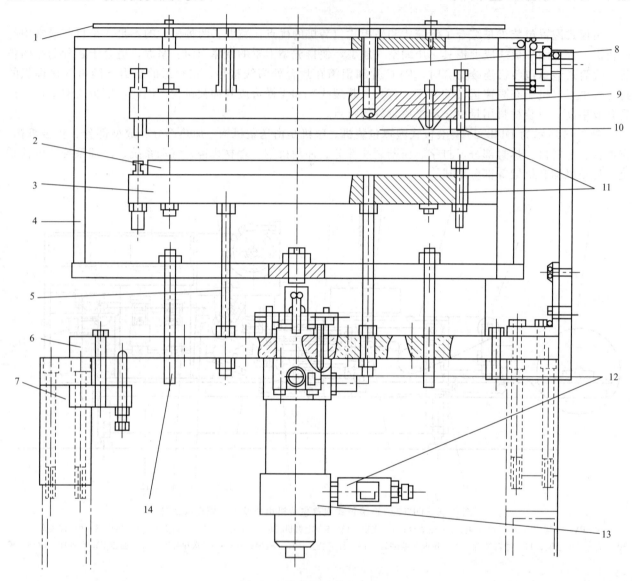

图 7-89　加热装置结构示意图

1—隔热板；2—热传导板（下）；3—下加热板；4—支撑架；5—支撑杆；6—座板；7—机架；8—上加热板固定螺栓；
9—上加热板；10—热传导板（上）；11—调紧螺栓；12—控制阀；13—气缸；14—导向杆

2. 成型工作台

成型工作台是利用压缩空气将已被加热的 PVC 片在模具中（吹塑）形成泡罩。成型工作台是由上模、下模、模具支座、传动摆杆和连杆组成。在上、下模具中通有冷却水，下模具通有高压空气。成型工作台的结构如图 7-90 所示。工作过程中，上模具由传动机构带动做上下间歇运动。在下模具塞 4 和模具之间有一个平衡气室 9，可通入压力可调的高压空气。当上下模具合拢，下模具吹入高压空气，使 PVC 片在上模具中形成泡罩，同时在上下模具之间产生一个分模力和向下的压力。为了有利于成型，在吹入高压空气的同时，平衡气室 9 也通入高压空气使之达到平衡，同时保证上下模之间有足够的合模力，成型台的气路如图 7-91 所示，F_1 为合模力，F_2 为分模力，F_3 为平衡力。合模力 F_1 应大于分模力 F_2。在工作中遇到较大的成型泡罩时，需提高成型高压空气的压力，使得分模力 F_2 力增大。合模力 F_1 是机械传动产生的力，再提高 F_1 力必然导致动力消耗增大。通入平衡气室 9 的高压空气压力 F_3 可调，使得 $F_2 = F_3$，保证了泡罩成型饱满。

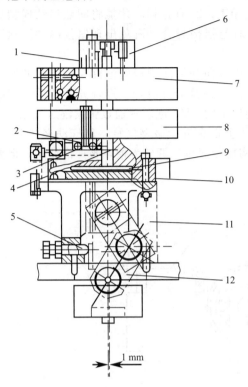

图 7-90 成型工作台结构简图

1—冷却水；2—导柱；3—高压气路；4—下模具塞；5—限位螺钉；

6—上模具塞；7—上模具；8—下模具；9—平衡气室；

10—减震垫；11—模具支座；12—连杆

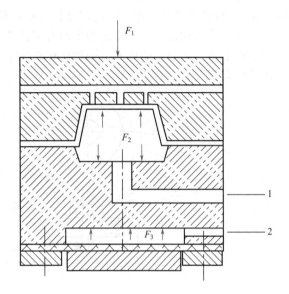

图 7-91 成型台的气路简图

1—成型高压空气；2—平衡高压空气

3. 成型台传动机构

由传动系统中的圆柱凸轮机构，按一定的速比，将凸轮的圆周运动转变成上模的上下往复运动。成型台传动机构如图 7-92 所示。摆杆 10 上端的滚子与传动凸轮配合，凸轮的转动使得摆杆间歇摆动。摆杆带动摆轴 9，连杆 I 和连杆 II 做左右摆动，使底板 7 做上下运动。导柱 6 下端与底板 7 连接，上端与上模具连接。由底板 7 的上下运动带动上模具上下运动，完成合模吹塑成型。

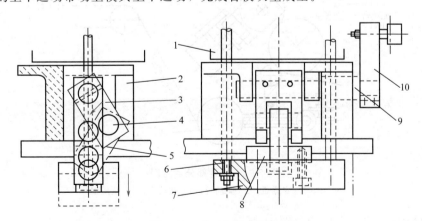

图 7-92 成型台传动机构

1—下模；2—模具支座；3—连杆 I；4—销轴；5—连杆 II；6—导柱；7—底板；8—固定销轴；9—摆轴；10—摆杆

（二）步进机构

步进机构将已经完成泡罩成型的 PVC 泡窝片拉出来，送到充填台准备进行药品充填。同时，将被加热平台加热软化的 PVC 片准确送入成型台，为下一次成型做好准备。

步进机构是以步进辊为动力，准确地将 PVC 片移动一定距离。只有这样，才能将间歇运动成型后的 PVC 泡窝片移动到连续转动的热封合工作台，准确入窝的同时与铝箔封合，避免出现错位的"压泡"和"赶泡"现象。

步进机构的工作原理如图 7-93 所示。在步进辊表面的圆周方向和纵向制成的泡窝与成型模的泡窝相一致。已成型的 PVC 片泡窝进入步进辊的泡窝内。当成型台上下模具分开时，步进辊开始转动一定的角度，拉动 PVC 泡罩片前进，经过定型板冷却定型。被步进辊拉出的 PVC 泡罩片通过张紧辊送入充填台。

有的步进机构是采用摆杆机构带动滑座往复运动，在滑座上设有夹持微型气缸，靠气动夹持 PVC 泡罩片实现步进。步进长度可通过调整摆杆长度实现。此种结构比较简单，调整方便，被广泛使用，但要求气动元件必须可靠，否则容易造成不同步。

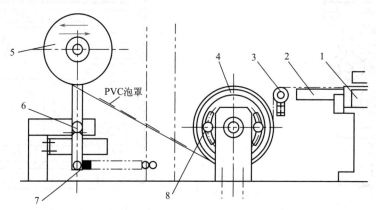

图 7-93　步进机构工作原理示意图

1—成型台；2—定型板；3—支撑辊；4—步进辊；5—张紧辊；6—销轴；7—弹簧；8—螺钉

（三）热封合部分

滚板式泡罩包装机的热封合采用滚式封合，其热封部分结构如图 7-94 所示。

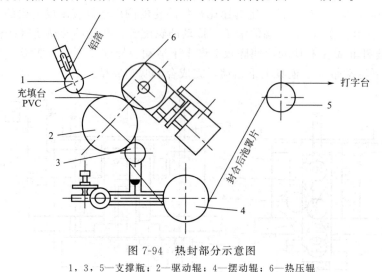

图 7-94　热封部分示意图

1，3，5—支撑瓶；2—驱动辊；4—摆动辊；6—热压辊

1. 热压辊的结构

热压辊的结构如图 7-95 所示。热压辊由轴承支撑在热压辊支架的前后立板上，可以自由转动。在热

压辊内圆周均匀安装有管状电加热器和一支热电偶，外部供电通过碳刷和铜环使加热管加热，把热量传导给热压辊。热压辊本身质量较大，储存热量较多，使热压辊表面形成均匀的热场。热量也会传导到热压辊轴和轴承上，为了防止轴承过热，在支撑轴承的前后立板上设有冷却水通道，通入循环冷却水即可对轴承进行冷却。为防止零件的制造精度和安装误差所造成热压辊与驱动辊不平行而影响封合质量，在热压辊支架的底板和侧板上设计有 4 个调整螺钉，分别用来调整热压辊的水平位置和垂直位置。通过水平和垂直位置的调整，使热压辊和驱动辊保持直线接触，确保封合质量。

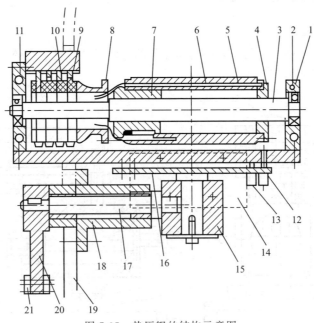

图 7-95 热压辊的结构示意图

1—热压辊前立板；2—冷却水通道；3—热压辊轴；4—前衬套；5—热压辊；6—加热管；7—后衬套；8—支撑管；9—铜环；
10—碳刷；11—热压辊后立板；12—支架固定螺钉；13—调节螺钉；14—侧支板；15—方体；16—底支板；
17—方体轴；18—轴座；19—架体立板；20—摆杆；21—气缸连杆

热压辊依靠气缸动力压向驱动辊。表面有网纹或凸点的热压棍压向驱动辊时，驱动辊的转动使 PVC 泡罩片和铝箔前进，热压辊跟随转动，达到热封合的目的。在热压辊表面有网纹或凸点。为了确保封合的密封性，在泡窝之间和泡窝与板块边缘之间必须保持有三个以上的菱形凸格参与封合。凸点式封合很容易造成凹陷处相互串通，故封合效果不好。

2. 驱动辊的结构

驱动辊的结构如图 7-96 所示。驱动辊套在驱动辊轴上，通过调整盘将驱动辊与驱动辊轴连接。驱动辊轴由齿轮输入动力，并通过调整盘带动驱动辊同步转动。在热封过程中，热压辊的热量也会通过 PVC 片传导到驱动辊，使驱动辊表面温度逐渐升高。当驱动辊表面温度高于 50 ℃时，PVC 泡罩片会产生热收

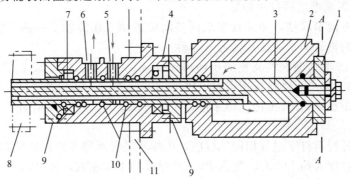

图 7-96 驱动辊结构示意图

1—调整盘；2—驱动辊；3—驱动辊轴；4—驱动辊轴座；5—进水口；6—出水口；7—轴承；8—齿轮；9—挡盖；10—密封圈；11—支架立板

缩变形而影响包装板块质量，甚至会影响整机同步运行。因此，通常采用风冷和水冷的方式对驱动辊进行冷却。

驱动辊表面加工有与成型模具相一致的孔型。驱动辊转动时，PVC 泡罩进入泡窝内，如同链齿一样带动 PVC 片前进。PVC 片与泡罩之间的平板部位贴附在驱动辊表面，在热压辊的压力下，PVC 片和铝箔封合在一起，使得药品得到良好密封。

（四）打字、压断裂线和冲裁装置

1. 打字和压断裂线装置

这两个装置的功能虽然不同，但是基本结构是相似的，两者的传动、壳体、支柱以及上下座板均采用相同结构，其结构原理如图 7-97 所示。

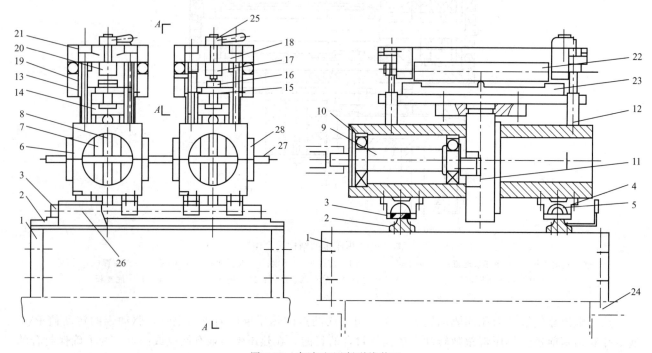

图 7-97　打字和压断裂线装置

1—立板；2—支架；3—导轨；4—导轨座；5—尼龙衬套；6—壳体；7—往复轴；8—导向键；9—曲轴；10，11—轴承；12—支柱；
13—下支撑板；14—大卡板；15—顶模座板；16—顶模；17—字夹体；18，21—上支撑板；19—压印刃模底板；20—上底板；
22—活辊；23—导向槽；24—梁体；25—手柄；26—标尺；27—丝杠；28—丝母

打字装置和压断裂线装置各有四个导轨座，安放在有导轨 3 的支架 2 上面。为了使字头或断裂线在泡罩板块上按规定的位置打出，利用丝杠 27 和丝母 28 使壳体 6 连同导轨座 4 在导轨 3 上滑动，并通过标尺 26 指出移动距离，待位置调准之后即可锁紧。

曲轴 9 与传动装置万向节联结，和冲裁形成同步间歇运动。在曲轴 9 的曲拐轴上有一个轴承 11，插入往复轴 7 的开口内，曲轴转动带动往复轴上下运动。

打字装置顶模座板 15 和压断裂线装置的压印刃模底板 19 是依靠大卡板 14 与往复轴形成刚性联结。当顶模座板 15 随往复轴 7 向上运动接近顶点时，PVC 片被夹在字头和顶模之间，随之顶模座板的进一步上行达到上止点，字头便在 PVC 片上冷压出字迹，而后顶模下行，PVC 片在冲裁前步进辊的带动下向前移动，完成打字行程。

压断裂线装置工作过程与打字过程相同。目前，压断裂线有两种方式：热压和冷压。热压是压印刀处于热状态工作，刀片的温度大约 140 ℃，压入 PVC 片厚度的 1/3 左右，使 PVC 片被刀口压入处老化，但容易折断。冷压是压印刀呈锯齿状，将 PVC 片切穿成点线状，便于折断或撕裂开。

夹字头体、顶模、压印刃模等是根据产品的不同需要按各药厂的要求设计制作。

2. 冲裁装置

该装置是将 PVC 泡罩片通过凸凹模时冲切成板块，并将纵向废料边切成小碎块。该冲裁装置是属于无横边废料，可以节省包装材料。该装置由 PVC 片同步进给、壳体与驱动机构，高速无横边冲裁机构，板块收集和废料箱所组成。冲裁装置是泡罩包装机的关键部分之一，冲裁频率、噪声等是衡量包装机械技术水平高低的主要指标。DPT220 型滚板式泡罩包装机冲裁频率最高 150 次/min，达到国际 20 世纪 90 年代初的水平。冲裁装置结构示意图如图 7-98 所示。该冲裁装置是横向冲切，后端固定在架体中梁的立板上，前端固定于前梁的支撑板上。其传动方式与打字和压断裂线装置相同。

高速无横边冲裁结构及原理如图 7-99 所示。凸模 7 利用螺钉和定位销钉固定在凸模座板 3 上，在凸模座板上又安装有可以上下活动的压料板 6 构成运动件。凹模 5 靠四个支柱 9 支撑在方箱体 8 上。凹模板有两根导柱 4 和高精度的直线轴承 2 保证凸模往复运动的精度。直线轴承是无间隙配合，这样才能保证冲裁板块质量并实现高速冲裁。当 PVC 泡罩片通过导向槽 11 进入凸凹模之间以后，凸模向凹模运动开始冲裁。在冲裁之前，压料板先将 PVC 泡罩片压在凹模平面上，然后由凸模将板块从凹模内冲切下去。在冲切板块的同时，废料边切刀 10 将纵向废料边切断为碎块掉落在废料箱中，成品由输送带输出。

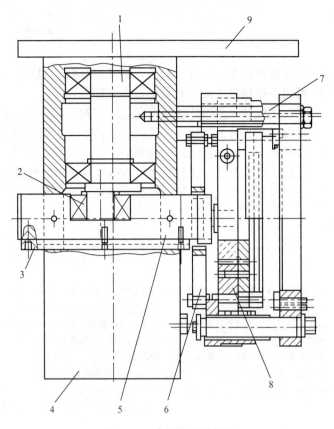

图 7-98　冲裁装置示意图

1—曲轴；2—轴承；3—导向键；4—方箱；5—往复轴；
6—横条板；7—支柱；8—高速无横边冲裁机构；9—立板

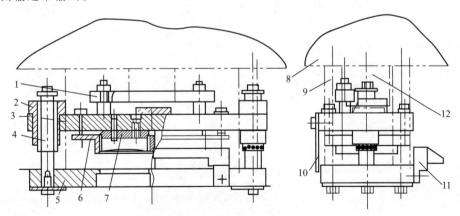

图 7-99　高速无横边冲裁结构及原理示意图

1—横条板；2—直线轴承；3—凸横座板；4—导柱；5—凹模；6—压料板；
7—凸模；8—方箱体；9—支柱；10—废料边切刃；11—导向槽；12—往复轴

（王伟　熊慧）

思考题

1. 按作用方式和泡罩材料分类，泡罩包装机分别可以分为哪几类？

2. 可用于玻璃瓶输液剂灌装的设备有哪些？

3. 请尝试设计一条粉针剂无菌包装生产线，按顺序串联相关机械，并阐明前各台设备的工作原理。

4. 请查阅药品包装柔性生产线的相关内容并了解柔性生产线的优势与特点。

5. 查阅资料，叙述预灌封注射剂的生产线与主要设备。

6. 参阅资料，叙述吹灌封技术（BFS）生产注射剂的主要工艺流程与设备。

7. 查阅资料，谈谈你对制药机械（设备）计算机化系统的理解。

参考文献

［1］ 全国制药装备标准化技术委员会. GB/T 15692—2024《制药机械　术语》.

［2］ 全国包装机械标准化技术委员会. GB/T 7311—2008《包装机械分类与型号编制方法》.

［3］ 国家药品监督管理局药品审评中心.《化学药品注射剂灭菌和无菌工艺研究及验证指导原则（试行）》（2020 年第 53 号）.

［4］ 全国人民代表大会常务委员会. 中华人民共和国药品管理法（2019 年 12 月 1 日起施行）. 2019 年 8 月 26 日（第十三届全国人民代表大会常务委员会第十二次会议第二次修订）.

［5］ 孙智慧. 药品包装实用技术［M］. 北京：化学工业出版社，2005.

［6］ 孙智慧. 药品包装学［M］. 北京：中国轻工业出版社，2006.

［7］ D. K. Sarker. Packaging Technology and Engineering Pharmaceutical，Medical and Food Applications［M］. Hoboken：John Wiley & Sons Ltd，2020.

［8］ D. A. 迪安，E. R. 埃文斯，I. H. 霍尔. 药品包装技术［M］. 徐晖，杨丽，等译. 北京：化学工业出版社，2006.

彩图 1-3　药品专用标识举例

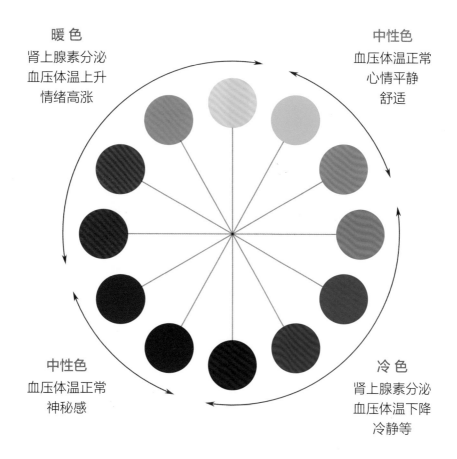

彩图 2-13　药品包装的色彩设计

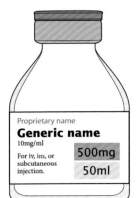

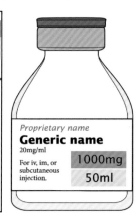

（a）问题图示

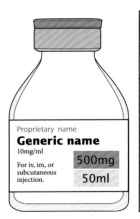
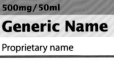
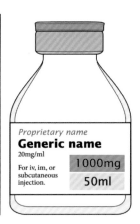

（b）建议图示

彩图 2-21　玻璃瓶标签设计示意图

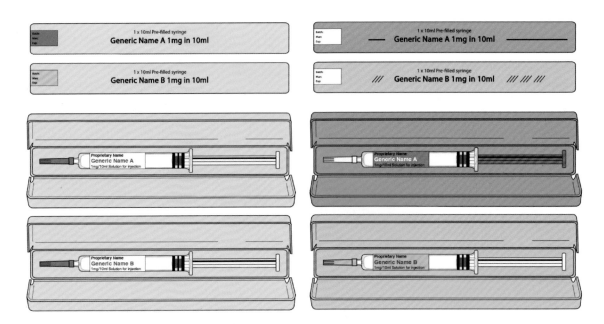

彩图 2-23　预灌封注射器标签与外包装的颜色区分示意图

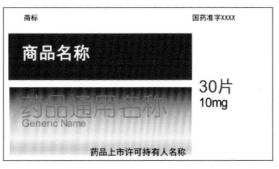
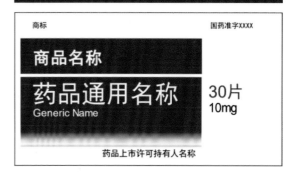

（a）问题图例　　　　　　　　　　　　（b）建议图例

彩图 2-29　药品标签字体设计示例

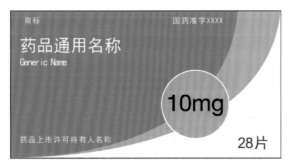
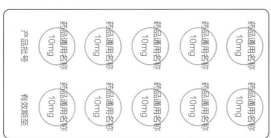
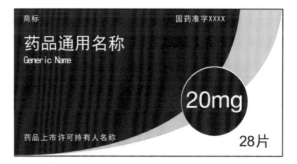
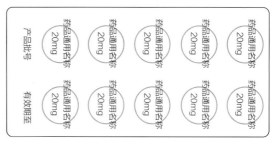

彩图 2-30　通过标签颜色或图案加大不同规格药品的区分度

彩图 2-34　儿童用药品专用标识